膜分离材料
应用基础

肖长发 刘 振 等编著

化学工业出版社
·北京·

膜分离技术已成为解决当前能源、资源和环境污染问题的重要技术，应用遍及海水淡化、环境保护、石油化工、节能技术、清洁生产以及生物、医药、轻工、食品、电子、纺织、冶金、能源及仿生等领域。

本书详细阐述膜分离材料的基本理论、膜的制备及其应用，其中包括超滤和微滤膜、反渗透膜、纳滤膜、渗析膜、气体分离膜、渗透汽化膜、膜接触器、膜反应器、液膜、离子交换膜、分子印迹膜、膜传感器等，力图全面、系统地介绍膜分离技术与过程、膜分离材料及其应用技术，既反映当前膜分离领域基础知识，也反映最新膜分离材料应用成果，针对性和实用性很强。

本书不仅对膜分离技术研究人员、技术人员有很强的借鉴与参考作用，还可供高校大专院校相关专业师生参考。

图书在版编目（CIP）数据

膜分离材料应用基础/肖长发，刘振等编著. —北京：化学工业出版社，2014.1（2019.1 重印）

ISBN 978-7-122-19203-5

Ⅰ. ①膜…　Ⅱ. ①肖…②刘…　Ⅲ. ①膜-分离-化工过程　Ⅳ. ①TQ028.8

中国版本图书馆 CIP 数据核字（2013）第 290634 号

责任编辑：朱　彤　　文字编辑：周　倜
责任校对：吴　静　　装帧设计：关　飞

出版发行：化学工业出版社（北京市东城区青年湖南街 13 号　邮政编码 100011）
印　　装：北京虎彩文化传播有限公司
710mm×1000mm　1/16　印张 17　字数 342 千字　2019 年 1 月北京第 1 版第 2 次印刷

购书咨询：010-64518888　　售后服务：010-64518899
网　　址：http：//www.cip.com.cn
凡购买本书，如有缺损质量问题，本社销售中心负责调换。

定　　价：58.00 元

前 言

自20世纪60年代以来，膜分离技术的研究与开发越来越受到各国政府和工业、科技界的高度重视。早期的膜分离技术如微滤、超滤、纳滤、反渗透、电渗析、膜电解、渗析等逐渐从实验室研究实现了产业化应用，遍及海水淡化、环境保护、石油化工、节能技术、清洁生产以及生物、医药、轻工、食品、电子、纺织、冶金、能源及仿生等领域，产生了巨大的经济效益和社会效益。同时，一些涉及更为复杂分离机理的膜技术，如渗透汽化、支撑液膜、膜萃取、膜蒸馏、膜吸收、膜结晶、膜接触器及膜控制释放等相继出现，研究在不断深入，有的已进入应用开发阶段。在能源紧张、资源短缺和生态环境恶化的今天，产业界和科技界已将膜分离技术视为21世纪最有发展前景的高新技术之一，受到世界各国的普遍重视。

为普及膜分离技术方面的科学知识，本书从分离尺度、应用领域和特征结构等几个方面介绍了主要的膜分离过程，力求使读者在掌握膜分离技术基本知识的同时，对各种膜分离过程有较全面的了解。

本书共13章。第1章由肖长发编写，第2章由李先锋、胡晓宇编写，第3章、第4章由胡晓宇编写，第6章、第7章和第12章由李先锋编写，第8章和第9章由黄庆林编写，第5章、第10章、第11章和第13章由刘振编写。全书由肖长发主编，肖长发、刘振校阅。

本书编写过程中得到国家自然科学基金和科技部“973”计划、“863”计划项目（课题）资助，作者所在单位“纤维新材料”课题组研究生对本书的完成做了很多工作，在此一并表示感谢！限于作者的水平和能力，书中难免存有疏漏或不足之处，敬请读者批评指正。

肖长发

2013年12月

目录

第1章 绪论 / 1

第2章 超滤和微滤膜 / 38

第3章 反渗透膜 / 73

第4章 纳滤膜 / 94

第5章 渗析膜 / 113

第6章 气体分离膜 / 132

第7章 渗透汽化膜 / 151

第8章 膜接触器 / 169

第9章 膜反应器 / 194

第 10 章 液膜 / 210

第 11 章 离子交换膜 / 226

第 12 章 分子印迹膜 / 240

第13章 膜传感器 / 254

第1章 绪论

1.1 基本概念

1.1.1 分离

自然界中的物质可分为单质（由同种元素组成）、化合物（由两种或两种以上元素组成）和混合物。单质和化合物均属纯净物（由同一种物质组成的物质），物理和化学性质完全相同，所以纯净物是不能分离的。混合物是由两种或两种以上物质混合组成，混合物中各种物质仍保持其原有的属性，可以通过适当的物理方法对混合物中所含的物质进行分离。分离（separation）实际上是借助混合物中各种物质在物理或化学性质上的差异，通过适当的方法或装置，将待分离的物质与混合物分开的过程。混合物中各物质的性质越相近，分离就越困难，反之亦然。例如，水与乙醇分子中都含有羟基（—OH），有较强的极性，二者的混合物较难分离，而通常油性有机化合物分子上只含非极性的C、H元素，所以油与水的混合物较易分开。

在分离过程中常涉及富集（enrichment）、浓缩（concentration）和纯化（purification）等概念。富集指使混合物中特定物质的浓度增加的过程；将溶液中部分溶剂蒸发掉，使溶液中存在的所有溶质（溶解在溶剂中的物质）浓度提高的过程称为浓缩；通过分离操作进一步除去杂质使目标产物纯度提高的过程称为纯化。因此，实际的分离过程往往是多种或一种操作方式反复进行的过程。

有多种方式或方法可用于分离混合物中的特定物质，包括蒸馏、萃取、吸附以及膜分离等。蒸馏是利用混合液体或液-固体系中各组分沸点的差异，使低沸点组分蒸发，再冷凝以分离整个组分的过程，如通过蒸馏将海水中的盐除去，得到可饮用的淡水；萃取是利用化合物在两种互不相溶（或微溶）的溶剂中溶解度的不同，使其从一种溶剂内转移到另一种溶剂中的过程，如以丙烷为溶剂，采用萃取操作可从植物油中提取维生素；吸附指固体或液体表面对气体或溶质的吸着现象，如利用活性炭的吸附作用可去除水中某些有害的有机物质。

1.1.2 膜与分离膜

广义上讲，“膜”是具有隔绝作用的薄层状物质的统称，其厚度可以从数微米到数毫米。本书所涉及“膜（membrane）”专指具有选择性分离功能的材料，也称分离膜（separation membrane），它可使流体内的一种或几种物质透过，而其他物质不能透过，从而起到分离、纯化和浓缩等的作用。

国际纯粹化学和应用化学联合会（International Union of Pure and Applied chemistry，IUPAC）将膜定义为“一种三维结构，三维中的一度（如厚度方向）尺寸要比其余两度小得多，并可通过多种推动力进行质量传递”。膜也可以被视做两相（物理化学中“相”指体系中具有相同物理性质和化学性质的均匀部分，相与相之间有明确的界面）之间的一个相界面（不连续区间或屏障），是一种具有选择性透过功能的薄层物质，可以特定的形式限制和传递两侧流体中各种物质的迁移。两相之间的膜需起到隔层的作用，以阻止两相之间的直接接触。膜可以是均相的或非均相的、对称形的或非对称形的、固态的或液体的（甚至气态的）、中性的或荷电性的。被膜分离的流体物质可以是液态的，也可以是气态的。

因此，膜有两个突出的特征：首先，膜是两相之间的界面，分别与两侧的流体相接触；其次，膜具有选择透过性，这也是膜与膜过程（即膜分离过程，指用分离膜来处理混合流体，经过一系列物理及化学加工步骤获取目的产物的过程）的固有特性。分离膜材料又称膜分离材料（简称膜材料），其种类和功能繁多，包括天然膜和利用合成材料加工而成的膜，有多种分类方式，如按制膜材料性质、按膜的形态结构、按膜的用途以及按膜的作用机理等。

1.1.3 半透膜、渗透与反渗透

半透膜（semipermeable membrane）是分离膜的一种，通常指只允许离子或小分子自由通过的薄膜，如膀胱膜、肠衣、羊皮纸以及人工制的玻璃纸、胶棉薄膜等。物质能否通过半透膜，一是取决于膜两侧离子或分子的浓度差，即只能从高浓度侧向低浓度侧移动；二是取决于离子或分子直径的大小，只有粒径小于半透膜孔径的物质才能自由通过。物质自由通过半透膜的过程，遵循自由扩散原理（即分子或离子的自由热运动是由高浓度到低浓度，最后趋于浓度均一）。标准的半透膜应是无生物活性的，膜上无载体，膜两侧也无电性上的差异。

利用半透膜将溶液与纯溶剂（或两种浓度不同的溶液）隔开时，溶剂（或较稀

溶液中的溶剂）通过半透膜自动地向溶液（或较浓溶液）扩散的现象称为渗透(osmosis)，又称正渗透。渗透现象与生物的生长过程和生命活动都有密切关系，如土壤中的水分带着溶解的盐类进入植物的支根、食物中的养分从血液中进入动物的细胞组织等，都是通过渗透来实现的。如图 1-1 所示，若用一张能透过水的半透膜将水与盐水隔开，则水透过膜向盐水侧渗透，过程的驱动力是纯水与盐水的化学势差（又称化学位，指等温等压下 1mol 组分 i 加到一无限大量的物系中对物系总吉布斯函数的贡献，它是物质传递的推动力)，表现为水的渗透压 π；随着水的不断渗透，盐水侧水位升高，当提高到 h 时，盐水侧压力 p_2 与纯水侧压力 p_1 之差等于渗透压，渗透过程达到动态平衡；若在盐水侧加压，使盐水侧与纯水侧压差 p_2-p_1 大于渗透压，则盐水中的水将通过半透膜流向纯水侧，这一过程即反渗透，又称逆渗透（reverse osmosis，RO)，利用反渗透原理可由海水制造纯水。

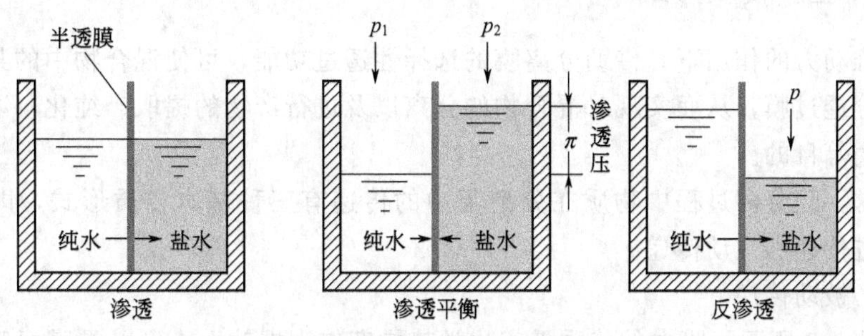

图 1-1 反渗透现象示意图

1886 年，著名的荷兰化学家 Jacobus Henricus van't Hoff（1901 年诺贝尔化学奖获得者，如图 1-2 所示）研究发现，稀溶液的渗透压与溶液的浓度和温度成正比，据此建立了渗透压方程。

图 1-2 荷兰化学家 Jacobus Henricus van't Hoff

1.1.4 膜分离与膜分离技术

膜分离（membrane separation）是以外界能量或化学势差作为推动力，利用分离膜的选择性透过功能而实现对混合物中不同物质进行分离、纯化和浓缩的过程，而膜分离技术（membrane separation technology）则可以理解为膜分离过程中所用到的一切手段和方法总和。

膜分离过程兼具分离、纯化和浓缩的功能，可将混合流体分离成透过物与截留物。将透过物与截留物均作为产物的膜分离过程称为分离；以透过物为产物的膜分离过程称为纯化或提纯；以截留物为产物的膜分离过程称为浓缩。

通常，膜分离过程具有常温下操作、无相变化、设备体积小、高效节能、生产过程中不产生污染等特点，所以膜分离技术在海水淡化、饮用水净化、工业废水和生活污水处理与回用以及化工、医药、食品等行业的分离、纯化和浓缩等领域得到广泛应用，为循环经济、清洁生产等提供了技术保障，已成为推动产业发展、改善人类生存环境的共性支撑技术之一。

1.2 膜分离的基本原理

分离膜是具有选择性透过功能的材料。基于混合物中各种物质（组分）物理或化学性质的差异，分离膜可以使混合物中某些物质通过、某些物质截留，从而实现膜的分离过程。不同的膜分离过程，其膜分离的基本原理也不尽相同。

1.2.1 基本传质形式

在推动力的作用下，借助分离膜的选择性透过功能，可使混合物中的某一种或多种组分透过膜，从而实现对混合物的分离以及进行产物的提取、纯化、浓缩、分级或富集等目的。

通常，膜分离过程中物质在分离膜中的传递有三种基本传质形式，即被动传递、促进传递和主动传递。

（1）被动传递

如图 1-3 所示，膜内的传质需有化学势梯度作为推动力，可以是膜两侧的压力差、浓度差、温度差或电化学势差等。当推动力保持不变时，达到稳定后膜的通量（flux）为常数，通量与推动力之间呈正比关系，如反渗透、纳滤（nanofiltration，NF）、超滤（ultrafiltration，UF）、微滤（microfiltration，MF）、气体分离（gas separation）等膜分离过程都属于被动传质。

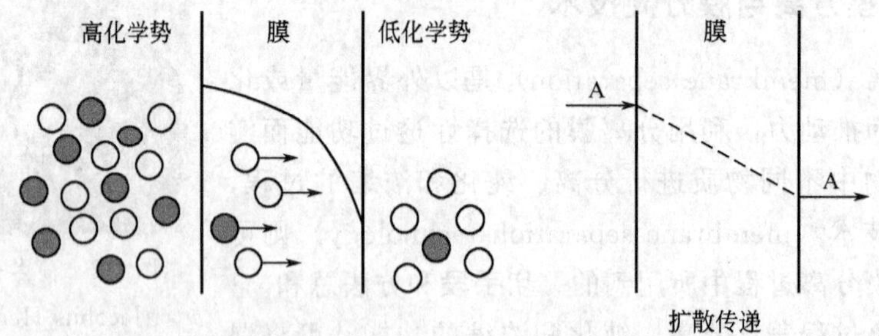

图 1-3 组分从高化学势向低化学势被动传递示意图

（2）促进传递

通过膜相的组分仍以化学势梯度作为推动力，但各组分是由特定的载体带入膜中，由于某种流动载体的存在，使传递过程得到强化，促进了组分传递速率和分离度，因此促进传递是一种高选择性的被动传递，如液膜中的传质方式主要是促进传递方式。

(3) 主动传递

与前两种传递传质形式不同，主动传递过程中各组分可以逆化学势梯度而传递，其推动力由膜内某种化学反应提供。这类现象主要发生在生命膜（细胞膜）中，也可以模仿主动传递将其用于实际分离过程中，如逆向耦合液膜传递（耦合液膜传递指用两种或多种载体同时传输不同的物质，可使交换通量倍增，如同时使两种不同的待提取溶质同向或反向传输）。

1.2.2 分离原理

根据分离膜材料自身的结构特点，实现膜的分离过程可以分为不同的基本原理。

(1) 筛分理论

采用拉伸、相转化等方法制备的微滤、超滤膜具有大量可穿透膜体的孔隙，从而形成多孔膜。膜分离过程中，多孔膜的传递与膜的孔径、孔径分布、孔隙率以及孔道形状等有重要关系，而膜的选择性主要取决于膜孔径与颗粒物大小的关系。筛分（通常指利用筛子将粒度范围较宽的物料按粒度分为若干个级别的作业）理论认为，分离膜表面具有无数的微小孔隙，通过这些实际存在的不同孔径的孔隙，像筛子一样可以截留住直径大于孔径的颗粒物或溶质，从而实现分离混合物组分的目的。

如图 1-4 所示，根据分离过程中颗粒物被膜截留在膜的表面还是膜的深层，可分为表面截留和深层截留，而表面截留可进一步分为机械截留、表面吸附和架桥作用。在压力推动下，粒径小于膜孔径的颗粒物可透过膜孔，大于或与膜孔径相当的颗粒物被截留在膜的表面，膜的这种作用称为机械截留。膜表面层的吸附和架桥作用以及膜内部网络孔道也可以截留颗粒物，有时由于这些作用的存在，使膜孔径变小，可以截留更小的颗粒物。

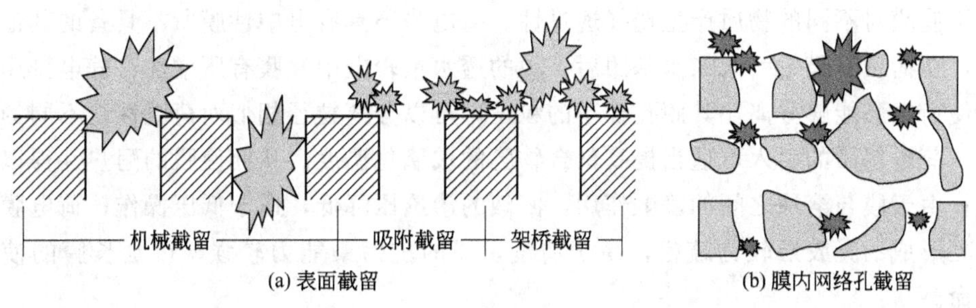

图 1-4 多孔膜截留颗粒物示意图

(2) 溶解-扩散理论

反渗透膜及纳滤膜属于致密膜，而致密膜的分离机理可用溶解-扩散理论解释。

将半透膜的活性表面皮层看作是一种致密无孔的中性界面，溶剂和溶质以溶解的方式进入膜体，它们在膜表面的溶解速率不同。膜体内溶剂和溶质是以扩散的形式迁移，它们的扩散速率不同，从膜体解吸的速率也有差异。当溶剂的溶解速率和扩散速率远大于溶质时，溶质在原液侧富集，溶剂则透过致密膜，从而实现溶质与溶剂的相对分离。例如，在反渗透膜过程中，利用水与盐透过膜的速率差异，可实现产出水的淡化。反渗透膜的选择透过性与膜孔径及其结构、膜的化学及物理性质、组分在膜中的溶解、吸附和扩散性质等有关，而膜及其表面化学特性起主导作用。

(3) 优先吸附-毛细孔流动理论

将反渗透膜的皮层看作是具有毛细孔的膜，由于膜表面与溶液中的各组分有不同的相互作用，使溶液中某一组分（如脱盐过程中的纯水）优先吸附在界面上，形成一吸附层（纯水层），然后在外压作用下透过膜表面的毛细孔，从而获得目标产物（纯水）。反渗透就是在压力存在下使纯水不断透过膜体的毛细孔而渗出的。

优先吸附-毛细孔流动理论确定了膜材料和反渗透膜制备的基本原则，即膜材料对水要优先吸附、对溶质要选择排斥，膜表层应当有尽可能多微孔，其孔径最好是纯水层厚度的 2 倍，这样的膜才能获得最佳的分离功能和最高的透水速率。

(4) 孔隙开闭理论

对于反渗透膜而言，孔隙开闭理论认为，膜中无固定的连续孔道，所谓膜的渗透性是指因聚合物大分子链不断振动而在不同时间和空间产生渗透的平均值。聚合物大分子链在未受压力时只作无序的布朗运动，一旦受压即产生振动。随着压力增大，聚合物大分子链吸收的能量变大，振动次数增加；随振动次数增加，聚合物大分子链之间的距离不断减小直至离子难以通过，从而实现离子与水的分离。

(5) 荷电理论

在荷电膜（charged membrane）中存在着固定基团电荷，电荷的吸附、排斥作用使膜对不同的物质产生选择透过性。荷电膜还具有电中性膜所不具备的其他特性：在荷负电膜中引入亲水基团后，膜的透水量较电中性膜有所增加；静电排斥作用使荷电膜能够分离比其膜孔径小的粒子，可以分离粒径相似而荷电性能不同的组分；荷电基团的引入可适当提高聚合物膜的玻璃化温度，从而使膜的耐热性得以增强；由于膜与溶液之间的静电作用，溶液的渗透压降低，适于低压操作；荷电膜界面处形成的凝胶层较为疏松，易于清洗，膜的抗污染能力较强，可延长膜的使用寿命。

如上所述，分离膜材料的种类和结构以及膜分离过程多种多样，涉及的膜分离机理不尽相同（表 1-1），除以上所述的几种基本原理外，许多学者还提出其他一些理论或模型，不一一赘述。

表 1-1 常见的膜过程及其特点

膜过程	推动力	传质机理	透过物	截留物	常用膜类型
微滤	压力差	筛分	水、溶液	悬浮物颗粒	多孔膜
超滤	压力差	筛分	水、小分子	胶体、较大分子	非对称多孔膜
纳滤	压力差	溶解扩散、筛分	水、一价离子	多价离子	非对称膜、复合膜
反渗透	压力差	溶解扩散、优先吸附-毛细管流动	水、溶剂	溶质、盐	非对称膜、复合膜
渗析	浓度差	溶解扩散、筛分	小分子或较小离子	胶体粒子、溶质	非对称膜、离子交换膜
电渗析	电位差	离子的选择传递	电解质离子	非电解质、大分子颗粒	离子交换膜
气体分离	压力差	溶解扩散	气体或蒸气	难渗透性气体或蒸气	均相膜、复合膜、非对称膜
渗透汽化	压力差	溶解扩散	易渗透性溶质或溶剂	难渗透性溶质或溶剂	均相膜、复合膜、非对称膜
液膜分离	浓度差	溶解扩散、促进传递	溶质或气体	溶剂或气体	乳状液膜、支撑液膜

1.2.3 浓差极化与膜污染

膜分离过程中，分离膜表面传递涉及到浓差极化（concentration polarization）与膜污染（membrane fouling）的问题。在实际膜过程、特别是压力驱动膜过程中，膜的分离性能随时间有很大变化，如溶剂通量随时间延长而降低，截留率不稳定等，其主要原因是浓差极化和膜污染所致。

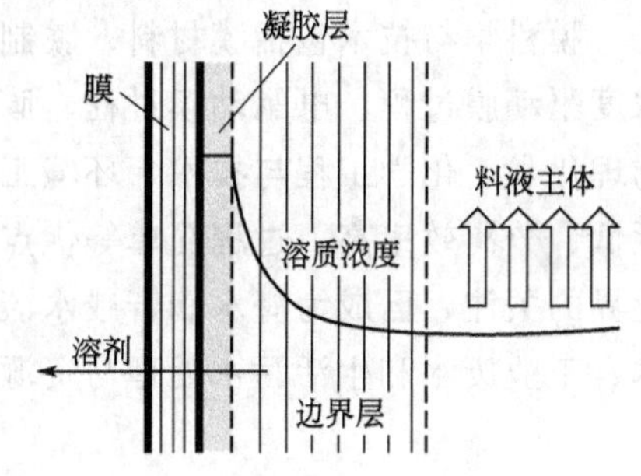

图 1-5 多孔膜浓差极化现象示意图

(1) 浓差极化

在压力驱动的膜分离过程中，分离膜在一定程度上能够截留某些溶质，截留溶质在膜表面处逐渐累积，使得从膜表面到原料混合液主体形成溶质的浓度梯度即浓差极化现象，它可使膜表面截留物的浓度暂时性提高，是可恢复的过程，但易加速多孔膜表面凝胶层（图 1-5）的形成或加速反渗透、纳滤等致密膜表面难溶盐的饱和析出，从而加剧膜的污染。

根据凝胶层模型，假设溶质完全被膜截留，则溶剂通过膜的通量随压力增大而增加，直至达到相应的最大浓度即临界凝胶浓度；当压力进一步增大时，溶质在膜表面的浓度不再进一步增大，而凝胶层会逐渐变厚和紧密，凝胶层对溶剂传递阻力增大，成为决定溶剂通量的制约因素。以电位差为推动力的电渗析（electrodialysis，ED）过程中也存在浓差极化现象。通过合理地设计膜过程和设定运行条件、强化料液湍动以及限制操作压力或电流等，可降低浓差极化现象的不良影响程度。

（2）膜污染

浓差极化现象是可逆的，就是说分离体系达到稳态后溶剂通量不再随时间继续下降，但实际上经常发生通量持续下降的现象，其原因即膜污染。

膜分离过程中必然有部分溶质被截留，被截留的溶质或颗粒物沉积在膜表面或膜孔中，导致膜分离性能变差的过程称为膜污染。膜污染是膜分离过程中不可避免的伴生现象，主要表现为溶剂通量降低、溶质截留率不稳定。以压力为推动力的膜分离过程，膜污染包括无机物污染、有机物污染和微生物污染。无机物污染指颗粒物、难溶盐在膜表面沉淀析出，有机物污染指有机物在膜孔内的吸附、堵塞与截留以及在膜表面形成凝胶层，微生物污染指微生物在膜表面的附着、堵塞和滋生。各类膜污染的综合作用，可堵塞膜孔或形成滤饼，使膜分离性能变差。多孔膜的污染以有机物和微生物污染为主，无机物污染为辅。致密膜的污染可以同时存在无机物、有机物和微生物污染多种形式。难溶盐的饱和度超过其极限时将在膜表面析出沉淀，而当有机物与微生物在膜表面聚集并形成凝胶层时，即使无机盐尚未达到饱和浓度，也会与凝胶物结合形成沉淀。膜污染的产生与防治涉及膜材料与膜过程的方方面面，如制膜材料及其改性、膜的多孔结构与表面形貌、膜元件（可实现膜分离功能的最小单元）结构、待处理料液的预处理及膜过程的设计与运行条件等，如何减除污染的成因、减缓污染的发生、减轻污染的程度、减少清洗的力度与频率等，是膜科学与技术领域的重要研究课题。

膜科学与技术包括膜材料、膜制备、膜表征、膜传递机理、压力驱动膜过程、浓度驱动膜过程、电驱动膜过程、膜接触器、膜反应器等内容，涉及高分子科学、物理化学、化学工程与技术、环境工程等多个学科交叉与融合。膜分离过程具有能耗低、分离效率高、过程简单等优点，属于高新技术范畴，正日益受到科技界和产业界的关注，已成为海水和苦咸水淡化、饮用水生产、食品、医药、化工、生物技术、工业废水和生活污水处理与资源化等领域首选或极具竞争力的先进技术。

1.3 膜分离技术发展概况

1.3.1 发展历程

（1）对膜分离现象的认识和研究

膜在自然界中、特别是在生物体内是广泛而恒久地存在着，它与生命起源和生命活动密切相关。膜分离过程在许多自然现象以及经济社会发展进程中都扮演着重要角色，但人类对膜及膜分离过程的认识、了解、利用和人工制造的历史过程却是漫长而曲折。

1748 年，法国物理学家 Abbé Nollet（又名 Jean-Antoine Nollet），如图 1-6 所

示，为改进酒的制作工艺，实验时将酒精（乙醇）溶液装入玻璃圆筒中并用猪膀胱封口，然后将玻璃圆筒浸入水中，发现膀胱膜向外膨胀直至最后撑破，表明水透过了膀胱膜而进入玻璃圆筒，这是人类最早观察到的渗透现象，但 Abbé Nollet 并未提出“渗透”这个概念。

图 1-6 法国物理学家 Abbé Nollet

1808 年，俄国物理学家、莫斯科大学教授 F. F. Reuss 发现毛细管内的流体流动可通过外加电场加以引导，即电渗析现象。

1827 年，法国生理学家 Henri Dutrochet 用羊皮纸封住一钟罩型玻璃容器的开口端，另一端插入一支长玻璃管，将不同物质或不同浓度的溶液倒入容器后浸入水槽，观察到玻璃管内溶液的液面上升，他认为管内液面上升的原因是因水槽内的水通过羊皮纸封口进入容器内所致，而水迁移的同时产生了压力，他将此现象命名为“渗透”（osmosis），意为“推进”。Henri Dutrochet 还观察到液面上升高度与溶液浓度成正比，是最早对渗透进行半定量研究的科学家。

1831 年，英国科学家 J. V. Mitchell 比较系统地研究了天然橡胶的透气性，用聚合物膜进行氢气和二氧化碳混合气的渗透实验，发现不同种类气体分子透过膜的速率是不同的，最早探索了用膜实现气体分离的可能性。

1845 年，意大利物理学和神经生理学家 Carlo Matteucci 开始研究生物膜的各向异性行为。

1848 年，德国化学家 Karl von Vierordt 证实了 Henri Dutrochet 的理论，发现利用动物膜进行渗透实验时，溶剂和溶质分子皆可通过动物膜，但因两种分子通过膜的速率不同，而产生暂时不稳定的渗透压力，由于动物膜的力学性能较差，无法承受高浓度溶液的高渗透压。

1854 年，创立英国化学学会的苏格兰化学家 Thomas Graham 实验中发现，溶质通过半透膜的扩散速率比胶体粒子快，提出了“透析”（dialysis）的概念。

图 1-7 德国科学家 Adolf Eugen Fick

1855 年，德国著名生理学和物理医学家 Adolf Eugen Fick（图 1-7）研究了气体通过液膜的扩散现象，建立 Fick's 扩散定律，并于 1865 年研制出硝酸纤维素（又称纤维素硝酸酯）膜。

1867 年，德国生物化学家 Moritz Traube 将亚铁氰化铜［$Cu_2Fe(CN)_6$］或含单宁酸的胶状物沉积在多孔陶壁上，首次制成人造膜——无机半透膜，又称分子筛（molecule sieves），非常坚固，可承受数百大

图 1-8 美国科学家 Josah Willard Gibbs

气压的渗透压，后继研究渗透理论的科学家如德国 Wilheim Pfeffer 和荷兰 Jacobus Henricus van’t Hoff 等都是采用 Moritz Traube 的半透膜。

1877 年，著名的美国数学家、物理学家、物理化学家、耶鲁大学教授 Josah Willard Gibbs（图 1-8）和荷兰物理化学家柏林大学教授 Jacobus Henricus van’t Hoff（图 1-2）更加深入和系统地研究了渗透压现象，后者因在渗透压和化学动力学等方面的杰出贡献而获得首届诺贝尔化学奖。

1906 年，美国化学家 Louis Albrecht Kahlenberg 观察到烃（碳氢化合物）/乙醇溶液选择性通过橡胶薄膜的现象。

1911 年，英国（爱尔兰人）物理化学家 Frederick George Donnan 发现在大分子电解质溶液中，因较大的离子不能透过半透膜，而较小的离子受较大的离子电荷影响，可以透过半透膜。当渗透达平衡时，膜两侧较小的离子浓度不同，这种现象称为膜平衡或 Donnan 平衡。

1913 年，美国药物和生物化学家 John J. Abel（图 1-9）和德国医学博士、内科医师 Georg Haas（图 1-10）通过对动物进行体外循环血液透析（hemo dialysis，HD）试验，首次阐述了血液透析过程，后者实施了首例人体血液透析治疗过程。

图 1-9 美国科学家 John J. Abel

图 1-10 德国科学家 Georg Haas

1917 年，美国化学家 Philip Adolph Kober 研究了水从蛋白质/甲苯溶液中通过火棉胶器壁的现象，提出“渗透汽化”（pervaporation，PV）的概念。

1918 年，著名的奥地利化学家、诺贝尔化学奖获得者 Richárd Adolf Zsigmondy（图 1-11）教授用赛璐玢等制成膜滤器（membrane filters）过滤极细粒子，1929 年经改进又制成超滤器（ultrafilter），被认为是初期的超滤膜和反渗透膜。

1920 年，Mangold、Michaels 和 MoBain 等分别用赛璐玢和硝酸纤维素膜观察到电解质和非电解质的反渗透现象。

图 1-11　奥地利科学家 R. A. Zsigmondy

1930 年，Teorell、Meyer 和 Sievers 等进行了膜电势的研究，为研究电渗析和膜电极奠定了的基础。

1944 年，荷兰医师 William J Kolff 发明了醋酸纤维素（当时主要用作肠衣）透析管，即人工肾。

1950 年，德裔美籍科学家 Walter Juda 和 W. A. McRae 发明了电渗析技术，首次合成了离子交换膜（ion exchange membrane），1956 年成功地将此项技术用于电渗析脱盐工艺。

1950 年，美国 S. Sourirajan 博士无意中发现海鸥在海上飞行时从海面啜起一大口海水，几秒后又吐出一小口海水，对此产生疑问，因陆地上由肺呼吸的动物是无法饮用高盐分海水的。经解剖发现海鸥体内有一层非常精密的薄膜，海鸥吸入海水后由体内加压，将水分子贯穿渗透过薄膜而转化为淡水，而含杂质及高浓缩盐分的海水则被吐出，此过程即为反渗透膜法的基本原理。

图 1-12　美国科学家 Sidney Loeb

1960 年，美国科学家、海水淡化技术先驱者 Sidney Loeb（图 1-12）和 Srinivasa Sourirajan 博士着手研究反渗透膜，提出相转化法制膜技术（phase inversion process）或称聚合物沉淀法（polymer precipition process），俗称 Loeb-Sourirajan 法，首次采用相转化法制成用于海水脱盐的醋酸纤维素反渗透非对称膜，开创了膜科学与技术发展的新纪元。其后又取得了一系列重要成果，如改进的醋酸纤维膜、醋酸-丁酸纤维膜、醋酸纤维素与三醋酸纤维素共混膜，以及改性脂肪族聚酰胺和芳香族聚酰胺膜等。

1968 年，华裔美籍科学家黎念之博士发现含表面活性剂的水和油能形成界面膜，发明了不带有固体膜支撑的新型液膜（liquid membrane）。

自 20 世纪中期开始，微滤、反渗透、超滤、透析、气体分离以及液膜、渗透蒸发、纳滤等膜分离技术相继出现并得到较快发展，分离膜的形态也从简单板式膜发展到管式膜、中空纤维膜、卷式膜等。

（2）膜分离技术发展与应用

20 世纪中期之前，还处于人们对膜现象的认识和基础研究阶段，也可认为是膜分离技术的早期阶段。20 世纪 60 年代以来，膜分离技术的研究与开发越来越受到各国政府和工业、科技界的高度重视，不论是政府的政策制定或投资等都给予了很大扶持。早期出现膜分离技术如微滤、超滤、纳滤、反渗透、电渗析、膜电解、渗析等逐渐从实验室研究实现了产业化应用，遍及海水淡化、环境保护、石油化工、节能技术、清洁生产以及生物、医药、轻工、食品、电子、纺织、冶金、能源及仿生等领域（表 1-2），产生了巨大的经济效益和社会效益。同时，一些涉及更为复杂分离机理的膜技术，如渗透汽化、支撑液膜、膜萃取、膜蒸馏、膜吸收、膜结晶、膜接触器及膜控制释放等相继出现，研究在不断深入，有的已进入应用开发阶段。

表 1-2　膜分离技术应用

应用领域	应　用　实　例
金属工艺	金属回收、污染控制、富氧燃烧
纺织工业	废水和废气处理、燃料及助剂回收
制浆造纸	代替蒸馏、废水处理、纤维及助剂回收
食品、饮料	净化、浓缩、消毒、代替蒸馏、副产品回收
化学工业	有机物分离、污染控制、试剂回收、气体分离
医药、保健	人造器官、血液分离、控制释放、消毒、药物分离、浓缩、纯化
环境工程	空气净化、废水处理与资源化、
国防	战地水源净化、舰艇淡水供应、潜艇气体供应
水处理	饮用水净化、咸水淡化、超纯水制备、锅炉水净化

膜分离技术之所以能够在短短几十年内得到迅速发展，与其有很好的相关理论基础是分不开的。在膜分离现象和膜分离机理探索方面，一些传统的理论发挥了重要作用。例如，描述物质内部扩散现象的 Fick 扩散定律；渗透压与稀溶液浓度及温度关系的渗透压方程；膜电位的概念，即用膜相隔的两种溶液之间产生的电位差；用于解释带电荷膜选择性透过原因的 Donnan 平衡理论；反渗透现象和离子膜内传质、分子扩散以及膜孔的形成机理的解释或阐述、发展等都借鉴了传统的相关理论。在此基础上逐步形成了膜分离科学与技术领域，特别是在膜材料和膜结构、膜制备与膜形成机理、膜性能与结构的关系、膜过程和传递机理、膜过程和设备设计与优化、膜应用等研究方面取得了一系列重要进展和突破。此外，近代科学技术的发展也为膜分离技术的研究提供了良好的条件。例如，高分子科学的进步为分离膜提供了具有各种特性的合成高分子制膜材料；电子显微镜等近代分析测试技术为分离膜的结构分析和分离机理的研究提供了有效手段；现代工业的发展迫切需要节能减排、低品位原料的再利用和消除环境污染等新技术，而膜分离技术正好是能够满足这些需求的高新技术。

在能源紧张、资源短缺和生态环境恶化的今天，产业界和科技界已将膜分离技术视为 21 世纪最有发展前景的高新技术之一，受到世界各国的普遍重视。

1.3.2　我国膜分离技术

我国膜分离技术的研发始于 20 世纪 50 年代，引进了第一套电渗析装置，随即开展了离子交换膜研究。自 20 世纪 60 年代开始，相继进行了反渗透、电渗析、超滤、微滤、渗透汽化、复合膜以及无机膜等研发。经过五十年左右的发展，我国已经跨入具有独立自主进行多种膜材料及膜组件研发、设计和生产的国家之列。

进入21世纪以来，国家投入了大量资金支持膜材料的研发和产业化，积极鼓励膜技术在环境保护及相关领域内广泛应用和在环境污染防治领域建设示范工程，极大地促进了我国膜制造产业的科技进步和膜技术在水污染治理等领域的推广应用。目前我国的膜制造产业已初具规模，涌现出一批膜材料制造骨干企业，其产品种类涵盖了反渗透、纳滤、超滤和微滤等各类膜材料和卷式膜、帘式膜、管式膜、板式膜等多种膜组件和膜组器。其中，超滤膜和微滤膜在国内市场的占有率已过半。

随着我国经济的快速发展，水资源短缺与水污染问题日益严峻。我国主要城市中超过2/3城市的淡水资源不足，其中一百多个城市严重缺水，年缺水总量超过数百亿吨，水资源短缺已成为限制经济社会发展的根本问题。此外，我国每年污水排放量超过600亿吨，而得到有效处理回用的不足10%，造成水资源的浪费和严重的水污染问题，使水资源形势更趋严峻。因此，海水淡化、污水再生利用和净化水是我国膜分离技术应用的三大领域。海水、苦咸水淡化是解决沿海发达地区水资源短缺的重要方法，目前国际上的海水淡化产水量已超过5000万吨/日，我国目前的膜法海水淡化能力约数十万吨/日，约占我国海水淡化总量的60%以上，且正以每年25%～30%的速度快速增长，成为缓解我国沿海地区水资源短缺的主要手段。在污水资源化领域，膜法污水资源化量占我国污水资源化回用总量的95%以上，是当前解决水污染问题和实现污水资源化的首选技术。因此，膜分离技术被认为是解决水危机的关键技术手段，市场规模和应用前景广阔，加速推进我国膜分离技术的发展已被作为实现国家节水减排、传统产业升级、环境保护与可持续发展的重大战略需求。

“十二五”期间，我国膜工业发展确立了三大主攻目标：一是在分离膜全领域形成规模化的、完备的膜与膜组件生产能力，膜性能达到国际先进水平；二是加快建立膜产品与工程的标准体系和评价中心，规范我国膜市场；三是大力推进膜技术在国民经济各领域的推广应用。

今后我国膜分离技术领域的发展主要涉及以下几方面内容：

① 对已工业化应用的膜分离技术，如微滤、超滤、反渗透和气体分离膜等，着重提高产品质量，形成规模效益，保持较高的市场占有率；

② 以解决膜材料和制膜技术为核心，突破复合反渗透膜的制备技术，使产品质量达到国际先进水平；

③ 在膜法提氢、膜法富氧、膜法富氮等技术成功实施工业化应用基础上，向天然气净化、水蒸气、二氧化碳和有机蒸气分离方面发展，将应用从目前的废旧资源回收利用扩展至环境保护、工业制气以及气体净化等方面；

④ 将气体膜分离技术从已有的处理高压、高浓度、简单组分的气源向低压、

微量、高温、复杂组分的方向发展；

⑤ 对国外已工业化应用、在我国尚处于研究阶段的膜技术，如纳滤膜，要突破复合纳滤膜的制备技术；

⑥ 加快无机分离膜示范工程及技术中心建设，促进技术的推广应用，实现无机超滤膜的工业化生产；

⑦ 将渗透汽化膜作为膜材料的研究重点，在完成醇/水分离技术基础上，积极扩展至有机物/有机物分离的膜材料和膜过程；

⑧ 对国外起步不久、具有研究开发意义的课题，如膜催化、膜反应器以及膜蒸馏、膜萃取、膜与生物技术等新膜过程及集成膜过程、杂化膜过程的研究，要进行分工研究，建设高素质的科研队伍，探索膜技术的新增长点或具有创新水平的自主技术。

1.4 膜分离材料

1.4.1 分离膜的分类与特点

分离膜是膜分离技术的核心，膜分离过程中的分离驱动力可以是压力差、浓度差、温度差、电位差或化学反应等。制膜方法多种多样，所得膜的种类非常丰富，用途十分广泛，所以膜的分类方法也有很多种，如按制膜材料、膜结构、膜凝聚状态、膜作用机理、膜几何形态以及膜用途分类等。

(1) 按制膜材料

按制膜材料，膜可分为天然膜和合成膜。天然膜指自然界存在的生物膜或由天然物质改性或再生膜（如再生纤维素膜）。生物膜又分为有生命膜（如动物膀胱、肠衣）和无生命膜（由磷脂形成的脂质体和小泡，可用于药物分离）。合成膜主要包括无机膜（金属膜、陶瓷膜、玻璃膜等）和有机聚合物膜（简称有机膜）。无机膜耐热性和化学稳定性好，而制作成本较高，有机膜易于制备、成本较低，但在有机试剂中易溶胀甚至溶解，耐热性和力学性能较差。

通常将无机材料与有机聚合物微观混合或化学交联形成的膜称为无机/有机杂化膜，无机和有机成分明显分层的膜称为无机/有机复合膜。

(2) 按膜结构

按结构，膜可分为对称膜和非对称膜。对称膜包括多孔膜和致密膜两类，膜两侧或内外表面的结构和形态相同，孔径及其分布基本一致。按膜的孔径大小，多孔膜可分为普通过滤、微滤、超滤及纳滤、反渗透膜等（图 1-13），反渗透膜孔径甚小，可视为无孔膜。具有疏水或亲水功能的对称多孔膜还可用于膜蒸馏、膜萃取、膜吸收等过程。致密膜又称非多孔膜（孔径小于 1nm），材质常为玻璃、橡胶、金

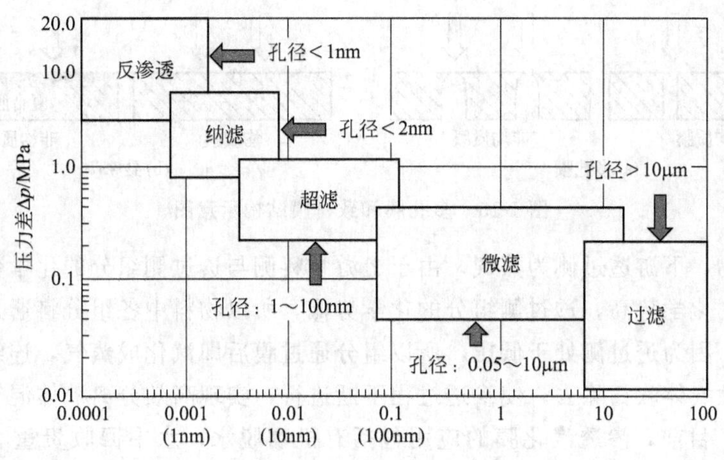

图 1-13　按孔径或分离物质尺寸分类的膜

属或有机聚合物等，主要用于气体分离和渗透汽化过程。

如图 1-14 所示，非对称膜由致密且薄的皮层和多孔支撑层构成，前者主要起分离作用，减小皮层厚度可提高渗透速率。对于中空纤维膜，当待处理料液从中空纤维膜外表面向内表面渗透并由中空孔道沿轴向流出的称为外压型中空纤维膜；反之，料液由中空孔道通过内表面向外表面渗透的称为内压式中空纤维膜。

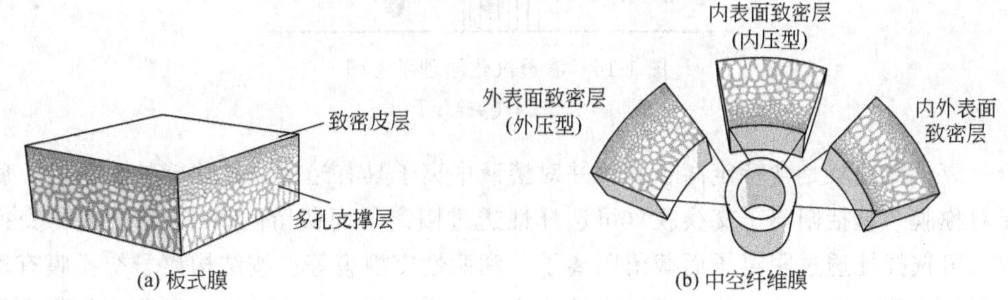

图 1-14　非对称多孔膜示意图

根据膜结构均匀与否，多孔膜和致密膜各自又可分为均质膜和非均质膜（图 1-15），前者的膜体结构在膜表面垂直方向上均匀一致，而后者不均匀。通常，均质膜的膜阻力较大、膜易污染、分离效率较低，而非均质膜的膜阻力较小、不易污染、分离效率较高。皮层和支撑层由不同材料构成的非对称膜称为复合膜，通常是经化学或物理方法在支撑层上复合致密的皮层而成，主要用于纳滤、反渗透、渗透汽化、气体分离等膜分离过程。

渗透汽化膜可以为致密膜、含致密皮层的复合膜或非对称膜，它是利用膜对混合流体中不同组分亲和性和传质阻力的差异实现选择性分离。通常，膜上游物料为

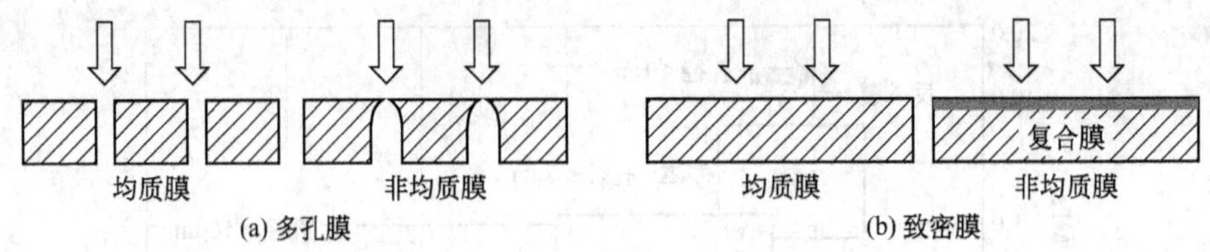

图 1-15　多孔膜和致密膜结构示意图

液体混合物，下游透过侧为蒸气。由于上游物料侧与透过侧组分的化学势不同，物料侧组分的化学势高，透过侧组分的化学势低，所以物料中各组分将通过膜并向膜后侧渗透。因为透过侧处于低压，所以组分通过膜后即汽化成蒸气，连续被真空抽除或用惰性气体吹扫除去，使渗透过程不断进行，实现高效分离液体混合物的目的(图 1-16)。目前，渗透汽化膜的应用包括有机物脱水，水中回收贵重有机物、有机-有机体系分离等方面。其中有机物脱水尤其是醇类脱水研究得最为广泛并已获得工业化应用。

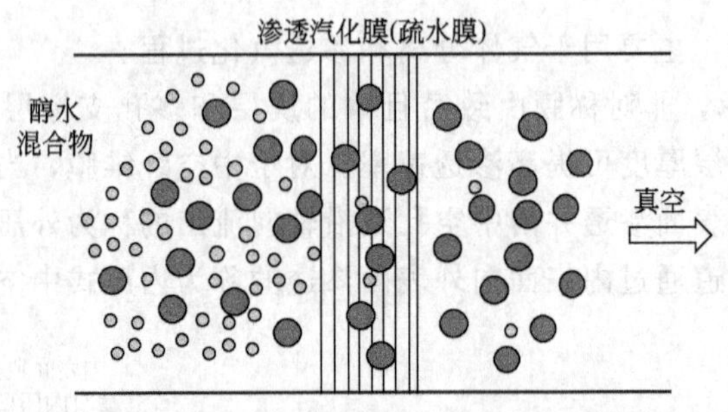

图 1-16　渗透汽化原理示意图

○水分子；●醇分子

离子交换膜是含特定离子基团并对溶液中离子具有选择透过功能的分离膜，属于对称膜，包括阳离子交换膜（可选择性透过阳离子而截留阴离子）、阴离子交换膜（可选择性透过阴离子而截留阳离子）和两性交换膜等。按结构离子交换膜有均相膜和非均相膜之分。均相膜是直接将离子交换树脂制成分离膜，而非均相膜则是将离子交换树脂粉体分散在聚合物基质中制成的分离膜。

(3) 按膜凝聚状态

按凝聚状态，膜可分为固膜、液膜和气膜。固膜是以固态物质为分离介质制成的膜，也称固态膜或固体膜，实际膜分离过程中最常用的就是固膜。气膜是以气态物质为分离介质制成的膜，也称气相膜，通常以充斥于疏水多孔聚合物膜孔隙中的气体为分离介质构成，当用这种载有气体的膜将两种水溶液隔开时，气膜可使其中一种液体中含有的挥发性溶质迅速扩散并透过膜，用另一种溶液进行富集或分离。液膜是以液态物质为分离介质形成的膜，也称液相膜或液态膜，它可将两种气相、气-液两相或不互溶的两种液体进行分隔和加以分离，如乳化液膜和支撑液膜。

（4）按膜作用机理

按作用机理，膜可分为吸附膜（多孔炭膜、多孔硅胶膜、反应膜）、扩散膜（如聚合物膜中溶解性溶解流动、金属膜中原子状态扩散）、离子交换膜、选择性渗透膜（如渗析膜、电渗析膜、反渗透膜）、非选择性渗透膜（如过滤型微孔玻璃膜）。

利用半透膜的选择透过性来分离不同溶质粒子（如离子）的方法称为渗析（也称透析），渗析过程中渗析膜内无流体流动，溶质在浓度差驱动下以扩散的形式移动，膜的透过量很小，不适于大规模生物分离过程，在临床上常用于肾衰竭患者的血液透析。

在电场作用下进行渗析时，溶液中带电的溶质粒子透过膜而迁移的现象称为电渗析。电渗析过程中使用的正、负离子交换膜具有选择透过性，在直流电作用下，含盐溶液中的正、负离子分别透过膜向阴、阳极迁移，两膜之间的中间室内盐的浓度降低，阴、阳极室内正、负离子得以浓缩。电渗析法可分离不同类型的离子，如海水和苦咸水的淡化、溶液的脱盐浓缩、电解制备无机化合物以及放射性元素的回收提纯、锅炉用水的软化脱盐等，广泛应用于化工、轻工、冶金、造纸、海水淡化、环境保护以及氨基酸、蛋白质、血清等生物制品提纯等。

（5）按膜几何形态

按几何形态，如图 1-17 所示，膜可分为板式膜、中空纤维膜、管式膜及卷式膜等，因其几何形态不同，分离性能等也各有特点。例如，板式膜的结构简单，不易断裂，对原料混合液的要求较低，但比表面小，设备效率低；中空纤维膜的结构复杂，膜丝易折断，对原料混合液的要求较高，但比表面大，设备效率高。目前超滤及微滤膜分离过程中多使用中空纤维膜，而反渗透及纳滤膜过程中多为卷式膜。

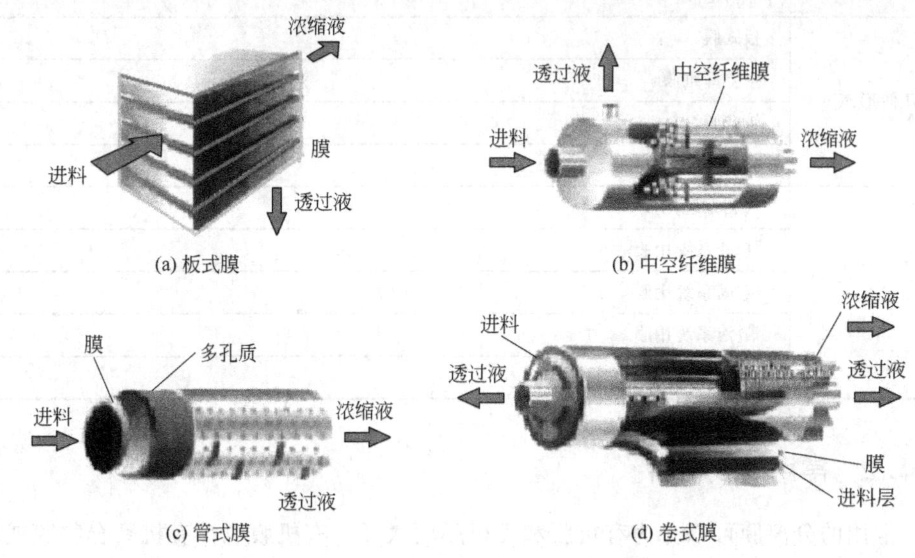

图 1-17　不同几何形态膜组件示意图

(6) 按膜用途

按膜的用途，即按膜所处理混合流体的相态，膜可分为气相系统用膜（如气体扩散）、气-液系统用膜（如将气体引入液相）、气-固系统用膜（如纯化气体）、液-液系统用膜（如溶质从一种液相进入另一种液相）、液-固系统用膜（如使油水两相分层析出）、固-固系统用膜（如固体微粒筛分）等。表 1-3 列出了几种分离膜的分类情况。

表 1-3 分离膜的分类

分类依据	分类举例
制膜材料	天然膜(如生物膜、天然物质或再生膜)
	合成膜[如有机膜、无机膜、有机/无机复合(杂化)膜]
膜结构	对称膜(如致密膜、多孔膜、离子交换膜)
	非对称膜(如非对称膜、复合膜)
膜凝聚状态	固膜
	液膜(如支撑液膜、乳液液膜、液滴液膜)
	气膜
膜作用机理	吸附膜(如多孔石英玻璃膜、多孔炭膜、多孔硅胶膜、反应膜)
	扩散膜(如溶解扩散型聚合物膜、原子状态扩散型金属膜、分子状态扩散型玻璃膜)
	离子交换膜(如阳离子交换树脂膜、阴离子交换树脂膜、两性交换膜)
	选择性渗透膜(如渗析膜、电渗析膜、反渗透膜)
	非选择性渗透膜(加热处理的微孔玻璃、过滤型微孔玻璃)
膜电荷状况	荷电膜(如离子交换膜、纳滤荷电膜)
	非荷电膜
膜几何形态	板式膜
	中空纤维膜
	管式膜
	卷式膜
膜用途	气相系统用膜
	气-液系统用膜
	气-固系统用膜
	液-液系统用膜
	液-固系统用膜

1.4.2 常用制膜材料

常用的分离膜可以分为有机膜和无机膜两大类。有机膜也称有机聚合物膜或高分子膜，是由聚合物或聚合物复合材料制成的具有分离流体混合物功能的分离膜。

常用的有机膜制膜材料包括纤维素类、聚酰胺类、聚烯烃类、乙烯基聚合物类、含氟聚合物等。有机膜易于制备，几乎涵盖了如反渗透、纳滤、电渗析、渗透蒸发等所有的膜材料。

无机膜是以金属、金属氧化物、陶瓷、沸石、多孔玻璃等无机制膜材料为分离介质制成的分离膜，常用的制膜材料如 Al_2O_3、ZrO_2、TiO_2、SiO_2、SiC、不锈钢、镍、钯及金属合金等。无机膜耐热性和化学稳定性好、力学性能突出、抗微生物、使用寿命较长，但无机膜性脆、成型难度大等。目前无机膜主要用于微滤和超滤膜过程。

1.4.2.1 有机聚合物制膜材料

目前使用的分离膜多数是以有机聚合物为原材料制成的有机膜。有机聚合物的种类多、加工性能好、制膜成本较低，在分离膜材料方面应用广泛。

(1) 纤维素类

① 纤维素　纤维素（cellulose）是植物通过光合作用产生的，也是植物细胞壁的主要成分，每年产量可达亿万吨，是地球上含量最丰富的天然高分子材料，也是可再生的绿色有机资源。棉花的纤维素含量接近 100%，一般木材中纤维素含量约 40%～50%（其余为半纤维素和木质素）。就化学结构而言，纤维素是以 D-葡萄糖基构成的线性链状高分子化合物，每个葡萄糖基环（如图 1-18 所示）上均含 3 个羟基，羟基之间可形成分子间氢键，亲水而不溶于水及一般的有机溶剂，物理化学性能稳定，生物相容性好，可制备微滤和超滤以及反渗透膜等，具有较高的通量，抗污染性较好，但纤维素结晶度较高，溶解成型难度较大，膜的抗氧化和抗微生物侵蚀能力较差，易水解，纤维素膜在使用过程中易出现被压密的现象。为此，可通过对纤维素化学改性，获得性能更好的纤维素衍生物如硝酸纤维素、醋酸纤维素、再生纤维素等制膜材料。

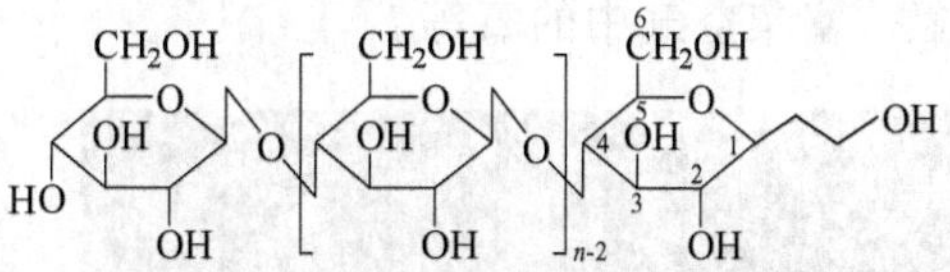

图 1-18　纤维素化学结构式

② 硝酸纤维素　硝酸纤维素（nitrocellulose）又称纤维素硝酸酯，俗称硝化纤维素，是纤维素与硝酸酯化反应的产物，为热塑性白色纤维状聚合物，耐水、耐稀酸、耐弱碱和耐油性化合物，日光下易变色，极易燃烧。早在 1855 年德国科学家 Adolf Eugen Fick 就研制出硝酸纤维素膜。硝酸纤维素微孔膜对核酸或蛋白质有较强的结合力，主要用于印迹分析，是生物学试验中最重要的耗材之一。

③ 醋酸纤维素　醋酸纤维素（cellulose acetate）又称为纤维素乙酸酯，是纤维素中部分羟基被乙酸酯化后的产物，其性能取决于乙酰化程度即酯化度［纤维素酯化时每 100 葡萄糖残基中被酯化的羟基数，被充分酯化的纤维素称三醋酸纤维素（cellulose triacetate，CTA），酯化度为 280～300；大部分被酯化的称二醋酸纤维素（cellulose diacetate，CDA），酯化度为 200～260］。三醋酸纤维素与二醋酸纤维

素均为白色无定形屑状或粉状固体，无明显熔点，220℃开始软化，软化温度随酯化度和溶液黏度增大而升高。三醋酸纤维素密度 1.42g/cm^3，可溶于氯代烃类及吡啶溶剂；二醋酸纤维素密度 1.29～1.37g/cm^3，易溶于丙酮及酮、醚、酰胺等类溶剂。醋酸纤维素亲水、耐稀酸但不耐碱，由于纤维素大分子中羟基被乙酰基所取代，削弱了分子间氢键作用，使大分子之间距离增大，所以有良好的成膜与成纤加工性能。

1960 年，美国科学家 Sidney Loeb 和 Srinivasa Sourirajan 博士研制出可用于海水淡化的醋酸纤维素反渗透膜。醋酸纤维素具有资源丰富、无毒、耐氯、制膜工艺简单、成本较低、易于工业化生产等优点，制成的膜材料选择性好、水通量大、用途较广等，但易被微生物侵蚀、耐酸碱和耐热及抗氧化性较差、易压密等，目前主要用于制备反渗透膜、超滤膜（图 1-19）、微孔膜及气体分离膜等。因加工性能良好和原料成本较低，以二醋酸纤维素和三醋酸纤维素混合物制成的中空纤维反渗透膜以及在硝酸纤维素或二醋酸纤维素基膜上复合三醋酸纤维素表面分离层的反渗透膜等也有应用。醋酸纤维素膜可用于血浆和血清蛋白质过滤、酶和药剂分离与精制、果汁浓缩与澄清化、水净化和超纯水制备、回收天然气中的氦、分离混合气中的氢、富集空气中的氧等。

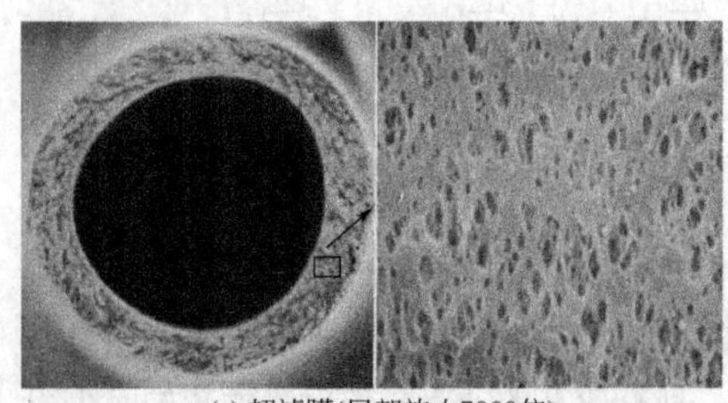

(a) 超滤膜(局部放大7000倍)

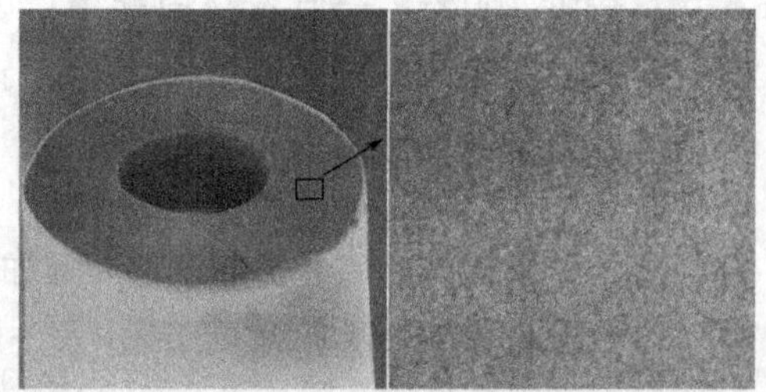

(b) 反渗透膜(局部放大3500倍)

图 1-19　醋酸纤维素膜横截面形貌

④ 再生纤维素　再生纤维素是将天然纤维素通过化学方法溶解后再沉淀析出得到的纤维素，也称为纤维素Ⅱ（cellulose Ⅱ），它不同于天然纤维素之处在于分子量（或聚合度）较小，大分子缠结程度和结晶度较低，与天然纤维素同样具有优良的亲水性。再生纤维素膜的渗透性和抗污染性较好、通量衰减较低、易于清洗、耐常规有机溶剂和耐热性好、生物相容性好且无毒，但膜的通量较低、易生物侵蚀、不耐酸碱、机械强度不高、应用范围较窄等。由于纤维素资源丰富且可再生，环境友好，且随着如 *N*-甲基氧化吗啉等无毒、无污染新型溶剂的成功应用，纤维素类膜的更大发展令人期待。

(2) 聚酰胺类

聚酰胺类指大分子主链上以酰胺基（—CONH—）为重复单元结构的一类聚合物，包括脂肪族、半脂肪族及芳香族聚酰胺。脂肪族聚酰胺是指大分子主链中含脂肪族链的聚酰胺，如聚己内酰胺（尼龙-6）、聚己二酰己二胺（尼龙-66）等；芳香族聚酰胺大分子主链上重复单元含有苯环或芳环，由芳香族二胺与芳香族二酸缩聚而成，如聚对苯二甲酰对苯二胺、聚间苯二甲酰间苯二胺等。

① 脂肪族聚酰胺　聚己内酰胺（polycaprolactam，PA-6）是由单体己内酰胺经开环聚合反应生成的线性脂肪族聚酰胺，大分子主链上含有$-NH(CH_2)_5(CO)-$重复基团，熔点215～220℃，密度1.084g/cm^3，可溶于甲酸、苯酚、浓硫酸等，是生成聚己内酰胺纤维（锦纶-6）的原料，也是最重要的工程塑料品种。由于含酰胺基，聚酰胺具有较好的亲水性、耐热性和力学性能，制成的膜材料有较好的选择透过性和生物相容性，但对蛋白质类物质有非特异性吸附，水处理时膜易污染，水通量衰减较快。聚己内酰胺、聚己二酰己二胺等脂肪族聚酰胺的多孔膜在水处理、生物医药等方面都有应用。

② 芳香族聚酰胺　芳香族聚酰胺（polyarylamide）大分子主链中含有苯环和酰胺基，具有良好的耐压密性、热稳定性和力学性能，被广泛用于制备高性能纤维、耐高温防护服、阻燃纺织材料、耐高温电器绝缘材料等，由于富含酰胺基，有较好的亲水性，也常被用于制备纳滤和反渗膜材料。

1960年出现了非对称醋酸纤维素反渗透膜后，1970年美国Du Pont公司开发出芳香族聚酰胺中空纤维膜。醋酸纤维素膜和芳香族聚酰胺膜是目前两大主要反渗透膜产品，前者工艺较简便、价格便宜，耐游离氯、膜面平滑不易结垢和污染，但耐热性差、易发生化学及生物降解且操作压力较高；后者脱盐率高、通量大、操作压力较低，并有很好的机械稳定性、热稳定性、化学稳定性及水解稳定性，但不耐游离氯，抗结垢和污染能力较差。近年来，通过开发新型制膜材料和改进工艺、改性膜表面等，芳香族聚酰胺类反渗透膜的抗氧化和抗污染能力等都得到提高，使其成为反渗透膜的主流产品。芳香族聚酰胺类反渗透膜包括非对称膜和复合膜：非对称膜表皮层致密，皮下层呈梯度疏松结构；复合膜是在多孔支撑膜（超滤、微滤基膜或非织造布）上通过界面聚合法复合一层极薄的致密皮层。

工业上大量应用的芳香族聚酰胺反渗透复合膜的致密皮层（表面分离层）是由间苯二胺和均苯三酰氯等通过界面缩聚制成的交联型芳香族聚酰胺构成的。界面聚合法的优越之处在于，在完成单体聚合的同时，可在基膜表面制作出厚度极薄（可小于微米）的活性分离层。工业水处理中，常用氯气作为水的预处理剂，而芳香聚酰胺膜是不耐氯氧化的，为此可选用耐氯氧化且性能优异的磺化芳香聚合物作为制膜材料。

（3）聚砜类

① 聚砜　聚砜（polysulfone，PSF）指大分子主链上含有砜基（$-SO_2-$）和芳环的聚合物，主要品种有双酚A聚砜、聚醚砜及聚芳砜等。从大分子结构上看，砜基的两边都有苯环形成的共轭体系，加之硫原子处于最高氧化状态，所以这类聚合物具有优良的抗氧化性、热稳定性和高温熔融稳定性以及良好的力学性能、电性

能等。

双酚A聚砜是最常见的聚砜类聚合物，学术名称为双酚A-4,4′-二苯基砜（图1-20），由双酚A钠盐（或钾盐）和4,4′-二氯二苯砜缩聚而制得。其为略带琥珀色非晶型透明或半透明聚合物，熔点143～145℃，密度1.24g/cm³，力学性能优良，抗氧化性、热稳定性和化学稳定性好，耐酸、碱，不易水解，可溶于芳香烃和氯代烃、酰胺类溶剂，无毒，廉价易得，但耐紫外线和耐气候、耐疲劳性较差。将聚砜溶于二甲基乙酰胺等极性溶剂中，加入致孔剂，调制成铸膜液，可制成中空纤维膜、板式膜、管式膜等。聚砜膜材料具有良好的渗透性和耐热性以及力学性能，但亲水性和抗污染性较差，在超滤膜、微滤膜以及纳滤或反渗透复合膜的基膜等方面得到广泛应用。

② 聚醚砜　聚醚砜（polyethersulfone，PES）由4,4′-双磺酰氯二苯醚在无水氯化铁催化下，与二苯醚缩合反应制得（图1-21）。

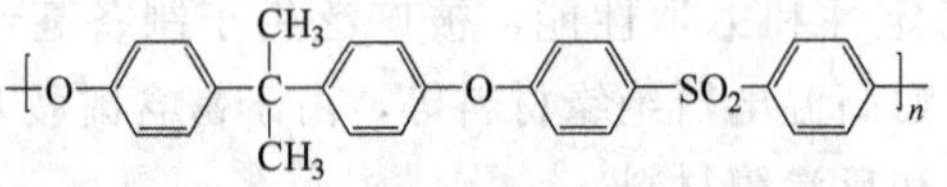

图1-20　双酚A聚砜化学结构式

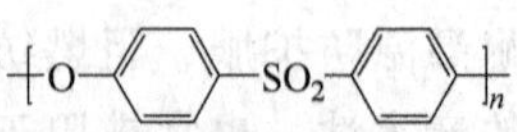

图1-21　聚醚砜化学结构式

因大分子主链上不含脂肪烃基团，聚醚砜的玻璃化温度高达225℃，有很好的热稳定性、抗氧化性和化学稳定性，耐酸、碱性好以及血液相容性好，可溶于氯仿、丙酮、酰胺类等极性溶剂中，但亲水性差，常用于制备超滤膜、纳滤膜等。为提高膜表面的亲水性，采用磺化、接枝、共混等方法对聚醚砜进行改性，可有效提高膜的水通量和抗污染能力。

(4) 聚烯烃类

聚烯烃（polyolefins）是烯烃的聚合物，主要包括乙烯、丙烯以及高级烯烃的聚合物，其中以聚乙烯和聚丙烯最为重要。聚烯烃的相对密度小，耐化学试剂和耐水性好，机械强度和电绝缘性好，价格低廉，容易加工成型，但亲水性差，对紫外线敏感，容易老化。聚乙烯、聚丙烯等属于非极性结晶线性大分子，通常可采用熔融挤出-拉伸技术制成具有均匀微结构缺陷（微孔）的板式膜或中空纤维膜，用这种技术制备的聚烯烃多孔膜，无需添加剂、制膜工艺简单、无污染、生产效率高。

近年来采用热致相分离（thermally induced phase separation，TIPS）法研制聚烯烃多孔膜的报道较多。例如，超高分子量聚乙烯，因黏均分子量（100万以上）大，熔融黏度高，难于采用常规方法纺丝制膜，可以液体石蜡等为稀释剂、二氯甲烷等为萃取剂，通过热致相分离法制成微孔膜。

由于聚烯烃的表面能低、亲水性差，且具有化学惰性、非极性等特点，使得表面不易涂覆、不易润湿，抗污染性差，制成的膜在使用过程中易污染和性能退化。用于水处理的聚烯烃多孔膜，通常需进行亲水改性，使所得膜的表面和内部含有极性基团，增大膜的表面能，提高膜的润湿性、亲水性和抗污染能力。常用的聚烯烃微孔膜表面改性方法如高能辐射接枝、表面光引发接枝、等离子体处理、表面臭氧处理以及超临界 CO_2 状态［物质在气、液、固三相呈平衡态共存的点称三相点，而液、气两相呈平衡状态的点称临界点，临界点时的温度和压力称临界温度和临界压力，高于临界温度和临界压力而接近临界点的状态称为超临界状态，相应的流体称为超临界流体（supercritical fluid，SCF)，其黏性接近于气体，密度接近于液体，扩散系数远超过液体。超临界状态 CO_2 的溶解能力极强］下表面接枝等。

用聚烯烃制成的聚丙烯和聚乙烯分离膜，在水处理、气体分离、生物医药、饮品分离或浓缩等方面有很多应用。

(5) 含氟聚合物

氟元素的反应性极强，一旦与其他元素结合，就会成为耐热、耐化学试剂、性能稳定的化合物，所以当聚合物中部分或全部氢原子被氟原子取代后，这种聚合物就会显示出很多其他聚合物所不具有的特性，如抗污染性、耐候性、耐摩擦性、电绝缘性和耐化学试剂性等。目前含氟聚合物主要有聚四氟乙烯（polytetrafluoroethylene，PTFE)、聚偏氟乙烯（polyvinylidene fluoride，PVDF)、聚全氟乙丙烯［poly（tetrafluoroethylene-cohexafluoropropylene)，FEP］、乙烯-四氟乙烯共聚物（ethylene-terafluoroethlene，ETFE)、四氟乙烯-全氟烷氧基乙烯基醚共聚物（polyfluoroalkoxy，PFA）等。目前用作制膜材料的主要有聚四氟乙烯和聚偏氟乙烯。

① 全氟聚合物　聚四氟乙烯是典型的全氟聚合物（perfluorinated polymer)，大分子中只含 C 原子和 F 原子，C—F 键能远高于 C—H 键和 C—C 健，F 原子在 C—C 主链骨架外形成紧密的保护层，赋予聚合物优异的化学稳定性，除熔融碱金属、三氟化氯、五氟化氯和液氟外，能耐其他所有化学试剂，同时还具有优良的热稳定性、抗污染性、电绝缘性和抗老化性等，对人体无毒性，是一种理想的制膜材料，但因聚四氟乙烯熔体黏度大，流动性差，所以“不溶不熔”的特点使其不能采用传统的相转化法、熔融纺丝-拉伸法或热致相分离法等制成多孔膜。已产业化的聚四氟乙烯多孔膜主要采用高压挤出-拉伸法制得，产品形态包括板式膜和中空纤维膜。例如，将聚四氟乙烯树脂粉料与液体助挤剂充分混合呈糊膏状，高压挤出得到聚四氟乙烯样条，再经压延制成生料片，将生料片热处理以进一步提高聚四氟乙烯结晶度，双向拉伸后得到具有“结点-原纤”状网络微孔特征的板式多孔膜，最后通过热定型固定微孔结构得到聚四氟乙烯双向拉伸膜。

为解决聚四氟乙烯难于加工成型的难题，开发可熔融加工的全氟聚合物一直是含氟聚合物材料领域的研究热点。其中，聚全氟乙丙烯（图 1-22）是一种成功开发和有代表性的可熔融加工全氟聚合物，它是由四氟乙烯和六氟丙烯合成的无规共聚物。

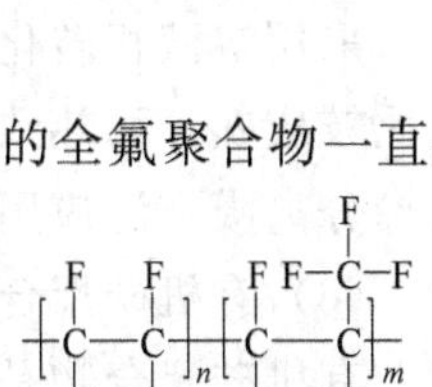

$$-[CF_2-CF_2]_n-[CF_2-CF(CF_3)]_m-$$

图 1-22　FEP 化学结构式

大分子链全部由 C 和 F 构成，与聚四氟乙烯同样具有优异的化学稳定性、耐高低温性和良好的力学性能。虽然聚全氟乙丙烯也为完全的氟化结构，但因大分子主链上有分支和侧链，F原子被三氟甲基（CF_3）取代，破坏了大分子结构的规整性，降低了聚合物的结晶度，共聚物熔点随聚合物中六氟丙烯含量增加而降低。与聚四氟乙烯相似，聚全氟乙丙烯化学稳定性极佳，尚无适宜的溶剂使其溶解或稀释，但可在300℃以上熔融加工，这也是聚全氟乙丙烯有别于聚四氟乙烯的重要特征之一，所以可采用类似热塑性聚合物的加工方法研制聚全氟乙丙烯多孔膜，图1-23所示为本书作者研制的聚全氟乙丙烯中空纤维多孔膜形貌。

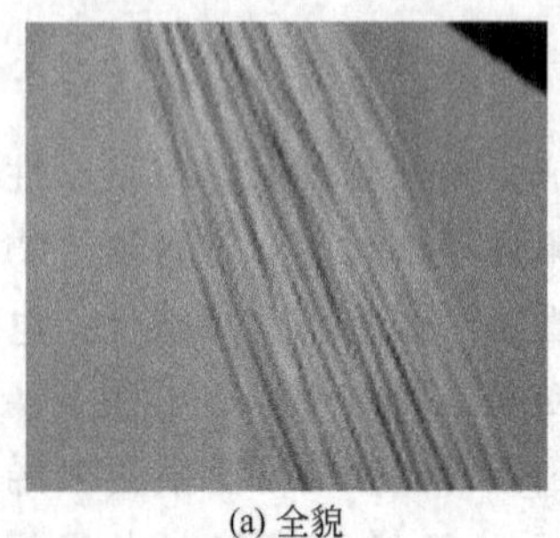

(a) 全貌

(b) 横截面(×1000)

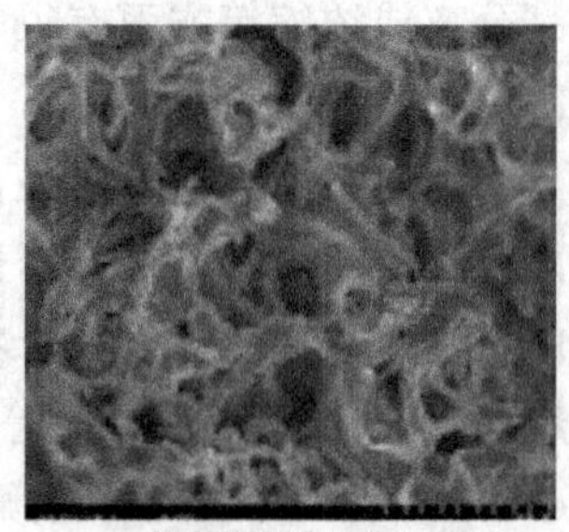

(c) 横截面局部(×10000)

图1-23　FEP中空纤维膜形貌

全氟聚合物的表面能低，具有强疏水性，也是防水透气、膜蒸馏和膜接触器等的理想制膜材料。用于水处理的全氟聚合物多孔膜材料，需要进行亲水化处理，如磺化或表面辐照接枝、等离子体处理等，都能获得一定的效果。

② 聚偏氟乙烯　在含氟聚合物中，聚偏氟乙烯是目前较理想的超滤膜和微滤膜的制膜材料。聚偏氟乙烯是一种白色粉末状结晶性聚合物（图1-24）。其密度为1.75～1.78g/cm^3，玻璃化温度为－39℃，熔点170～180℃，热分解温度约350℃，从熔点到分解温度加工范围较宽，具有优异的抗紫外线、耐气候老化性及抗污染性，在室外放置20年左右也不变脆，室温下耐酸、碱及卤素等化学试剂，可溶于极性有机溶剂如二甲基甲酰胺、二甲基乙酰胺、二甲基亚砜、N-甲基吡咯烷酮等。聚偏氟乙烯有良好的成膜加工性能，既可采用溶液相转化法成型，也可采用熔融纺丝或热致相分离法制膜。通过共混、表面处理等对聚偏氟乙烯膜进行改性，可改善膜的亲水性能。

$$\left[\mathrm{CF_2-CH_2}\right]_n$$

图1-24　PVDF化学结构式

采用溶液相转化法制备聚偏氟乙烯中空纤维以及板式超滤膜、微滤膜的技术已经比较成熟，而热致相分离法聚偏氟乙烯分离膜的生产规模也在逐步扩大。聚偏氟乙烯分离膜广泛应用于水处理等许多领域。

（6）有机硅聚合物

有机硅聚合物是指大分子主链由硅和氧原子交替构成（—Si—O—Si—，硅氧键）、硅原子与有机基团连接的弹性聚合物。按化学结构和性能，有机硅聚合物可分为：①硅油，低分子量线性结构聚合物；②硅橡胶，高分子量线性结构聚合物；

③硅树脂，含活性基团，可进一步固化的线性结构聚合物。

有机硅聚合物属于半有机、半无机结构的高分子材料，兼具有机高分子和无机的特性，大分子之间作用力小，内聚能密度低，结构疏松，具有较强的亲有机物性、疏水性和优良的耐高低温、耐辐射、化学稳定性好和无毒无味等特点，用有机硅聚合物制成的气体分离膜具有良好的气体选择性和透过性，已有应用。

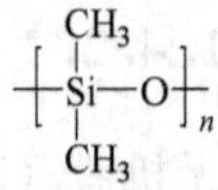

$$\left[\!-\mathrm{Si}(\mathrm{CH_3})_2-\mathrm{O}-\right]_n$$

图 1-25 PDMS 化学结构式

有机硅聚合物制膜材料中，聚二甲基硅氧烷（polydimethylsiloxane，PDMS）是最常见的一种（见图 1-25），其大分子呈螺旋形结构，分子之间作用力很小，可用于制备透气性较好的气体分离膜，但由于膜强度差、支撑性弱等，实用价值不大，因此常采用共聚或复合等方式以提高膜的其支撑强度和改进气体选择性能等。

(7) 聚酰亚胺

聚酰亚胺（polyimide，PI）指大分子主链中含酰亚胺环（—CO—N—CO—）的一类聚合物，其中以含酞酰亚胺环的聚合物尤为重要，作为特种工程材料具有其他高分子材料所无法比拟的突出特性，如耐高温、优良的力学性能、电性能、耐化学试剂和抗氧化性能等，广泛应用于航空、航天、电子、石化以及分离膜等领域。通常聚酰亚胺可由芳香族或脂肪环族四酸二酐和二元胺缩聚而成，大分子中含有十分稳定的芳杂环结构，种类很多，一般结构式如图 1-26 所示。

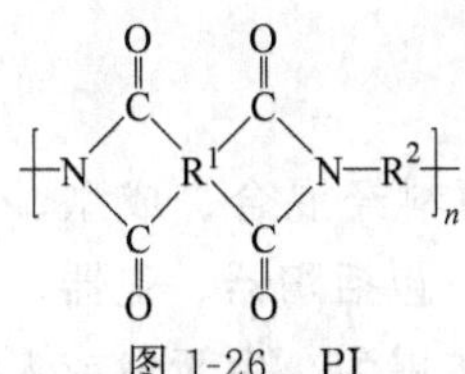

图 1-26 PI 化学结构式

R^1—芳香环或脂肪环；

R^2—脂肪族碳链或芳香环

用于制备气体分离膜的聚酰亚胺，大分子中二酐和二胺的化学结构是影响所得气体分离膜透气性能的主要因素。例如，由苯二胺、联苯胺、稠环芳二胺制得的聚酰亚胺，其大分子主链刚性大，自由体积小，所得分离膜的透气性较差，为此可通过在大分子中引入取代基，增大聚酰亚胺的自由体积，改善其透气性。含有刚性二酐的聚酰亚胺自由体积较大，玻璃化温度较高，内聚能密度较大，具有较好的透气性和透气选择性。柔性二酐聚酰亚胺大分子链段的活动能力较强，有碍于气体扩散，透气性较好，但透气选择性较差，可通过将柔性二酐与某些刚性二胺缩聚，制备兼具较高透气性和选择性的聚酰亚胺分离膜。

除气体分离膜外，聚酰亚胺在制备超滤膜、渗透汽化膜、反渗透膜及双层选择（亲油及亲水基团分别有序双层排列）膜等方面都有较多应用。

(8) 其他聚合物制膜材料

除上述制膜材料外，常见的成纤聚合物（用于制备化学纤维的聚合物）如聚乙烯醇、聚丙烯腈、聚氯乙烯以及壳聚糖等综合性能良好，原料成本较低，也是常用的制膜材料。通常这类聚合物的分解温度低于其熔融温度（熔点），不能采用熔融方式加工成型，但可溶于某些溶剂（如聚乙烯醇可溶于水、二甲基亚砜，聚丙烯腈可溶于二甲基甲酰胺、二甲基乙酰胺，聚氯乙烯可溶于丙酮、二甲基乙酰胺，壳聚糖可溶于稀酸等），通过采用溶液相转化法可制成板式、中空、管式及复合等多种形态的分离膜，在饮用水、生物医药、工业废水和生活污水处理等方面有很多应用，不再赘述。

1.4.2.2 无机物制膜材料

无机膜（inorganic membrane）指以金属、金属氧化物、陶瓷、沸石、多孔玻璃等无机材料为分离介质制成的半透膜，主要用于微滤膜、超滤膜以及气体分离膜等方面。无机膜耐热性和化学稳定性好，抗微生物及力学性能突出，使用寿命较长，但无机膜性脆，加工成型以及组件制备难度较大等。

无机膜的研究始于20世纪40年代，现已在食品、生物、环境、化学、石化、冶金等领域获得应用，成为苛刻条件下精密过滤分离的重要新技术。无机膜优异的材料性能使得其应用范围比较广泛，尤其是在石油化工、化学工业等高温、高压、有机溶剂和强酸、强碱体系以及强化反应过程的膜催化、高温气体膜分离等方面表现出有机膜所不具备的特性。

(1) 陶瓷

传统的陶瓷（ceramic）指由黏土、长石及石英等天然原料经混合、成型、干燥、高温烧制而成的耐水、耐火、坚硬的材料和制品的总称，包括陶器、瓷器、拓器、砖瓦等。随着近代科学技术的发展，现代陶瓷的定义已扩展为：由天然或人工合成的无机非金属材料经加工制造而成的固体材料和制品，不仅包括瓷器、陶器、耐火材料、磨料、搪瓷、水泥和玻璃等传统材料，还包括具有高强度、高硬度、耐腐蚀，以及特殊光、电、磁、生物医学性能的无机非金属材料和制品，广泛用于信息、能源、生物医学、环境、国防、空间技术等高新技术领域中。

本书所涉及的陶瓷制膜材料主要指以氧化铝、氧化钛、氧化锆及氧化硅等氧化物陶瓷为原料经高温烧结而成的多孔精密陶瓷过滤材料，具有耐高温（400～800℃）、化学稳定、抗氧化和耐老化、抗微生物、强度高等突出特性，但用陶瓷制成的分离膜也存在着不足，如质脆易破损、装填面积较小、高温使用时密封较困难、出现缺陷时修复难度较大、原材料成本和加工费用较高等。陶瓷膜的制备方法如固态粒子烧结法、化学气相沉积法、溶胶-凝胶法等。其中，20世纪60年代发展起来的溶胶-凝胶法为制备新型陶瓷膜材料提供了新的途径，其原理是将某些易水解的金属氧化物（如无机盐或金属醇盐）在某种溶剂中与水反应，经水解与缩聚过程在低温逐渐形成凝胶，在一定温湿度条件下干燥形成凝胶膜，再经高温煅烧等处理即可制成所需的无机膜。采用溶胶-凝胶法可制备氧化铝膜、氧化锆膜、氧化钛膜、二氧化硅膜和沸石膜等。

陶瓷膜具有分离效率高、节能、耐热和结构稳定等突出优点，越来越受到人们重视。陶瓷膜可分为对称膜和非对称膜，对称陶瓷膜一般指孔径为亚微米到数微米的多孔陶瓷膜，可直接用于工业过滤、除尘、汽车尾气处理等，有很好的应用前景。多孔陶瓷膜也可用作支撑体，在其上制备一层或多层孔径较小的分离层即为非对称膜，可用于微滤、超滤、反渗透等液体分离和气体分离以及集反应、分离、催化于一体的膜反应器等。目前商品化的多孔陶瓷膜多以 Al_2O_3 和 ZrO_2 等为制膜材料。

(2) 沸石

沸石 (zeolite) 指一类含水架状结构铝硅酸盐矿物的总称。它是由水合硅铝化合物等构成并具有规整孔道结构的无机材料，一般为无色、白色或浅色，玻璃光泽，密度 $2.0\sim2.3g/cm^3$，由低温热液作用形成，主要见于火山岩中，有优异的化学活性、选择性阳离子交换能力及吸附性能，被广泛用于催化剂、分子筛、吸附分离剂、干燥剂、添加剂等。根据沸石内孔道孔径的大小，可分为小孔、中孔、大孔和超大孔分子筛，它们基于物质分子之间尺寸、形状、极性和不饱和程度的差异可实现对物质的分离。

1987 年，H. Suzuki 首次以专利形式报道了在多孔载体上合成的分子筛膜，从此沸石膜的研究与应用得到快速发展。沸石膜是一种以沸石为原料制成的可筛分分子的膜材料：以一定粒径的天然沸石粉为原料，以聚合物（如淀粉等）为添加剂，采用挤出工艺成型，湿坯干燥后，在一定温度下烧结即可制成多孔沸石膜。

虽然有机膜已在海水淡化、有机物分离等领域实现商品化，但在分离中不可避免地会出现生化污染、浓差极化和膜溶胀等现象，限制了其使用范围。沸石分离膜作为一种新型的无机膜，除具有不发生溶胀、耐腐蚀和污染能力强、化学和热稳定性优异等特点外，还具有分子筛特性：孔径均一（通常小于 1nm），可利用分子筛孔道的选择性吸附和选择性扩散等功能有效实现不同尺寸和不同性质分子的分离；沸石孔道内的阳离子可进行交换；沸石膜外表面可通过化学气相沉积法进行选择性修饰，使膜孔径大小、催化和吸附性能变得可调，实现催化和分离的精确控制；沸石膜的硅铝比不同，其亲水性和疏水性、耐酸性也不同，可根据需要选择不同的沸石膜和硅铝比。沸石膜在渗透汽化、复杂含盐水处理、有机物脱水等方面得到应用。

(3) 玻璃

玻璃 (glass) 是具有固体机械性质的硅酸盐类非晶态物质，属于混合物，受热无固定的熔点，一般性脆而透明，各向同性。常见的钠钙玻璃是以石英砂、纯碱、长石及石灰石等为原料，经混合、高温熔融、澄清、匀化后加工成型，再经退火处理而得玻璃制品。除硅酸盐玻璃外，还有以磷酸盐、硼酸盐为主要成分的玻璃，以及以钛、锆、钒等的氧化物或硫、硒、碲化合物为主要成分的特种玻璃等。玻璃广泛应用于生活用品、包装用品、建筑和照明材料以及高新技术等方面。

以玻璃为原材料，制备玻璃分离膜的方法有分相法、溶胶-凝胶法、涂层法和烧结法等。例如，分相法是美国 Corning 公司首先开发用于制作高硅氧玻璃的，而玻璃分离膜则是其中间产品，它是基于玻璃分相原理，将组成位于 Na_2O-B_2O_3-

SiO_2 三元相图中不混溶区内的钠硼硅玻璃，经一定温度热处理，分为互不相溶的两相，再用浸蚀剂溶去其中的可溶相后，制成具有一定孔径分布的玻璃分离膜。

由于玻璃分离膜的孔径均一，比表面积大，且孔径可在纳米级到微米级范围内调整控制，以及通过表面修饰赋予其某些特殊功能，使玻璃分离膜可广泛用于化学化工、生物工程、医药工业及环境保护等领域中的液体分离和气体分离。例如，目前实用的气体分离膜主要是有机聚合物膜，其分离系数大，但渗透速率较低，一般只能在 200℃以下使用，而微孔玻璃膜可耐 800℃高温，孔径均匀，使用寿命长，可用于高温混合气体分离，用热化学法制 H_2 时，需在 800℃、$3kgf/cm^2$（$1kgf/cm^2=98.0665kPa$）压力下将 H_2S 分解成 H_2 和 S，为提高反应效率，反应进行时可采用玻璃膜将反应物 H_2S 与生成物 H_2 分离。在液体分离方面，玻璃分离膜主要用作超滤和微滤过程，如酒类的分离精制、海水脱盐、血浆-血球分离、蛋白质浓缩、啤酒的酵母分离、酱油、食用油的分离精制以及放射性废液的处理等。

(4) 金属

虽然分离膜的种类很多，但大多数为有机膜，而金属膜寥寥数种，如镍膜、钯膜、不锈钢膜等。

镍（nickel，Ni）为银白色金属，密度 $8.9g/cm^3$，熔点1455℃，沸点2730℃，质坚硬，具有磁性和可塑性，在空气中不被氧化，耐强碱，在稀酸中可缓慢溶解，释放出氢气而产生绿色的正二价镍离子。镍大量用于制造合金，如在钢中加入镍，可提高机械强度；钛镍合金具有“记忆”的本领，即使重复千万次也准确无误。镍具有磁性，能被磁铁吸引。采用粉末冶金法制备镍基多孔载体，再经电镀修饰，可制得对称的镍质微滤膜，用于气体等的分离或纯化。

钯（palladium，Pd）是银白色过渡金属，密度 $12.02g/cm^3$，熔点 1554℃，沸点 2970℃，化学性质稳定，耐氢氟酸、磷酸、高氯酸、盐酸和硫酸蒸气等，但易溶于王水和热的浓硫酸及浓硝酸。块状金属钯能吸收大量氢气，使体积显著胀大，变脆乃至破裂成碎片，加热至一定温度后，吸收的氢气可大部分释出。钯是航天、航空、航海、兵器和核能、汽车等领域不可或缺的关键材料，在化学化工领域广泛用做催化剂，特别是氢化或脱氢催化剂。钯与钌、铱、银、金、铜等的合金，可提高钯的电阻率、硬度和强度，用于制造精密电阻、珠宝饰物等。虽然钯对氢有独特的透过性能，但纯钯的力学性能较差，高温时易氧化，再结晶温度低，纯钯材料易变形和脆化，不能直接用于制膜，而用钯与银等合金制成的钯膜，可用于氢气与杂质等的分离。

不锈钢（stainless steel）又称不锈耐酸钢，是最常见的金属制膜材料。不锈钢定义为在大气和酸、碱、盐等腐蚀性介质中呈现钝态、耐蚀而不生锈的高铬（一般为 12%～30%）合金钢。不锈钢中的主要合金元素是铬（chromium，Cr），只有当铬含量达到一定值时，钢才有耐蚀性。不锈钢的耐蚀性随含碳量增加而降低，多数不锈钢的含碳量均较低。不锈钢中还含有镍、钼、钛、铌、铜、氮等元素，以满足各种用途对不锈钢组织和性能的要求。不锈钢易被氯离子腐蚀。

金属膜又可分为致密金属膜和多孔金属膜。致密金属膜产生于 20 世纪 60 年代，主要有镍膜、钯膜、钯合金膜以及不锈钢膜等。

通常致密金属膜具有梯度复合结构，膜层孔径与气体分子的自由程同一数量级，主要用于气体分离和提纯。例如，以多孔不锈钢为支撑体，在其内表面烧结一层致密的 TiO_2 膜，从而可制成结构密实、膜面光洁、抗污染的不对称微孔滤膜。

多孔金属膜产生于 20 世纪 40 年代，为了分离铀同位素，研究人员发明了金属镍多孔膜，但因其热稳定性差，未获得工业应用，20 世纪 90 年代出现的不锈钢膜，在液-固、气-固和固-固分离等方面得到很多应用，如美国 MOTT 公司生产的多孔不锈钢过滤材料，其过滤精度从 0.05～100μm。

多孔金属膜可分为 3 种：①对称的多孔金属膜；②以多孔金属为基体，金属、金属氧化物、合金为膜层（表面分离层）的不对称复合金属膜；③基体（支撑体）与膜层均为金属的不对称复合金属膜。已获得实用的多孔金属膜主要是微滤膜范围，而超滤和纳滤金属膜甚少。

(5) 炭材质

由含碳物质经高温热解炭化制成的炭膜（carbon membrane）是一种新型的无机膜，不仅具有良好的耐热、耐酸碱、耐有机试剂能力以及较高的机械强度，而且还具有均匀的孔径分布和较强的渗透能力及较好的选择性。20 世纪 80 年代以来，用于气体分离的管状和板式炭膜及中空纤维状分子筛炭膜的出现，使炭膜的研究与开发应用进入新的阶段。

炭膜的制膜材料主要为一些有机高分子化合物，如聚丙烯腈、聚酰亚胺、煤沥青等。炭膜可分为均质炭膜和复合炭膜，前者直接由热固性聚合物中空纤维或薄膜在惰性气体或真空中加热炭化、释放小分子气体后产生多孔结构而制得，无需支撑材料，制备过程较简便，但产物性脆，实用价值较小。复合炭膜是由支撑体炭膜（或其他材质支撑体）与选择分离层炭膜复合而成，是制备炭膜中常用的方法。炭膜在工业废水、乳品饮料、啤酒、气体分离、空气中脱除有机物蒸气以及炭膜反应器等方面都有应用。

1.5 分离膜的性能表征

1.5.1 膜的分离性能

分离膜的性能指标主要包括分离特性和物理化学特性。膜的分离特性可用分离效率、渗透通量等参数描述，而膜的物化特性包括膜的形态、平均孔径及其分布、孔隙率、热稳定性和化学稳定性、亲水和疏水性、电性能、毒性、力学性能等，可采用不同的测试方法如显微镜观察、孔径及其分布测定等进行表征。

1.5.1.1 分离效率

分离效率可用于描述不同的膜分离过程和分离对象，主要参数为截留率和分离系数。

(1) 截留率

截留率或称去除率 R_0 (rejection) 的定义是能被膜截留的特定物质的量占溶液中该特定物质总量的比率。

$$R_0=\left(1-\frac{c_0}{c_f}\right)\times 100\% \tag{1-1}$$

式中 R_0——截留率；

c_f——原料液中特定物质的浓度，mg/L；

c_0——透过液中特定物质的浓度，mg/L。

对于反渗透膜，截留率即为除盐率，为进水和透过水含盐量之差与进水含盐量之比，实际测试中常用水的电导率代替含盐量，此时式(1-1) 中 c_f 为进水的电导率，c_0 为透过水的电导率。

截留率是表征微滤膜、超滤膜、纳滤膜和反渗透等膜分离过程中分离效果的重要指标，如溶液脱盐、脱除微粒及大分子物质等。显然，截留率越大、截留范围越窄，膜的分离效果越好，常用蛋白类、聚乙二醇等作为测定膜的截留率和截留范围的试剂。

(2) 分离系数

对于含 A、B 双组分气体混合物的某些分离过程，如气体分离、渗透汽化，分离效率可用分离系数 (separation coefficient，$\alpha_{A/B}$) 表示：

$$\alpha_{A/B}=\frac{\left(\dfrac{\text{A组分浓度}}{\text{B组分浓度}}\right)_{\text{透过气}}}{\left(\dfrac{\text{A组分浓度}}{\text{B组分浓度}}\right)_{\text{原料气}}}=\frac{Y_A/Y_B}{X_A/X_B} \tag{1-2}$$

式中 X_A、X_B——分别为组分 A 和组分 B 在原料气（进料气）中浓度，mg/L；

Y_A、Y_B——分别为组分 A 和组分 B 在透过气（渗透气）中浓度，mg/L。

气体分离膜的基本原理是混合气体中各组分在一定的驱动力（如压力差、浓度差、电势差）作用下透过膜的速率不同，从而实现对各组分的分离。气体在有机聚合物膜内的传递一般可分为 3 个连续步骤：①气体吸附溶解于膜表面；②吸附溶解在膜表面的气体在浓差作用下向透过侧扩散；③气体分子在膜的另一侧解吸。因此，应尽量使分离系数的数值大于1，若 A 组分通过膜的速率大于 B，则分离系数表示为 $\alpha_{A/B}$；反之，则为 $\alpha_{B/A}$；若 $\alpha_{A/B}=\alpha_{B/A}$，则表示分离过程无法进行。

1.5.1.2 渗透通量

渗透通量或称渗透速率、过滤速率，简称通量，指膜分离过程中一定工作压力下单位时间内通过单位膜面积上的物质透过量（J_w）：

$$J_w=\frac{V}{Stp} \tag{1-3}$$

式中 J_w——通量，$cm^3/(cm^2 \cdot h \cdot bar)$[1] 或 $L/(m^2 \cdot h \cdot bar)$；

V——透过液（气）体积，cm^3 或 L；

S——膜的有效面积，cm^2 或 m^2；

t——获得 V 体积透过液（气）所需时间，h；

p——测试压强，bar。

通常测定水的渗透通量（水通量）工作压力即压强为 1bar（0.1MPa），J_w 的单位为 $L/(m^2 \cdot h)$ 或 $cm^3/(cm^2 \cdot h)$。

图 1-27 为膜渗透通量实验示意图。当原料液为纯水时，测试结果为纯水通量。

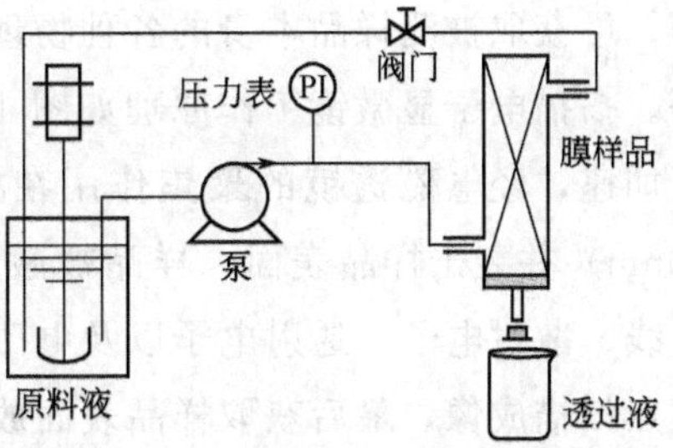

图 1-27 膜过滤装置图

1.5.2 膜的物理化学特性

1.5.2.1 膜的孔结构形态

膜的孔结构形态涉及膜的表面和横截面形貌、膜孔的几何形态、孔径及其分布、孔隙率等，常用的测试表征方法如显微镜观察法、泡点法、压汞法和渗透法等。

（1）显微镜观察法

① 光学显微镜　早在公元前 1 世纪，人们就发现通过球形透明物体观察微小物体时，可使其放大成像。光学显微镜（light microscope）一般由样品台、聚光照明系统、物镜、目镜和调焦机构组成（图 1-28）。样品台用于承放被观察的物体。被观察物体位于物镜的前方，被物镜作第一级放大后成一倒立的实像，然后实像再被目镜作第二级放大，成一虚像，人眼看到的就是虚像。显微镜的总放大倍率即直线尺寸的放大比，等于物镜放大倍率与目镜放大倍率的乘积。显微镜的分辨率是指能被显微镜清晰区分的两个物点的最小间距。一般人眼的分辨率约 0.2mm（距离 250mm），光学显微镜最高可达 0.2μm 左右，而电子显微镜可达 1nm 以下。因此，用光学显微镜能简单地观察膜材料的表面和横截面形貌。

② 电子显微镜　显微技术是观察和研究分离膜材料结构形态和形貌的最直观

[1] $1bar=10^5Pa$。

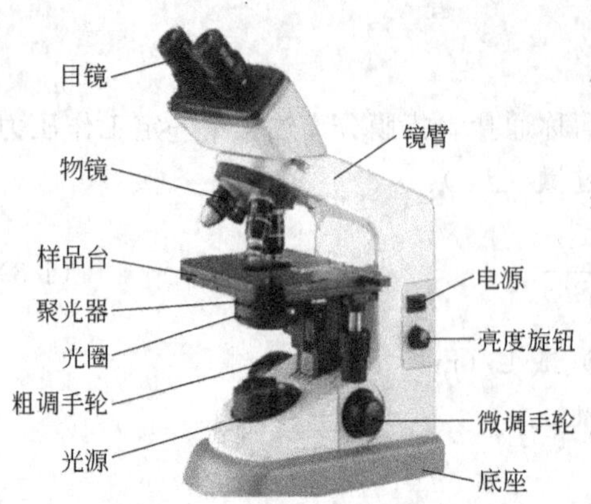

图 1-28 普通光学显微镜

的方法之一，其中应用最多是扫描电子显微镜以及原子力显微镜。

a. 扫描电子显微镜 20 世纪 40 年代，英国剑桥大学成功研制出分辨率为 50nm 的世界首台扫描电子显微镜（scanning electron microscope，SEM）。目前实用的扫描电子显微镜的最大有效放大倍数可达 20 万倍左右，分辨率可达 0.2nm 左右，已成为研究材料微观结构、形貌、孔径及其分布、断口、多相材料的界面形态等不可或缺的手段。利用电子与物质的相互作用，可获取被测样品本身的各种物理、化学性质的信息，如形貌、组成、晶体结构等。扫描电子显微镜工作原理如图 1-29 所示。由电子枪发射出的电子在电场作用下加速，经电磁透镜的聚焦作用在样品表面聚焦成极细的电子束（直径可达1～10nm）并轰击样品表面，样品被激发的区域产生各种物理信号，如二次电子、X 射线、散射电子、透射电子以及电磁辐射等，扫描电子显微镜主要是通过二次电子逐点扫描成像，最后获取样品表面放大的形貌像。二次电子信号来源于样品表面层 5～10nm，而二次电子发射量随样品表面形貌而变化。在扫描电子显微镜荧屏上观察到的样品形貌是经通过各种转换后得到的样品二次电子像。

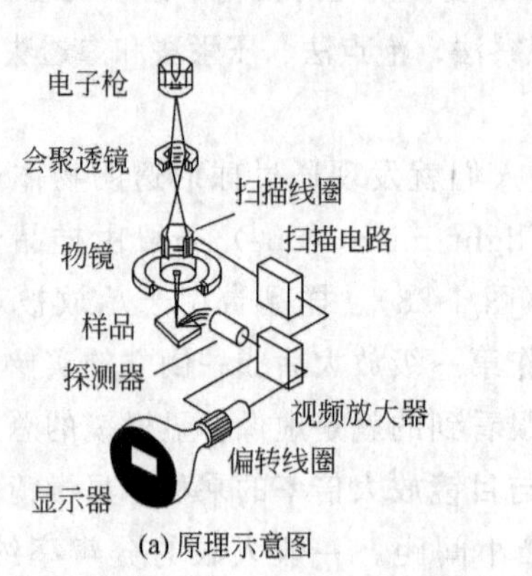

(a) 原理示意图

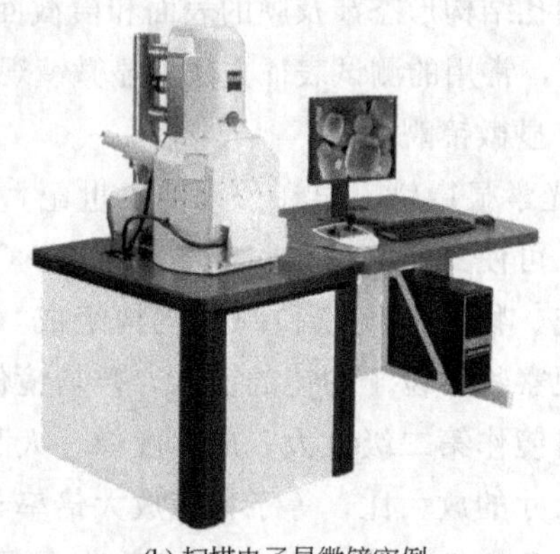
(b) 扫描电子显微镜实例

图 1-29 扫描电子显微镜

由于有机聚合物膜多数是绝缘材料，在高能电子束的轰击下，容易产生充、放电效应，降低仪器的分辨率，所以用扫描电子显微镜观察聚合物试样前需要先样品表面喷镀一层导电层，如金、铂或炭等材料。

b. 原子力显微镜　原子力显微镜（atomic force microscope，AFM）是通过检测待测样品表面和一个微型力敏感元件之间的极微弱的原子间相互作用力来研究物质的表面结构及性质。将探针装在一弹性微悬臂的一端，微悬臂的另一端固定，当探针在样品表面扫描时，探针与样品表面原子间的微弱排斥力使微悬臂轻微变形，微悬臂的轻微变形则作为探针与样品之间排斥力的直接量度（图 1-30）。一束激光经微悬臂背面反射到光电检测器，可精确测量微悬臂的微小变形，实现通过检测样品与探针之间原子排斥力来反映样品表面形貌及其他表面结构信息的目的。

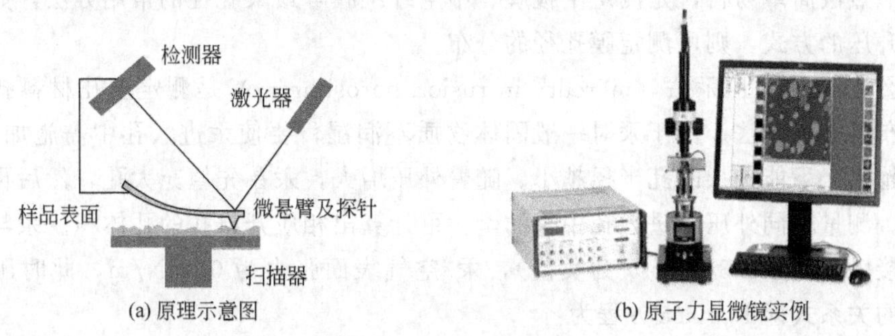

图 1-30　原子力显微镜

原子力显微镜的探针与样品之间的作用形式可以为接触、非接触和敲击三种模式。接触模式扫描过程中探针始终与样品表面保持接触，为避免探针针尖破坏试样的表面结构，探针施加给样品表面的力很小；非接触模式扫描过程中探针在样品表面上方数纳米间距处振荡，样品不会被破坏，针尖也不会被污染；敲击模式介于接触模式和非接触模式之间，探针在试样表面上方振荡，针尖周期性地短暂接触/敲击样品表面。

与扫描电子显微镜相比，原子力显微镜不需要对样品做特殊处理（如镀金或碳），在常压甚至液态环境下探测，所得图像为样品的三维表面图。但原子力显微镜也存在不足，如成像范围小、扫描速率慢、图像质量受探针的影响大等。

（2）孔径及其分布

① 泡点压力法　泡点压力（bubble-point pressure）法简称泡点法，其测试原理是气体要通过已充满液体的毛细管，必须具备一定压力以克服毛细管内的液体和界面之间的表面张力，由此可计算出分离膜的最大孔径。如图 1-31 所示，将完全浸润的膜样品置入测试池中，在膜上注入一薄层液体（如水），从测试池下方缓慢通入氮气至一定压力时，与孔径最大膜孔相当的气泡就会穿过膜孔，水面上出现第一个气泡，对应的氮气压力即为该样品膜的泡点压力，可用于计算膜的最大孔径。同时，依据气泡最多时对应的氮气压力则可计算出最小

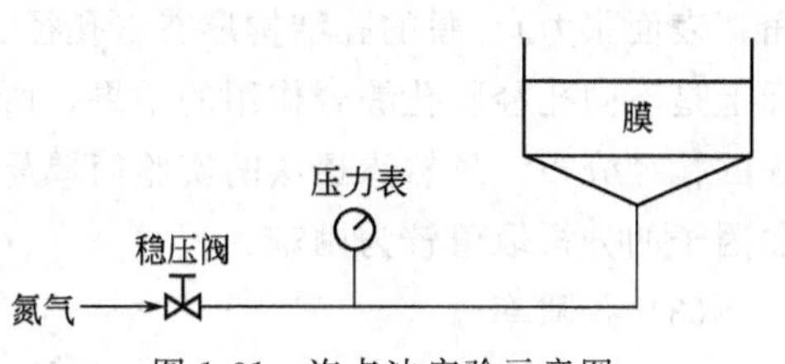

图 1-31　泡点法实验示意图

的膜孔径。根据 Laplace 方程，膜孔径与压差的关系：

$$r_{\mathrm{p}}=\frac{2\sigma}{\Delta p}\cos\theta \tag{1-4}$$

式中　r_{p}——膜孔半径，μm；

σ——液体/空气表面张力，N/m；

θ——液体与膜孔壁的接触角，(°)；

Δp——压差，Pa。

泡点法简单易行，是测定平板膜、中空纤维膜等最大孔径的常用方法，如采用分段升压的方式，则可测定膜孔径的分布。

② 压汞法　压汞法（mercury intrusion porosimetry）是测定多孔材料孔径及其分布的常用方法。由于汞对一般固体物质不润湿，要使汞进入孔中需施加外压，外压越大，汞能进入的孔半径越小。随着外压增大，汞首先填充大孔，然后再进入小孔。测量不同外压下进入孔中汞的量，可计算出相应开口孔的孔体积。汞与样品膜的接触角（141.3°，$\cos\theta$ 为负值），汞/空气表面张力为 0.48N/m，此时压力与孔径的关系式即 Laplace 方程为：

$$r_{\mathrm{p}}=\frac{7492}{\Delta p} \tag{1-5}$$

由于汞的体积可以精确测得，所以根据不同压力下汞进入膜孔的累积体积，可得孔径-孔隙率的累积曲线，微分后可得孔径分布曲线。

③ 渗透率法　在一定压力驱动下，当黏性不可压缩牛顿流体通过具有毛细管孔的分离膜时，膜孔半径（r_{p}）与膜通量（J_{w}）的关系可用 Hagen-Poiseuille 方程表示：

$$r_{\mathrm{p}}=\left(\frac{8\eta\tau LJ_{\mathrm{w}}}{\delta\Delta p}\right)^{1/2} \tag{1-6}$$

式中　η——液体黏度，Pa·s；

L——膜厚度，m；

δ——孔隙率；

τ——弯曲因子。

用不同压力下测量膜的水通量，在某一最小压力下膜的最大孔开始允许水通过，而较小孔不能通过，这个最小压力主要取决于膜材料和透过物的性质（接触角、表面张力）、膜的孔结构形态（孔径、孔道形状）。测试中某一点液体的通量实际上是不同孔径膜孔综合作用的结果，所以根据通量随压力的变化关系，可以确定膜的孔径分布。虽然渗透法的实验简单易行，但膜孔的几何形状往往比较复杂，弯曲因子的分析取值较为困难。

(3) 孔隙率

膜的孔隙率（porosity）是指膜孔体积占膜总体积的比例，膜孔包括开孔（开口孔）和闭孔（封闭孔）两类（图 1-32）。常用的孔隙率测试方法有压汞法、密度法和干湿膜质量法。

① 压汞法　用压汞法可以测得膜的开口孔孔隙率和总孔隙率，膜的总孔隙率（δ）表示为：

$$\delta=\delta_1+\delta_2 \tag{1-7}$$

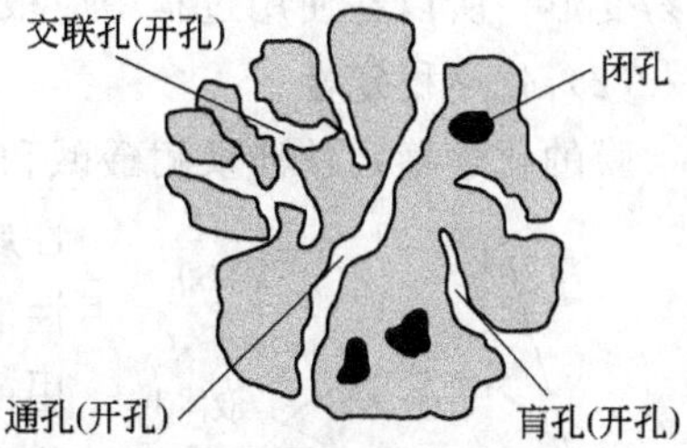

式中　δ_1——开口孔孔隙率；

δ_2——封闭孔孔隙率。

交联孔(开孔)　闭孔　通孔(开孔)　盲孔(开孔)

图 1-32　开孔和闭孔示意图

$$\delta_1=\frac{V_m\rho_0}{W_1+W_2-W_3} \tag{1-8}$$

$$\delta_2=1-\frac{\left(V_m+\dfrac{W_1}{\rho}\right)\rho_0}{W_1+W_2-W_3} \tag{1-9}$$

式中　ρ——制膜材料密度，g/cm^3；

ρ_0——汞密度，$13.6g/cm^3$；

V_m——压入汞总体积；cm^3；

W_1——样品质量，g；

W_2——样品瓶充满汞总质量，g；

W_3——放入样品后样品瓶充满汞总质量，g。

② 密度法　密度法孔隙率（δ）也称体积-称重法孔隙率，是利用制膜材料密度（ρ，消除膜孔影响）和膜的表观密度（ρ_a，单位体积膜质量，其中体积包括膜内闭孔体积）差异，由下式计算而得：

$$\delta=\left(1-\frac{\rho_a}{\rho}\right)\times100\% \tag{1-10}$$

③ 干湿膜称重法　测定干膜样品的质量为 W_1，将其置入能充分浸润干膜制模材料的液体中，取出后擦净膜样品表面液体称重为 W_2，按下式计算孔隙率：

$$\delta=\frac{W_1-W_2}{\rho_{液}V}\times100\% \tag{1-11}$$

式中　δ——干湿膜称重法孔隙率；

$\rho_{液}$——浸润液体密度，g/cm^3；

V——膜的表观体积，cm^3。

1.5.2.2　热稳定性和化学稳定性

(1) 热稳定性

膜的热稳定性决定了膜对使用环境温度变化的适用能力。通常，虽然有机膜的耐热性因制模材料而有所差异，但与无机膜相比，耐高、低温性能均较差，高温下容易变形，所以在使用过程中应根据实际情况选择不同的膜材料。

（2）化学稳定性

膜的化学稳定性涉及耐酸碱和有机试剂性、抗氧化性、抗微生物分解性、表面性质（荷电性或表面吸附性等）、亲水和疏水性、电性能、毒性等，主要取决于制膜材料。在长时间使用或存放过程中受到环境介质作用时，要求膜既不能发生化学反应或溶胀、溶解现象，也不能对所处理的物质产生不良影响等。

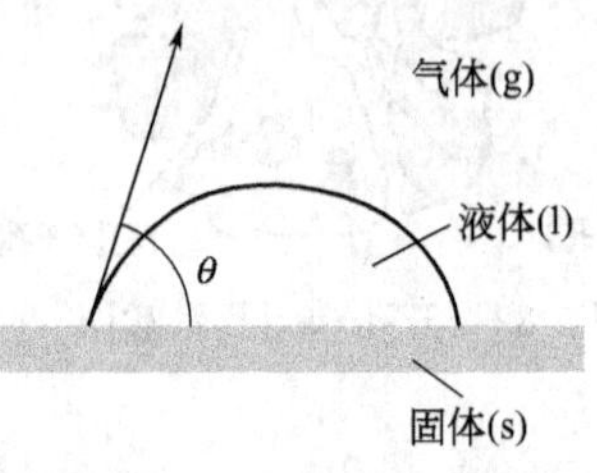

图 1-33　接触角示意图

（3）亲/疏水性

接触角法可用于表征膜材料的亲水性和疏水性（亲/疏水性）。如图 1-33 所示，在气、液、固三相交界处，向 l-g 界面做切线，l-g 界面切线与 s-l 界面之间的夹角（θ）即为接触角。当水滴在膜表面的接触角 $\theta<90°$时，表面膜是亲水性的，即水可润湿膜表面，其接触角越小，水的润湿性越好；当 $\theta>90°$时，表明膜是疏水性的，即水不润湿膜，容易在其表面移动，难以浸入膜表面的微孔。随着膜材料表面亲水性基团增多，膜表面水接触角减小；反之，疏水性基团增多，水接触角增大。

对于多孔膜材料，虽然接触角的测试受较多因素影响，如孔内的毛细管力作用、膜干态时收缩变形、表面粗糙程度或不均匀性等，但膜表面的相对亲/疏水性仍可通过测定膜表面的表观接触角来表征。

1.5.2.3　力学性能

分离膜的力学性能通常是指膜承受拉、压及折叠作用的能力，主要测试指标如爆破强度、拉伸强度及断裂伸长率等。

（1）爆破强度

爆破强度是指膜受到垂直于膜面方向压力作用时，膜所能承受的最高强度。一般采用水压爆破法测试，其原理是通过水对膜施加压力，当膜面渗水（或爆破）时的水压即为膜的爆破强度。

（2）拉伸强度

拉伸强度是指膜所能承受平行拉伸作用的能力。在一定条件下测试时，膜样品受到拉伸载荷作用直至破坏，根据膜样品破坏时对应的最大拉伸载荷和膜样品尺寸（长度）的变化等，可计算出膜的拉伸强度、断裂伸长率及初始弹性模量。

综上所述，良好的分离性能、热稳定性和化学稳定性、力学性能以及无缺陷、价格较低等是分离膜具有工业实用价值的基本条件。

参 考 文 献

[1]　王学松编著．现代膜技术及其应用指南．北京：化学工业出版社，2005.

［2］ Richard W Baker. Membrane Technology and Applications. 3rd ed. Wiley，2012：1-14.
［3］ 安树林主编．膜科学技术使用教程．北京：化学工业出版社，2005.
［4］ 黄维菊，魏星编著．膜分离技术概论．北京：国防工业出版社，2008.
［5］ 王家廉．我国膜技术与应用的现状和发展趋势．中国环保产业，2010，（9）：16-18.
［6］ Zydney Andrew. Sidney Loeb Collection. Journal of Membrane Science，2009，339（1-2）：1-4.
［7］ 小西贵久．世界の水不足解决に取り组む膜分离技术．化学と教育，2011，59（5）：274-277.
［8］ 于慧，高学理，张志坤．无机膜制备及应用．化学工程与装备，2011，（11）：155-157.
［9］ 邢卫红，金万勤，徐南平．我国膜分离技术的研究进展．第十届全国非均相分离学术交流会论文集．苏州：2010：34-39.
［10］ 十二五分离膜行业要实现3大目标．水处理信息报导，2011，（4）：55.
［11］ Huang Q L，Xiao C F，Hu X Y，An S L. Fabrication and Properties of poly（Tetrafluoroethylene-Co-hexafluoro Propylene）Hollow Fiber Membranes. J Mater Chem，2011，21（41）：16510-16516.
［12］ 纤维学会编．纤维の形态．东京：朝仓书店，1982.

第2章 超滤和微滤膜

2.1 概述

超滤（ultrafiltration，UF）和微滤（microfiltration，MF）膜通常被认为是一类多孔膜。在已工业化膜产品中，两种类型的膜占有相当大的比例，这也是两个发展较为成熟的膜品种。一般认为，微滤膜孔径为0.05～10μm，介于传统过滤和超滤之间，分离对象为0.1～10μm大小的悬浮粒子；超滤膜介于纳滤膜和微滤膜之间，孔径范围为1～100nm，主要分离对象为溶解性大分子物质或悬浮细小微粒。图2-1为超滤和微滤分离过程示意图。

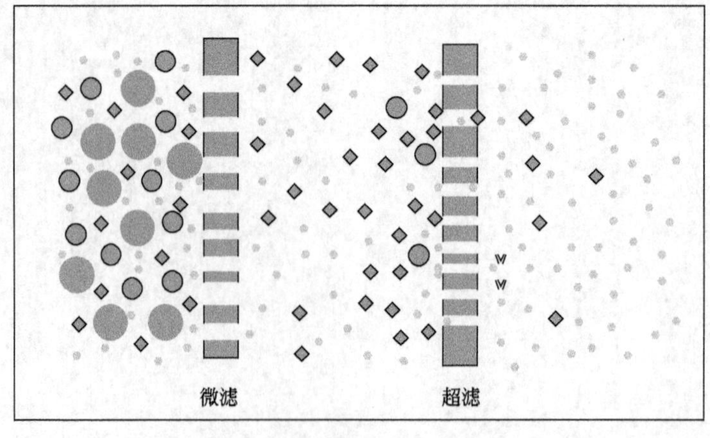

图2-1 超滤和微滤过程示意图

具体说，微滤膜又称为“微孔滤膜”，通常为10～150μm厚、比较整齐均匀的微孔结构薄膜。微滤膜于20世纪二三十年代在德国开始小规模生产和销售。从20世纪60年代开始，随着聚合物材料、成膜机理及制膜技术的发展，微滤膜进入了一个突飞猛进的发展时代。我国研究起步于20世纪五六十年代，目前已有多种商品化微滤膜产品，微滤膜分离机理是在静压差的作用下，小于膜孔的粒子通过膜，大于膜孔的粒子则被阻拦在膜的表面上，使大小不一的组分得以分离。

微滤过程近似于硅藻土、沙、无纺布等介质的传统过滤，但是，由于膜孔分布均匀，过滤精度较高，过滤时无介质脱落，无杂质溶出，无毒，不产生二次污染，使用方便，寿命较长，膜厚度和吸附量较小等，所以优于传统过滤，滤液质量也较高。此外，由于微滤膜厚度小且孔隙率较高，因此在同等过滤精度下，流体的过滤速率比常规过滤介质高很多。

与超滤膜相比，微孔滤膜孔径相对较大，所以阻力小，过滤速率快，操作压力也较低（0.1～0.3MPa）。微滤过程主要适于从气相和液相中截留微米及亚微米级的细小悬浮物、微生物、微粒、细菌、酵母、红细胞、污染物等，以达到净化、分离和浓缩的目的。微滤膜材料主要有有机聚合物膜材料，也有无机金属及非金属材料。

超滤，即超过滤，是介于微滤和纳滤（nanofiltration，NF）之间的一种膜过程。在实际应用中一般不以孔径大小进行表征，而多以截留相对分子质量（molecular weight cut-off，MWCO）进行表征。超滤膜一般为非对称膜，由一层极薄的（0.1～1μm）具有一定孔径的表皮分离层和一层较厚的（大于100μm）具有海绵状或指状结构的多孔支撑层组成。

超滤同微滤相似，也是利用膜的“筛分”作用进行分离的膜过程。在静压差作用下，小于膜孔的大分子等物质通过膜，大于膜孔的物质则被阻拦在膜的表面，使之得以分离。与微滤相比，因为膜孔更小，所以其过滤精度更高，实际的操作压力也比微滤略高，一般为0.1～0.5MPa。实际上超滤膜在分离过程中，不仅膜的孔径大小起分离作用，膜表面化学性质也不同程度起截留作用。另外，与微滤相比，由于膜孔径更小，达到了分子级水平，所以，膜的浓差极化和污染对分离性能也会产生更大影响。

超滤主要从液相中分离大分子物质（蛋白质、核酸聚合物、淀粉、天然胶、酶等）、胶体分散液（黏土、颜料、矿物料、乳液粒子、微生物）以及乳液（润滑脂、洗涤剂、油水乳液）。通过与大分子络合，也可以从水溶液中分离重金属离子、可溶性溶质，以达到净化、浓缩的目的。

超滤和微滤的功能有所不同，微滤多数是除杂，产物是过滤液；而超滤的重点是分离，产物既可以是渗透液，也可以是浓缩液或二者兼而有之。超滤和微滤膜的性能指标有渗透通量和截留率。膜的抗氧化、耐压性、耐清洗性、耐温等性能对于工业应用时也非常重要。

2.2 超滤和微滤过程及其分离机理

2.2.1 超滤和微滤分离机理

通常认为，多孔超滤和微滤膜的分离机理为筛分机理，膜孔结构（孔径大小）和物质大小对分离效果起决定作用。

过程中对溶质的截留包括以下 4 种：①直接机械截留（筛分），即尺寸大于孔径的物质被直接截留；②架桥截留，指一些小于孔径的固体颗粒或大分子物质在膜的微孔入口因架桥作用而被截留；③膜内部截留（也称为网络截留），即通过膜表面的较小物质被膜内部的网络孔截留，发生在膜的内部，是因为膜孔的曲折引起，往往是对膜孔形成阻塞作用，不利于膜应用；④吸附截留，指尺寸小于膜孔径的物质通过物理或化学作用吸附而截留，该截留也会对膜通量产生一定影响。

2.2.2 超滤和微滤膜过程

超滤和微滤运行方式归纳起来可分为两种（图 2-2）：一种为死端过滤；另一种为错流过滤。

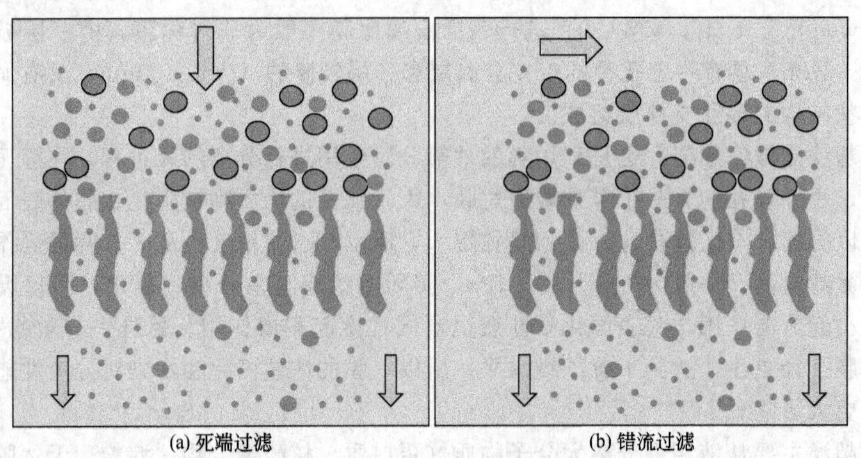
(a) 死端过滤　　(b) 错流过滤

图 2-2　死端过滤和错流过滤方式

2.2.2.1　死端过滤

所谓死端过滤是指原料液置于膜的上游，在压力差推动下，溶剂和小于膜孔的物质透过膜，而大于膜孔的物质则被截留，压力差可通过加压泵对原料液加压或通过真空泵在透过液侧抽真空完成。

该过程随着时间的延长，被截留物质将在膜表面积聚，形成污染层，随着运行的持续，污染层不断增厚和压实，使过滤阻力增加，如果操作压力保持恒定，膜渗透速率将下降。因此这种过滤操作易采用间歇式过滤，在运行过程中，浓度不易过高，必须定期清洗，不过该方式简单易行，适宜小规模生产和膜性能检测。

2.2.2.2 错流过滤

错流过滤是工业上常用的一种操作方式，后面陆续介绍的纳滤和反渗透过程多数也采用该操作方式。其特点是原料液以切线方向流过膜表面，在压力作用下小于膜孔的物质和溶剂透过膜，大于膜孔的物质则被截留在膜表面。

在错流运行中，由于过滤导致的物质沉积也不可避免，但与死端过滤不同的是一般不会使污染层持续增厚，因为料液流经过膜表面时会产生高剪切力，使沉积在膜表面上的污染物扩散返回主体流，被带出膜组件，不会像死端过滤那样污染层持续增加，最终形成一个平衡状态，在相当长时间内保持在一个较薄的水平并维持平衡，因此膜通量得以保持在一个稳定水平。污染层的厚度与运行参数如压力、流量等有关。所以，选择合适的运行参数可以降低膜的污染程度，获得较好的过滤效率。

对于超滤膜，由于分离对象为尺寸较小的大分子物质，运行过程更为复杂，影响分离效率的因素相对较多，主要包括以下几种：

① 溶质分子的形状和大小；

② 膜材质与膜形态结构；

③ 多种溶质的相互影响；

④ 运行参数（如跨膜压差、错流速率、料液浓度、温度、膜的预处理）等。

其中较为重要和常见的是浓差极化现象。主要发生在超滤、纳滤、反渗透过程中。

2.2.2.3 浓差极化和膜污染

过滤过程中，由于分离膜对溶质的截留作用，使得从膜表面到主体原料液形成溶质的浓度梯度，从而导致膜通量下降，这一现象称为浓差极化。

如图 2-3 所示，对于压力驱动的膜过程，无论是超滤，还是纳滤与反渗透，在运行过程中都存在浓差极化和膜污染现象。运行过程中，料液里溶剂在压力驱动下透过膜，溶质被截留，于是在膜与本体溶液界面或临近膜界面区域浓度越来越高。在浓度梯度作用下，溶质由膜面向本体溶液扩散，形成边界层，使流体阻力与局部渗透压增加，从而导致膜通量下降。在过滤过程中，溶质在膜面的聚集速率与溶质向本体溶液扩散速率达到平衡时，在膜面附近存在一个稳定的浓度梯度区，这一区域称为浓差极化边界层。浓差极化使得膜表面附近浓度 c_i 增加，加大了渗透压，在一定压差 Δp 下使溶剂的透过速率下降，同时 c_i 的增加又使溶质的透过速率提高，使截留率下降。

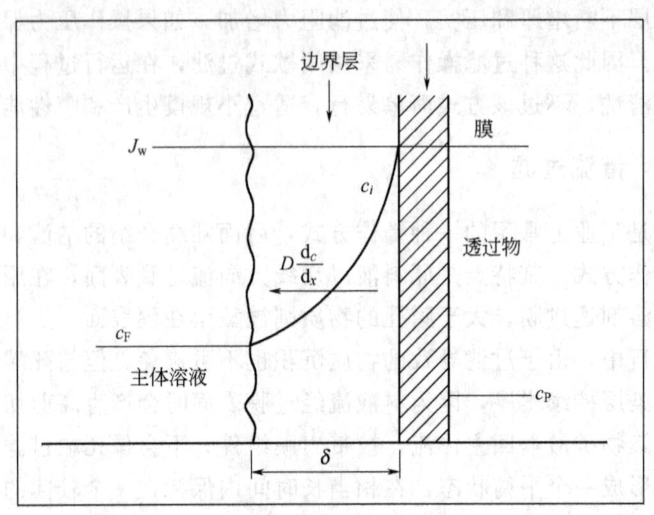

图 2-3　浓差极化模型

膜污染是指被处理原料液中的悬浮物（微粒、胶体粒子）和溶解物（溶质大分子）由于与膜本体存在物理化学作用或机械作用而引起的膜表面或膜孔内吸附、堵塞，使膜产生透过性与分离性的不可逆变化的现象。膜污染将产生额外的阻力，该阻力有时可能远大于膜本体阻力而成为影响过滤的主要因素；膜污染将造成膜孔减小甚至堵塞，实际上相当于减小了膜的有效面积。

理论上，多孔膜纯水通量 J 与压力差 Δp 成正比，呈线性增加，如图 2-4 所示。而对于一定浓度的溶液，由于浓差极化与膜污染的影响，通量随压差的变化关系为一曲线，当压差达到一定值时，再提高压力，只是使边界层阻力增大，却不能增大通量，从而获得一极限通量 J_∞。运行过程中，并非运行增加压力，就可以获得较高的透过速率。相反，有时会增加膜的不可逆污染，减少膜使用寿命和效率。这样，选择一个合适的运行压力就非常重要。浓差极化和膜污染的主要危害表现为以下几点：

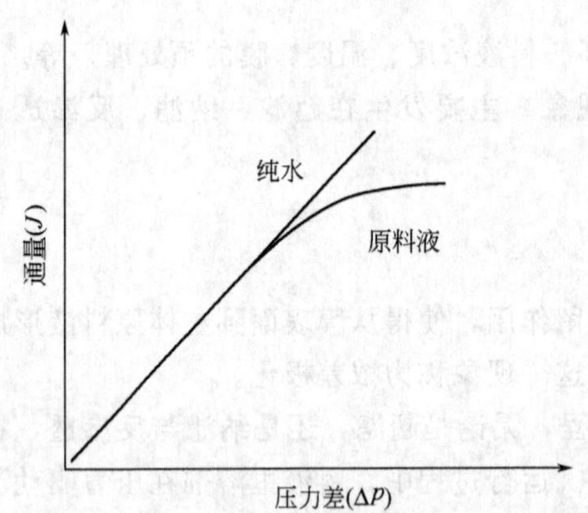

图 2-4　膜通量与压力差关系示意图

① 使膜表面溶质浓度增高，引起渗透压的增大，从而减小传质驱动力；

② 当膜表面溶质浓度达到其饱和浓度时，便会在膜表面形成沉淀或凝胶层，增加透过阻力；

③ 膜表面沉积层或凝胶层的形成会改变膜的分离特性；

④ 当有机溶质在膜表面达到一定浓度有可能使膜发生溶胀或恶化膜的性能；

⑤ 严重的浓差极化导致结晶析出，阻塞流道，运行恶化。

由此可见，浓差极化与膜污染均使膜透过速率下降，为运行过程的不利因素，概括地说，就是分离效果降低，截留率改变，通量下降，应设法减轻浓差极化与膜污染的影响。

由浓差极化形成原理可知，减小浓差极化边界层厚度，提高溶质传质系数，均可减少浓差极化，提高膜的透过速率，主要途径有以下几种：

① 对原料液进行预处理，如除去料液中的大颗粒、适当提高进料液温度以降低黏度、增大传质系数；

② 对组件结构进行优化，设计合适的膜组件结构，在组件中加内插件紊流器以增加湍动程度，减薄边界层厚度；

③ 对运行过程进行优化，如采用横切流、脉冲流、螺旋流，甚至提高流速等手段延长凝胶层的形成时间；

④ 定期的物理清洗和化学清洗是降低膜污染的有效途径。

对多孔膜进行清洗是保证膜性能、提高透过速率的有效方法。膜的清洗方法根据膜的性质和处理料液的性质来确定，分为物理清洗和化学清洗。物理清洗包括净水冲洗、反洗、混入空气反洗、超声波清洗和海绵球清洗等。化学清洗包括酸洗、碱洗、表面活性剂、螯合剂、氧化还原法及酶洗涤剂等多种方法，也可根据污染物性质，采用多种化学试剂复配的方法。同时，针对不同的膜组件，可以选用不同的清洗方法，如管式组件可以用海绵球进行机械清洗，中空纤维组件可以用反向冲洗。另外，工业应用过程中，也常常进行物理和化学方法结合，以达到膜组件通量的高效恢复。

2.3 超滤和微滤膜及其制备方法

2.3.1 超滤和微滤膜制备方法

2.3.1.1 有机聚合物膜

基于分离膜工业化应用环境的特定要求，不仅需要分离膜具有物化、力学和尺寸的稳定性，也要求其具有相当的分离效率和分离速率，因此，在众多的各种工业制膜材料中能真正成为商品化的膜材料并不多。

目前市场上的超滤和微滤制膜材料主要包括人工合成或天然有机聚合物材料、无机金属及非金属材料，其中，有机聚合物材料在市场中占有相当比重，常见的有机聚合物制膜材料可参见第1章，传统的制备方法有以下几种。

(1) 烧结法

烧结法制备多孔膜原理比较简单，是将一定大小的颗粒粉末进行压缩，然后在高温下烧结，在烧结过程中颗粒间发生部分熔接，颗粒间的界面消失，膜孔就是颗粒之间烧结后留下的空隙。图 2-5 为烧结过程示意图。适合用烧结法制膜的材料主要有各种有机聚合物粉末（聚乙烯、聚四氟乙烯、聚丙烯）和无机金属及非金属材料（不锈钢、钨、氧化铝、氧化锆、石墨和玻璃等）。膜结构和性能取决于材料性质和烧结工艺。材料性质指材料化学组成、粉末颗粒大小及粒径大小分布。颗粒大小分布越窄，则所制成的膜孔径分布也越窄，分离性能越好。烧结工艺是指烧结温度、加热方式和加热速率。烧结温度取决于所选用的材料化学组成。该方法所得膜孔径约为 0.1～10μm，在微滤范围内，为微滤膜。膜主体基本为颗粒组成，所以，烧结法得到的分离膜孔隙率较低。

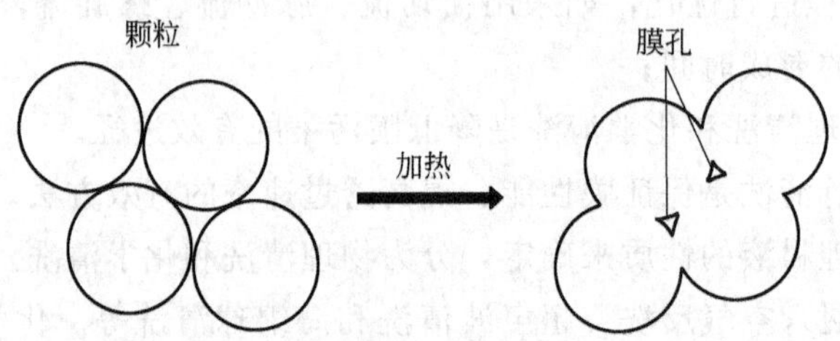

图 2-5 烧结过程示意图

（2）径迹蚀刻法

径迹蚀刻法是采用高能粒子（质子、中子等）对聚碳酸酯薄膜进行垂直辐射，在辐射作用下，聚碳酸酯薄膜受到损害而形成径迹。然后将辐射后的薄膜浸入酸或碱溶液中，腐蚀掉径迹处的聚碳酸酯材料而留下均匀的圆柱形孔道。该方法制备的膜孔径范围为 0.02～10μm，孔径均匀，分布窄，但是，膜孔隙率很低（约为 10%）。分离膜性能取决于所用薄膜的厚度、辐射强度、时间。上述能量粒子的最大穿透厚度约为 20μm。如果增大粒子能量则可选用更厚的薄膜，甚至采用无机材料（如云母）。该方法制成的膜的孔隙率主要取决于辐射时间，而孔径由侵蚀时间决定，径迹的深度则与制膜材料及辐射源有关。目前，已商业化的核径迹膜主要有聚碳酸酯和聚乙酯。该方法所得膜孔径大小可控，分布极窄，但孔隙率较低，单位面积的渗透通量较小。

（3）拉伸致孔法

拉伸致孔法是通过熔融挤出将结晶性聚合物（如聚丙烯、聚乙烯）制成中空纤维或薄膜，通过后处理使聚合物沿挤出方向形成平行排列的片晶，然后经过拉伸，片晶结构分离，其间非晶区成孔。对于薄膜也可进行双向拉伸，改善膜孔形状大小和孔隙率。拉伸成膜后，大多需要退火处理，以稳定膜结构。

拉伸致孔法属本体成膜，在制膜过程中不需要任何添加剂和溶剂，所以膜强度高、成本低、对环境无污染，是优先发展的工业化膜生产技术。拉伸致孔法所得膜多为微孔膜，膜的孔径精确控制困难，孔径分布范围较宽（0.1～3μm）。美国 Celanese 公司在 1972 年首先报道了通过熔融挤出后冷拉伸的技术制备微孔聚丙烯膜。20 世纪 80 年代后，拉伸致孔技术发展迅速，由该方法制备的膜逐渐应用于生物医学工程、水处理工程以及饮料食品工业领域。

目前，该法制膜材料主要有聚丙烯、聚乙烯等。也有部分 PTFE 材料采用拉伸法制备，但是成孔机理并不完全相同。由于 PVDF 性能优异，近年来逐渐出现了相关研究报道，但是采用传统熔融挤出-拉伸致孔机理获得高性能 PVDF 多孔膜非常困难。利用不相容聚合物共混相界面分离致孔机理，结合拉伸法制备了渗透性较好的 PVDF 共混中空纤维膜，为拉伸法成孔开辟了一条新路径。研究表明，聚合物之间相容性的差异是导致共混物相界面形成的原因，经后拉伸过程，共混物微相之间沿拉伸方向发生界面相分离，形成微孔结构。

（4）溶出法

溶出法成孔也是制膜过程中经常采用的成孔方式，是在制膜基材中混入某些可溶出的聚合物材料、小分子溶剂、或可溶性固体粉末，溶液相转化或熔融混炼成膜后溶出可溶性物质，从而形成多孔膜。但是，单一利用该方法成膜的研究报道不多，大多结合其他成膜机理，改善膜结构和性能。

（5）相转化法

相转化法是制备聚合物分离膜的一种主要方法。市场中大多数膜产品是由相转化法制备，相关研究报道较多。它是通过控制某些条件，使聚合物均相溶液发生相分离，固化定型，最终得到聚合物多孔膜。最初发展始于 20 世纪 60 年代初，Loeb 和 Sourirajan 在研究醋酸纤维素反渗透膜时，发现将聚合物铸膜液浸入非溶剂中，能够通过相转化形成非对称膜。该发现加速了膜产品工业化进程，在分离膜发展的道路上起到了里程碑作用，被后人称为 L-S 法，并进行了推广发展。后来根据分离过程特点逐步细分为：扩散致相分离（diffusion induced phase separation，DIPS）和热致相分离（thermally induced phase separation，TIPS）。其中，DIPS 法主要包括：溶剂蒸发沉淀法（干法）、浸没沉淀法（湿法）、蒸汽诱导沉淀法等。它们都是通过物质扩散来改变聚合物溶液中的溶剂含量，使聚合物溶液发生相转化，形成多孔膜。其中，蒸汽诱导沉淀法过程较为复杂，工业化生产使用较少。TIPS 法又称热法，是靠热量交换，使聚合物溶液分相，形成多孔膜，所以 TIPS 法成形制膜原理较为简单，理论上控制参数较少。

相转化法制作不对称结构的聚合物膜，主要分为 4 个阶段：

① 聚合物材料溶于溶剂中，并加入添加剂，配成制膜液；

② 制膜液脱泡后通过流延法制成板式、圆管式或通过纺丝法制成中空纤维式；

③ 通过溶剂挥发、溶剂交换（最常用的是水）或热交换，使溶液凝胶固化；

④ 根据不同材料，选择使用洗涤、陈化、保湿等一系列后处理，稳定膜结构后进行组件。

相转化法成型较为容易，可控制参数较多，既可形成中空纤维，也能进行涂覆，制备板式膜。

相转化法制备中空纤维膜的纺丝工艺如图 2-6 所示。聚合物、溶剂和添加剂组成的聚合物溶液（纺丝液）经滤网过滤，除去不溶解的杂质，用计量泵挤出，通过喷丝头形成中空纤维，同时芯液被打入喷丝头内管，形成内凝固浴，外壁经短暂时间空气浴后，浸入非溶剂浴（凝固浴）进行凝固，最后将纤维绕在导丝轮上。膜结构和性能通过纺丝液配方（溶剂的种类，聚合物的相对分子质量和浓度，添加剂的种类和浓度）、凝固浴组成，纺丝工艺等参数控制。纺丝工艺参数包括纺丝液温度、挤出速率、芯液流速、卷绕速率、空气段长度（空气停留时间）、凝固浴温度及喷丝头温度和规格等。

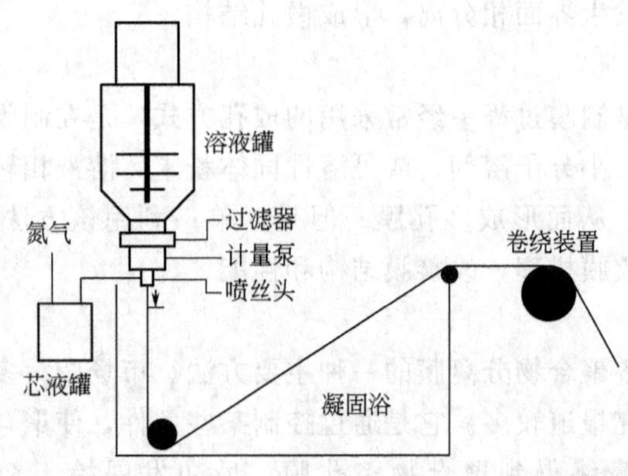

图 2-6　纺丝过程示意图

相转化法板式膜制备工艺如图 2-7 所示。将预先配制好的聚合物溶液均匀涂覆在支撑物上，一般为纤维无纺布，经凝固、卷绕、收集，制得复合板式膜。

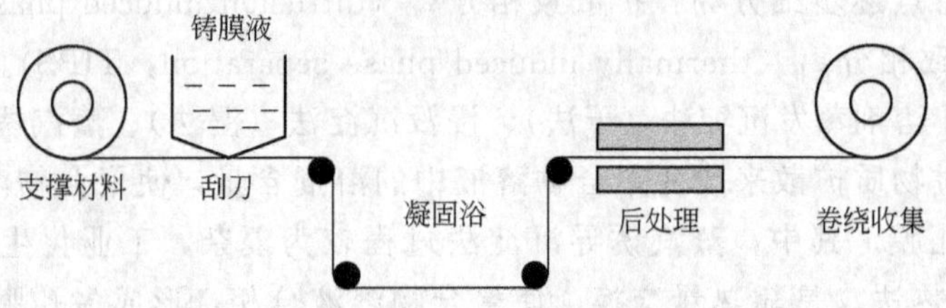

图 2-7　复合板式膜制备工艺

在相转化法中，工业化应用较多的有干法、湿法和热致相分离法。

① 干法成膜　干法是采用溶剂蒸发导致溶液相转变固化成膜。干法成膜过程中，通常采用溶解度和沸点不同的混合溶剂溶解聚合物，通过蒸发降低溶剂含量，致使溶剂溶解能力降低，此时均匀溶液将产生分相、固化，完成相转变过程，经后处理形成多孔膜。

② 湿法成膜　湿法是将铸膜液浸入非溶剂凝固浴中，与溶剂发生双扩散使溶

液产生分相成膜的一种方法。非溶剂通常为水，该方法称为湿法。具体是将聚合物溶液涂覆成膜后浸入非溶剂中，产生非溶剂与溶剂交换，使均匀聚合物溶液逐步分相、凝胶、固化、成膜。为了保证双扩散进行，溶液中至少有一种溶剂和非溶剂是互溶的。有时为了改善膜表面结构，在涂膜后在空气中停留一定时间，产生部分溶剂蒸发后再浸入凝固浴，该方法利用干法成膜的部分特征，因此称为干-湿法。工业上大部分中空纤维或板式膜是经干法和湿法结合而成。

③ 热致相分离法　热致相分离法成膜是20世纪80年代初Castro提出的一种简单制膜方法。一些聚合物材料（如聚烯烃等）在常温下不能溶解，提高温度至其熔融温度以上时可与一些小分子化合物（稀释剂）形成均匀溶液，降温后均相溶液发生固-液或液-液相分离而固化，脱除稀释剂后获得微孔材料。所谓稀释剂，就是聚合物的潜溶剂，在常温下是非溶剂而高温时是溶剂，即“高温相溶，低温分相”。

理论上，热致相分离法成膜机理简单，只需改变温度，对其研究较多，发展较快，特别是德国、美国、日本等一些发达国家一直致力于TIPS法制备聚合物多孔材料，主要材料有聚丙烯（PP）、聚乙烯（PE）、PVDF等。现在许多国内和国际公司已经成功应用TIPS法工业化生产板式过滤膜与中空纤维膜，应用于错流微滤过程、血浆去除术、膜蒸馏，其他的还有透气性雨衣、尿布、医用绷带等。热致相分离法制备微孔膜的主要步骤如下：

a. 聚合物/稀释剂均相溶液的制备，对于一给定的聚合物，首先要选择一种高沸点、低分子量的稀释剂，这种稀释剂在室温下是固态或液态，与聚合物不相溶，当升高温度时能与聚合物形成均相溶液；

b. 将上述溶液预制成所需的形状，如板式、管式、中空纤维等；

c. 冷却，溶液在冷却过程中发生相分离并伴随着高聚物的固化；

d. 稀释剂、萃取剂的脱除，最终得到微孔结构。

图2-8为PVDF/复配稀释剂（MD）共混中空纤维膜形貌，可见，随不良稀释剂含量增加，由于相图中液-液（l-l）相分离区域增加，膜形貌中的球晶团聚体尺寸逐渐减小，形成双连续结构，这是l-l相分离及其过程中PVDF在聚合物富相发生结晶共同作用的结果。

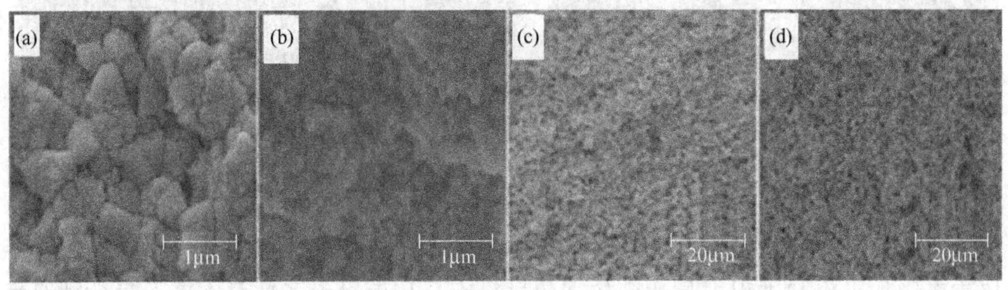

图2-8　MD组成对PVDF膜形貌的影响

(a) MD1；(b) MD2；(c) MD3；(d) MD4（PVDF浓度30%）

选取合适的复配稀释剂体系，采用熔融纺丝制膜技术制得的 PVDF/MD 体系中空纤维膜的形貌如图 2-9 所示。当 PVDF 浓度较低时，中空纤维膜呈现出良好的双连续形态，膜孔通透性能优异，水通量大；随着 PVDF 浓度增加，PVDF 结晶在整个成膜过程中占主导地位，中空纤维膜结构中出现球状结构聚集体，但聚集体之间界限并不明显，连接性较好，为近似双连续形态。

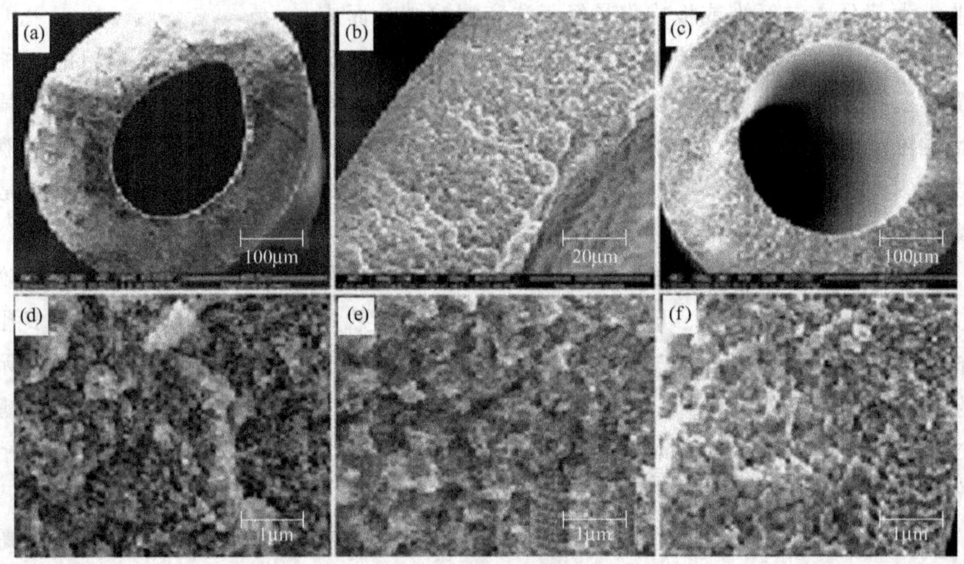

图 2-9　PVDF/稀释剂中空纤维膜形貌

在 PVDF/$CaCO_3$ 共混体系中加入适量稀释剂邻苯二甲酸二丁酯（DBP），通过熔融共混制成初生板式膜，经萃洗等后处理过程制得 PVDF/$CaCO_3$ 共混板式膜，图 2-10 所示为 $CaCO_3$ 含量 12%（质量分数）的共混板式膜横截面形貌。

图 2-10　不同冷却条件下 PVDF/$CaCO_3$ 共混板式膜横截面形貌

（a）25℃，水中冷却；（b）70℃，水中冷却；（c）25℃，空气中冷却

可见，冷却速率较快的图 2-10(a) 体系中，形成的球晶体积较小，这是因为冷却速率增加，冷却进程中易达到较高的过冷度，从而增大了球晶密度，导致球晶数量增多、球晶体积减小。在缓慢冷却条件下［图 2-10(c) 体系中］，PVDF 熔体有

较长的时间使少量晶核充分生长，形成的粒状结构更加规则，尺寸更大。此外，从图 2-10(a)、图 2-10(b) 比较可见，冷却水浴温度越高，所形成膜的表面致密皮层越薄，所以通过改变冷却水温度可控制膜表面致密皮层厚度，而改变冷却介质即降温速率可控制膜内形成球晶的尺寸。

图 2-11 所示，是在 PVDF 含量一定条件下，$CaCO_3$/DBP 配比对 PVDF 共混板式膜结晶性能的影响。可以看到，在一定冷却速率下，随着 $CaCO_3$ 含量增加，PVDF 结晶温度逐渐升高，而结晶度的变化并不明显，这可能是由于聚合物含量不变，$CaCO_3$ 含量增加，而稀释剂 DBP 含量相应减少，混合溶液黏度升高，在一定的冷却条件下，不利于 PVDF 大分子的自由运动，在宽松环境条件（高温）下更有利于结晶，所以结晶温度升高。

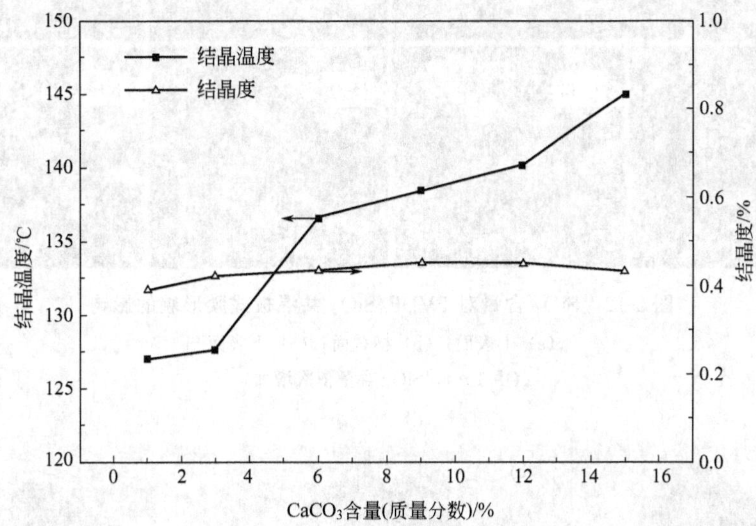

图 2-11 $CaCO_3$ 含量对 PVDF/$CaCO_3$ 板式膜结晶温度和结晶度的影响

[PVDF=40%（质量分数）]

图 2-12 所示为 SiO_2 含量对 PVDF/SiO_2 共混板式膜形貌的影响。可以看出，由于 SiO_2 粒子的成核作用，随着其含量的增加，所得膜表面球晶的分布更为均匀、球晶尺寸有所减小，这有利于形成更高的孔隙率和更均一的孔径。

图 2-13 所示为 PVDF/SiO_2 共混板式膜的原子力显微镜（AFM）结果，进一步表明 SiO_2 粒子的含量 PVDF/SiO_2 共混板式膜表面形貌有着明显的影响。

上述方法所得的膜典型结构如图 2-14 所示。

2.3.1.2 无机膜

无机膜即无机物膜是固态膜的一种，它是由无机金属、金属氧化物、或非金属材料，如银、钯、陶瓷、玻璃、沸石等制成的多孔膜。与有机聚合物膜相比，无机膜具有鲜明的特点：

图 2-12 SiO_2 含量对 PVDF/SiO_2 共混板式膜形貌的影响

(a) 上表面；(b) 横截面；(c) 下表面

(由 1→4，SiO_2 含量依次增加)

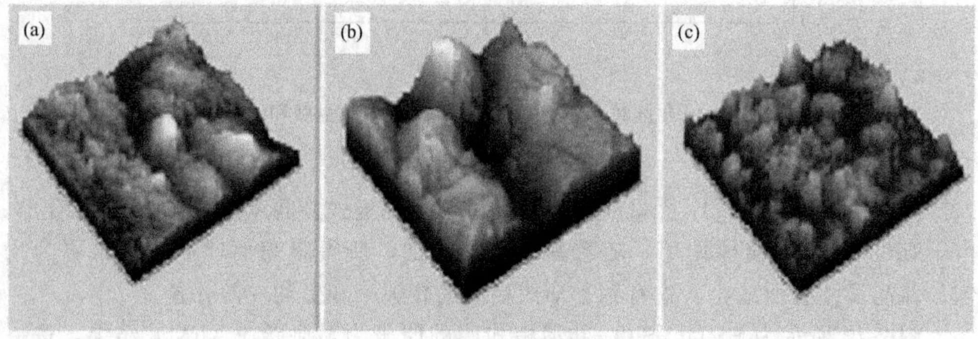

图 2-13 PVDF/SiO_2 共混板式膜 AFM 结果

[由(a)→(c)，SiO_2 含量依次增加]

① 物化稳定性好，能耐酸、耐碱、耐有机溶剂，可在苛刻环境中应用；

② 机械强度大，可承受较高的压力，甚至几十个大气压，提供更好的运行和冲洗条件；

③ 耐微生物侵蚀，不与微生物发生作用，可更好应用于生物工程及医学科学领域；

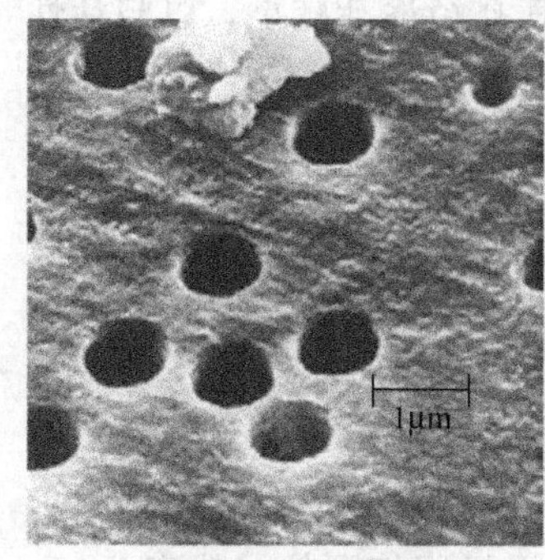

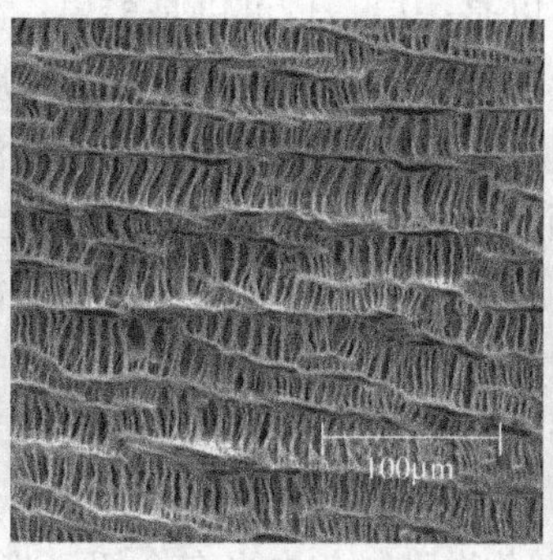

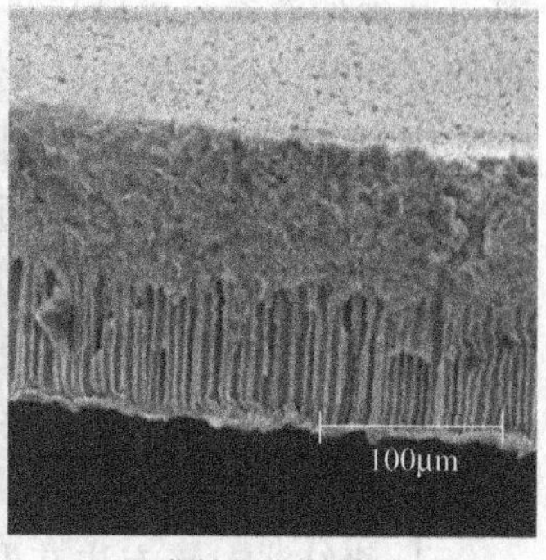

(a) 径迹蚀刻法(膜表面)　(b) 拉伸致孔法(膜表面)　(c) 相转化法(横截面)

图 2-14　由不同方法所得膜表面和横截面形貌

④ 耐高温，应用环境温度可高达 400℃，一些膜最高可达 800℃以上；

⑤ 孔径分布窄，分离效率高。

目前研制出的无机膜可分为致密膜、均质多孔膜及非对称复合膜三种。致密膜主要有 Ag、Pd 膜及 Pd 合金膜。是利用其对氢或氧的溶解机理而透氢或透氧，用于加氢或脱氢膜反应、超纯氢的制备及氧化反应。多孔膜通常包括以下 3 种。

① 多孔金属膜　包括 Ti、Ag、及不锈钢膜等，是由多孔金属材料制成，虽然工业上应用规模不大，但目前已有商品膜出售。膜孔径范围一般为 0.2～0.5μm，属微滤膜范畴，厚度约为几十纳米，孔隙率可达 60%，可用于催化和特殊分离领域，但是膜成本较高。

② 多孔陶瓷膜　常用的有 Al_2O_3、SiO_2、ZrO_2 和 TiO_2 等金属氧化物膜。这类膜的最大特点是耐高温，多数膜应用温度可达 1300℃；并且耐酸腐蚀及生物腐蚀方面优于一般金属膜。随着制膜技术的不断发展，目前，可制备出多种孔径膜品种，孔径范围分布于 4～5000nm。已商品化膜材料有 Al_2O_3、ZrO_2 及玻璃膜。另外，因为这类膜材料的上述优点，也常用作催化剂及其载体。

③ 分子筛膜　顾名思义，其孔径大小在单分子级水平，且孔径均匀一致，具有离子交换性能，高温稳定性、优良选择性、催化性能等使其成为气体分离膜和催化膜的较理想候选材料。

工业用无机多孔膜主要由三层结构组成：多孔载体、过渡层和活性分离层。

① 多孔载体　一般由 Al_2O_3、ZrO_2、SiC、单质 C、金属、陶瓷等材料制成。为了增加渗透性、减少流体阻力，在为分离膜提供支撑的同时，应具有较大孔径和孔隙率。商品膜孔径一般在 10～15μm，形式有板式、管式和多通道蜂窝状，其中管式膜最为常见。

② 过渡层　是介于多孔载体和活性分离层中间的结构，有时称为中间过渡层。过渡层的作用是防止活性分离层制备过程中颗粒向多孔载体渗透，增加膜阻力。由于有过渡层的存在，多孔载体的孔径可以制备的较大，因而膜的阻力小、膜渗透通

量大。根据需要，过渡层可以是一层，也可以是多层；其孔径逐渐减小，以与活性分离层匹配。过渡层的孔径在 0.2～5μm 之间，每层厚度不大于 40μm。

③ 活性分离层　也是膜的功能层，近似于相转化法聚合物膜表面的致密层，真正起分离作用，它可以通过不同方法负载于过渡层上。分离膜层的厚度一般为 0.5～10μm，现在正向超薄膜发展，已可以在实验室制备出几十纳米厚的超薄分离层。工业应用的分离膜孔径在 4～5000nm 之间。

无机膜的制备方法主要有：烧结法、溶胶-凝胶法、阳极氧化法、有机聚合物热分解法。

① 烧结法　该方法在聚合物膜制备中也有介绍。将无机超细颗粒（粒度 0.1～10μm）均匀混合分散于适当的溶液介质中，形成稳定悬浮液，然后制坯成型、干燥、高温（1000～1600℃）烧结，最终形成多孔膜。此法即可用于制备无机多孔膜，也可用于制备有机聚合物微孔膜。膜结构性能受颗粒大小及分布、成型方法、干燥及烧结条件等因素控制。

② 溶胶-凝胶法　该法以醇盐 $Al(OC_3H_7)$、$Al(OC_4H_9)_3$、$Ti(i\text{-}OC_3H_7)_4$、$Zr(i\text{-}OC_3H_7)_4$、$Si(i\text{-}OC_3H_5)_4$、$Si(OCH_3)_4$ 或金属无机盐如 $AlCl_3$ 为原料，通过水解，形成稳定的溶胶，然后，将其浸涂于多孔支撑体上，经干燥、凝胶化、热处理等步骤得到多孔无机膜。该过程存在溶胶到凝胶的转变，又有干燥处理等过程，常常出现大孔缺陷（针孔和裂纹等），因此，制膜过程中关键在于控制膜的完整性，即避免缺陷的产生。原料溶胶和支撑体的性质以及凝胶后膜的后处理条件（干燥和热处理）是决定膜孔径、孔径分布和最终完整性的主要因素。

③ 阳极氧化法　是将高纯度金属箔（如铝箔）置于酸性电解质溶液（如 H_2SO_4，H_3PO_4）中进行电解阳极氧化。氧化过程中，金属箔的一侧形成多孔的氧化层，另一侧金属被酸溶解，再经适当的热处理即可得稳定的多孔结构金属氧化物膜。阳极氧化法制出的膜具有近似直孔的结构，控制好电解氧化过程，可以得到孔径均一的对称和非对称两种结构多孔膜。

④ 聚合物热分解法　在真空或惰性气体保护下，将热固性聚合物高温热分解碳化，也可以将有机膜制成多孔无机膜。例如，用纤维素、酚醛树脂、聚丙烯腈等有机物可以制备碳分子筛膜，用硅橡胶可以得到硅基质多孔无机膜。由于聚合物特性，在热分解过程中的收缩率较大，所以常用于制备对称多孔膜。

2.3.1.3　膜改性

由于单一的制膜材料很难同时具有良好的成膜性、热稳定性、化学稳定性、耐酸碱性、耐微生物侵蚀性、耐氧化性和较好的机械强度等优点。因此常采用膜材料改性或膜表面改性的方法，来改善膜的性能，以满足不同的要求。

对于聚合物材料改性，常用的方法有共混、共聚、接枝、交联、等离子或放射线刻蚀、溶剂预处理等。此外，浸渍或吸附也可将液相中改性组分沉积在膜的表面和膜孔内，薄膜沉积技术如物理气相沉积、化学气相沉积和超临界流体沉积技术也常用于膜表面改性。膜改性后，一方面可改变孔径大小；另一方面也可以改变膜材料物理化学性质，从而改善膜综合性能。膜改性的目的与方法有以下 3 种。

① 改变孔径大小，适用不同物质分离要求，即可通过刻蚀增加膜孔径及孔隙率；也可通过修饰、浸涂、沉积，减小或封闭微孔，改变分离对象。

② 通过共混、共聚、接枝等技术，调节膜物理化学性质及结构形态，从而改变膜的力学、渗透及分离特性。

③ 通过纤维编织结合溶液相转化，可增强膜的机械强度，拓宽膜的应用领域。图 2-15 为纤维编织增强中空纤维膜结构图。中间层采用编织纤维改善膜机械性能，过滤功能层通过涂覆和相转化制备。

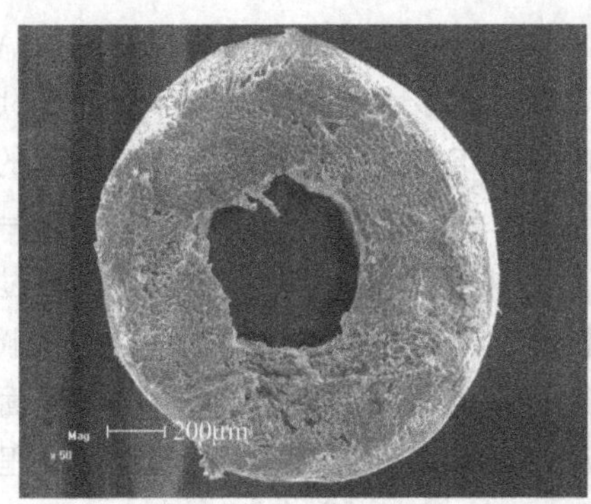

(a) 横截面

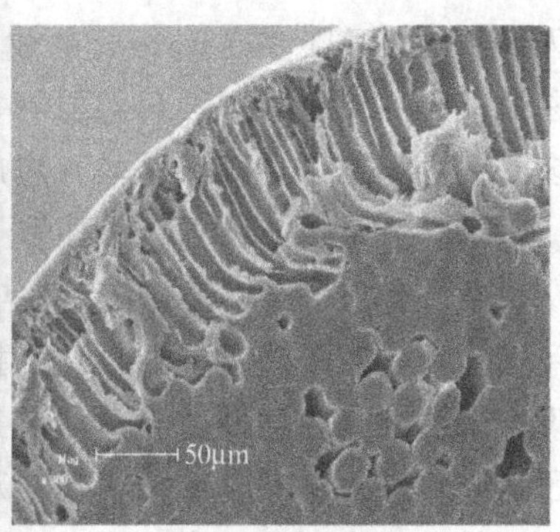

(b) 横截面局部放大

图 2-15　编织纤维增强中空纤维膜结构

上述三种方法当中又以共混改性最为常见，就常用制膜材料聚偏氟乙烯而言，可通过使其与不同类型的物质进行共混，得到具有不同结构特点的分离膜材料。

(1) PVDF 与水溶性聚合物共混改性

选择水溶性聚合物作为掺混物，采用熔融纺丝技术制备 PVDF/水溶性聚合物共混中空纤维膜，根据高分子物理原理可知，共混水溶性聚合物对改善中空纤维膜亲水性（可提高所得膜的抗污染性）具有重要作用。

研究表明，双螺杆挤出熔融纺丝-拉伸界面致孔制膜过程中 PVDF/水溶性聚合物共混物经历如下过程：在进入喷丝头之前，在双螺杆剪切混合作用下分散相水溶性聚合物以近似球状颗粒分散在连续相 PVDF 之中；由于在纺丝温度下水溶性聚合物熔体的黏度低于 PVDF，所以在熔体剪切变形中发生微纤化；最后在离开中空喷丝头后，熔体发生轻度的孔口胀大，但接着被拉伸细化，随着中空纤维膜被冷却，微纤状结构得以保持。当然，由于含量限制，水溶性聚合物分散相形成的微纤状结构并非连续地分散于连续的 PVDF 基质相中。经过水萃取后，中空纤维膜中水溶性聚合物被去除，得到具有图 2-16 所示微纤状界面孔结构的中空纤维膜。

(2) PVDF 与非水溶性聚合物共混改性

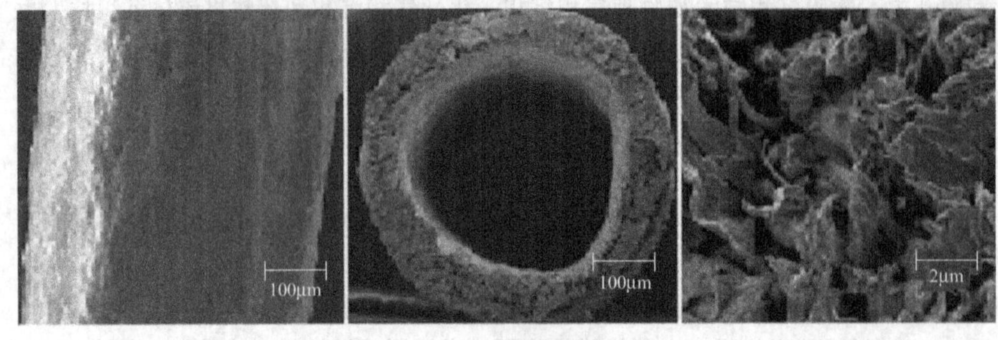

图 2-16 具有微纤状界面孔结构的 PVDF 中空纤维膜形貌

聚丙烯腈（PAN）是一种很好的成膜材料，在众多的成膜材料中，PAN 价格低廉、易成膜，在膜分离方面日益受到重视。将亲水性的 PAN 与 PVDF 共混制膜也有很多研究，但是多为溶液纺丝，应用 PVDF/PAN 共混体系熔融纺丝的研究报道很少。两者的溶解度参数分别为 $\delta_{PVDF}=32.12(J/cm^3)^{1/2}$、$\delta_{PAN}=31(J/cm^3)^{1/2}$，可推知 PVDF/PAN 应为相容性较差的共混体系，在纺丝制膜过程中界面处作用明显，有利于共混膜通透性的提高。本书作者首次提出中空纤维膜多重孔结构的设计、构建、重组及优化理论，通过双螺杆挤出熔融纺丝-拉伸界面致孔技术制备了 PVDF/PAN 中空纤维膜，在双螺杆熔融纺丝-拉伸界面致孔过程中共混膜的通透性较原来有明显提高，PVDF/PAN 共混膜的横截面孔均为海绵状孔且分布均匀，通过观察可见其孔结构呈蜂窝状，膜孔之间连通性较差，且只有少量的有效连通孔道（图 2-17）。

图 2-17 PVDF/PAN 共混膜原膜横截面形貌

图 2-18 所示为 PVDF 与弹性体材料聚氨酯（PU）共混经溶液相转化法得到的板式膜形貌，可以看出，随 PVDF 含量的增加，共混膜形成不同形貌的界面孔结构。

（3）PVDF 与乙基纤维素/丙烯酸溶致液晶（LCP）共混改性

(a) PU/PVDF(3:1)　(b) PU/PVDF(1:1)　(c) PU/PVDF(1:3)

图 2-18　共混改性的膜结构

将刚性较强的液晶分子 LCP 与柔性的 PVDF 进行共混制膜，采用偏光显微镜和扫描电镜（SEM）研究了刚性聚合物的加入对共混膜结构的影响。

图 2-19 为 PVDF/LCP 共混膜的偏光显微镜照片。PVDF 膜和添加了 LCP 的共混膜在偏光显微镜下均能看到亮点，即出现明暗相间的区域，不同的是随着 LCP 的加入，亮点的数目有所增加。在偏光显微镜下，观察到的亮点是双折射现象。因为 PVDF 为半结晶型聚合物，所以其双折射非常弱，图 2-19(a) 中 PVDF 膜只能观察到极少数的若干亮点；LCP 属于典型的胆甾型高分子液晶，存在较强的双折射现象，所以在偏光显微镜下观察到很多特别明亮的点，而且随着 LCP 含量增加，其双折射现象越明显，明亮的点数量越多，越密集，表明所制备的共混膜中仍有 EC/AA 的胆甾型液晶。

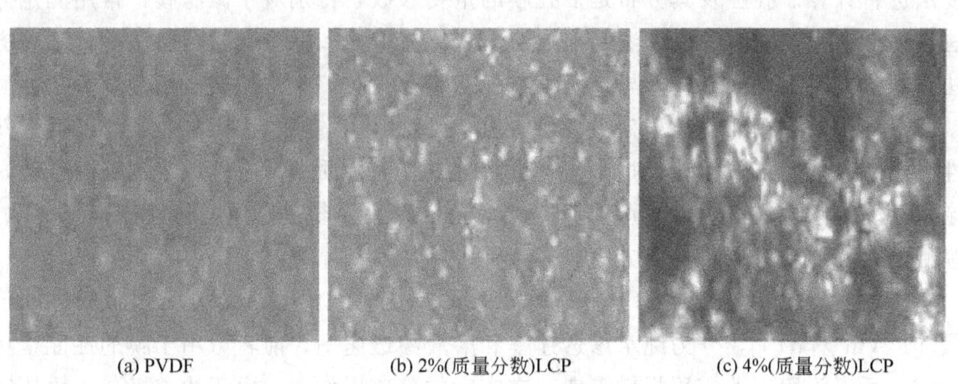
(a) PVDF　(b) 2%(质量分数)LCP　(c) 4%(质量分数)LCP

图 2-19　PVDF/LCP 共混膜的偏光显微镜图

图 2-20 所示为不同 LCP 含量的 PVDF/LCP 共混膜的 SEM 结果。图 2-20(a) 为未添加高分子液晶的 PVDF 膜，显示小粒球状结构。这是因为 PVDF 膜的结晶态是小粒球状的 α 晶型。加入高分子液晶后，共混膜中的小粒球状的结构消失，而且出现了孔状结构，随着 LCP 含量的增加，共混膜的结构越来越不均匀，且在网络孔中出现大粒球状结构，显然不再是呈小粒球状的 α 晶型。高分子液晶的加入改

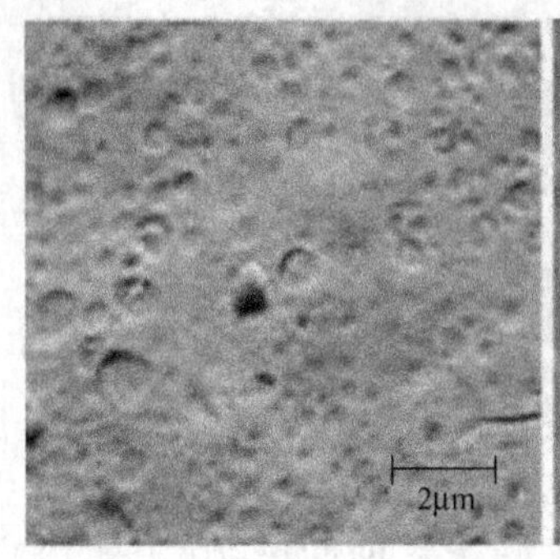

(a) PVDF

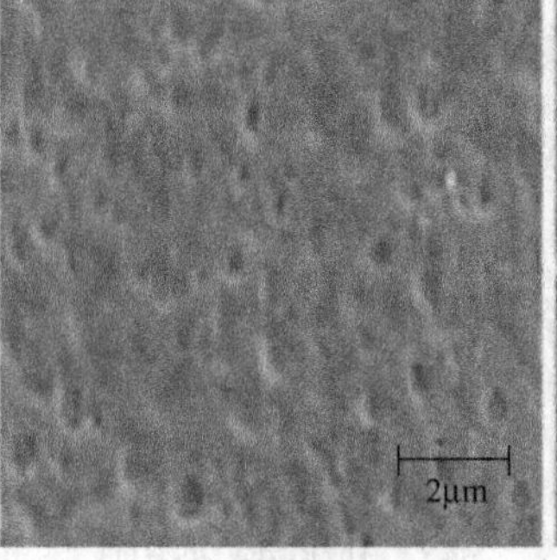

(b) 1%(质量分数)LCP

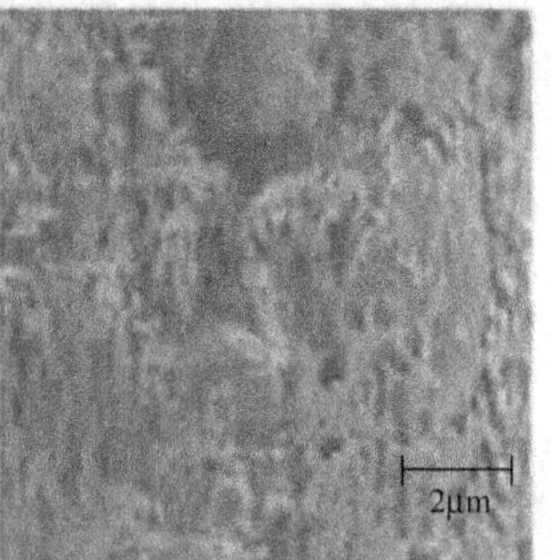

(c) 3%(质量分数)LCP

图 2-20 不同 LCP 含量 PVDF/LCP 共混膜 SEM 结果

变了 PVDF 结晶结构，有利于较高孔隙率界面孔结构的形成。

2.3.2 膜结构与性能

分离膜能否获得工业化应用很大程度上取决于膜性能好坏。分离膜性能通常包括分离性和透过性。对于商业化应用的分离膜，物化稳定性和应用经济性是需要考虑的主要性能指标。该性能主要由制膜材料本身性能和成本及膜制造成本决定。

膜结构决定膜性能，膜结构主要包括：微观形态、厚度、孔隙率、孔径及其分布等方面。微观形态通常借助于光学显微镜、电子显微镜、原子力显微镜等进行观察；用螺旋千分尺、薄膜测厚仪、及光学和电子显微镜测定膜厚；孔隙率常采用密度法进行计算。孔径及其分布是多孔膜的重要参数，特别对于微滤膜，常用测定方法有显微镜直接观察、压汞法、泡点法、气体流量法和标准颗粒截留法等。不同方法获得的孔径大小会存在差异，所以在标示膜孔径时，常常注明所用测试方法。

分离膜的物理、化学稳定性主要是由制膜材料本身物化特性决定，包括耐热性、耐酸碱性、抗氧化性、抗微生物分解性、表面性质（荷电性或表面吸附性等）、亲水性、疏水性、电性能、毒性等。该性能表征手段参考通用材料性能表征方法。膜性能表征主要有以下两个方面。

① 透过性　用通量或渗透速率表示，即单位时间内通过单位面积膜的体积流量［$L/(m^2 \cdot h)$］，分为纯水渗透速率和溶液渗透速率。前者可用于膜的性能指标标定；后者为膜工业应用提供参考。在实际的分离操作中，由于浓差极化、膜压密以及膜污染等原因，膜渗透通量将随时间衰减。

② 分离特性　即选择性，是膜过程的另一个重要性能，用截留率表示。即膜对特定已知物质的截留性能。微滤膜可以采用不同粒径及分布的标准样品，测试其截留性能；而超滤膜常用不同相对分子质量物质来表征分离截留特性。膜的截留分子量一般指膜对某标准物质截留率为 90％时所对应的相对分子质量。目前尚无统一测试方法和标准物质。常用测量截留分子量的标准物可分为以下 3 类。

a. 球状蛋白质，包括：牛血清蛋白（M_w＝6.7 万）、卵清蛋白（M_w＝4.4 万）、胰岛素（M_w＝0.57 万）、维生素 B_{12}（M_w＝0.12 万）。

b. 带支链的多糖（葡聚糖），相对分子质量从 1 万到 20 多万不等。

c. 线性分子，如聚乙二醇，通常相对分子质量有 6000、10000、20000 等。

因为溶质分子的形状、大小、操作参数（如跨膜压差、错流速率、料液浓度、温度、膜的预处理）等不同，采用不同标准物得出的截留性能一般也会存在差异，所以在标识膜截留分子量时，也应标出操作条件和标准物。

理想的膜过程应该是同时具有好的选择性和高的渗透性。实际上这两者之间往往存在矛盾，制膜时要同时考虑选择性和渗透性，在两者之间寻找合适的平衡即适度的分离能力和较高的渗透通量，降低实际操作费用。分离膜的透过性能是它处理能力的主要标志。一般而言，希望在达到所需要的分离率之后，分离膜的透过性愈大愈好。这样，可以减少设备体积，减小空间。

膜的渗透性能首先取决于膜材料的化学特性和分离膜的形态结构，操作因素也有较大影响，特别是跨膜压差对膜渗透性能影响更为明显，而对分离性能影响较小。通常随着压力变大，渗透性能增加。在一定范围内，许多膜分离过程与压力差之间存在线性关系，但是，过高的压力会加剧浓差极化和膜污染，因此，适当的压力差有利于膜的长期运行，减少膜的更换频率，节约成本。

总之，工业用膜除对上述膜性能的要求外，分离膜的价格不能太贵，否则生产上就无法采用。除此之外，任何一种膜，不论它是多孔的，还是致密的，活性分离皮层不允许有大孔缺陷存在，因为它们的存在将会使整个分离膜的分离率大大降低。综上所述，具有适度的分离率、较高的渗透量、较好的物理、化学稳定性、无缺陷和便宜的价格是具有工业实用价值分离膜的最基本条件。

2.3.3 膜组件及装置

2.3.3.1 膜组件

为满足实际应用和实验测试要求，需要将各种形式膜产品进行组件。膜组件是以一定的形式将膜产品组装在一个基本单元内，在一定驱动力作用下，可完成混合物中组分分离的分离单元。传统的超滤和微滤膜组件有 4 种膜形式：

① 卷式；

② 中空纤维式；

③ 板式（处理黏度较大的料液）；

④ 圆管式（处理含悬浮物、高黏度的料液）。

膜组件构造的基本要素主要包括：膜、膜的支撑体或连接件、与超滤膜组件中分布有关的流道、膜的密封、外壳以及外接口等（超滤膜是构成超滤膜组件、超滤膜分离系统及其分离过程的核心要素）。

超滤膜在组装成超滤膜组件的过程中，需要有支撑物或连接件给予辅助，才能使其形状固定并达到使用所需要的强度。不同形状的超滤膜其支撑体的形状和结构也不相同。如板式膜由于机械强度差，容易破碎，在实际使用时，必须把它衬在平滑的多孔支撑体上，常用的支撑体是尼龙布、丝绸或无纺布等，但在制成膜元件时，仍需用密孔筛板作为支撑。夹在两张膜片之间的这些支撑物既起支撑作用，又具有导流作用。

螺旋卷式膜的支撑体是夹在两张膜片之间的隔网，并与膜一起卷绕，密封后装入壳体中。圆管式或中空纤维式膜的支撑体为管子或中空纤维本身，即可把膜涂覆在管内壁、管外壁或管内和管外都涂覆。对中空纤维膜同样如此，所不同的是，有的中空纤维本身既是膜，具有分离功能，又是支撑体起支撑的作用，如在反渗透和超滤中所使用的中空纤维膜与支撑体为同一种物质。而在气体分离用中空纤维膜中，支撑体与膜为复合体，各自发挥不同的作用。

由于支撑体既起支撑作用，又具有隔离功能和导流作用，因此，在各种膜组件设计中，对支撑体的化学性能、结构形状、耐污染情况等都有一定的要求，因为这与组件的流道设计密切相关。

在膜分离过程中，原料进入膜组件进行分离和经分离后产物以及残留物流出组件所经过的空间叫做流道。大多数膜组件的流道是通过膜与膜之间的支撑体、导流板或隔离层来实现的。

超滤和微滤膜分离过程是通过压力差实现分离目的的。因此，各种膜组件在制作中，要使原料与透过物在组件中各行其道，实现分离的目的，需要采取一定的密封措施，其中包括膜与膜之间的密封，膜与支撑体之间的密封，组件与组件之间的密封，以及与外界接口的密封。各种膜组件，由于结构形式不同，对密封的要求也不相同，如螺旋卷式膜组件主要是膜与支撑材料三个边之间的密封，以及多个元件的中心管之间的串联密封；中空纤维及毛细管膜组件的密封主要在膜之间的密封及端头环氧与外壳间的密封，可采用通常的橡胶密封垫圈等方法密封，这在组件的设计中需分别给予考虑。

大多数膜组件都有外壳，由于应用目的不同，对外壳的形式和结构材料的要求也不相同。常用的膜过滤器可分为两种：卫生过滤用外壳和工业过滤用外壳。外壳要求能承受工作压力，一定的防碰撞能力。常用的外壳材料有：不锈钢、工程塑料、玻璃钢等。

膜组件与应用工程中的工艺管线，配套设备的接口以及与自控仪表阀门等相连接的部位称为外接口。大部分的超滤膜组件都有三个外接口，即原料入口、渗透物出口和渗余物出口，其连接方式视具体情况而定。一般可分为可拆卸连接和不可拆卸连接。可拆卸的连接有螺纹连接、快装连接、活接等，不可拆卸的连接有焊接、粘接等。

根据生产需要，一台过滤分离装置可装有数个甚至数百个膜组件，除选择适用的膜外，膜组件的类型选择、设计和制作的好坏，将直接影响到过程最终的分离效果及设备的使用寿命。

所以，根据应用的需要，随着膜分离技术应用的推广，特别是MBR技术的异军突起，除了传统的四种膜组件形式外，浸没式膜组件逐渐被设计开发。目前，市场上常见的浸没式膜组件有帘式膜组件（图2-21）、柱式膜组件（图2-22）。该形式膜组件特点是能够将组件浸没于液体中，通过管路连接和自吸式水泵将透过物质抽出。

图2-21 浸没式帘式膜组件

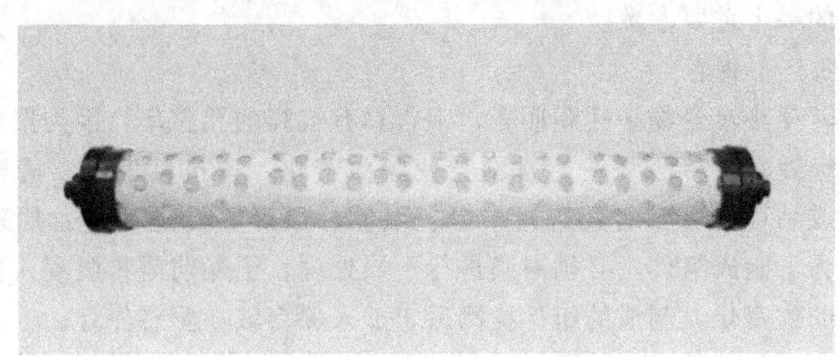
图2-22 浸没式柱式膜组件

2.3.3.2 膜组件产品检测和保存

(1) 组件产品检测

① 外观检测（形式检测） 通过用手触摸和肉眼观察膜表面，要求膜表面均匀光滑，无杂质、斑点、针眼等大孔缺陷。检查膜内外直径、壁厚度是否达到设计要求。为保证膜力学性能和优化膜面积，对膜的内外径均有严格要求，需要膜外形均匀一致。

② 气泡检测 对于亲水性的膜，可利用膜材料在一定压力差条件下，能让水透过，而不能让空气透过的特性用压缩空气来检测膜是否有漏点。现以中空纤维超

滤膜为例说明。将膜制成膜组件，将压缩空气气管接到超滤出口上，然后将膜组件竖直浸入到水箱中，使水完全浸没膜组件，使膜内孔中空气被水完全挤出后，打开压缩空气开关，使压缩空气通过超滤水出口进入到膜组件中（压缩空气的压力为0.05～0.1MPa），从水面观察，从哪根膜内孔中会连续不断地冒出气泡，即为该根膜管有缺陷，并作记号。将膜组件取出后，晾干水，用胶堵死该根膜管的两端即可。

③ 初始通量测定　由于膜能过滤多种不同溶液，而过滤不同溶液的透过速率不同，所以膜生产厂在标示膜的初始通量时，往往用纯水来做测试，标示时并注明测试的条件（跨膜压差、水温等）。测量方法利用杯式评价池或小型超滤器，在0.1～0.25MPa下，25℃时，测定单位膜面积单位时间内纯水的透过量。计算公式如式(2-1)。

$$F=Q/(At) \tag{2-1}$$

式中　F——纯水透过率，$L/(m^2 \cdot h)$；

Q——纯水透过量，L；

A——膜面积，m^2；

t——收集透过纯水所用的时间，h。

④ 膜破损压力的测试　主要是测试膜能承受的最大跨膜压差的能力，对于管状膜，主要测定其承受正压和反压的能力，一般能承受的正压力大于反压力，它是反映膜强度的一个重要参数。

(2) 组件产品保存

对于相转化法聚合物多孔膜而言，常常具有很高的孔隙率，因为聚合物本身特性，当膜未经处理直接干燥时，常常会使膜致密化，透过性下降，甚至丧失。所以，膜制成成品后，需要对其进行干燥、组件、保存等处理。膜通常采用湿态保存，但是，为了制成组件，必须对膜进行干燥处理，干燥前需将膜浸入甘油水溶液中以防止膜的致密化。制成的组件检测后，加入保存液，湿态保存。

2.3.3.3　膜装置

为了满足过滤的需要，必须将膜组件及动力系统组装起来，形成一个流体流动体系，这样的装置称为膜装置。

简单的中空纤维膜装置如图 2-23 所示，是由单个或几个膜组件、动力泵、管道等组成，可以满足实验室实验或小型生产应用。

工业化膜装置需要考虑过滤效率，所以常常具有更为复杂的装置组成。根据膜应用的需要和膜组件的形式，可将膜组件组装成不同的膜装置满足应用的需要。最常见的膜装置有以下几种。

(1) 连续膜过滤工艺装置

中空纤维膜装置系统在实际应用中的一个突出问题是膜污染，设计出连续运

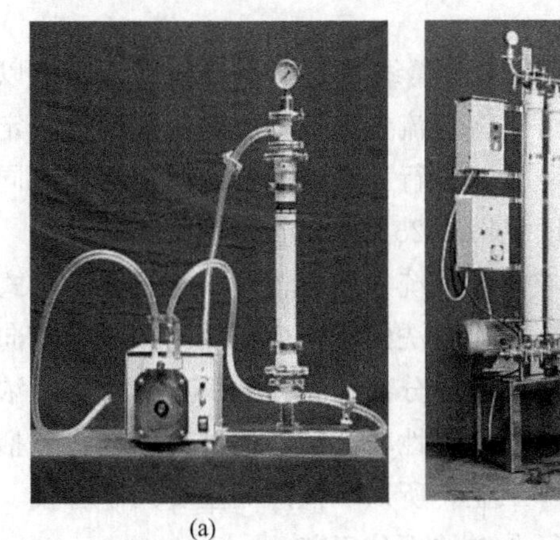

(a)

(b)

(c)

图 2-23　小型超滤或微滤中空纤维膜装置

行、高效的膜过滤装置是膜分离大规模应用的前提，连续膜过滤工艺装置（continuous membrane filtration，CMF）由此应运而生。CMF 通常以柱式中空纤维膜组件为中心处理单元，以气-水双洗工艺技术为依托，结合多段清洗工艺，配以特殊设计和加工制作的管路、阀门、自清洗单元、加药单元和自控单元等，形成一个闭路连续操作系统，实现对膜装置运行工艺程序的自动控制，达到连续化运行的目的，以提高其膜过滤效率。其通常工艺如图 2-24 所示。

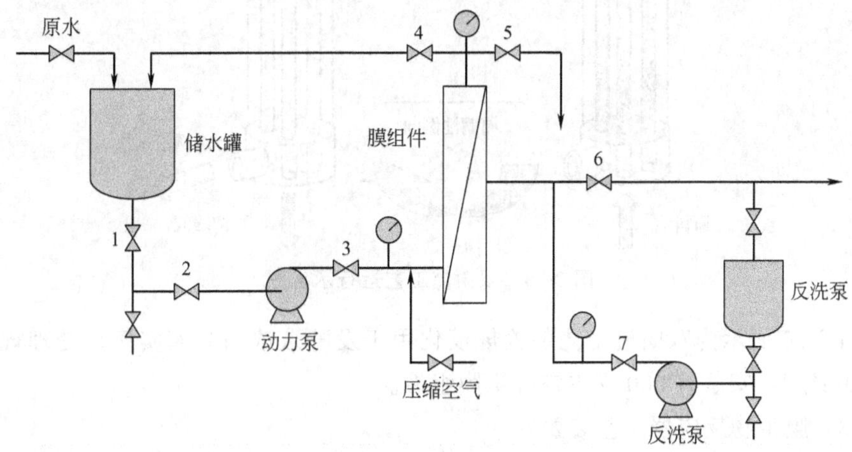

图 2-24　连续过滤工艺流程图

CMF 不仅可以采用化学方法进行清洗，而且能够通过内压滤过液在线反洗与外压空气振荡两种清洗方式相结合的气-水双洗工艺，进行工艺参数的优化控制，可有效解决膜的污染问题，不仅延长膜组件的使用寿命，而且能够获得较高的过滤效率。CMF 主要用于污水处理中水回用，地下水、地表水净化，大型反渗透系统前级预处理，海水淡化系统前级预处理。

(2) 双向流工艺装置

双向流工艺（two-way flow，TWF），以柱式膜组件为中心处理单元，配以管路、阀门、控制仪表等，采用特殊设计，可以将液流方向周期倒向，即运行一定时间后将液流方向反转，这样通过周期换向，循环进行，使中空纤维膜组件始终同时处于高效的工作与清洗状态。其运行示意图见图 2-25。

对于极易产生膜污染的发酵液等黏性液体，传统采用陶瓷膜、管式膜、板式膜等易于物理清洗的膜组件形式。由于中空纤维膜清洗困难，应用受到限制。双向流工艺装置的设计能够减缓膜污染，发挥中空纤维膜分离装置占地少、造价低、浓缩液回收率高等特点，将中空纤维膜的应用拓展到黏性较高的液体分离领域，包括味精、柠檬酸、酶制剂、酵母、淀粉糖等发酵工业。所以，该产品主要用于替代、升级、改造化工、制药、食品、酿造等传统行业中的部分工艺。

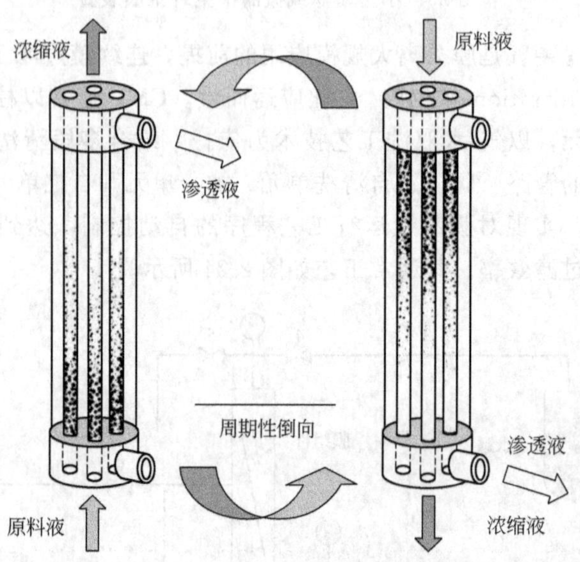

图 2-25　双向流工艺运行示意图

图 2-26 所示为双向流工艺装置规模化用于发酵液浓缩分离实例，处理规模达到 170m^3/d，安装有 500 支中空纤维膜组件。

(3) 膜生物反应器工艺装置

膜生物反应器（MBR）是将膜分离技术与生物处理技术相结合的一种高效污水处理再生技术。20 世纪 60 年代，美国首次报道了用多孔膜代替好氧活性污泥法中的二沉池，进行城市污水处理的方法，但这一时期由于受到膜制造技术等多方面地限制，该技术主要停留在研究阶段。到 20 世纪 90 年代中后期，随着世界性的水资源短缺和水污染的加剧，越来越多的国家重视膜生物反应器技术的研究开发与应用。

MBR 工艺装置主要采用浸没式膜组件，其中包括常用的柱式和帘式膜组件。其组成和工艺如图 2-27 所示，主要包括膜组件、曝气装置、自吸式水泵和一些辅

图 2-26　双向流工艺装置应用实例

助设施。对经过生物降解后的污水进行膜过滤，获得净化水，作为中水回用，或通过反渗透进一步净化，得到高级水。

由于 MBR 技术是膜分离和生物技术的结合，因此具有以下特点：污泥浓度高（通常为传统工艺的 2 倍），生化效率高，污染物质降解快，出水水质好；有利于世代周期长的微生物生长，有利于氨氮和难降解污染物质的去除；泥龄较长，剩余污泥排放量较少；占地面积小，节约土地。

由于膜生物反应器技术的上述优点，因此其发展非常迅猛，在污水处理与回用领域得到了广泛应用，其中应用较为普遍的是生活污水和工业污水处理领域，如含油污水、含盐污水、己内酰胺污水、精细化工污水、农药污水、医药中间体污水、煤化工污水处理等。随着膜生物反应器技术应用的不断深入，特别是在工业污水处理领域的推广，显示出膜生物反应器技术在处理高浓度、难降解工业污水方面的诸多优势。

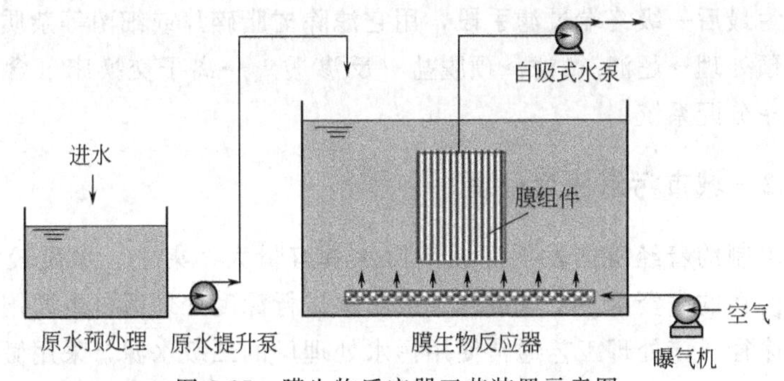

图 2-27　膜生物反应器工艺装置示意图

2.4 超滤和微滤膜的应用

起初，超滤膜是为分离、浓缩不同分子量、大分子物质而设计，因为超滤过程为常温操作，特别是对于温度敏感的生物制品，具有独特优势。随着制膜材料和技术发展，应用成本降低，使得超滤过程的应用领域不断拓展，规模不断增大。目前，在诸多工业领域逐步显示出应用优势。超滤和微滤膜应用领域分布于生物医药、环境化工、食品饮料等多种行业，如无菌液体的制备、生物制剂的分离、超纯水的制备、废水处理以及空气的过滤、生物及微生物的检测等方面。特别是在水处理领域，目前发展迅速。

2.4.1 水处理领域

随着全球水环境质量的严重恶化和经济的高速发展，迫切要求适合时代发展的污水资源化技术，以缓解水资源的短缺状况。膜分离技术以其高效、节能、设备简单、操作方便等特点，在水处理领域中的应用越来越广泛。超滤和微滤膜分离技术在水处理领域的应用多结合其他技术达到排污、回用和超纯水生产等不同的应用目的。

2.4.1.1 纯水及超纯水制备

目前，纯水及超纯水越来越多的应用于生活和工业生产中间。超滤和微滤技术作为纯水生产中的中间环节已广泛应用于纯水及超纯水的制备中。生物医药行业的纯化水、注射用水、吸入用水、冲洗用水、血液透析用水、除热原水等不同要求的纯水生产，常常见到超滤和微滤膜的身影；另外，食品、饮料、电子工业等许多工业用水的要求也越来越高，因此洁净度高，滤膜完整性好，孔径均匀的超滤和微滤多孔膜显示出应用优势。

超滤和微滤技术在纯水制备中主要用处有两方面：一是作为前处理，在反渗透或电渗析（ED）前用作保安过滤器，清除细小的悬浮物质；二是在阳/阴或混合交换柱后，作为最后一级终端过滤手段，用它滤除树脂碎片或细菌等杂质。其工艺如下：原水→预处理→超滤/微滤→预脱盐（反渗透）→离子交换床（含混床）→超滤或者微滤→分配系统。

2.4.1.2 城市污水深度处理

城市缺水制约着经济的发展。城市污水具有量大、集中、水质较为稳定的特点，是一种潜在的水资源。把城市的二级出水进行深度处理后再生回用是解决水源短缺的一条途径。该处理工艺通常使用污水处理厂的二级水源，采用微滤或超滤预处理以达到反渗透装置的进水水质要求，最后，用反渗透脱除水中少量的溶解盐分、COD、BOD以及重金属离子等小分子物质，出水水质可达到饮用水标准。城市污水深度处理后的再生水可用作工业冷却水，锅炉用水等，作为饮用水的较少，其中，新加坡再生水用于饮用是污水再生用于饮用的一个典范。其再生水的生产工艺流程如下：经过处理的废水→微滤→反渗透过滤→紫外线消毒→再生水。也可以采用膜分离技术结合生物处理技术（MBR）对污水进行处理，出水水质质量较高，用于中水回用，也可再使用反渗透处理得到更高级别的水。

天津泰达污水处理厂的污水处理工艺中，其中一环就是采用连续膜过滤技术装置（图 2-28）对污水进行处理并回收利用。污水回收率大于 95%，产水浊度小于 0.1NTU（比浊法浊度单位），可实现日产水 4 万吨。该项目为开发区众多企业提供再生水，如代替自来水，用于浇地、冲厕、洗车、冷却水、锅炉补充水等，大大节省自来水资源，满足开发区企业生产用水的需求，大大缓解滨海新区水资源紧张的状况。

图 2-28　连续膜过滤工艺装置

生活污水包括化粪池排水、厨房排水、洗浴水、盥洗水等，如对大楼排水进行集中处理到中水标准（中水是指生活污水处理后，达到规定的水质标准，可在一定范围内重复使用的非饮用水），可以回用于浇洒绿地、洗车、冲洒路面和冲洗厕所等。中水回用是实现污水资源化、缓解水资源不足的重要途径，在水资源日益短缺的今天具有重要的社会效益和经济效益。

2.4.1.3　工业废水处理

由于工业的发展，大量工业废水排入水体，这些工业废水，面广量大、危害深，大多含有不同浓度的化学物质，其中有些具有较高的经济价值，而有些则具有毒性，对人类环境有害。为保护环境不受污染，并回收有用物质，在工业废水排放之前必须进行净化处理，膜分离技术既能对工业废水进行有效的净化，又能回用其中的有用物质，同时还可节省能源，如循环冷却排污水、重金属废水、造纸废水、印染废水、制药废水等。

（1）啤酒废水

近年来，我国啤酒产业发展迅速，产品产出持续扩张，国家产业政策鼓励啤酒产业向高技术产品发展。然而与此同时啤酒产业资源消耗大，污染排放量大，且排放污染物特点明显，处理难度高，成为较高浓度有机物污染大户，啤酒废水的排放和对环境的污染已成为突出问题，引起了各有关部门的重视。因此为了实现啤酒行业的健康平稳的可持续发展，必须有效处理污染废水，走以低能耗、高效率、生产清洁化为特征的低碳、环保和循环经济之路。利用超滤和微滤技术结合生物技术的膜生物反应器（MBR）工艺，是一种将膜浸没于活性污泥混合液中的使用方式，其直接作用是泥水分离，间接作用是可以提高污泥浓度，有效截留各种微生物，具有强化有机物、氨氮的去除效果，减少占地面积，易于自动化操作等特点。因此在用地紧张及高标准排放要求地区，有机污染严重或高氨氮废水处理方面具有较大优势。天津某啤酒厂采用日处理量达到 $4000m^3$ 的 MBR 处理工程，对其废水进行了处理，取得了良好的运行效果。

（2）味精废水

味精生产废水主要包括淀粉生产废水、味精生产废水和少部分生活废水，水质特点为高氨氮、高 COD、可生化性好。使用 MBR 技术处理味精废水，工艺流程为：原水→调节池→上流式厌氧污泥床（UASB）→细格栅→缺氧→好氧→MBR→达标排放或深度处理回用。

（3）造纸废水处理

造纸工业是工业废水最大产生源之一，每生产 1t 纸浆需用水 $100\sim400m^3$，其中 80％用于洗净，这些排放液不仅 BOD 高、色深、酸/碱性强，且常是热的，而且大部分不能降解，这类废水包含由糖和有机酸构成的 BOD 成分，由木质素及其分解产物构成的 COD 成分和无机盐类，若不加处理而随意排放，将造成严重污染。膜分离技术处理制浆造纸工业废水已较成熟，主要使用纳滤和超滤处理制浆废水及回收有用副产品。纳滤膜可以代替吸收和电化学方法除去深色木质素和木浆漂白过程中产生的氯化木质素，因污染物中许多有色的物质都带有负电荷，易被负电荷的纳滤膜截留，且对膜不产生污染。

（4）印染废水处理

染料工业生产过程中，会产生大量高盐度、高色度、高 COD 的废水，可生物降解性差，无机盐的存在进一步降低废水的生物降解性，对高浓度的染料废水若不加以处理，将会造成严重环境污染，直接影响染料工业的可持续发展。

由于染料分子量较小，如果对其进行截留，需采用小孔径超滤膜或纳滤膜，这样可有效去除废水中的染料及色度。膜分离技术不仅可以处理印染废水也可以回收其中有用成分。

（5）含油废水

含油和脱脂废水的来源极为广泛，如钢铁工业的压延、金属切削、研磨所用的润滑剂废水；石油炼制厂及油田含油废水；海洋船舶中的含油废水；金属表面处理前的除油废水等。轧钢含油废水是轧钢厂在轧钢工序中的冷却水和冲洗水，其污染物主要是为油（动物性油脂和矿物性油脂的混合物）和悬浮物，废水一般为乳浊状，常规处理方法有化学法、气浮法、凝聚吸附等方法，其操作复杂、耗资较大；而采用膜法处理这类废水具有高效、节能、体积小、操作简便、油分可回收等优点。

钢管厂排出的乳化废水含油量约为 1.36×10^4mg/L，BOD 值约 4050mg/L，COD 值约为 4.04×10^4mg/L。某厂用板式超滤器配用聚砜超滤膜，截留分子量 10000，设备进口运行压力 0.40～0.42MPa，设备出口运行压力 0.10MPa，压力差约 0.30MPa，平均膜通量达到 15～20L/（m^2·h），超滤渗透液含油量在 30～100mg/L 范围内。

（6）电泳漆回收

20 世纪 80 年代中期以来阴极电泳漆逐渐替代阳极电泳漆，电泳漆废水中的涂料为使用涂料的 10%～50%，阴极电泳漆固含量高，黏性强，超滤膜极易污染。超滤膜材料有 PS、PAN、PVDF 等多种，膜组件形式包括中空纤维、管式、卷式等。在生产线上引入了超滤设备，形成了一个以超滤为核心的利用槽液来冲洗的“内循环系统”。这样既节省了原料，又大大减少了环境污染。

原采用混凝沉淀及生物转盘生化处理，一条生产线排放含漆废水约 20m^3/d，而使用超滤系统在保证漆液质量的情况下，排放清洁的超滤渗透水 50L/d，因而基本上消除了污水的排放问题，同时可使漆料全部回收。

总之，由于废水来源渠道多样，成分复杂，采用膜技术处理仍然处于发展阶段，要得到满意效果，需针对不同废水，分析组成，采用不同工艺，达到物质回收利用，废水排放等目标。

2.4.1.4　生活饮用水处理

采用膜分离技术净化水源得到安全饮用水是膜分离技术主要发展应用一个重要领域。传统的水处理包括投药、凝聚、絮凝、沉淀、过滤和杀菌等过程。微滤可去除悬浮物和细菌，超滤可分离大分子和病毒；纳滤可去除部分硬度、重金属和农药等有毒化合物，反渗透几乎可除去各种杂质。所以，采用膜技术可以去除水中悬浮物、细菌、病毒、无机物、农药、有机物和溶解气体等。人们可以根据水源不同，采用不同的膜品种，达到安全饮用水的生产标准。该方面欧美等国家已经将膜分离技术作为 21 世纪饮用水净化的优选技术。超滤和微滤技术也逐渐出现在一些家用净水器中，不过，通常需结合活性炭吸附和杀菌消毒技术。超滤和微滤技术也已成为我国目前在矿泉水生产中的主体净化设备。

总之，超滤和微滤膜在水处理中的应用越来越广，归纳起来，有两个作用，一是在高纯水及饮用纯净水制备中作为水处理设备的终端处理设备，去除管路或设备中带出的微粒、细菌、热原和胶体等杂质，得到质量保证的纯水源；二是作为 RO 和电渗析装置的前处理设备，保证进水质量，保护装置的安全运行，提高了产品水的质量，如在海水淡化过程中，一些细菌和藻类物质，利用常规的预处理技术很难完全除去，它会在管道及膜面迅速繁衍生长，容易堵塞水路和污染 RO 膜，如在 RO 之前使用超滤处理其进水，可有效去除杂质，满足进水要求。

2.4.2 生物医药领域

（1）在生物医药领域的应用

超滤和微滤技术在生物医药领域的应用主要体现在以下几个方面。

① 医疗器具　超滤和微滤膜除了用于制备医药用水外，还可以作为血液净化系统和腹水超滤装置等医疗器具用于治疗，包括血液透析、血液过滤、血液灌流、血浆分离等。

② 中药精制　超滤和微滤技术在中草药提纯精制中也有相关应用，超滤法制备中草药制剂的工艺流程大致如下：中草药→水煎煮→粗过滤→浓缩→预处理→澄清药液→超滤→超滤液→灌封→灭菌。

③ 生物制品的精制与提纯　包括发酵液澄清，细胞分离，酶、蛋白质等大分子物质的浓缩和精制，抗生素、多肽及氨基酸的精制纯化，药液除菌与除热原等。

④ 其他应用　还可以利用不同孔径的微滤膜收集细菌、酶、蛋白、虫卵等进行分析。利用膜进行生物培养时，可根据需要在培养过程中变换培养基，以达到多种不同的目的，并可进行快速检验。因此，微滤技术已被用于水质检验、临床微生物标本的分离、溶液的澄清、酶活性的测定等。

（2）应用实例——发酵液中菌体的浓缩

随着污水治理和采油技术的迅速发展，目前世界上对丙烯酰胺和聚丙烯酰胺的需求逐年增加。微生物法是生产丙烯酰胺的主要方法。应用微滤技术分离丙烯酰胺水合液中菌体与丙烯酰胺，在改善产品质量、简化生产工艺、节能降耗等方面都显示出了明显优势；并且可显著提高产品的回收率。山东某化工厂采用双向流微滤技术工艺，进行了去除丙烯酰胺溶液中的菌体及大分子蛋白的生产应用，取得了良好的运行效果。工艺流程：将料液流向以一定时间为周期进行倒向，依此循环进行。当料液流向处于下进上出方式时，膜组件中下半段中空纤维膜处于过滤工作状态，上半段中空纤维膜由于近于无压差而处于等压清洗状态；换向后，刚清洗完的上半段中空纤维膜进入了工作状态，刚工作完的下半段中空纤维膜则进入了等压清洗状态。由此循环交替，使同一支中空纤维膜组件始终同时处于高效的工作与清洗状态，大大提高了膜过滤效率。

双向流工艺尤其适用较黏稠液体的过滤与精制，改变了以往中空纤维膜不能用于浓黏液体的过滤分离的情况，拓展了中空纤维膜的应用领域。利用超微滤技术，对游离细胞发酵液进行洗涤、脱色、去除低分子蛋白质，使菌体在后续水合过程中不再带入杂质，大大减轻了提纯工艺的负担并简化了生产工艺。另外，浓缩的菌体可重复利用，且活性基本稳定，设备运行能耗低于原离心浓缩工艺，装置运行稳定。过滤浓缩结束后，可用水反洗来恢复膜装置的过滤通量。

2.4.3 食品饮料领域

微滤技术普遍用于酒类、饮用水、茶饮料、果汁、奶制品、碳酸饮料的澄清和除菌过滤。如用孔径小于 0.5μm 的微孔滤膜（滤芯过滤器）对啤酒和酒进行过滤后，可脱除其中的酵母、霉菌和其他微生物。经这样处理的产品清澈、透明、存放期长，且成本低。微滤技术在食品饮料领域的应用如下。

① 在乳品工业中，用超滤法从干酪乳清中回收乳清蛋白以及用超滤法浓缩脱脂牛乳，超滤已成为乳清回收的标准方法。

② 大豆蛋白制备，大豆富含蛋白质和较完全的氨基酸，大豆蛋白质有较好的保水、吸油、乳化及溶解等功能，广泛用于肉制品、奶制品、面制品、饮料等食品中，能够有效地提高食品价值与功能特性。可用膜法分离提取大豆蛋白、回收大豆乳清蛋白、从大豆煮汁中回收蛋白质。

③ 果蔬汁的澄清，果蔬汁的澄清用超滤/微滤（浓缩用 RO，脱酸用 ED 或 NF），经超滤得到的果汁色泽鲜艳、清澈透明、香味浓郁、口味更佳。

④ 糖的精制，可进行糖汁膜法净化、浓缩、脱盐，以及膜法废水处理等。

⑤ 植物油精制，用超滤法去除并回收卵磷脂、除酸、脱色、脱蜡及油的澄清。

2.4.4 其他方面

超滤和微滤膜作为多孔介质，除了进行过滤分离应用外，还可以作为界面，提供较高的比表面积，用作多种膜接触器，如膜萃取、膜吸收、膜蒸馏、膜结晶等新型膜过程，为膜两侧两相的传质或反应提供接触界面；另外，常见的电池隔膜孔径范围也通常也处于微滤膜范围之内；还有不同类型的膜曝气装置、膜反应器和膜催化也会用到微孔膜。

（1）膜接触器

传统的气-液、液-液接触操作是用一些精馏塔、填料塔、吸收塔、板式柱、旋转圆盘等接触器产生传质界面。增加两流体间的接触面积能够提高传质速率，这是设计和应用这些设备、提高传质效率的关键因素。虽然传统的接触设备一直是化学工业的支柱，然而它们的一个主要缺点是两流体完全混合接触，因此限制了两种流体的选择范围，而且有时还会产生液泛、雾沫夹带、沟流、鼓泡等现象。以多孔膜为接触界面的膜接触器，不仅能够使两种流体产生非分散性接触，而且具有非常大的比表面积，可大大提高传质速率，是一种全新的、更加有效的接触传质方法。膜接触器可提供的接触面积远远大于传统的接触器：在气体吸收时，膜接触器能提供比传统的吸收塔大 30 倍的接触面积；在液-液接触时，膜接触器能提供比传统的接触设备大 500 倍的接触面积。

膜接触器是一个相当广泛的膜过程，包括膜蒸馏、膜萃取、膜吸收、膜吸附、膜汽提和渗透萃取等。膜接触器与传统的接触分离器相比有更多的优点，因此膜接触器吸引了国内外学术界和工业界人士的目光。该部分具体内容详见后面章节。

人工肺是一种广义的膜接触器。人工肺又名氧合器或气体交换器，它是一种代替人体肺脏排出二氧化碳、摄取氧气，进行气体交换的人工器官。以往仅应用于心脏手术的体外循环，需和血泵配合称为人工心肺机。血液和气体通过用聚合物渗透膜制成的人工肺进行气体交换，在膜两侧存在氧气和二氧化碳分压差，氧气通过膜孔扩散到血液中，而二氧化碳则从血液中扩散到气相中。由于血、气互相不直接接触，血液有形成分破坏少。所用膜类型有平膜式和中空纤维式。

(2) 无泡式曝气

水处理中的曝气技术可分为气泡式曝气和无泡式曝气。气泡式曝气技术已被广泛应用。无泡式曝气是指曝气的同时，不存在肉眼可见气泡。该技术已被应用于发酵、规模化动植物细胞培养和废水生物降解。

传统曝气工艺不同程度地存在氧气利用效率低、能耗高、污染空气等问题。无泡式曝气技术是一种类似于“人工肺”（膜式氧合器）的充氧新技术。膜组件由透气性疏水中空纤维微孔膜制成，具有巨大的氧传递面积。在曝气过程中，使操作压力低于膜泡点，让空气（或氧气）在膜材料内腔流动，水在膜外侧流动，由于膜内外两侧氧气分压的存在，膜内侧的氧气透过膜壁的微孔扩散进入水体。由于多孔膜孔径较小、孔隙率较高，气体被微孔高度分散，大大增加了传质效率。这样可以极大提高氧利用率，而且过程中无气泡产生，避免了传统曝气时污水中易挥发性物质如甲苯、苯酚等随气泡带入大气而对环境造成污染，也不会因为水中表面活性剂的存在而产生大量泡沫，具有高效节能等显著特点，明显优于传统曝气方法，是一种很有应用前景的新技术。

(3) 电池隔膜

电池隔膜包括碱性电池隔膜、铅酸蓄电池隔膜及锂电池隔膜。其中，锂电池隔膜是目前发展较快的一种。

锂离子电池隔膜使用的为聚合物微孔膜。可充锂离子电池具有工作电压高、能量密度大（质量轻）、长循环寿命、无记忆效应和无污染等优点，又具有安全、可靠且能快速充放电等优点，成为各类电子产品的主力电源。由于锂离子电池是绿色环保型无污染的二次电池，符合当今各国能源环保方面大的发展需求，在各行各业的使用量正在迅速增加。隔膜是锂离子电池关键的内层组件之一，其性能优劣直接影响着电池的容量、循环性能以及安全性能等特性。锂离子电池隔膜的材料主要为聚烯烃多孔膜，可以为单层聚丙烯、聚乙烯微孔膜，也有采用两者复合的多层微孔膜。

锂电池隔膜制备方法主要有相转化法和拉伸致孔法。相转化法即为前面所述热致相分离法；拉伸致孔法即为熔融挤出-后拉伸致孔法。不管采用哪种方法，其目的都希望增加隔膜的孔隙率和强度。隔膜的主要性能包括透气率、孔径大小及分布、孔隙率、力学性能、热性能及自动关闭机理和电导率等。目前，隔膜发展的趋势是要有较高的孔隙率、较低的电阻、较高的抗撕裂强度、较好的抗酸碱能力和良好的弹性。

参考文献

［1］ 时钧，袁权，高从堦主编. 膜技术手册. 北京：化学工业出版社，2001.

［2］ 任建新. 膜分离技术及其应用. 北京：化学工业出版社，2003.

［3］ 王学松. 现代膜技术及其应用指南. 北京：化学工业出版社，2005.

［4］ 刘茉娥等编. 膜分离技术应用手册. 北京：化学工业出版社，2001.

［5］ 徐又一，徐志康等编著. 高分子膜材料. 北京：化学工业出版社，2005.

［6］ 许振良编著. 膜法水处理技术. 北京：化学工业出版社，2001.

［7］ 汪锰，王湛，李政雄编著. 膜材料及其制备. 北京：化学工业出版社，2003.

［8］ Mulder M. Basic Principles of Membrane Technology. 2nd ed. Dordrecht：Kluwer Academic Publishers，1996.

［9］ 徐南平，邢卫红，赵宜江著. 无机膜分离技术与应用. 北京：化学工业出版社，2003.

［10］ 潘炳杰，周冲，朱磊，李先锋，肖长发. 硬弹性材料拉伸成孔机理及 PVDF 多孔膜的制备. 高科技纤维与应用，2011，36（6）：35-41.

［11］ Du C H，Xu Y Y，Zhu B K. Structure Formation and Characterization of PVDF Hollow Fiber Membranes by Melt-Spinning and Stretching Method. Journal of Applied Polymer Science，2007，106：1793-1799.

［12］ Hu X Y，Chen Y B，Liang H X，Xiao C F. Preparation of Polyurethane/Poly（Vinylidene Fluoride）Blend Hollow Fibre Membrane Using Melt Spinning and Stretching. Materials Science and Technology，2011，27（3）：661-665.

［13］ Li X F，Xiao C F. Structure and Properties of Composite Polyurethane Hollow Fiber Membranes. Chinese Journal of Polymer Science，2005，23（2）：203-210.

［14］ 肖长发，安树林，李先锋，封严. 一种聚氨酯/无机粒子共混复合膜及其制造方法：中国，02131196. X. 2003-03-12.

［15］ 李先锋，吕晓龙，肖长发. 异相粒子填充聚合物分离膜. 高分子材料科学与工程，2006，22（4）：24-27.

［16］ 孟广耀，陈初升，刘卫，刘杏芹，彭定坤. 陶瓷膜分离技术发展 30 年回顾与展望. 膜科学与技术，2011，31（3）：86-95.

［17］ 黄冬兰，王金渠，贺高红，张秀娟，杨宝功. 膜接触器的研究进展. 膜科学与技术，2005，25（1）：63-68.

［18］ 伊廷锋，胡信国，高昆. 锂离子电池隔膜的研究和发展现状. 电池，2005，35（6）：468-470.

［19］ 杨一凡，刘贯一. 无泡曝气技术在水处理中的研究进展. 河北理工大学学报：自然科学版，2010，3（2）：97-100.

［20］ Huang Q L，Xiao C F，Hu X Y，et al. Fabrication and Properties of Poly（Tetrafluoroethylene-Co-hexafluoropropylene）Hollow Fiber Membranes. Journal of Materials Chemistry，2011，21（41）：16510-16516.

［21］ Cui A H，Liu Z，Xiao C F，et al. Quantitative Study of the Effect of Electromagnetic Field on Scale Deposition on Nanofiltration Membranes via UTDR. Water Research，2007，41（20）：4595-4610.

[22] Cui A H, Liu Z, Xiao C F, et al. Effect of Micro-sized SiO_2-particle on the Performance of PVDF Blend Membranes via TIPS. Journal of membrane science, 2010, 360 (1~2): 259-264.

[23] Li X F, Wang Y G, Lu X L, Xiao C F. Morphology Changes of Polyvinylidene Fluoride Membrane and Different Phase Separation Mechanisms. Journal of Membrane Science, 2008, 320 (1~2): 477-482.

[24] Zhang Z Y, Xiao C F, Dong Z Z. Comparison of the Ozawa and Modified Avrami Models of Polymer Crystallization under Nonisothermal Conditions Using a Computer Simulation Method. Thermochimica Acta, 2007, 466, (1~2), 22-28.

[25] Mei S, Xiao C F , Hu X Y, et al. Hydrolysis Modification of PVC/PAN/SiO_2 Composite Hollow Fiber Membrane. Desalination, 2011, 280 (1~3): 378-383.

[26] Li N N, Xiao C F, Mei S, et al. The Multi-pore-structure of Polymer-silicon Hollow Fiber Membranes Fabricated via Thermally Induced Phase Separation Combining with Stretching. Desalination, 2011, 274 (1~3): 284-291.

[27] Liu M T, Xiao C F, Hu X Y. Optimization of Polyurethane-based Hollow Fiber Membranes Morphology and Performance by Post-treatment Methods. Desalination, 2011, 275 (1~3): 133-140.

[28] Li N N, Xiao C F, An S L, et al. Preparation and Properties of PVDF/PVA Hollow Fiber Membranes. Desalination, 2010, 250 (2): 530-537.

[29] Zhang Y Z, Li H Q, Li H, Li R, Xiao C F. Preparation and Characterization of Modified Polyvinyl Alcohol Ultrafiltration Membranes. Desalination, 2006, 192 (1~3): 214-223.

[30] Zhang Y F, Xiao C F, Liu E H, et al. Investigations on the Structures and Performances of a Polypiperazine Amide/Polysulfone Composite Membrane. Desalination, 2006, 191 (1~3): 291-295.

[31] Huang Q L, Xiao C F, Hu X Y. Preparation and Properties of Polytetrafluoroethylene/ $CaCO_3$ Hybrid Hollow Fiber Membranes. Journal of Applied Polymer Science, 2012, 123 (1): 324-330.

[32] Huang Q L, Xiao C F, Hu X Y. Preparation and Properties of Poly (Tetrafluoroethylene)/Calcium Carbonate Hybrid Porous Membranes. Journal of Applied Polymer Science, 2012, 124 (1): 116-122.

[33] Mei S, Xiao C F, Hu X Y. Preparation of Porous PVC Membrane via a Phase Inversion Method from PVC/DMAC/Water/Additives. Journal of Applied Polymer Science, 2011, 120 (1): 557-562.

[34] Li N N, Xiao C F. Effect of the Preparation Conditions on the Permeation of Ultrahigh-Molecular-Weight Polyethylene/Silicon Dioxide Hybrid Membranes. Journal of Applied Polymer Science, 2010, 117 (5): 2817-2824.

[35] Li N N, Xiao C F. Effect of Polyethylene Glycol on the Performance of Ultrahigh-Molecular-Weight Polyethylene Membranes. Journal of Applied Polymer Science, 2010, 117 (2): 720-728.

[36] Li X F, Xu G Q, Lu X L, Xiao C F. Effects of Mixed Diluent Composition on the Morphology of Polyvinylidene Fluoride Membrane in Thermally Induced Phase Separation Process. Journal of Applied Polymer Science, 2008, 107 (6): 3630-3637.

[37] Huang Q L, Xiao C F, Hu X Y. A Novel Method to Prepare Hydrophobic Poly (tetrafluoroethylene) Membrane, and Its Properties. Journal of materials science, 2010, 45 (24): 6569-6573.

[38] Hu X Y, Xiao C F, An S L. Study on the Interfacial Microvoid of Poly (vinylidene/difluoride)/Polyurethane Blend Membrane. Journal of Materials Science, 2007, 42 (15): 6234-6239.

第 3 章 反渗透膜

3.1 概述

3.1.1 反渗透与反渗透膜

自然条件下，当半透膜隔开的两种液体之间存在浓度差，浓度较低的溶液中溶剂（如水）就会自动地透过半透膜流向浓度较高的溶液，直至达到化学位平衡，这就是常说的渗透（osmosis）现象。所谓“反渗透”（reverse osmosis，RO）又称逆渗透，是在高于渗透压差的压力作用下，溶剂（如水）通过半透膜进入膜的低压侧，而溶液中的其他组分（如盐）被阻挡在膜的高压侧并随浓溶液排出，从而达到有效分离的过程。反渗透是一种以膜为介质、以压力差为推动力，将溶剂（通常为水）从溶液（如盐水）中分离出的分离操作，原理见第 1 章图 1-1。具体而言，是对膜一侧的溶液施加压力，当压力超过溶剂的渗透压时，溶剂会逆着自然渗透的方向作反向渗透，从而在膜的低压侧得到透过的溶剂，即渗透液；高压侧得到浓缩的溶液，即浓缩液。若用反渗透处理海水或苦咸水，在膜的低压侧得到淡水，在高压侧得到盐水，这一个过程也称为海水或苦咸水的脱盐过程。上述过程中所涉及的膜称为反渗透膜（reverse osmosis membrane，用于反渗透过程使溶剂与溶质分离的半透膜）。

传统的脱盐技术主要包括蒸馏法（主要是多级闪蒸技术）、离子交换法和电渗析法。尽管这些技术已实现广泛应用，但随着人们对海水淡化技术需求的不断增加，在新的工程和应用中，这些工艺复杂、运行维护工作量较大且污染环境的技术逐渐被日趋成熟的反渗透膜技术所取代。目前反渗透膜技术已成为脱盐领域最为优先发展的技术，不仅超过了上述传统的方法，也较近年来出现的一些新技术如膜蒸馏和正渗透等更具有市场前景。基于此，对反渗透膜技术的研发和改进一直是国内外研究的热点，涵盖了膜材料、膜组件、过程设计、原液预处理及能量回收[energy recovery，把浓水的压力能用于补充给水的压力能，以大大降低反渗透能耗的过程。注：反渗透过程的高压浓水（特别是海水淡化过程中大量的高压浓水），具有相当大的能量，能量回收主要用于海水反渗透过程]等。通过技术改进，在过去 30 年，反渗透膜的脱盐率提高了 7 倍，拓宽了反渗透膜的应用范围，除海水淡化以外，反渗透膜技术也被应用于料液分离、纯化和浓缩，纯水、超纯水制备，垃圾渗滤液处理，重金属废水处理等领域。通过改进膜材料的材质和制备技术，现有反渗透膜的渗透性能、力学性能、生物性和化学强度等均大幅度提高，这有效降低了反渗透膜的运行成本；在膜过程方面，通过减少污染及浓差极化，在增大渗透率的同时实现能量的循环利用，有效减少了能源消耗，反渗透膜过程吨水处理耗电量目前已低于 2kW·h（1970 年为 12kW·h）。

3.1.2 商业化反渗透膜及组件

目前市场上的反渗透膜主要是聚酰胺复合膜（占反渗透/纳滤市场份额的 91%）。这种膜主要由三层构成：聚酯网络层作为支撑层（厚 120～150μm），微孔中间层（大约 40μm），最表面的超薄过滤层（0.2μm）。由于聚酯网络层结构非常不规整且多孔，它不能直接支撑过滤层。所以具有微孔结构的聚砜聚合物被夹在支撑层和过滤层之间以保证超薄过滤层可以承受更高的压力。为了保证脱盐率高于 99%，膜孔尺寸一般小于 0.6nm。选择过滤层主要由芳香族聚酰胺制得（如通过 1，3-苯二胺和均苯三甲酰氯界面聚合制得），可提高耐化学性、结构稳定性，通常还提供合理的杂质耐受性及清洁性能。不对称的醋酸纤维素中空纤维膜居于第二，但市场份额较小，其特点是耐氯性较优，但化学稳定性和耐热性较差，使其使用寿命较短，应用范围较窄。

陶氏、东丽、海德能及日本东洋纺公司是生产海水淡化反渗透膜的四大供应商。表 3-1 中列出了国家海水淡化反渗透膜组件参数。由于对不同产品的测试方法或测试条件不同，所以未对不同产品进行比较。

表 3-1　一些最先进的应用中的反渗透卷式膜组件参数

膜组件商品名	材料与组件	渗透通量/(m^3/d)	对盐的截留率/%	特定能耗④/(kW·h/m^3)
陶氏 FILMTECTM 8-in. SW30HRLE	交联全芳香族聚酰胺复合膜卷式组件	28.0①	99.6～99.75	3.40(2.32)⑤ at Perth SWRO Plant, Australia
海德能 8-in. SWC4+	交联全芳香族聚酰胺复合膜卷式组件	24.6②	99.7～99.8	4.17(2.88)⑤ at Llobregat SWRO Plant, Spain

续表

膜组件商品名	材料与组件	渗透通量 /(m^3/d)	对盐的截留率/%	特定能耗[④] /(kW·h/m^3)
东丽 8-in. TM820C	交联全芳香族聚酰胺复合膜卷式组件	19.7～24.6[①]	99.5～99.75	4.35 at Tuas SWRO Plant,Singapore
东洋纺 16-in. HB10255	不对称三醋酸纤维素中空纤维膜	60.0～67.0[③]	99.4～99.6	5.00 at Fukuoka SWRO Plant,Japan

① 32g/L NaCl 溶液，55 bar，25℃，pH 8 及 8%循环。

② 测试条件：32g/L NaCl 溶液，55 bar，25℃，pH 7 及 10%循环。

③ 测试条件：35g/L NaCl 溶液，54 bar，25℃及 30%循环。

④ 由于这些数据是在不同的海水淡化厂在不同测试条件（如原水质量、循环、预处理过程、过程设计等）下得到的，所以不能明确地比较。

⑤ 括号内数字是反渗透膜单元的能量消耗。

由上表可以看出，最常用的反渗透膜组件是卷式膜组件。这种组件装填密度较高，容易规模化生产，替换成本较低，将平板复合膜制成这种结构组件的生产成本也较低。几十年前已经开始发展卷式膜组件，在间隔尺寸、进料通道及流道、制备材料等方面进行不断改进，优化了组件结构设计与流体运送方式之间的关系，从而有效降低了运行过程中膜污染程度。目前，科氏公司膜系统的 MegaMagnum 卷式膜组件已经达到 18in[❶]，海德能及陶氏 FILMTEC™公司也都有开发了 16in 的大型膜组件。研究表明，反渗透膜组件的大型化可显著提高海水淡化的能力，降低约 20%的成本。

3.2 膜分离原理

现在已有大量学者针对反渗透膜传质机理进行研究，提出了许多膜传质的模型，主要有溶解-扩散模型（solution-diffusion model，SDM）、优先吸附-毛细孔流模型、摩擦模型、形成氢键模型。以下简单介绍相关理论。

3.2.1 溶解-扩散模型

Lonsdale 和 Podall 等人提出溶解-扩散模型。该模型假设膜是完美无缺的理想膜。高压侧溶液中的溶剂和溶质先溶于膜中，然后在化学位的作用下，以分子扩散的方式透过膜。溶剂和溶质在膜中的扩散服从 Fick 定律，这种模型认为溶剂和溶质都可能溶于膜表面，因此物质的渗透能力不仅取决于扩散系数，而且取决于其在膜中的溶解度，溶质的扩散系数比水分子的扩散系数要小得多，因而透过膜的水分子数量就比通过扩散而透过去的溶质数量更多。

❶ 1in=0.0254m。

在反渗透过程中推动分子扩散透过膜的化学位差是由膜两侧的浓度和压力差异造成的。反渗透膜溶剂通量和溶质通量方程为：

$$J_w = A(\Delta p - \Delta \pi) \tag{3-1}$$

$$J_s = B(c_f - c_p) \tag{3-2}$$

式中 J_w——溶剂摩尔通量，mol/(m^2·s)；

A——纯水透过系数，m^3/(m^2·s·MPa)；

Δp——膜两侧的压力差，MPa；

$\Delta \pi$——膜表面两侧料液与渗透液之间的渗透压差（osmotic pressure difference，反渗透膜的高压侧溶液的渗透压与低压侧溶液的渗透压之差），MPa；

J_s——溶质摩尔通量，mol/(m^2·s)；

B——溶质渗透系数，m/s；

c_f——原料液浓度，mol/m^3；

c_p——透过液浓度，mol/m^3。

反渗透膜溶质脱除率方程为：

$$\frac{1}{R} = 1 + \left(\frac{B}{A}\right)\left(\frac{1}{\Delta p - \Delta \pi}\right) \tag{3-3}$$

式中 R——溶质脱除率，%。

由于 $J_s \ll J_w$，$J_w = J_v c_w$，溶质脱除率方程可写成：

$$\frac{1}{R} = 1 + \frac{B}{J_v} \tag{3-4}$$

式中 J_v——溶液渗透体积通量，m^3/(m^2·s)；

c_w——膜中溶剂浓度，mol/m^3。

式（3-2）的推导过程忽略了溶质体积压力驱动项。许振良等通过添加溶质体积压力驱动项，由力平衡原理对上述公式进行修正：

$$f_s = -V_s \frac{dp}{dL} - \frac{R_g T}{c_s} \times \frac{dc_s}{dL} \tag{3-5}$$

式中 f_s——溶质分子所受的摩擦力，N；

V_s——溶质偏摩尔体积，m^3/mol；

R_g——气体常数，m^3/mol；

T——热力学温度，K；

L——溶液透过膜方向的坐标；

c_s——膜中溶质浓度，m^3/mol。

又 $f_s = X_{sm} u_s$，$X_{sm} = \frac{R_g T}{D_{sm}}$，$u_s = \frac{J_s}{c_s} = \frac{J_s}{c_p}$，从而有：

$$J_v c_p dL = -D_{sm} dc_s - \frac{D_{sm} V_s c_s}{R_g T} dp \tag{3-6}$$

式中　X_{sm}——摩擦系数，$J \cdot s/m^2$；

　　u_s——溶质迁移速率，m/s；

　　D_{sm}——膜中溶质扩散系数，m^2/s；

　　c_s——膜中溶质浓度，mol/m^3。

两边积分得：

$$J_v c_p = \frac{D_{sm}K}{\delta}(c_f - c_p) + \frac{D_{sm}V_sK}{\delta R_g T}[c_f p(0) - c_p p(\delta)] + \frac{D_{sm}V_sK}{R_g T}\frac{(c_f - c_p)}{\delta}\frac{\int_0^\delta p\,dL}{\int_0^\delta dL} \tag{3-7}$$

式中　K——溶质膜相分配系数；

$\dfrac{\int_0^\delta p\,dL}{\int_0^\delta dL}$——平均压力 $\overline{p}$。

由于 $c_f p(0) \gg c_p p(\delta)$，整理式（3-7），得到改进的反渗透膜溶解-扩散模型溶质脱除率方程：

$$\frac{1}{R} = 1 + \frac{\frac{B}{J_v}[1 + \alpha\,\overline{p} + \alpha p(0)]}{1 - \frac{B}{J_v}\alpha p(0)} \tag{3-8}$$

$$\overline{p} = \frac{p(0) - p(\delta)}{\ln\frac{p(0)}{p(\delta)}}$$

$$\alpha = \frac{V_s}{R_g T}$$

式中　$p(0)$，$p(\delta)$——分别为膜两侧的压力，MPa；

　　α——参数；

　　δ——膜分离皮层厚度，m。

在反渗透过程中，当膜表面发生浓差极化现象时，膜的性能将有所下降。浓差极化过程可用下式表示：

$$\frac{c_m - c_p}{c_f - c_p} = \exp\left(\frac{J_v}{k}\right) \tag{3-9}$$

式中　k——溶质组分的传质系数，m/s。

结合式（3-4）、式（3-8）和式（3-9），可得膜的表观脱除率方程：

$$\frac{1}{R_s} = 1 + \frac{B}{J_v}\exp\left(\frac{J_v}{k}\right) \tag{3-10}$$

$$\frac{1}{R_s} = 1 + \frac{\frac{B}{J_v}[1 + \alpha\,\overline{p} + \alpha p(0)]}{1 - \frac{B}{J_v}\alpha p(0)}\exp\left(\frac{J_v}{k}\right) \tag{3-11}$$

比较式（3-10）和式（3-11），可知：①溶解-扩散模型中的参数 B 是随压力变化而变化的参数；②溶质脱除率随压力增加而增大，增大幅度随压力增加而下降。

该模型可以作为半经验模型，较好地预测某一溶液的脱盐率，对反渗透过程的设计有指导作用。

3.2.2 优先吸附-毛细管流动模型

S. Sourirajan 等人提出了优先吸附-毛细孔流动理论以及最大分离的临界孔径。以 NaCl 水溶液为例，溶质是 NaCl，认为膜的表面能选择性吸水，因此水被优先吸附在膜表面上，而对 NaCl 则排斥。在压力的作用下，优先吸附的水通过膜，便形成了脱盐的过程，基于这种模型的膜在表面必须有相应大小的毛细孔。该模型如图 3-1 所示。

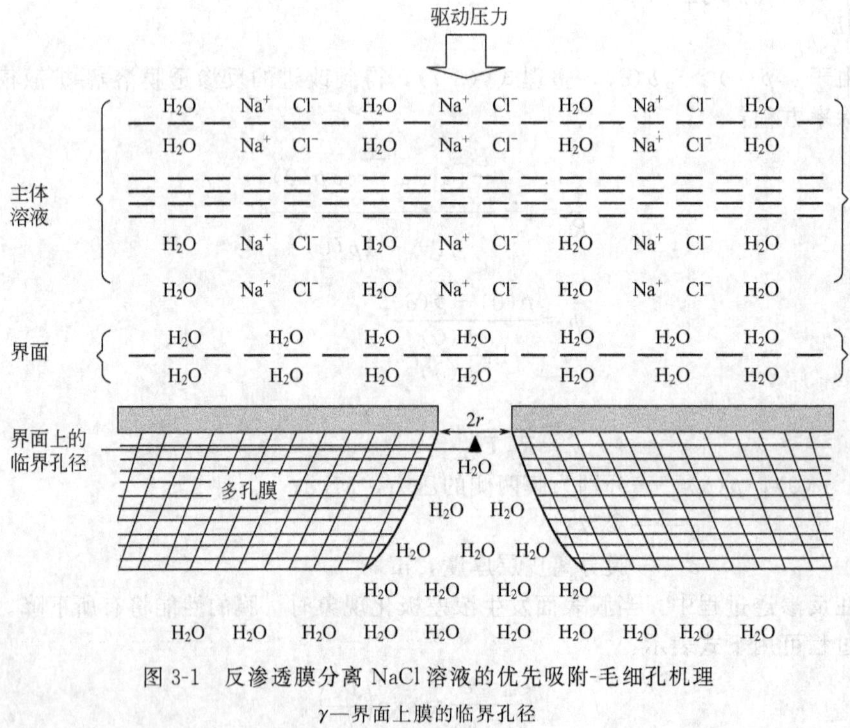

图 3-1　反渗透膜分离 NaCl 溶液的优先吸附-毛细孔机理

γ—界面上膜的临界孔径

聚合物膜的界面吸附方程为：

$$\Gamma=-\frac{1}{RT}\left[\frac{\partial\sigma}{\partial\ln\alpha}\right]_{T,A} \tag{3-12}$$

式中　Γ——单位界面上溶质的吸附量，mol/g；

R——气体常数，m^3/mol；

T——热力学温度，K；

σ——气-液界面的表面张力，N/m；

A——面积，m^2；

α——溶液中溶质的活度，量纲为1。

上述方程表明表面张力会引起溶质在界面的正吸附或负吸附，从而造成界面附近的浓度梯度，使溶液中的某一组分被优先吸附。如水溶液与聚合物膜接触，若膜表面的物理化学性质迫使膜对溶质负吸附，对水优先吸附，则在界面附近溶质的浓度急剧下降；相反，水则被膜吸附而积聚于界面之上，当存在外来压力时，该纯水层在压力作用下透过膜表面的毛细孔，穿过膜而获得纯水。

纯水层厚度

$$t=\frac{1000\alpha}{2RT}\times\frac{\partial\sigma}{\partial(f\cdot c)} \tag{3-13}$$

式中　f——溶液中溶质的活度系数，量纲为1；

c——溶液的物质的量浓度，mol/L。

以上两个式子表明纯水层的厚度与溶液性质和膜表面的化学性质相关联。根据相关计算，纯水层厚度为1～2个水分子层（水分子有效直径约0.5nm），即0.5～1.0nm。当膜表面孔的有效直径为纯水层厚度的两倍时，对一个毛细孔而言，可以得到最大的纯水流量，此时称为临界孔径。因而，研制最佳的聚合物膜就是使制得膜孔径尽可能分布在1.0～2.0nm。然而，当毛细孔孔径大于临界孔径后，溶液就会从毛细孔的中心部位通过而产生溶质泄漏。

由优先吸附-毛细孔流动模型理论建立的传递方程包括水、溶质的扩散传递和边界层的薄膜理论。在操作压力下，溶质和溶剂（水）都有透过膜微孔的趋势，但水优先吸附在孔壁，而溶质（盐）则因排斥被脱除于膜表面外。基本方程如下：

水透过膜的通量

$$N_w=A\{\Delta p-[\pi(x_s')-\pi(x_s'')]\} \tag{3-14}$$

式中　A——纯水的渗透常数，$L/(m^2\cdot h\cdot Pa)$；

Δp——膜两面的压差，Pa；

$\pi(x_s)$——溶质摩尔分数为x_s时的溶液渗透压，Pa；

x_s'和x_s''——分别为溶液和透过液中溶质的摩尔分数。

溶质的通量

$$N_s=\frac{c_T K_s D_{sm}}{L}(x_s'-x_s'') \tag{3-15}$$

式中　c_T——总物质的量浓度，mol/L；

K_s——溶质的分配系数，量纲为1；

D_{sm}——溶质在膜中的扩散系数，随着膜材料的不同而不同，m^2/h；

L——膜的厚度，m。

3.2.3　摩擦模型

迁移参数的摩擦现象首先由Spiegler提出，其后由Kedem和Katchalsky加以发展。在该模型中，由溶质（s）和水（w）组成的溶液流透过厚度为 L 的膜（m）。在稳定流态下，假定：①内部呈中性，将电解质或聚电解质看作为不电离的化合物；②在膜孔及膜表面都存在一结合水层（亲水性），在这些结合水层内溶质等于零或接近零，溶质透过膜的传递主要是通过孔的中央区域实现的，溶质与膜、自由水与膜之间的摩擦作用都可忽略不计，即 $f_{sm} \approx f_{wm} = 0$；③通过膜孔的是自由水，结合水与膜壁附着牢固（其移动速率 U_b 与自由水或溶质相比可忽略，即 $U_b = 0$）；④溶液为无限稀的，即 $C_w \overline{V}_w \approx 1$；⑤驱动溶质和水的热力学动力为其化学位梯度，并与机械摩擦力平衡，而后者相当于在溶质、水和膜之间的相互作用的总和。则依照水动力学，摩擦力与相对速率成正比。

对于纯水体系（不含溶质）

$$L_p = \frac{\phi_w \overline{V}_w}{f_{wb} L} \tag{3-16}$$

式中 L_p——水力渗透系数，$L/(m^2 \cdot Pa)$；

ϕ_w——含水率，%；

f_{wb}——水（自由水）与牢固附着结合水的膜之间的摩擦系数，量纲为1；

L——膜厚度，m。

由式（3-16）可见，ϕ_w 越大，L 越小或 f_{wb} 越小，则水力渗透系数 L_p 就越大。

而对于含有溶质的体系，溶质透过系数 ω 为

$$\omega = \left(\frac{J_s}{\Delta\pi}\right)_{J_v=0} \approx \left(\frac{J_s}{\Delta\pi}\right)_{J_w=0} = \frac{K_s}{(f_{sw} + f_{sb})L}$$

$$K_s = \frac{c_s''}{c_s} \tag{3-17}$$

式中 f_{sw}——溶质与水之间的摩擦系数，量纲为1；

f_{sb}——溶质与膜作用的摩擦系数，量纲为1；

c_s''——溶质在膜内水中的浓度，mol/L。

式（3-17）表明，K_s 越大，或 L 与摩擦系数越小，则溶质透过系数 ω 就越大。

反射系数 σ 为

$$\sigma = 1 - \frac{\omega \overline{V}_s}{L_p} - \frac{\omega f_{sw} L}{\phi_w} \tag{3-18}$$

3.2.4 形成氢键模型

氢键传递机理模型认为水分子和膜材料上的活性基团（如羧基、乙酰基和酰氨基等）以氢键形成结合为类似冰状结构的结合水，在压力下，结合水从一个氢键位置迁移到另一个相邻的氢键位置，易形成这种结合水的材料适于反渗透要求。基团贡献模式从分子结构的基团分析入手，研究各个结构基团对界面水贡献的大小和对扩散速率贡献的大小，由此推论最适于脱盐的聚合物。

3.3 膜材料及其制备方法

3.3.1 聚合物反渗透膜

由于聚合物反渗透膜技术较成熟，其制备成本较低，易于处理，同时选择性及渗透性较高，所以它已经从最初用于反渗透脱盐厂进入商业应用。根据研究方向膜材料的发展可以分为两个阶段：第一，寻找合适的材料（化学结构）和膜制备机理（20 世纪 60～80 年代末）；第二，为了提高膜的功能性及耐久性，研究膜配方的更多影响因素（20 世纪 80 年代末至今）。

3.3.1.1 单一材质反渗透膜及其制备技术

在 1949 年，一篇题为“海水是净水来源”的文章掀起了膜法脱盐研究的浪潮，但是早期研究领域过窄并且缺少成果。在 20 世纪 50 年代末，Reid 和 Breton 报道了他们手工刮制的对称醋酸纤维素膜对盐有高达 98%的截留率，但是通量太低，低于 $10mL/(m^2 \cdot h)$。接下来，Loeb-Sourirajan 的醋酸纤维素膜在历史上具有重要的意义，因为它第一次让反渗透在实际中可以实现。这种醋酸纤维素不对称膜由 200nm 的过滤层和一个较厚的微孔支撑层构成。这种新的形貌使膜通量相对于之前的对称膜提高了一个数量级，其分子构成见表 3-2。

表 3-2 不对称反渗透膜

化学式及性质描述	化学结构式
1. 醋酸纤维素-Loeb-Sourirajan CA 通量：$0.35m^3/(m^2 \cdot d)$ 脱盐率：99% 测试条件：100bar，4% NaCl 溶液	[化学结构式]
2. 芳香聚酰胺-聚酰胺-酰肼 通量：$0.67m^3/(m^2 \cdot d)$ 脱盐率：99.5% 测试条件：30℃，>100bar，3.5% NaCl 溶液	1,3-苯二胺 间苯二甲酰氯 [化学结构式]
3. 聚哌嗪酰胺 通量：$0.67m^3/(m^2 \cdot d)$ 脱盐率：97.2% 测试条件：>80bar，0.36% NaCl 溶液	[化学结构式]

续表

化学式及性质描述	化学结构式
4. 聚苯并咪唑 通量：0.13$m^3/(m^2 \cdot d)$ 脱盐率：95% 测试条件：>6bar，0.105% NaCl 溶液	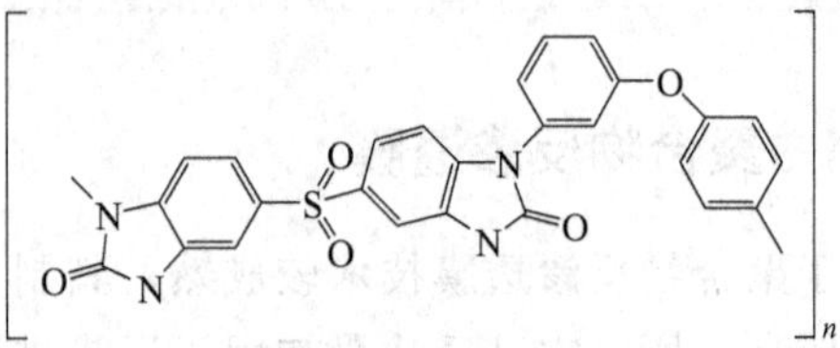 [illegible]
5. 聚噁二唑 通量：0.07$m^3/(m^2 \cdot d)$ 脱盐率：92% 测试条件：>45bar，0.5% NaCl 溶液	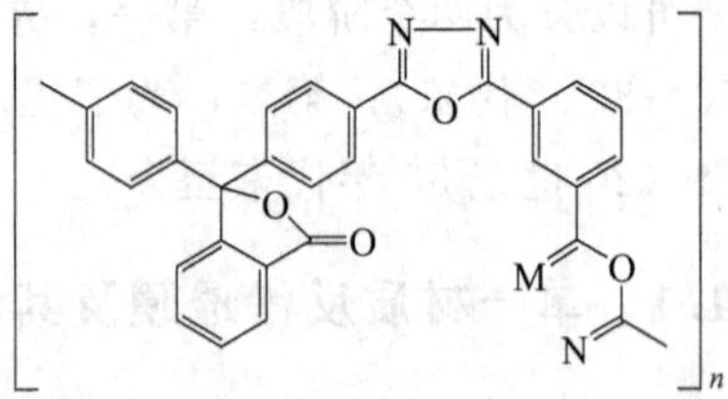 [illegible]

注：表中列出的化学结构仅代表膜的部分结构，未给出形成这种结构所有的材料，如醋酸纤维素（CA）仅代表二醋酸纤维素（CDA），无三醋酸纤维素（CTA）。

在 Loeb-Sourirajan 膜出现后的 10 年间，为了将这种技术用于工业化生产，对于醋酸纤维素（CA）材料的研究主要集中在膜性能的优化和制备过程的简化。随后制备的三醋酸纤维素（cellulose triacetate，CTA）膜与原来的二醋酸纤维素（CDA）膜相比，在比较宽的温度范围和 pH 范围内都具有更高的稳定性，且它具有良好的耐化学性和耐生物污染性能。但是 CTA 膜在中等操作压力下（30bar 或者更低）易于被压密，导致通量下降。最终研究通过共混 CTA 和 CDA 的方式，制备了比 CA 膜渗透性及选择性更佳的膜，同时耐压缩性较好。对于这种技术进行进一步的研究发现，控制酯基混入量可以影响羟基的取代量，从而控制 CA 膜的性能。

在 1969 年以前 CA 是最好的反渗透制膜材料，但是醋酸基团不稳定，在酸性、碱性条件下均易于水解，限制了它的应用范围。20 世纪 60 年代已经进行了替代聚合物的相关试验，但是结果改善并不明显，依然非常迫切需要一种具有更高化学稳定性的材料。

第一次成功制备的非醋酸纤维素不对称膜是由 Richter 和 Hoehn 制得的不对称芳香族聚酰胺中空纤维膜。这种膜后来由 Du Pont 公司以商品名 B-9 Permasep® 推向市场，并被用于苦咸水淡化。它的持久稳定性、多样性均优于 CA 或芳香聚酰胺，但通量及脱盐率均较低。但是由于它采用了中空纤维膜的形式，组件具有更高的填充密度，弥补了单组通量低的缺点，在组件单位体积产水超过了 CA 卷式组件，因此取得了良好的市场反响。

但是，在长期使用 B-9 Permasep® 膜后，发现聚酰胺膜对消毒剂如氯（卤素）和臭氧敏感。随即开发出耐氯的聚哌嗪酰胺非对称膜（见表 3-2），这种膜与不对称醋酸纤维素膜具有相近的选择透过性。酰胺里氢的减少提高了膜的耐氯性。但是这种膜相对脱盐率较低（＜95%），并未被商业化。磺化聚砜含有磺酸基和苯基将会提高制得膜的通透性、力学性能及化学、生物稳定性，但是它的脱盐率依然低于商业化可接受的水平。同样，羧基化聚砜制得膜通量很好，但是脱盐率依然不具竞争力。虽然 Teijin 制得的聚苯并咪唑（PBIL）膜即使在恶劣的操作条件下也拥有良好的选择透过性，但是它易于发生压密现象，且耐氯性能不佳。相反，聚噁二唑拥有良好的力学性能及温度稳定性，但是它的脱盐率及渗透性却在反渗透领域应用过程中不具有优势。

3.3.1.2 复合膜及其制备技术

在压力作用下，醋酸纤维素膜的中间过渡层会发生致密化。同时，经一步刮膜后可以形成不对称结构的可溶性聚合物又十分稀少，为了制备同时具有高渗透性及脱盐率的反渗透膜，拓宽其应用领域，开发了两步刮膜法。这种方法可以使单一性能优异的材料分别被用于制备微孔支撑层和过滤层，前者主要起机械支撑作用，后者起提高脱盐率及通量的作用。此外，大量聚合物被尝试着分别用作支撑层和过滤层，这种各向异性的膜形貌现在被称为复合膜。

Francis 制备了第一张复合薄膜，他先用漂浮-刮制法（float-casting）在水面制得了一张超薄膜，然后将这张超薄膜通过热处理及层压的方法与一张预先制得的醋酸纤维素微孔支撑层结合在一起。在大量的实验研究后发现，聚砜膜是支撑层最好的材料，因为它耐压缩、拥有合理的通量。最重要的是，它在酸性环境下很稳定。这为进一步通过酸缩聚及界面聚合法制备薄膜复合膜奠定了基础。此外，包含了低分子量羟基化合物酸缩聚反应的浸涂法（dip-coating method）解决了浮涂法放大技术中遇到的问题。基于这种方法制得的第一个专利产品被命名为 NS-200，这种产品是由呋喃甲醇、硫酸及聚氧化乙烯反应制得的（表 3-3）。它拥有出色的脱盐率，但是却易于发生不可逆溶胀及水解。另一种通过酸缩聚制得的膜是 PEC-1000 TFC 反渗透膜，它是由日本东丽公司生产的，这种膜制备过程中利用 1，3，5-三（羟乙基）异氰尿酸替代了聚氧化乙烯。这种膜在保证通量的同时，拥有相当高的脱盐率及化学物质截留率，但是它不耐氯。磺化聚醚砜膜在氧化反应中具有稳定性。但是，这种膜在过滤过程中会发生明显的唐南效应，即原液里有二价阳离子时，一价粒子截留率会明显降低。表 3-3 列出了主要的反渗透复合膜材料。

表 3-3 著名反渗透复合膜（TFC RO 膜）

化学式及性质描述	化学结构式
1. 聚呋喃 商品名：NS-200 通量：0.8$m^3/(m^2 \cdot d)$ 脱盐率：99.8% 测试条件：＞100bar，3.5% NaCl 溶液	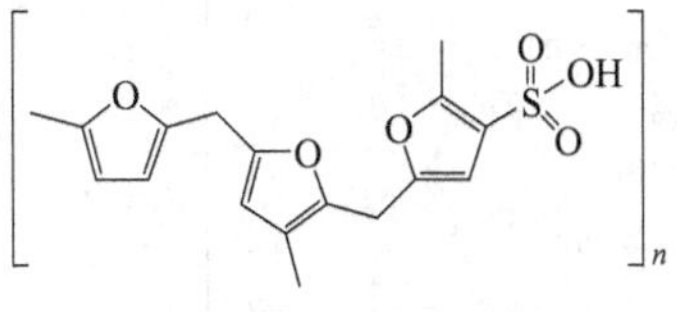

续表

化学式及性质描述	化学结构式
2. 聚醚-聚呋喃 商品名：PES-1000 通量：0.5m³/(m²·d) 脱盐率：99.9% 测试条件：>69bar，3.5% NaCl 溶液 具有出色的有机物截留率	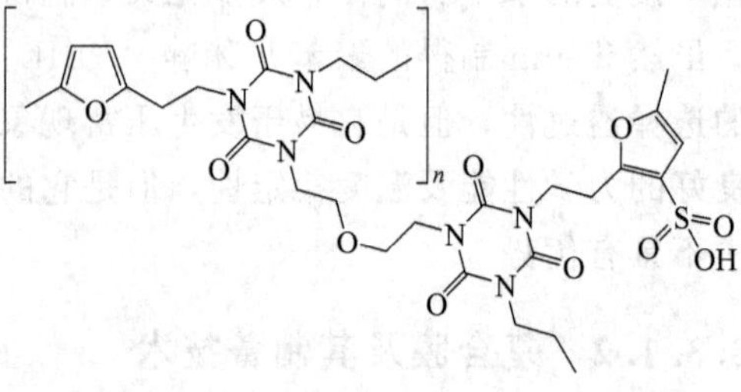
3. 磺化聚砜 商品名：Hi-Flux CP 通量：0.06m³/(m²·d) 脱盐率：98% 测试条件：>69bar，3.5% NaCl 溶液 具有出色的耐氯性能	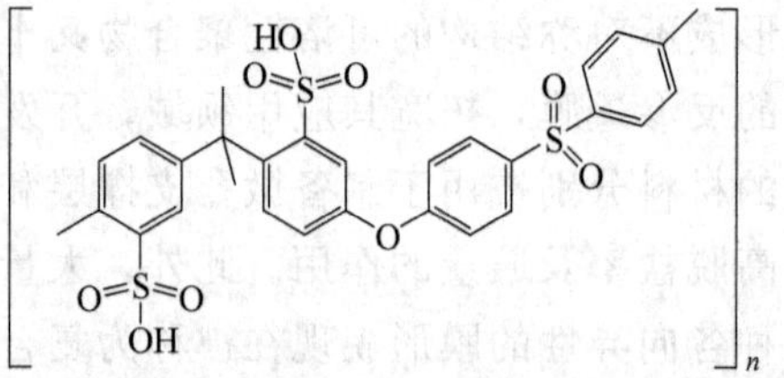
4. 聚酰胺-聚乙烯亚胺 商品名：NS-100 通量：0.7m³/(m²·d) 脱盐率：99% 测试条件：>100bar，3.5% NaCl 溶液	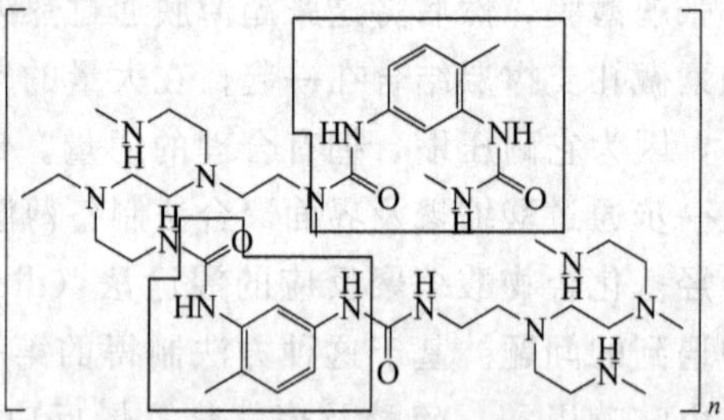
5. 聚酰胺-聚表胺 商品名：PA-300 或 RC-100 通量：1.0m³/(m²·d) 脱盐率：99.4% 测试条件：>69bar，3.5% NaCl 溶液	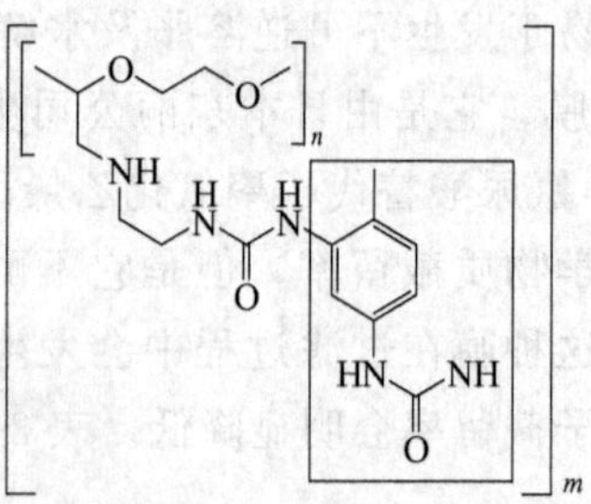
6. 聚乙烯胺 商品名：WFX-X006 通量：2.0m³/(m²·d) 脱盐率：98.7% 测试条件：>40bar 电导率＝5000μS/cm	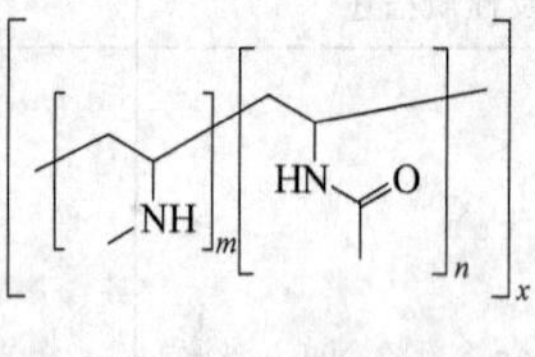

续表

化学式及性质描述	化学结构式
7. 聚吡咯烷酮 通量：$0.8m^3/(m^2 \cdot d)$ 脱盐率：99.7% 测试条件：>40bar，0.5% NaCl 溶液	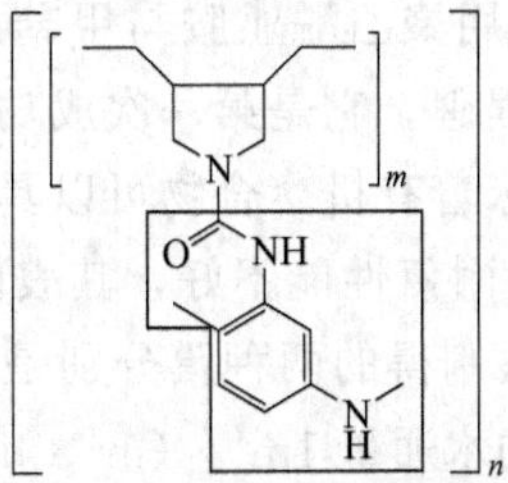
8. 交联的全芳香族聚酰胺-1 商品名：FT-30 通量：$1.0m^3/(m^2 \cdot d)$ 脱盐率：99% 测试条件：>15bar，0.2% NaCl 溶液	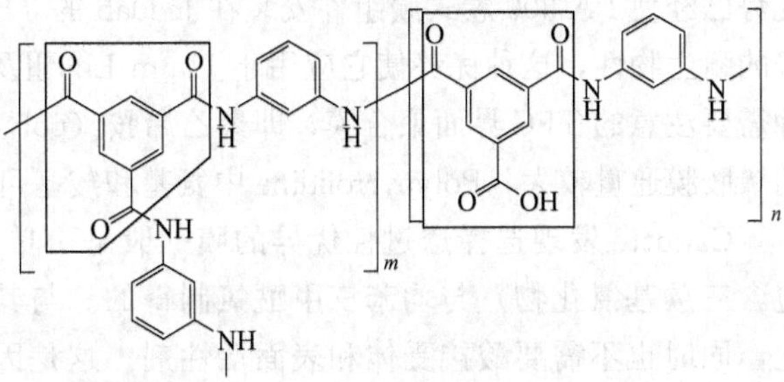
9. 交联的全芳香族聚酰胺-2 商品名：UTC series 通量：$0.8m^3/(m^2 \cdot d)$ 脱盐率：98.5% 测试条件：>15bar，0.5% NaCl 溶液	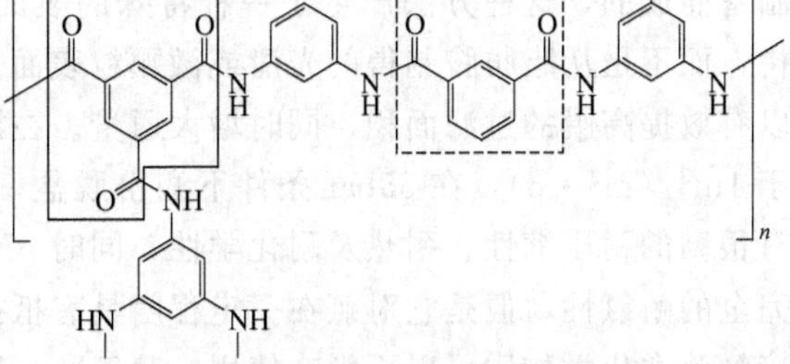
10. 交联的芳香聚酰胺 商品名：A-15 通量：$0.26m^3/(m^2 \cdot d)$ 脱盐率：98% 测试条件：>55bar，3.2% NaCl 溶液	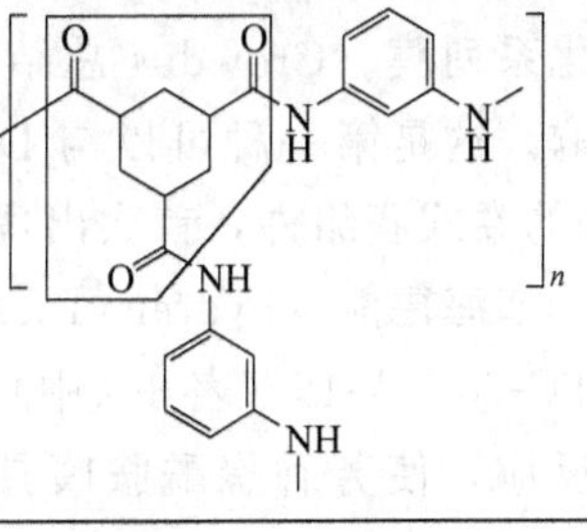
11. 交联的全芳香族聚酰胺-3 商品名：X-20 通量：$1m^3/(m^2 \cdot d)$ 脱盐率：99.3% 测试条件：>15bar，0.2% NaCl 溶液	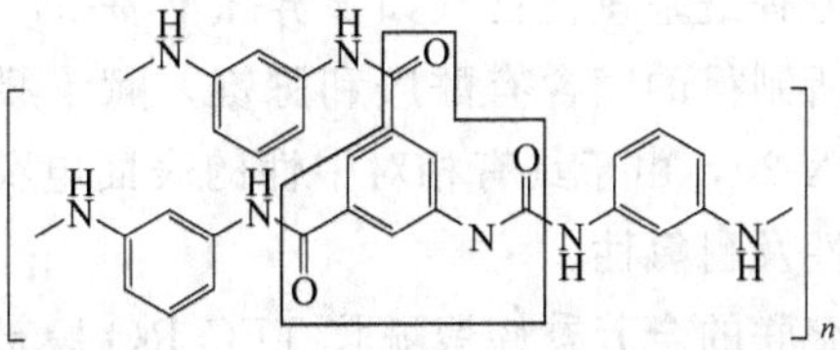

注：化学结构列出了膜的一部分；它未显示形成结构的所有可能，即 NS-100 结构是聚酰胺而不是聚脲结构。

因此，界面聚合法已成为复合膜材料的主要方法。具体而言，采用聚砜等作为基膜，通过界面聚合物赋予基膜反渗透功能层，继而得到综合性能优异的反渗透膜。Cadotte利用聚乙酰亚胺与甲苯二异氰酸酯反应制得NS-100是反渗透历史上重要的技术里程碑。它是第一次成功制备的具有高通量及一价粒子截留率的非纤维素膜。这也意味着有机聚合物可以具有优异截留率，及高温、酸碱环境的稳定性。但是NS-100膜耐氯性能不好，其表面的高交联结构导致表面具有明显脆性。另外通过界面聚合法制得的两种膜分别是：PA-300和RC-100。与NS-100相比，PA-300材料具有更高的水通量1m^3/（m^2·d）及更高的脱盐率（70bar下为99.4%）。这种优势已经使PA-300卷式膜组件安装在Jeddah的TFC SWRO工厂内。RC-100具有良好的耐生物性，这种优势使它应用于Umm Lujj Ⅱ及其他海水淡化厂内。这里还有两种需要注意的TFC界面聚合膜，即聚乙烯胺（polyvinylamine）及Polypyrrolidine。聚乙烯胺膜通量较大，Polypyrrolidine中氨基和羧基可用于控制选择性。

Cadotte发现选择透过性优异的膜一般是由单体芳香胺和芳酰基卤化物（至少包含三羰基氯化物）与均苯三甲酰氯制得的。与其他界面聚合法不同，避免了热固化，同时也不需要酸接受体和表面活性剂。这是因为即使在酰基卤浓度很低时界面聚合交联都可以迅速发生。FT-30膜是利用均苯三甲酰氯与1,3-苯二胺发生界面聚合制备而成的，这种方法产生了一种特殊的表面特征“脊谷”（ridge and valley）结构，而不是从脂肪胺制得的光滑或微颗粒表面。研究表明，这种粗糙的脊谷表面可以有效提高膜的过滤面积，同时增大通量。在海水淡化实验中，FT-30的通量接近于1m^3/(m^2·d)，在55bar条件下测得脱盐率为99.2%。FT-30芳香族聚酰胺具有很高的耐压缩性、耐热及耐化学性，同时pH值使用范围较宽。虽然FT-30没有完全的耐氯性，但是它对氯在一定程度具有抵抗性，这种抵抗性保证它在偶然之间接触此类化学物质可以不影响使用。基于此，陶氏（DOW FILMTEC ™）也将其作为商品化系列膜。Crowdus总结说，这种膜对于反渗透脱盐的设计及成本都有重大的影响。这是第一种可以与Du Pont的不对称聚酰胺中空纤维膜B-9 Permasep®竞争的卷式膜组件，首次出现于1972年。FT-30的成功引发了一系列类似产品的产生，如海德能（hydranautics）的CPA2膜和东丽株式会社（toray industries）的UTC-70。A-15（表3-3中）TFC膜使用1,3-苯二胺和饱和交联剂1,3,5-三氯环己烷反应，使芳香聚酰胺膜具有良好的通量。Sundet拥有一项专利技术，即利用芳香酰基氯化物（如1-异氰酸基-3，5-二羰基苯）作为1，3-苯二胺的交联剂，使所制得的膜含有酰胺和脲键，赋予膜出色的通量和脱盐率（表3-3）。最后一种膜X-20，由于具有相对中性的表面电荷及强的聚酰胺脲键，所以表现出强的抗污染性及耐氯性。

在交联的全芳香族聚酰胺TFC RO膜被成功引入市场后，造成新的聚合物材料反渗透膜的研究和发展都大为减少。现在主要的RO海水淡化膜产品主要还是建立在20世纪80年代的基础上，即单体芳香胺的界面聚合。最大海水淡化膜的生产厂家——陶氏（DOW FILMTEC™），现在卖的产品还是基于 FT-30；东丽株式会社的产品基于 UTC-70；海德能（Hydranautics）的膜基于 NCM1，与 CPA2 相同；Trisep 的膜是基于 X-20。另一方面，不对称膜依然基于传统的醋酸纤维素材料，例如 Toyobo Hollosep™的产品是基于 CTA。

反渗透膜的性能被提高，具体来说，通透性能至少提高了两倍，回收率可以超过 60%。这些改进是表面改性、细化界面聚合反应参数及优化组件设计的结果。另外，结合膜表征技术的进步，更好了解膜结构无疑也起到了重要作用。例如，原子力显微镜（AFM）是一种可以检测膜表面粗糙度的仪器，而表面粗糙度由于增大了膜的有效面积，可以在提高通量的同时维持较高的脱盐率。

由于膜制造商的专利大规模减少，很难回顾 20 世纪 90 年代反渗透膜商业化的重大发展。为了揭示商品化反渗透膜的化学结构及后处理过程，大量学者利用各种各样的设备进行了研究。卢瑟福背散射光谱法（Rutherford back scattering spectrometry）是一种可以分析不同层元素组成及物理化学性质的有用工具，它与 X 射线光电子能谱（X-ray photoelectron spectrometer，XPS）、衰减全反射-傅里叶变换红外光谱法（attenuated total reflection flourier transformed infrared spectroscopy，ATR-FTIR）、透射电子显微镜（transmission electron microscope，TEM）、流动电位测量等多种不同分析工具的联用，都被用于更好地了解膜的物理、化学结构及其如何影响膜的性质。

3.3.1.3 工艺优化

优化界面聚合反应机理，包括动力学、反应物扩散系数、反应时间、溶剂溶解度、溶液组分、成核速率、固化时间、聚合物分子量范围及微孔支撑层的表征。Tomaschke 和 Chau 最早研究向铸膜液中添加添加剂，引发了使用不同种类添加剂的大量研究。使用胺盐，如樟脑磺酸三乙胺盐（triethylamine salt of camphorsulfonic acid）作为添加剂在胺水溶液中反应，并确保反应后干燥温度高于 100℃。更高的交联程度使得膜在保持原有通量的情况下对盐的截留率升高。Chau 向铸膜液中添加了极性非质子溶剂，特别是 *N*,*N*-二甲基甲酰胺，使制得膜中羧酸盐的含量增多，提高了水通量。

向铸膜液中添加添加剂对单体溶解度、扩散系数、水解、质子化作用均有很大影响，同时它们可以清除抑制反应。许多专利披露了将醇、醚、含硫化合物、水溶性聚合物或者多元醇加入胺溶液可以提高水通量而对盐的截留没有明显影响。例如，向铸膜液中加入二甲基亚砜可以提高水和己烷的相容性，提高了单体胺的反应物扩散，形成一层更薄的过滤层，使水通量增大。图 3-2 给出了 Kwak 等使用不同添加剂制得的反渗透膜的电镜照片。

Mickols 向酰氯（通常为均苯三甲酰氯）中添加“络合剂”，替代了向胺反应溶液中混入添加剂，并申请了专利。更宽的应用是应用含磷化合物如磷酸三苯酯，

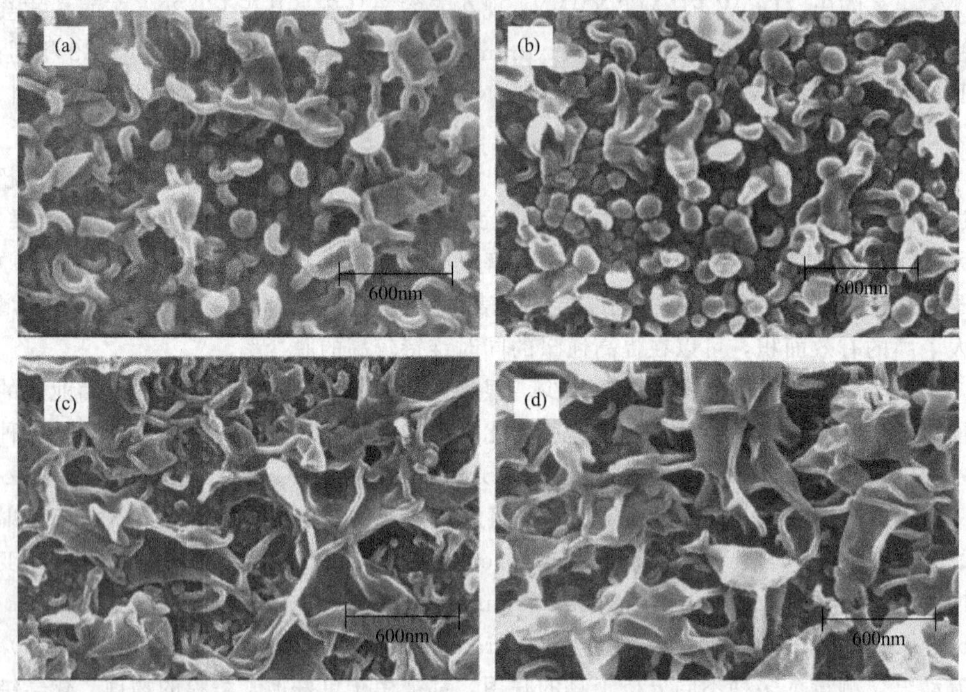

图 3-2　不同选择透过性反渗透膜表面场发射电镜照片

（测试条件：20℃，>15bar，0.2% NaCl 溶液）

(a) 水通量：1.15m^3/(m^2·h)，脱盐率：>96%；(b) 水通量：1.16m^3/(m^2·h)，脱盐率：>99.1%；
(c) 水通量：1.52m^3/(m^2·h)，脱盐率：>98.7%；(d) 水通量：1.85m^3/(m^2·h)，脱盐率：>98.4%

可以通过在酰胺键的形成过程中去除卤化物以消除酰基氯的排斥作用，这可以最大限度地减少水解及酰氯与胺之间的反应，以提高膜的性能，特别是提高水通量。

近来，已有引入活性大分子的相关报道。在这种方法里，添加剂可以在聚合过程中转移到表面，然后改变表面化学性质以获得需要的性质。例如，在界面聚合反应中引入亲水性表面改性剂大分子，如聚乙二醇封端低聚物，可以提高膜通量及脱盐率的稳定性。

3.3.1.4　表面改性

膜表面的亲水化，可以提高渗透性能及耐氯性。虽然已经成功使用单体与掺杂亲水基团（例如羧酸）或消除酰胺氢反应合成膜，但是很难获得这种单体反应物，其制备过程也相当复杂。所以，利用化学改性在后处理过程中改善膜表面性质是一种更佳的方式。各种各样化学、物理后处理方法都在蓬勃发展。大量水溶性溶剂，如酸和醇，都被用于处理膜表面。醇（乙醇、异丙醇）和酸（氢氟酸、盐酸）与水的混合物，由于其部分水解，都被用于提高膜的水通量及截留率，醇和酸开启了表面改性的新篇章。酸与水作用可以产生氢键，生成更多的表面电荷，最终显著提高膜表面亲水性及水通量。Mickols 申请了关于膜表面后处理改性的专利，这项技术是用氨基或者烷基化合物，特别是乙二胺和乙醇胺对膜表面进行后处理，可以同时提高水通量及脱盐率。可以通过将复合膜浸泡在富含多种有机物的溶液（如甘油、十二烷基硫酸钠和樟脑磺酸三乙胺盐）中提高 70%水通量。利用聚乙烯醇的水溶液作为缓释剂对膜进行后处理，可以有效提高膜的耐磨性及膜通量的稳定性。

通过化学处理 FT-30 膜，可以显著提高膜通量。将膜浸泡在浓度为 15%的氢氟酸溶液中 7d，膜的水通量提高 4 倍，脱盐率略微增大。另外，刻蚀使膜表面分离层更薄。虽然这种方法可以在不改变化学结构的基础上提高水通量，但是随着使用时间的延长，亲水组分溶出将会导致水通量下降。

其他表面改性方法包括利用自由基、光化学、辐射、氧化和等离子体诱导接枝，都被用于以共价键的方式将一些有用的单体连接到膜表面上。气体等离子体处理也被用于表面改性：通过氧等离子体处理引入亲水性羧酸基团提高水通量；而氩气等离子体处理通过增大氮的交联度来提高耐氯性。近来，Lin 等报道，在传统聚酰胺 TFC 膜表面使用气体等离子体氛围催化及接枝聚合可以显著提高膜的抗污染性。在气体等离子体催化后，通过自由基聚合，将甲基丙烯酸或丙烯酰胺单体在膜表面形成聚合物刷层（the brush layer）。聚合物刷层可以有效减少污染物在膜表面的附着。这种膜在多种污染测试中，特别是在矿物质结垢实验中，均优于商业低污染膜 LFC1。另外，等离子体气氛和接枝聚合反应均很容易适应大规模制造的需要。

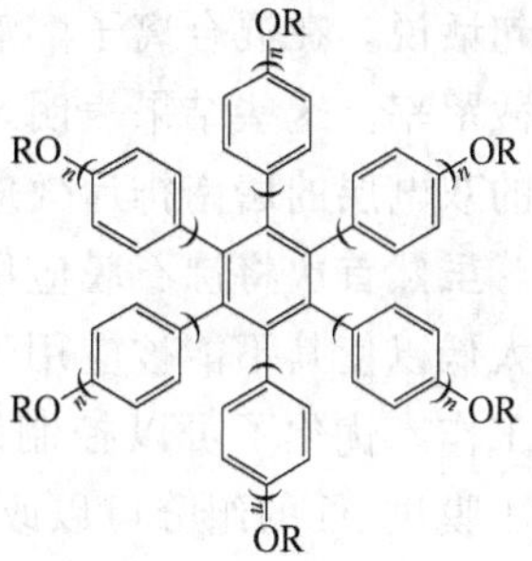

除界面聚合方法外，近年来有报道将刚性星形两亲分子（RSA）用于制备纳滤膜。将聚苯醚砜支撑体用甲醇和交联聚乙烯醇处理，然后直接将 RSA 甲醇溶液渗入不对称聚苯醚砜支撑体制得膜。图 3-3 给出了 RSA 分子结构，这种分子是用多种环化的方法合成，用于作为制膜的基体材料。使用 SEM 及 AFM 分析发现，相对于平常商业化的纳滤膜（粗糙度为 20～70nm），这种膜的表面非常光滑，其平均粗糙度仅为 1～2nm。RSA 膜拥有超薄过滤层，厚度仅有 20nm。复合支撑层的树状结构使膜的孔径分布较窄。相对于商业化的纳滤膜，这种膜在维持相同污染物截留的情况下，水通量翻倍。考虑到聚合物纳滤膜与反渗透膜结构相类似，这种新的聚合物膜的制备方法可能会为调整膜结构提供一种更好的选择。但是，仍然需要进一步实验来验证这种方法是否同样适用于反渗透过程，特别是它的脱盐率现在仍然未知。

OR RO OR RO OR OR

图 3-3　RSA 分子结构

3.3.2　无机(陶瓷)反渗透膜

陶瓷膜大部分由氧化铝、二氧化硅、二氧化钛、氧化锆或者这些物质的混合物制得。由于其制备成本较高，主要被用于聚合物膜不能应用的领域，即：操作温度较高、放射性或污染性较高的原液、活性高的环境中。在一般情况下，陶瓷膜由宏观多孔支撑层和中观或微观多孔活性层构成。陶瓷膜制备技术包括支撑层浆料挤压技术（paste extrusion for supports）和活性层沉积的粉浆液粉浆浇铸（slip-casting of powder suspensions）或者活性层沉积的胶体悬浮液溶胶凝胶处理（sol-gel processing of colloidal suspensions）。膜组件已经从简单的管式膜组件发展成可以提供更高填充密度的单片蜂窝结构。现在商业化的陶瓷膜主要被用于微滤及超滤过程，而其在纳滤领域的应用也正在发展。

少量商业上将陶瓷膜用于家庭净水的制备，虽然过程不够精细，但是依然吸引了膜蒸馏及渗透汽化研究者的注意。早期将陶瓷膜应用于反渗透脱盐领域的研究结果已经被新墨西哥矿业与科技学院（New Mexico Institute of Mining and Technology）的研究者所报道。根据分子动力学数据模拟的结果，全硅ZK-4沸石膜的离子截留率为100%，这表明陶瓷膜具有在油田脱盐水应用的潜力。该研究组已经在实验室研究了将陶瓷膜应用于反渗透分离领域的分离机理及可行性。

理论计算显示孔径小于水合离子的沸石膜可以完全截留离子。典型的沸石膜孔径为0.4nm，MFI类膜为0.56nm。首次将MFI silicalite-1沸石膜用于反渗透过滤NaCl水溶液，截留率为77%，在21bar测试水通量为$0.003m^3/(m^2 \cdot d)$。也有报道说，在测试含有混合离子的溶液时，其对二价阳离子的截留率高于一价离子。换句话说，在混合离子溶液中对钠离子的截留率低于在纯的NaCl溶液中对钠离子的截留率。这些结果表明，过滤机理并不只是孔截留，还有由孔和晶间孔隙吸附引起的双电层的唐南排斥效应。

虽然首次将沸石膜应用于反渗透测试的实验并不成功，其对盐的截留及水通量均太低以使其不能被应用于实际生产，但是，随后已经进行了一些改进沸石膜结构的工作。优化了可以控制膜润湿性及表面电荷的Si/Al，可以提高水通量及脱盐率。膜里Al的组分可以改变膜表面的亲水性，即调整与水的兼容性。晶体结构的缺陷可以通过沸石层在多孔α-氧化铝基片的二次生长来最小化。以上因素相结合的影响对膜性能产生了明显提高，Si/Al为50/50的2μm厚的沸石膜在28bar条件下对钠离子的截留率为92.9%，通量为$1.129kg/(m^2 \cdot h)$。在相同研究组最近的报告中，膜的厚度已经被降为0.7μm，并且提供了出色的有机物（99%）和盐（97.3%）的脱除率，水通量约提高了4倍。虽然在过去十年，沸石膜的性能及经济性有了明显提高，但是它们仍然不能与聚合物膜相比。沸石膜的厚度依然比现在商业化的聚合物反渗透膜的厚度至少超过3倍，这就大大增加了水通过的阻力。因此，为了达到相同的生产效率，陶瓷膜的有效面积比聚合物膜的面积至少要多50倍。考虑到更高的密度和较低的堆积效率，这个数据有可能会更高。此外，虽然沸石膜号称拥有更高的有机物截留率，但是仅仅使用2h后，有机物污染就会引起通量下降25%。虽然经过化学清洗，水通量会完全恢复。由于表面反离子电荷屏蔽效应的影响，高盐原液有望于引起双层收缩。因此，有效晶间孔隙尺寸的增加会促进离子传递而降低截留有效性。这些实验都是在较低 NaCl 浓度（0.1%）条件下进行的，而标准海水脱盐实验（NaCl 浓度 3.5%）可以用于评价油田海水脱盐的潜在用途。

碳是另一种形成亚纳米孔的替换材料。已经有关于控制碳化物衍生碳（carbide derived carbon，CDC）孔径分布的相关报道。CDC 提供了一种控制孔径、孔形状及均一性的方法。已经有关于在多孔陶瓷支撑层上形成薄的 CDC 膜来合成 CDC 膜的相关报道。这种初步研究引发出一种生产不对称 CDC 膜的路线，这种膜的厚度为 0.7nm，有可能截留一价盐离子。然而，还需要进一步研究去测试 CDC 膜用于反渗透脱盐的可行性及实用性。

3.3.3 有机/无机杂化反渗透膜

混合基体膜（mixed matrix membranes，MMM）是有机和无机的混合材料，并不是一种新材料。1980 年，美国环球油品公司（Universal Oil Products Company，UOP）开发了一种硅-醋酸纤维素 MMM 用于气体分离，这种材料相对于聚合物膜表现出了更好的选择性。尽管在 20 世纪 90 年代，MMM 被用于渗透汽化分离水/乙醇，在 21 世纪初，才刚开始将无机材料掺入有机反渗透 TFC 膜（美国陶氏反渗透膜的一个品牌）的研究。

3.3.3.1 纳米微粒/聚合物膜

二氧化钛（TiO_2）是一种公认的光催化材料，被广泛应用于有机化合物的消毒和分解，它的这种性质可以作为抗污染涂层。已经用控制钛酸四异丙酯水解的方法制备锐钛矿型 TiO_2 纳米微粒（<10nm）。这种 TiO_2 纳米微粒被用浸涂的方法涂覆在界面聚合制备的完全交联聚酰胺 TFC 膜表面，这种膜表面的功能层含有羧基官能团。羧基官能团是过滤层 TiO_2 通过吸附机理自组装所必需的基团。这种膜在过滤含有大肠杆菌的原液时表现出良好的抗污染性，用紫外线处理时，抗污染性更加明显。TiO_2 纳米微粒在膜表面形成涂层制得的膜未对基膜的通量及脱盐率产生影响。在为期 7d 的反渗透实验中，未发现膜表面 TiO_2 纳米微粒明显消失。沸石纳米微粒也被用于制备 MMM。首次是用模板水热反应制得的，这种方法包含了一系列复杂的过程：涉及模板去除、碳化、钠离子交换和焙烧。合成的 NaA 型沸石微粒尺寸在 50～150nm，Si/Al 为 1.5。这种微滤具有良好的亲水性（接触角<5°），孔的尺寸为 0.4nm，带负电荷，对阴离子高度排斥。在界面聚合反应之前，将沸石纳米微粒溶解在交联溶液里（在正已烷溶解的均苯三甲酰氯）。这不同于 TiO_2 纳米复合膜的将已有膜在含有纳米微粒溶液中蘸一下。在界面聚合进行之前，利用超声波将沸石颗粒均匀分散在溶液中。已经制得了各种各样的沸石反渗透膜，同时研究了沸石对膜结构的影响。结果表明随着纳米微粒含量的增多，膜表面更加光滑，亲水性更好，同时带有

更多负电荷。相对于未添加沸石纳米微粒，手工刮制的 TFC 膜，MMM 膜通量提高了 90%，脱盐率也有略微增大。这可能是因为沸石微粒提高了唐南排斥效应，以及膜形状发生了变化。

3.3.3.2 碳纳米管/聚合物膜

由于碳纳米管（CNTs）具有和仿生膜相似的流体传递性质和水通道，吸引了大量研究者的注意。2004 年首次报道了 CNTs 膜流体流动的实验结果。在石英基体表面，采用化学沉积的方法（CVD）形成了良好、整齐的多壁 CNTs。其表面涂覆有聚苯乙烯，用于封闭管子之间的间隙；同时，使用等离子体腐蚀的方法打开 CNTs 的顶端。不久之后，就有出版物公开了固体聚苯乙烯掺杂有 7nm 多层 CNTs 膜的水传递实验分析。研究发现，膜通量高于 Haagen-Poiseuille 方程得到的计算值 4～5 个数量级。

3.4 展望

利用反渗透进行海水淡化的工业应用已经有半个世纪了，目前已成为解决现在和将来水资源短缺问题的好方法，可同时解决废水处理和净水供应两个问题。在反渗透技术进展方面，尽管膜材料的发展较大提高了膜的脱盐效率和使用寿命，进一步开展多功能膜材料——高渗透率、高离子和有机物截留率材料的研究仍具有十分重要的意义。主要的研究方向在于：低能耗、尽可能小的膜面积、简化的预处理过程、较低的膜维护费、潜在的单通道反渗透脱盐及提高生产能力等，总体而言就是通过新材料研发和反渗透膜过程优化进一步降低投资和运营成本，使反渗透技术的应用更为广泛。

参考文献

[1] 王一鸣，许振良，张永锋，姬朝青．改进的反渗透膜溶解-扩散模型及其验证．高校化学工程学报，2010，24（4）：574-578.

[2] 徐又一，徐志康．高分子膜材料．北京：化学工业出版社，2005.

[3] 王湛．膜分离技术基础．北京：化学工业出版社，2000.

[4] 高从堦，杨尚保．反渗透复合膜技术进展和展望．膜科学与技术，2011，31（3）：1-4.

[5] Reid C E，Breton E J. Water and Ion Flow Across Cellulosic Membranes. J Appl Polym Sci，1959，1（2）：133-143.

[6] Loeb S，Sourirajan S. Sea Water Demineralization by Means of an Osmotic Membrane//Saline Water Conversion-Ⅱ. Washington，D.C.：American Chemical Society，1963，38：117-132.

[7] Cannon C R，Cantor P A. Mixed Esters Pf Cellulose：USPatent Application，No. 3585126. 1971-6-15.

[8] Senoo M，Hara S，Ozawa S. Permselective Polymeric Membrane Prepared from Polybenzimidazoles：USPatent Application，No. 3951920. 1976-4-20.

[9] Hara S，Mori K，Taketani Y，Noma T，Seno M. Reverse Osmosis Membranes from Aromatic

Polymers. Desalination, 1977, 21 (2): 183-194.

[10] Cadotte J E. Reverse Osmosis Membrane: USPatent Application, No. 4039440. 1977-8-2.

[11] Riley R L, Fox R L, Lyons C R, Milstead C E, Seroy M W, Tagami M. Spiral-wound Poly (ether/Amide) Thin-film Composite Membrane Systems. Desalination, 1976, 19 (1-3): 113-126.

[12] Naaktgeboren A J, Snijders G J, Gons J. Characterization of a New Reverse Osmosis Composite Membrane for Industrial Application. Desalination, 1988, 68 (2-3): 223-242.

[13] Kawaguchi T, Minematsu H, Hayashi Y, Hara S, Ueda F. Amphoteric Ion-Permeable Composite Membrane: USPatent Application, No. 4360434. 1982-11-23.

[14] Cadotte J E. Interfacially Synthesized Reverse Osmosis Membrane: USPatent Application, No. 4277344. 1981-7-7.

[15] Uemura T, Himeshima Y, Kurihara M. Interfacially Synthesized Reverse Osmosis Membrane: USPatent Application, No. 4761234. 1988-8-2.

[16] Sundet S A. Production of Composite Membranes: USPatent Application, No. 4529646. 1985-7-16.

[17] Arthur S D. Multilayer Reverse Osmosis Membrane of Polyamide-urea: USPatent Application, No. 5019264. 1991-5-28.

[18] Cadotte J E, Petersen R J, Larson R E, Erickson E E. A New Thin-film Composite Seawater Reverse Osmosis Membrane. Desalination, 1980, 32 (1): 25-31.

[19] Tomaschke J E. Interfacially Synthesized Reverse Osmosis Membrane Containing an Amine Salt and Processes for Preparing the Same: USPatent Application, No. 4948507. 1990-8-14.

[20] Chau M M, Light W G, Chu H C. Dry High Flux Semipermeable Membranes: USPatent Application, No. 4983291. 1991-1-8.

[21] Mickols W E. Composite Membrane and Method for Making the Same: USPatent Application, No. 6878278. 2005-4-12.

[22] Mickols W E. Composite Membrane and Method for Making the Same: USPatent Application, No. 6337018. 2002-1-8.

[23] Mickols W E. Method of Treating Polyamide Membranes to Increase Flux: USPatent Application, No. 5755964. 1998-5-26.

[24] Lu Y, Suzuki T, Zhang W, Moore J S, Mariñas B J. Nanofiltration Membranes Based on Rigid Star Amphiphiles. Chem Mater, 2007, 19 (3): 3194-3204.

[25] Li L, Dong J, Nenoff T M, Lee R. Desalination by Reverse Osmosis Using MFI Zeolite Membranes. J Membr Sci, 2004, 243 (1-2): 401-404.

[26] Jareman F, Hedlund J, Sterte J. Effects of Aluminum Content on the Separation Properties of MFI Membranes. Sep Purif Technol, 2003, 32 (1-3): 159-163.

[27] Duke M C, O'Brien-Abraham J, Milne N, Zhu B, Lin J Y S, Diniz da Costa J C. Seawater Desalination Performance of MFI Type Membranes Made by Secondary growth. Sep Purif Technol, 2009, 68 (3): 343-350.

[28] Sunada K, Kikuchi Y, Hashimoto K, Fujishima A. Bactericidal and Detoxification Effects of TiO_2 Thin Film Photocatalysts. Environ Sci Technol, 1998, 32 (5): 726-728.

[29] Jeong B H, Hoek E M V, Yan Y, Subramani A, Huang X, Hurwitz G, Ghosh A K, Jawor A. Interfacial Polymerization of Thin Film Nanocomposites: a New Concept for Reverse Osmosis Membranes. J Membr Sci, 2007, 294 (1～2): 1-7.

[30] Lind M L, Ghosh A K, Jawor A, Huang X, Hou W, Yang Y, Hoek E M V. Influence of Zeolite Crystal Size on Zeolite-polyamide Thin Film Nanocomposite Membranes. Langmuir, 2009, 25 (17): 10139-10145.

第 4 章 纳滤膜

4.1 概述

纳滤膜（nanofiltration membrane，用于脱除多价离子、部分一价离子的盐类和相对分子质量大于 200 的有机物的半透膜）是一种典型的压力驱动膜，它的性质处于超滤膜和反渗透膜之间。对纳滤膜比较清晰的划分开始于 Filmtec 公司将孔径为 1nm 左右的膜称为纳滤膜。其分离机理与反渗透膜有相似之处，但也有其自身的特征。相对于反渗透膜而言，纳滤膜具有更为明显的荷电效应，从而使其对二价离子具有选择性的脱除功能，脱除率可达到反渗透膜对一价离子的脱除水平；其操作压力却远低于反渗透膜。基于纳滤膜的这些特征，一些文献和报道也将纳滤膜称为低压反渗透膜，将其用于水体软化。此外，由于纳滤膜的膜孔尺寸，还可将其用于平均相对分子质量在 200～500 之间有机物及胶体的脱除。因此，纳滤膜的许多功能和用途是反渗透膜和超滤膜所不能完成的。在实际应用中，相比反渗透而言，纳滤（nanofiltration，NF；以压力为驱动力，用于脱除多价离子、部分一价离子和相对分子质量 200～1000 的有机物的膜分离过程）有很多优点，如低操作压力、高通量、高的多价阴离子截留率、低运行成本。鉴于这些优点，纳滤在全球范围内的应用逐渐增多。

4.2 膜分离原理

4.2.1 基本原理

纳滤膜去除纳米尺度不带电组分的机理是膜孔截留和无孔结构部分的扩散速率

差异；另一方面，纳滤膜表面的电荷效应可以去除离子（主要是高价离子）。因此，纳滤膜的分离性质可以分为筛分效应和唐南效应（静电效应）。

Kosutic 和 Kunst 研究表明，有机物截留是基于筛分效应（溶解和孔径）；此外，van der Bruggen 等总结说，极性和有机物电荷可能会影响截留过程，特别是当膜孔尺寸较大时；Chellam 和 Taylor 也提出了分子扩散是影响截留的另一个因素。因此，纳滤膜对离子组分的截留是由于膜表面电荷与离子之间的相互作用（唐南排斥），对 Na_2SO_4 及 $MgCl_2$ 的截留率较高，而对于 NaCl 截留率则较低。

Lhassani 等发现离子透过纳滤膜时的两个机理：①对流（convection），大分子离子更易于被截留（物理因素）；②溶解-扩散机理，由于溶剂化能和分配系数的函数，大分子离子不易于被截留（化学因素）。实验结果表明，用纳滤膜去除相同价态离子（氟、溴、氯离子）时，离子越小，越易于被截留，主要是因为低压时化学因素占主导。这源于水中离子的溶剂化能，与氯离子和碘离子比较，氟离子更易于溶剂化，因此它更易被截留。

为了了解纳滤膜表面电荷情况，Schaep 和 Vandecasteele 用滴定、流动电位及膜电位法研究其表面电荷情况。其中膜电位测试结果是基于滴定的结果，将膜分别放到两种电解质溶液中，结果表明离子扩散受到膜电荷的影响，阴离子透过负电荷膜受到的阻力大于阳离子；相反，阳离子透过正电荷膜受到阻力更大。因此当使用 NF 膜过滤聚电解质和一价盐（NaCl）的混合物时，唐南效应被增强。

当 pH 值在 0.5～7.0 范围内，研究了 NF 膜对含 Na^+ 和 Mg^{2+} 的硝酸盐溶液的过滤效果。结果表明，在上述 pH 范围内，Mg^{2+} 截留效果较好，截留率为 97.5%～99.5%；而 Na^+ 截留率在 80%～40%之间变化。中性条件下，Na^+ 截留率较低。此外，在较低 pH 条件下，由于质子浓度较高，膜表面损失大量电荷，使得大分子阳离子易于被截留。Afonso 等研究了两种 NF 膜（Desal G-10 和 Desal G-20）有效表面电荷（C_M）与原液浓度（c_f）的关系，即 Freundlich 等温吸附公式：

$$\ln C_M = a + b\ln c_f \tag{4-1}$$

Desal G-20 膜表面电荷更大，对于 NaCl 截留有对数关系：

$$\ln C_M = 3.57 + 0.475\ln c_f \tag{4-2}$$

此外，Desal G-20 的表面电荷可能是部分阴离子从溶液中吸附到膜表面上。Wang 等认为 NF45 膜适于分离含有二价阴离子电解质、相对分子质量为几百的中性有机溶质、一价阴离子电解质或相对分子质量为几十的中性有机溶质的混合液。结果表明，NF45 膜对有机物和无机电解质的截留效率从高到低次序如下：

棉子糖（raffinose）$>Na_2SO_4>MgSO_4>$蔗糖$>$葡萄糖$\gg KCl=NaCl>MgCl_2>$丙三醇

Matsuura 提出了几种纳滤膜的研究方向：通过提高膜通量来提高过滤效率；制备具有超薄选择性皮层复合膜（thin-film composites）也是未来的一种发展趋势。此外，Kurihara 等认为，膜表面粗糙度大，使得有效膜面积增大，有利于提高过滤效率。其他用于提高膜性能的方法为开发复合制膜材料，其中包括杂化有机-无机材料和膜表面改性。这些改进不仅局限于低操作压力时提高通量，而且能降低污染、提高耐氯性和耐溶剂性等。

4.2.2 常用模型

良好的纳滤模型可以让使用者更好地了解膜性能，预测使用性能并优化使用过程。同样，模型的建立也可以在产品开发阶段减少实验次数，节约时间和资金。

4.2.2.1 基于 Nernst-Planck 扩展方程的模型

对于 NF 膜，最常用的模型是基于 Nernst-Planck 扩展方程的模型：

$$j_i=-D_{i,\mathrm{p}}\frac{\mathrm{d}c_i}{\mathrm{d}x}-\frac{z_i c_i D_{i,\mathrm{p}}}{RT}F\frac{\mathrm{d}\psi}{\mathrm{d}x}+K_{i,\mathrm{c}}c_i J_{\mathrm{v}} \tag{4-3}$$

Tsuru 等首次提出 NF 膜模型，用孔隙率 $\Delta\chi/A_{\mathrm{k}}$（m）、有效膜电荷密度 X_{d}（mol/m^3）描述透过渗透膜离子流大小；该模型成功地描述了混合盐溶液的截留。在此基础上建立了一个结合空间位阻的类似模型，用于模拟在 Na^+ 和 Cl^- 存在时纳滤膜对有机电解质的截留情况。

静电和位阻模型（ES）是在空间位阻模型（steric-hindrance pore model）和 Teorell-Meyer-Sievers 模型上发展起来的，该模型可用于预测带电溶质透过 NF 膜的过程。用不同带电溶质及 NaCl 的水溶液（苯磺酸钠、萘磺酸钠与四苯硼钠）验证 ES 模型，此模型预测结果与实验结果吻合程度很高。后来，Bowen 和 Mukhtar 提出杂化模型，在考虑了膜与溶液界面的唐南效应的 Nernst-Planck 扩展方程和过膜阻力之上建立了此杂化模型。用有效膜厚度（$\Delta\chi$）和有效膜电荷密度（X）两个参数来描述膜性质。使用有效膜厚度、有效电荷密度和有效膜孔尺寸的知识，运用该模型来预测电解质混合液分离的结果与实验数据有良好的一致性。

Bowen 等首次定义了“唐南-立体-孔模型”（Donnan-steric-pore model，DSPM），这个模型是从杂化模型改进得到的。它考虑了扩散阻力效应及对流引起的膜内密闭空间发生的离子与带电溶质的传递。这个公式中有效孔径 r_{p}、$\Delta\chi/A_{\mathrm{k}}$、$X_{\mathrm{d}}$ 用于描述膜性质。随后研究表明，该模型可用于预测单一盐溶液的截留率。如今 Bowen 和 Wellfoot 建议修改 DSPM 模型以适用于 NF 膜。对于 NF 膜，缩短的孔径分布比全部孔径分布的试验截留数据拟合程度更好。第二次改进是基于单个膜参数（孔径）计算无电荷溶质截留。模型与实验数据之间良好的拟合效果确定了 NF 膜对于无电荷溶质的截留可以通过连续体模型拟合。

膜表面性质用 Outer Helmholtz Plane（Ψ_{d}）进行表征。带电毛细管电气现象(孔内部电解质传导 λ_{pore}，膜电位 E_{m}，流动电位 SP）的理论分析基于不可逆的线性热力学过程，目的是研究对变化的孔径、电解质浓度，考察和分析 SP、E_{m}、λ_{pore} 和 Ψ_{d} 变化对 Ψ_{d} 的影响。另一方面，建立在 Poisson-Boltzmann 方程之上的

全面半经验数学模型，出现了膜表面电荷模型，用于考察溶液物理-化学性质对于NF膜zeta电位的影响。新模型很好地确定了zeta电位、表面电荷密度和溶液化学性质之间的关联。

4.2.2.2 Spiegler-Kedem方程的模型

另一种适于纳滤的模型是Spiegler-Kedem模型，这种方法使膜性能可以用盐渗透性能P_s及反射系数σ进行表述。Yoon等研究了使用NF和UF截留高氯酸离子（ClO_4^-），采用非平衡热力学模型得到数据。模型有5个参数：分子传送系数（molecular transport coefficient，ω），渗透压梯度（$\Delta\Pi$），分子反射系数（molecular reflection coefficient，σ），原液和渗透液平均界面浓度（c_{avg}），溶剂通量（J_v）。结果表明，对于纯组分体系，目标离子（ClO_4^-）可以用带（负）电荷的膜截留，这种膜孔径比离子尺寸大，在大孔膜内，高氯酸盐通量是由对流产生的。Pontalier等开发了另一种新模型，其描述传质过程是结合孔内对流-扩散与膜材料扩散。这种模型假设溶质扩散仅发生在孔内，而溶剂可以穿过膜材料。溶质、溶剂通量取决于筛分、摩擦、静电作用、通透性及膜孔半径。通过5个参数将所有这些特性引入模型，而这5个参数可以从实验数据中得到。这个模型可用于NF过程优化。

Diawara等则用NF-45膜处理高氟苦咸饮用水，基于Spiegler、Kedem和Katchalsky（SKK）的唯象理论，用带负电荷的NF膜，在稀溶液中第一次实现了选择性脱氟，截留率约为96%。计算膜反射系数σ（the membrane reflection coefficient）和溶质参数P_s（the solute permeability），发现σ与卤素离子的水化能呈线性关系［式（4-4）］。此外，P_s与电解质的种类有关。

$$\sigma(\mathrm{kJ/mol})=0.01397+0.00212E_{hyd}(\mathrm{kJ/mol}) \tag{4-4}$$

van der Bruggen和Vandecasteele也使用SKK模型开发了一个新模型，用于利用NF膜在以分子量为函数的不同压力下截留有机分子。结果表明，UTC-20膜在跨膜压差为8～10bar时截留性质最佳。这有助于在实际应用中选择操作压力，而未考虑经济方面的因素，如能源、运行和投资成本。

4.2.2.3 模型改进

Hagmeyer和Gimbel提出用膜材料与孔隙溶液之间的介电常数变化来计算膜材料与孔隙溶液的离子分布。根据Nernst-Planck扩展方程模型，模拟NF膜对不同浓度单组分盐溶液的截留情况，以及对不同pH值三元离子混合液的截留。利用实验测试及模型模拟NF膜对三元离子混合液$NaCl/Na_2SO_4$和$NaCl/CaCl_2$的截留，发现对NaCl的截留变小而对$CaCl_2$的截留提高。

Lefebvre等以实验理论的方法研究了TiO_2疏松陶瓷膜在操作范围（包括pH范围和原液盐浓度）内对单一盐和复合电解质的截留。利用Nernst-Planck（ENP）

扩展方程求解离子通量方程，预测复合电解质离子的截留率，计算过程采用计算机模拟程序 NANOFLUX，程序考虑了静电和孔径位阻效应、水阻及对离子尺寸的选择。实验结果与 NF 膜（NF-200）测试结果对照，表明疏松的陶瓷纳滤膜的截留效果并不比有机膜差。在所有操作条件下对 Ca^{2+} 的截留率最高，这是因为膜表面存在正电荷，在原液与膜表面会发生唐南效应和空间位阻效应，Na^{+} 在其中电位的迁移较弱，所以正电荷膜对其截留率较低。作者认为，这种方法可以选择合适的 NF 膜来控制成本，并使 NF 过程得到优化，指导 NF 工程规范化、工业化。

基于 Maxwell-Stefan 方程，Straatsma 等开发了用于计算 NF 膜渗透通量和多组分液体截留率与膜性质（平均孔径、孔隙率、膜厚、表面电荷特性）和原液压力关系的模型。Freundlich 方程被用于描述通过吸附离子使膜带电过程。

Bandini 和 Vezzani 提出了新的模型，称为唐南-立体-孔模型（Donnan-steric-pore model，DSPM）和介电排斥模型（dielectric exclusion model），用于描述电解质和中性溶质穿过 NF 膜的传质。在这个模型中，离子在膜与外部相界面之间会发生分区，考虑了三种分离机理：空间位阻、唐南平衡和介电排斥。通过可调整参数，例如平均孔径、有效膜厚度和体积电荷密度来表征膜。分离影响和介电排斥相关，而介电排斥在检测二价粒子截留方面又与唐南平衡相关，如 $CaCl_2$、$MgSO_4$。介电效应在混合溶液中并不明显，例如 $NaCl+Na_2SO_4$。

van de Lisdonk 等提出了一个模型，叫做过饱和预测模型，可被用于计算膜表面难溶化合物的过饱和率。这个模型结合了浓差极化模型和难溶化合物，特别是碳酸钙和硫酸钡过饱和率。

4.2.2.4 考虑浓差极化

浓差极化（CP）是限制膜使用的严重问题。Bhattacharjee 等开发了 CP 和 NF 膜错流过滤多组分盐孔传递过程的双重模型。对流-扩散方程主导着离子在膜皮层的扩散，该模型通过耦合求解对流-扩散方程，预测三组分盐混合溶液错流过滤时离子浓度变化、通量和单一离子截留率。而 Nernst-Planck 扩展方程主要针对离子在膜孔透过情况，两种传递模型都用于膜与原液界面层边界条件的耦合，因此这个模型可以预测各种基本的物理-化学参数、操作条件和截留率。

Bowen、Mohammad 和 Mohammad 修改了 DSPM 模型，考虑 CP 对带电粒子/溶质混合物的影响。通过这种方法，计算离子、膜表面带电溶质浓度。利用 Nemst-Planck 方程描述多组分离子和溶质在膜内的传递过程。这样，基于从膜界面处测得的渗透压［osmotic pressure，渗透现象到达平衡时，半透膜两侧溶液（半透膜的一侧为纯溶剂，一侧为溶液）产生的位能差］来预测渗透通量。对于 NaCl-dye-H_2O 体系，用已知数据与模型数据相比较，表明模型可以预测截留的类型及水通量下降。

M. N. de Pinho 等使用流体动力学（computational fluid dynamics，CFD）模拟 NaCl 传递，基于扩散-对流机理，NaCl 传递发生在接近于 NF 膜表面的液体相。该结果对 CP 给出了严格评估，检测了内在截留系数（$f_{\exp}$，基于膜性质，操作条件如跨膜压差和原液浓度）。在这项工作中，使用 NF 测试中性溶液得到的实验数据，渗透溶质浓度和通量，作为 CFD 的边界条件。由于膜内离子静电作用对溶质浓度产生的影响也在模型中通过扩散-对流阻力因素进行考虑。结果表明实验结果与预测值吻合。Geraldes 等基于有限体积法建立了数值模型，用于预测 NF 膜卷式组件和板框式组件（plate-and-frame systems）层流流体动力学和水溶液中质量传递。这个模型考虑了膜内部溶质的扩散，采用集成的方法使用 CFD 模拟最佳边界条件时液体状态。作者通过边界层厚度［见式（4-5）］，分析了纳滤膜表面的浓差极化，这项分析建立在 CFD 溶质浓度分布预测值的基础上。

$$\frac{\delta_{w}}{h}=15.5\left(\frac{l}{h}\right)^{0.4}Re^{-0.4}Sc^{-0.63}Re_{p}^{-0.04}(1-186Sc^{-1.0}Re_{p}^{-0.21}) \tag{4-5}$$

上式在操作条件 $250<Re<1000$、$0.02<Re_{p}<0.1$ 和 $800<Rc<3200$ 内有效。结果表明高的雷诺数导致 CP 较小。此外，对于任一给定的雷诺数，渗透雷诺数和施密特数值越大，CP 越严重。

4.3 膜材料及其制备方法

20 世纪 80 年代，进入纳滤膜发展的新阶段。美国 Filmtec 公司相继开发出 NF-40、NF-50、NF-70 等型号的纳滤膜。由于市场广阔，世界各国也纷纷组织力量投入到纳滤技术的开发中。纳滤膜的品种不断增加，性能也不断提高。制膜材料有醋酸纤维素、芳香聚酰胺、磺化聚醚砜等。主要制备方法有界面聚合法、相转化法、动态膜法等。如今纳滤膜已经在国内外各种水处理工程中得到广泛应用，其分离性能好，出水水质稳定，运行可靠，而且能耗低、具有很好的经济性。

目前，国内外所采用的纳滤膜制备方法主要有界面聚合法、相转化法、表面接枝技术等。如使用聚酰胺树状大分子与多元酸、多元酰氯、多元异氰酸酯，在多孔支撑体上通过界面聚合制成复合纳滤膜；通过辐射共聚接枝技术制备具有优良分离性能的亲水性纳滤膜。以一种光活性的聚合物超滤膜作为基膜，在有光敏剂或无光敏剂存在下通过辐照共聚接枝的方法引入至少两种强极性亲水单体；以聚砜或者聚偏氟乙烯超滤膜为基膜，表面浸涂聚丙烯酸氨基酯类聚合物水溶液，利用 γ 射线辐照交联制得复合纳滤膜；以磺化聚醚砜为原料，并采用相转化法制备了纳滤膜；采用一种表面接枝技术制备亲水性纳滤膜的方法。其中，表面接枝方法主要为辐照接枝的方法，包括低温等离子体辐照、紫外线辐照和高能射线辐照等。

4.3.1 单一材料纳滤膜

4.3.1.1 制膜材料

醋酸纤维素（CA）是一种常见的膜材料，早已用于超滤膜、纳滤膜和反渗透膜。与其他材料相比，醋酸纤维素的来源广泛、价格低廉、物化性质相对稳定，且耐氯性和抗氧化性都很出色。

Y. Yip 等针对醋酸纤维素/丙酮/水体系建立了非溶剂蒸气诱导相分离过程模型，从理论上将相对湿度、溶剂挥发度、空气速率、蒸发温度、初始膜厚和聚合物浓度等因素纳入到该模型中。有效地指导了膜制备过程中的工作。Randa Haddad 等人为了开发针对苦咸水脱盐用纳滤膜，采用丙酮：甲酰胺为 2：1 的混合溶剂配制成 20%～22%（质量分数）的 CA 铸膜液，刮制成 250nm 厚度的湿膜，直接浸没于 4℃的蒸馏水凝固浴中 1h，然后在 60～80℃中热处理。但是所得的纳滤膜最高脱盐率仅为 86%，且水通量较低，仅为 9.6L/（m^2·h）。这是由于铸膜液中 CA 浓度较大，黏度很大，搅拌溶解均匀较为困难，不易刮膜，而且成膜过程对温度和时间的要求比较高，采用了大量甲酰胺作为溶剂，属于有毒物质，这些问题严重影响着膜的性能。周金盛等采用 CA 与 CTA 共混的方法制备了不对称纳滤膜，实现了对一价与多价阴离子的有效分离，并可以有效去除小分子有机物，截留分子量为 200～600；NaCl 脱盐率为 15%～60%，Na_2SO_4 截留率为 85%～98%。

在应用中，高性能纳滤膜使用范围很广泛。例如，利用醋酸纤维素-硝酸纤维素混合平板纳滤膜分离澄清中药药液的新工艺方法。与传统药液生产方法相比较，利用膜法过滤可以常温操作，使得药物中有效成分不被破坏，缩短生产周期，使药物澄清度提高 80%～90%，且理化稳定性好。

聚醚砜是一种非结晶性的热塑性工程塑料，其分子链是由醚、砜交替连接于对苯环之间的芳族结构，从而具有良好的力学性能及耐热性、抗氧化、耐酸碱、耐溶剂、耐辐射性能。将其经磺化改性后得到的磺化聚醚砜是一种高性能的功能高分子材料，采用此材料制得的膜比采用其他材料制得的膜在透水、耐压密性、抗污染性、物化稳定性及选择透过性等方面具有良好的性能，用磺化聚醚砜为制膜材料，采用相转化法制得了高性能的纳滤膜。在专利中详细介绍了磺化聚醚砜纳滤膜的制备过程，方法如下所述。

铸膜液的配制：将经干燥处理，磺化度为 10%～40%的磺化聚醚砜溶解在溶剂中，铸膜液中磺化聚醚砜质量分数为 25%～30%，并加入一定量的添加剂（如成孔剂等）制成磺化聚醚砜/溶剂/添加剂三元铸膜液，添加剂可调节膜孔径、水通量和截留性能，对膜性能至关重要。在相对湿度 40%～70%、温度 20～50℃下溶解，再经密闭静止脱泡过程后，得到均一稳定的铸膜液。

4.3.1.2 相转化法成膜

相转化法成膜：将上步制得的铸膜液浇注在干净的玻璃板或膜板上，用刮刀刮成一定厚度（50～100μm）的膜，使溶剂不蒸发或蒸发一定时间后（5～200s），将玻璃板或膜板均匀浸入凝胶浴中使其凝胶成膜，凝固浴温度为0～25℃，待凝胶一定时间（0.5～40h）后得到50～100nm的不对称膜；再将滤膜放入温度为50～100℃的热水中进行二次凝胶热处理，热处理5～60min后取出，经充分清洗放入保存液（水）中，即得到高性能磺化聚醚砜纳滤膜。

为了在凝胶过程中优化孔结构，需要在凝固浴中添加0.5%～5%的添加剂（如二甲基甲酰胺、二甲基乙酰胺、*N*-甲基吡咯烷酮、吗啡啉或四氢呋喃）来影响成膜过程中分相速率，以制备性能更优的纳滤膜。

上述方法制得的纳滤膜，在低压0.3～0.7MPa下对相对分子质量为300～1000的荧光增白剂有良好的分离效果；对浓度为0.2～3g/L的NaCl、Na_2SO_4等无机盐溶液的截留率为40%～95%；水通量为13～150L/(m^2·h)。可见，该纳滤膜耐污染性能、分离效果和水通量均十分优异。此外，该膜还具有优良的耐热、耐酸碱、耐溶剂和耐氯性，可用于工业生产废水、高温流体处理及水体脱盐软化等多个方面。

4.3.2 复合纳滤膜

复合纳滤膜是一种十分重要的制备纳滤膜方法，相对于由相转化法制备的非对称膜而言，复合膜具有诸多优点：①由于皮层和支撑层由不同材料制成，可通过控制厚度优化膜性能，皮层的优化可以提高膜的选择透过性，支撑层的优化可以使复合膜的强度和耐压密性达到最优；②复合膜可以使难以形成非对称膜的材料通过复合方法形成功能皮层，大大拓宽了可用材料范围。

常用制备复合纳滤膜的方法有：表面涂覆法、界面聚合和动态膜法等。其中界面聚合是现在应用最广泛的制备方法。

4.3.2.1 涂覆法

涂覆法是将已配制好的铸膜液涂覆到基膜上，部分铸膜液渗入基膜微孔中，再经过相转化法，使其在基膜表面上凝胶固化，形成均一皮层。用聚氯乙烯和无机填料制备电中性多孔支撑层，聚乙烯和阳离子共聚物制备带荷正电的致密皮层。将荷正电致密皮层的制膜液和电中性多孔支撑层制膜液按双层环状共挤出，经干-湿纺丝工艺进行中空纤维固化成型。制备了具有荷正电致密皮层和电中性多孔支撑层双层结构的荷正电型PVC中空纤维纳滤膜，其中，致密皮层微孔孔径为1～5nm，多孔支撑层微孔孔径为10～100nm，膜外径为1.5～3.0mm，膜内径为0.5～2mm且该纳滤膜具有截留性能易控、强度高、制备工艺简单等优点，是一种高性能、低成本、长寿命的水处理用纳滤膜材料。工艺流程见图 4-1。

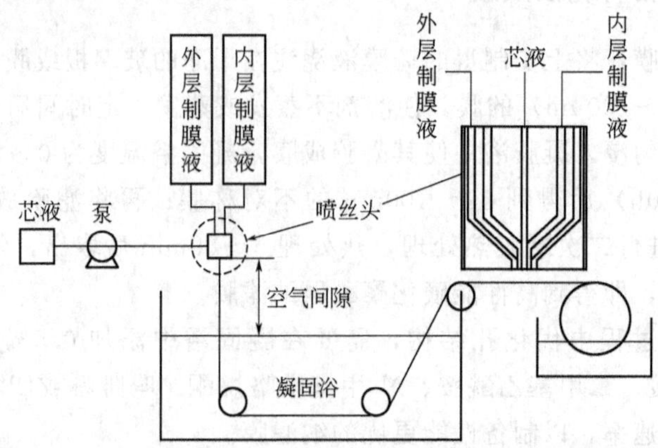

图 4-1　涂覆法制备荷正电型 PVC 中空纤维纳滤膜示意图

此外，Tang 等利用无纺布与聚砜制备出支撑底膜，然后将磺化聚砜复合在支撑层上制备出磺化聚砜复合纳滤膜。日本日东电工公司的磺化聚砜类复合纳滤膜 NTR-7410 和 NTR-7450，纯水通量为 500L/(m^2·h) 和 92L/(m^2·h)；美国海德能公司制备的磺化聚醚砜纳滤膜 HYDRACoRe-50 截留相对分子质量为 1000。蒲通等发明了磺化聚醚砜纳滤膜，膜通量可达到 150L/(m^2·h)，对 Na_2SO_4 截留率达到 95%。

4.3.2.2　界面聚合法

各种方法中，界面聚合法是目前制备复合纳滤膜使用最多的制备方法。该方法是以 Morgan 的相界面聚合原理为基础，使反应物在互不相溶的两相界面处发生聚合成膜，在其膜上复合一层起脱盐作用的超薄层。其超薄层最薄可达几个纳米，有效地提高膜通透性能，使得跨膜压差和操作压力大幅度下降；凹凸不平的皱形表面也提高了过滤的有效膜面积，使通量大大提高。

界面涂覆法制备复合纳滤膜多是采用多元胺与多元酰氯通过界面聚合法在聚砜支撑膜表面界面缩聚制备而成。美国专利 USP 4277344 采用界面聚合法在聚砜支撑膜上通过界面缩聚复合一层芳香聚酰胺薄膜。首先，将聚砜支撑膜浸入含多元胺（如间苯二胺）的水溶液中，干燥后，在膜表面涂上多元酰氯（如均苯三甲酰氯）的有机溶液，反应一段时间后，置于空气中干燥得复合膜。该膜功能皮层主要为交联的芳香聚酰胺。美国专利 USP 4761234 则利用界面聚合法，以均苯三胺为交联剂，与间苯二甲酰氯在支撑膜上界面反应复合一层芳香聚酰胺薄膜。此外，美国专利 USP 5576057、USP 6162358 等也是将聚砜支撑膜浸入到含多元苯胺的水溶液中，干燥后再浸入到多元酰氯的有机溶液中，反应一段时间后漂洗并进行后处理得到膜产品。上述技术所制备的功能皮层均为聚酰胺，其制备过程中所使用的多元苯胺价格昂贵并且是一种高毒性、强致癌的物质。荷兰报道了利用超支化聚合物支化聚酰胺多胺与均苯三甲酰氯在聚醚醚酮超滤膜表面通过界面聚合的方法制备复合纳滤膜。由于功能皮层分子结构中含有叔胺基团，其孤电子对可与氢离子结合转变成 RH_3N^+ 基团和 R_3HN^+ 基团，从而使膜带有正电荷，可用于荷正电物质的分离和纯化。但该方法中所使用的超支化聚合物支化聚酰胺多胺价格昂贵，获取困难，增加了膜的制备成本，不适于工业化推广应用。

因此，界面聚合方法制备纳滤膜关键技术就是聚合单体和基膜的选择，并实现对功能皮层制备的有效控制。下面为大家介绍几种不同单体制备的复合纳滤膜。

美国报道了利用双酚 A、双酚 S 等酚类单体与均苯三甲酰氯界面聚合制备聚酯复合反渗透膜；荷兰也报道利用四氯双酚 A、四溴双酚 A 等与均苯三甲酰氯在聚砜膜表面界面聚合制备聚酯复合反渗透膜。如图 4-2 为聚酯复合膜功能皮层的化学结构式。

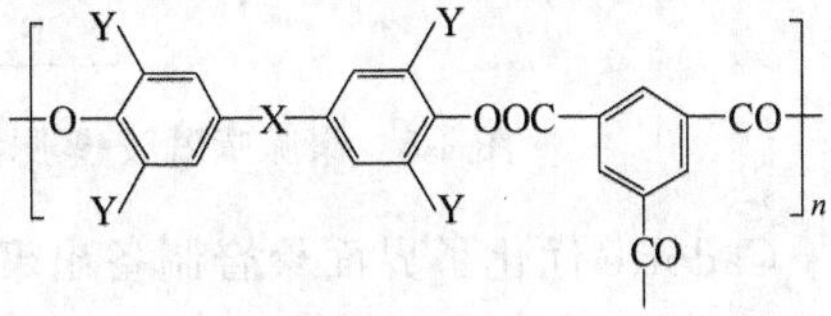

图 4-2　聚酯复合膜的功能皮层的化学结构式
其中 X 为 $=C(CH_3)_2$ 或 —O— 或 $=SO_2$；
Y 为 CH_3 或 Cl 或 Br

但用此双酚类单体所制备的复合反渗透膜，由于功能皮层无功能单体，因此所制备聚酯复合膜的通量及截留率均不理想。

Fibiger 等在 1987 年的美国专利 USPatent4769148 中，采用界面聚合工艺制备了复合纳滤膜，水相溶液为含哌嗪功能单体和湿润剂，有机相溶液含交联剂均苯三甲酰氯，得到超薄功能层为聚哌嗪酰胺的复合纳滤膜。如图 4-3 为聚哌嗪酰胺复合纳滤膜活性分离层的化学结构式。

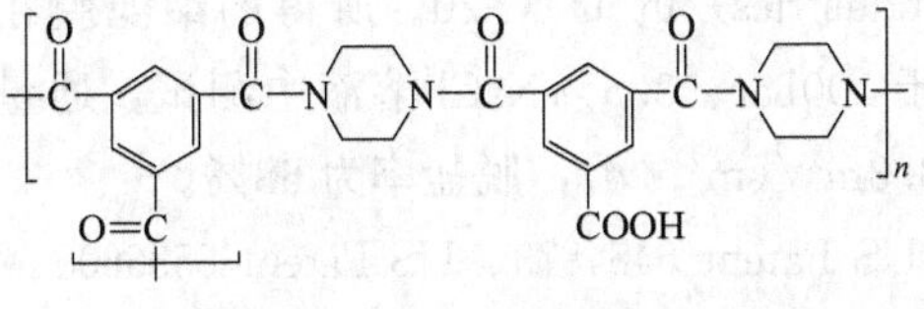

图 4-3　聚哌嗪酰胺的复合纳滤膜化学结构式

Hodgdon 等在 1992 年的美国专利 US Patent 5152901 中，采用界面缩聚法制备复合纳滤膜。水相为含哌嗪衍生物类多元胺和湿润剂的水溶液，有机相所含交联剂为均苯三甲酰氯和间苯二甲酰氯混合物，得到的复合纳滤膜的超薄功能层为聚哌嗪酰胺。如图 4-4 为聚哌嗪酰胺复合纳滤膜活性分离层的化学结构式。

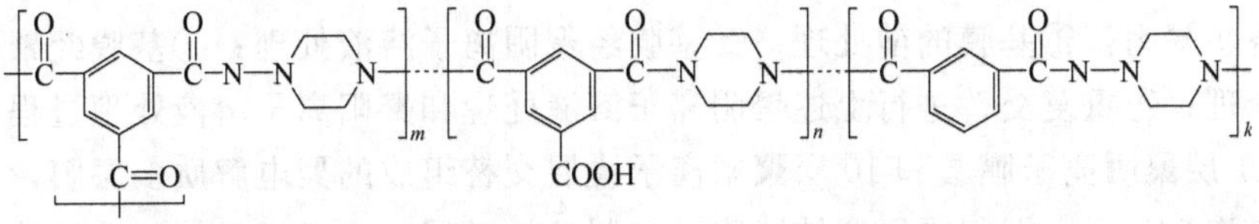

图 4-4　聚哌嗪酰胺复合纳滤膜活性分离层的化学结构式

Lawrence 等在 1997 年的美国专利 US Patent 5693227 中，提出采用界面聚合

制备复合纳滤膜。水相为含哌嗪功能单体和湿润剂的水溶液，有机相含交联剂5-异氰酸酯异酞酰氯，多孔支撑膜为聚砜超滤膜，得到的复合纳滤膜的超薄功能层为聚哌嗪酰胺-聚脲。如图4-5为聚哌嗪酰胺-聚脲复合纳滤膜活性分离层化学结构式。

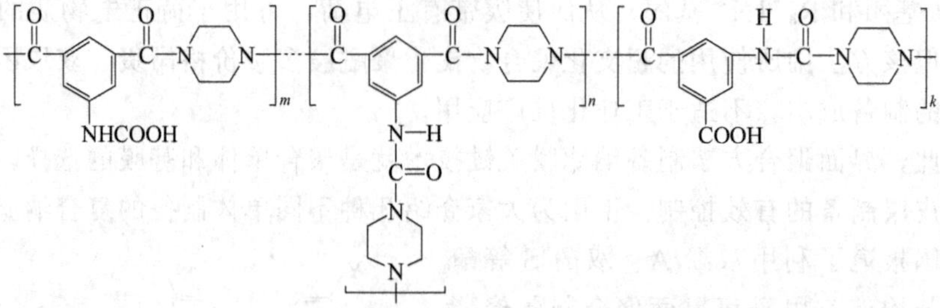

图4-5 聚哌嗪酰胺-聚脲复合纳滤膜活性分离层化学结构式

Cadotte优化了界面聚合制备出聚哌嗪酰胺膜。因为羟基的存在使膜表面带负电荷，该膜表现出较强的唐南排斥效应，于是它在保证大通量的同时对二价粒子具有高的截留率。这个特点使它成为在纳滤(NF)实际应用中受到广泛关注的膜材料，产品如NS-300（图4-6）。大量具有相似结构的纳滤膜已经被商业化，如陶氏（DOW FILMTEC™）的NF-40系列，日本电工(Nitto Denko)的NTR-7250，东丽（Toray Industries）的UTC-20。所得的纳滤膜在大于100bar、3.5%NaCl溶液中测试，通量为$3.3m^3/(m^2 \cdot d)$，脱盐率为68%。

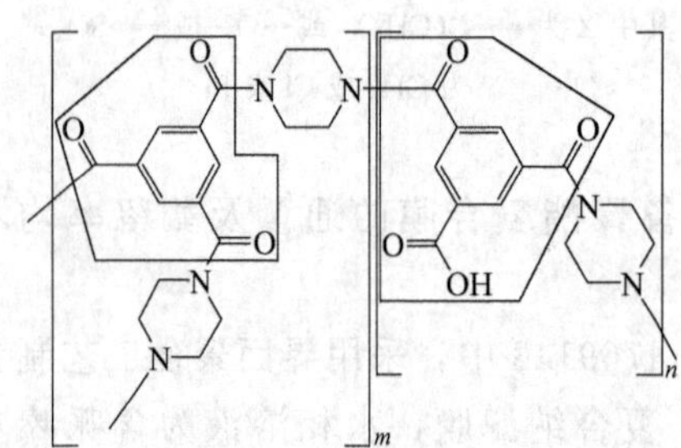

图4-6 聚哌嗪酰胺（商品名：NS-300）

此外，美国专利US Patent 6123804、US Patent 6464873、US Patent 6536605、US Patent 6878278等也是采用多元胺与多元酰氯之间的界面聚合反应来制备复合纳滤膜。

4.3.2.3 动态膜法

动态膜法是一种工艺简单、成本低廉、能有效控制超薄层结构的复合纳滤膜的制备方法。其特征在于：利用层层静电自组装技术，通过聚电解质的聚阴离子和聚阳离子在基膜表面交替沉积，得到具有离子截留性能的超薄分离层的复合纳滤膜。其制备步骤为：①基膜的前处理；②基膜经聚阴离子溶液处理；③基膜经聚阳离子溶液处理；④重复交替进行上述聚阴离子溶液处理和聚阳离子溶液处理过程，直至得到11层聚阴离子膜层和10层聚阳离子膜层交替组成的聚电解质多层膜，再在纯水中浸泡24h后，即制得复合纳滤膜。在制备的过程中可以通过控制自组装层数来有效控制功能层厚度，来达到不同的使用要求。所以，该方法所制备的纳滤膜具有性能优异、操作简便以及可以对膜性能有效控制等特点。

4.3.2.4 表层处理法

树状支化分子是一种具有独特拓扑结构的新型聚合物，分为 Dendriemrs 和超支化聚合物两大类，其中前者是一种理想的单分散支化大分子，具有规则的高度支化的三维结构和规则的球状外形，支化度约等于 1；后者结构介于 Dendrimers 和线性聚合物之间，既不具有 Dendrimers 那么规整的结构，也不存在线性分子那样的链缠结。与线性高聚物相比，树状支化分子具有结构高度支化、表面官能团密度高、化学稳定性良好、表面功能化简单易行、易于成膜等特点。因此人们在药物缓释、生物医学、信息材料、高吸水性材料、非线性光学材料、纳米材料、涂料、感光材料、导电材料、生物膜等领域开展了大量研究工作，某些领域取得较大突破。有学者曾经用树枝状聚（酰胺-胺）（PAMAM）包埋得到粒径在 4nm 左右且分散均匀的纳米铜粒子，而用超支化聚（胺-酯）代替 PAMAM 分子包埋纳米铜粒子，可以制备出粒径在 10nm 左右且分散均匀的纳米铜粒子。目前树状支化分子在分离膜中的应用是一个新的研究方向，清华大学李连超等人通过树枝状聚（酰胺-胺）（PAMAM）与均苯三甲酰氯的界面聚合反应制备了纳滤膜，效果良好。

由于聚合方法的限制，纳滤膜制备可用的单体种类较少。采用在微滤膜表面接枝聚电解质单体的方法来制备荷电纳滤膜，可以使纳滤膜的种类和性能得到很好的扩展（如中国专利：CN1586702，CN1803265A）。所制得的膜虽然对含有与中心离子相同电荷的高价离子盐溶液都有很好的截留作用，但是当溶液中存在与中心离子相反电荷的高价反离子时，由于高价反离子对中心离子的屏蔽作用导致膜对相应盐溶液的截留性能下降。采用分步投料法在 PEK-C 超滤膜表面依次接枝二甲基二烯丙基氯化铵和苯乙烯磺酸钠，获得对由高价同离子和高价反离子组成的盐溶液（如 $MgSO_4$ 等）具有较好截留效果的亲水性两性荷电纳滤膜，则较好地解决了这一问题。将第二单体苯乙烯磺酸钠的接枝反应在分步投料时是将该溶液添加到第一单体二甲基二烯丙基氯化铵的溶液中。但是用这种投料方式来制备两性荷电纳滤膜只有在第二单体的活性大大高于第一单体时才能实施，对许多活性较大的第一单体或活性较差的第二单体并不适用。因此，在此基础上对其又进行了改进，在第一种单体接枝完成后，用第二单体进行置换，再进行第二单体的接枝反应。经上述改进后，制备两性荷电纳滤膜的接枝单体可在更大范围内选择，使膜的表面性质能在较大范围内改变，以适用于不同的分离体系。

4.3.3 荷正电纳滤膜

目前，商品化以及研究较多的复合纳滤膜多为荷负电的纳滤膜，相比之下，荷正电荷的纳滤膜的研究明显要滞后很多。而荷正电的纳滤膜可以广泛应用于水源中胶体颗粒以及细菌内毒素的吸附，荷正电氨基酸、蛋白质的分离以及阴极电泳漆涂装过程的清洁化生产、高价金属离子的回收、电镀废水的处理、含放射性金属离子废水的处理等。

现已开发可用于荷正电纳滤膜制备的功能性聚合物材料还十分有限，相关报道也较少。Buonomenna 等采用相转化法制备了聚醚醚酮类的荷正电的 PEEKWC 纳滤膜。但采用此种方法制膜时，其制备步骤较为繁琐，膜的结构和性能难以控制。Buonomenna 等使用等离子体辐射的方法在 PVDF 膜表面进行改性，使其具备了荷正电纳滤膜的分离性能。但是运用表面辐射改性的方法，一般需要配备特殊的辐射源设施，制造成本高，目前不适于规模化生产。

由于荷正电纳滤膜的广泛应用范围，在国内荷正电纳滤膜也十分受重视。主要研究有：谭绍早以聚丙烯腈膜为基膜，壳聚糖为改性剂，采用紫外线辐射法制备了一种荷正电纳滤膜；徐铜文等以改性 2，6-二甲基聚苯醚（PPO）为原料，经过溴（氯）甲基化和胺化处理，经过涂覆制备荷正电纳滤膜；张浩勤等采用聚乙烯亚胺与均苯三甲酰氯通过界面聚合的方式获得荷正电纳滤膜；高从堦等则采用壳聚糖季铵盐等为材料制备荷正电的纳滤膜。采用脂肪族的胺单体 N,N'-双（3-胺丙基）甲胺（DNMA）为水相单体，以均苯三甲酰氯为有机相单体，通过界面聚合方式在聚砜支撑层上制备荷正电纳滤膜。

4.4 应用及展望

纳滤膜除了可以降低溶液里的离子强度，还可以去除硬度、有机物和颗粒污染物。以下介绍纳滤膜的一些应用。

4.4.1 地表水

由于四季变化和雨水稀释的影响，地表水的化学成分十分不稳定，为了使地表水得到充分、安全的运用，用纳滤方式处理是一种十分重要的途径。通过纳滤膜处理，可以有效去除地表水中所含有的低分子量有机物并对水起到软化作用。

Yeh 等采用传统方法后加臭氧、GAC 和 Pellet softening、超滤/纳滤（UF/NF）过程联用及常规工艺等多种方法，对中国台湾一个湖泊中水体硬度的去除进行了研究。研究结果表明，虽然所有方法都可以软化水，但是使用膜过滤方法产水水质最好，其浊度为 0.03NTU，总硬度去除率为 90%，溶解有机物去除率为 75%。Koyuncu 和 Yazgan 采用 TFC-S 纳滤膜可以非常好地去除伊斯坦布尔 Cekmece 湖的咸水及污染水中的细菌和病毒。Reiss 等利用微滤/纳滤集成系统去除芽孢杆菌孢子，可以从 log5.4 到 log10.7。在巴黎一家大型纳滤工厂，使用新型纳滤膜（NF-200）去除有机物，去除率高达 96%。纳滤也被用于去除地表水中的砷（Ⅴ）和砷（Ⅲ）。结果表明，使用纳滤膜对于砷（Ⅴ）的截留率相对较高，可达 90%，而对砷（Ⅲ）的截留率仅有 30%。Molinari 等比较了反渗透和纳滤对于几种污染物，如二氧化硅、硝酸盐、腐殖酸的截留效果。实验表明，当 pH 值为 8 时，反渗透膜对于二氧化硅、NO_3^-、Mn^{2+} 及腐殖酸的截留率分别为 98%、94%、99%、95.5%，而纳滤的截留率相对较低，分别为 35%、6%、80%和 35%。而用纳滤去除氯碱厂废水中的硫酸盐，结果表明，在浓盐水中，纳滤对于 SO_4^{2-} 的截留率可达 95%。

上述实验表明，使用纳滤系统可以有效去除地表水中的有机物、细菌和病毒，并对水体进行软化。

4.4.2 地下水

目前，纳滤主要用于处理含有较低总溶解固体，高硬度、色度和消毒残留物的地下水，Schaep 等利用几种不同型号的纳滤膜去除水硬度，结果显示高价离子的截留率高于 90%，而一价离子截留率为 60%～70%。Sombekke 等比较了纳滤膜和颗粒状活性炭的水软化效果。这两种方法水软化效果均较好，但是纳滤膜的运行成本低廉，不会对水体进行二次污染。纳滤膜可以有效地对水体中天然有机物和消毒残留物进行去除。Escobar 等发现 TFC-S 纳滤膜的有机碳截留率在 pH 值为 7.5 时高于 90%，而在 pH 值为 5.5 时高于 75%。已有大量研究者研究了地表水中农药、微污染物的去除。van der Bruggen 等发现 NF-70 膜对于如阿特拉津、西玛津、敌草隆、异丙隆等杀虫剂的截留率超过 90%。同样，可以利用几种不同型号的纳滤膜去除三氯乙烯和四氯乙烯。Kettunen 和 Keskitalo 研究了芬兰地下水中氟化物及铝的去除。此外，Pervov 等研究了硬度、硝酸盐、铁、锶、氟化物的去除。Raft 和 Wilken 研究了自然水中溶解铀的去除。铀多价阴离子配合物截留率为 95%。Urase 等研究了 pH 值对砷去除率的影响。结果表明，亚砷酸盐 As（Ⅲ）的截留率随着 pH 值的增大而增多，pH=3 时截留率为 50%，而 pH=10 时截留率为 89%。而增加幅度随 As（Ⅴ）变化较小，pH=3 时截留率为 87%，而 pH=10 时截留率为 93%。

纳滤系统可以有效去除地下水中的硝酸盐、放射性物质和在作物耕种过程中渗入土壤进入地下水系统的农药以及杀虫剂，并对各种天然有机物及消毒剂残留物进行有效截留；而且与传统方法比，NF 系统运行成本低，产水水质好，运行过程不会对水体造成二次污染。

4.4.3 废水

城市中工业废水和生活污水的处理，严重影响着人们生活的环境，对废水处理可以大大改善人们生活的居住环境，废水处理的一个主要目标是水的回收率应接近 100%，使水达到循环利用的目的。为了实现这一目标，研究人员考察了集成膜系统，Afonso 和 Yafiez 使用纳滤处理鱼池废水，纳滤可以降低废水的有机物含量，部分提高脱盐率，使水可以循环利用。Rautenbach、Linn 和 Rautenbach 等使用了一种新的RO/NF/高压RO集成膜系统。这种集成系统可以使垃圾渗滤液的水回收率超过95%，达到了近乎零排放的工艺。Hafiarle等研究了利用TFC-S纳滤膜从水中去除铬作为替代传统从水溶液中去除铬（Ⅵ）的方法。结果表明，纳滤是一种处理六价铬离子非常有效的方法。Koyuncu使用相同膜处理了碱工业废水。Jakobs和Baumgarten发现纳滤可以从硝酸溶液中去除90%的铅。使用不同商业化纳滤膜（DS5DL-NF）净化磷酸，对杂质的截留率约为99.2%。

纺织废水一直是水体污染的重要污染源之一。Tang和Chen用纳滤处理了高色度、高无机盐含量的纺织废水。当操作压力为500kPa时，水通量很高，染料截留率为98%，NaCl截留率低于14%，这样可以回收高质量的再生水。另一方面，Voigt等利用新的TiO_2-NF陶瓷膜集成组件去除纺织废水中的色度。结果表明，废水中色度去除率可达70%～100%，COD去除率为45%～80%，脱盐率为10%～80%。Webar等研究了新型K-NF陶瓷膜，得到的结果与TiO_2-NF膜相类似。

纳滤膜系统对生活污水的处理，以及对工业废水中重金属离子的去除极其有效，经处理的污水可以达到循环利用的标准。

4.4.4 海水淡化预处理

众所周知，地球上的淡水资源有限，水资源严重制约着人类未来的发展，如何解决水资源紧缺的问题，向海洋索取淡水已经成为世界各国解决该问题的重要手段。我国是一个淡水缺乏的国家，人均占有量只有世界平均水平的1/6，而且南北分布极不均匀，这已经成为制约经济快速发展的重要因素。我国是一个海洋大国，且沿海和中西部地区拥有极为丰富的地下苦咸水资源，在地下取水和跨区域调水受到越来越多限制的情况下，开发利用海水和苦咸水资源，进行海水淡化成为开源节流、解决我国淡水紧缺的重要战略途径。

传统海水淡化工艺，耗电耗能成本十分巨大，而用膜法对海水进行淡化则具有产能高、运行成本低廉等优势，如今越来越受到各个国家的青睐，成为大力发展的对象。海水的预处理是决定海水淡化成败的关键。

传统预处理方法是建立在大量化学处理支撑的机械方法（介质过滤，滤芯）之上，采用凝聚、絮凝沉淀、酸处理、调节pH值、添加抗密封剂和介质过滤等。其主要问题是腐蚀和腐蚀产物。例如，在酸性环境中，金属表面的腐蚀及腐蚀产物会使设备表面粗糙，从而更易产生水垢。这种预处理方法过于复杂，劳动密集程度高，且所需用地大。

压力驱动膜过程：微滤（MF）、超滤（UF）和纳滤（NF）是海水预处理方法的一种新趋势。Bou-Hamad等采用了三种方法进行预处理，即传统方法、海岸井渗滤、微滤系统。根据SDI、COD、BOD的去除率和单位成本，海岸井渗滤（the beachwell seawater intake）和MF系统被认为是更好的技术，可以取代传统预处理方法；且 UF 产水 SDI 值从 13～25 降低到 1 以下，而传统方法只能降低到低于 2.5，UF 操作及运行成本也较低。同时在海水原液中加入氯化铁和利用次氯酸钠进行反洗，可以保证获得良好质量产水，所需的化学清洗时间间隔更长。Visvanathafl 等使用膜生物反应器（membrane bioreactor，MBR）做预处理以消除生物污染。MBR 是传统生物过程与膜过程（MF 或 UF）的结合。结果表明，使用 MBR 系统可以得到的产水质量更好，COD 去除率为 78%；与未进行预处理的海水相比，MBR 处理后，水通量约为未处理的 300%。但是，以上的这几种方法都无法降低水中的溶解性总固体（total dissolved solids，TDS）值。

Hassan 等第一次将纳滤用于海水反渗透（SWRO）、多级闪蒸（MSF）和海水反渗透-闪蒸（$SWRO_{rejected}$-MSF）的预处理过程。在这个集成系统中，纳滤使硬度、微生物、浊度最小化。当压力是 22bar 时，纳滤对于硬度离子 Ca^{2+}、Mg^{2+}、SO_4^{2-}、HCO_3^- 以及总硬度的去除率分别为 89.6%、94%、97.8%、76.6%、93.3%。此外，纳滤去除一价离子 Cl^-、Na^+ 和 K^+，每种离子去除率为 40.3%，整体海水 TDS 为 57.7%，而总硬度去除率为 93.3%。得到的渗滤液作为 SWRO 或者 MSF 的原液胜于用 UF 预处理效果。用纳滤做预处理，可以使 SWRO 或者 MSF 的循环利用率分别为 70%、80%。NF 和 MSF 集成可以在 NF 产水，或者 NF-SWRO 体系中 SWRO 截留物基础上操作 MSF，蒸馏温度为 120～160℃，高馏分回收，且无化学添加剂。因此，MSF 和 NF-$SWRO_{rejected}$-MSF 可以在盐水的最高温度 120℃条件下操作，并且不会结垢。这些集成脱盐系统，具有化学物质使用量少及能耗低的优点，相对于传统的 SWRO，可以使从海水中得到产水的成本降低 30%。Mohsen 等用纳滤处理约旦扎尔卡盆地区苦咸水。结果表明，纳滤通量较大，且对于有机物、无机物组分的截留率达到 95%。Pontie 等利用两级纳滤使海水部分脱盐，处理后的水（盐分 90g/L）可被用于人类健康领域（如鼻喷雾剂、医疗饮食和热矿泉）。

Drioli 等研究了一种集成系统（NF＋RO＋MC），系统中 MC 是膜结晶器（membrane crystallizer），被用于脱盐水的回收。这个集成系统中的 NF 使 RO 单元的水循环利用率达到 50%。而 MC 使循环利用率达到 100%，消除了浓水处理问题，纯结晶成为一种有价值的产品。

运用纳滤系统作为海水淡化的预处理方法，可以提高海水的利用率，带来 RO 和 MSF 应用的突破。由于纳滤并不仅仅对原水质量有影响，同时还有脱盐的作用。而 MF、UF 对海水的预处理仅能去除固体悬浮物、大的细菌，以及海水中溶解的大分子、胶体和小细菌。

参 考 文 献

[1] Kosutic K，Kunst B. Removal of Organics from Aqueous Solutions by Commercial RO and NF Membranes of Characterized Porosities. Desalination，2002，142 (1)：47-56.

[2] Van der Bruggen B, Schaep J, Wilms D, Vandecasteele C. Influence of Molecular Size, Polarity and Charge on the Retention of Organic Molecules by Nanofiltration. J Membr Sci, 1999, 156 (1): 29-41.

[3] Chellam S, Taylor J. Simplified Analysis of Contaminant Rejection During ground- and Surface Water Nanofiltration under the Information Collection Rule. Water Res, 2001, 35 (10): 2460-2474.

[4] Lhassani A, Rumeau M, Benjelloun D, Pontie M. Selective Demineralisation of Water by Nanofiltration Application to the Defluorination of Brackish Water. Water Res, 2001, 35 (13): 3260-3264.

[5] Schaep J, Vandecasteele C. Evaluating the Charge of Nanofiltration Membranes. J Membr Sci, 2001, 188 (1): 129-136.

[6] Afonso M, Hagmeyer G, Gimbel R. Streaming Potential Measurements to Assess the Variation of Nanofiltration Membranes Surface Charge with the Concentration of Salt Solutions. Separ Purif Technol, 2001, 22-23 (1): 529-541.

[7] Matsuura T. Progress in Membrane Science and Technology for Seawater Desalination a Review. Desalination, 2001, 134 (1-3): 47-54.

[8] Bowen W R, Mukhtar H. Characterisation and Prediction of Separation Perforrnanee of Nanofiltration Membranes. J Membr Sci, 1996, 112 (2): 263-274.

[9] Bowen W R, Mohammad A, Hilal N. Characterisation of Nanofiltration Membranes for Predictive Purposes Use of Salts, Uncharged Solutes and Atomic Force Microscopy. J Membr Sci, 1997, 126 (1): 91-105.

[10] Bowen W, Welfoot J. Modelling of Membrane Nanofiltration-pore Size Distribution Effects. Chem Engin Sci, 2002, 57 (8): 1393-1407.

[11] Pontalier P, Ismail A, Ghoul M. Specific Model for Nanofiltration. J Food Engin, 1999, 40 (3): 145-151.

[12] Diawara C K, Lo S M, Rumeau M, Pontie M, Sarr O. A Phenomenological Mass Transfer Approach in Nanofiltration of Halide Ions for A Selective Defluorination of Brackish Drinking Water. J Membr Sci, 2003, 219 (1-2): 103-112.

[13] Van der Bruggen B, Vandecasteele C. Modelling of the Retention of Uncharged Molecules with Nanofiltration. Water Res, 2001, 36 (5): 1360-1368.

[14] Hagmeyer G, Gimbel R. Modeling the Salt Rejection of Nanofiltration Membranes for Ternary Ion Mixtures and for Single Salts at Different pH Values. Desalination, 1998, 117 (1-3): 247-256.

[15] Lefebvre X, Palmeri J, Sandeaux J, Sandeaux R, David P, Maleyre B, Guizard C, Amblard P, Diaz J F, Lamaze B. Nanofiltration Modeling: A Comparative Study of the Salt Filtration Performance of a Charged Ceramic Membrane and an Organic Nanofilter Using the Computer Simulation Program NANOFLUX. Sep Purif Technol, 2003, 32 (1-3): 117-126.

[16] Straatsma J, Bargeman G, Van der Horst H C, Wesselingh J A. Can Nanofiltration be Fully Predicted by a Model. J Membr Sci, 2002, 198 (2): 273-284.

[17] Bandini S, Vezzani D. Nanofiltration Modeling: the Role of Dielectric Exclusion in Membrane Characterization. Chem Engin Sci, 2003, 58 (15): 3303-3326.

[18] Bhattacharjee S, Chen J C, Elimelech M. Coupled Model of Concentration Polarization and Pore Transport in Crossflow Nanofiltration. AIChE J, 2001, 47 (12): 2733-2745.

[19] Bowen W R, Mohammad A W. Diafiltration of Dye/Salt Solution by Nanofiltration: Prediction and Optimisation. AIChE J, 1998, 44 (8): 1799-1812.

[20] De Pinho M N, Semi ão V, Geraldes V. Integrated Modeling of Transport Processes in Fluid/Nanofiltra-

tion Membrane Systems. J Membr Sci，2002，206 (1-2)：189-200.

[21] Geraldes V，Semião V，N de Pinho M. Flow and Mass Transfer Modeling of Nanofiltration. J Membr Sci，2001，191 (1-2)：109-128.

[22] 李连超，邓玉林，王保国等. 新型纳滤膜及其制备方法：中国，200410098783. 8. 2004-12-16.

[23] 平郑骅，邱长泉，佘振等. 一种辐照表面共聚接枝技术制备纳滤膜的方法：中国，200510111540. 8. 2005-12-15.

[24] 王薇，郝建刚，肖长发等. 一种复合纳滤膜的制备方法及其制品：中国，200510014733. 1. 2005-08-10.

[25] 蒲通，曾作祥，薛为岚等. 磺化聚醚砜纳滤膜的制备方法：中国，00125306. 9. 2000-09-21.

[26] 平郑骅，邱长泉. 一种用表面接枝技术制备纳滤膜的方法：中国，200410053257. X. 2004-07-29.

[27] 姜忠义，吴洪，王姣等. 膜分离澄清中药药液的方法：中国，200410094027. 8. 2004-12-27.

[28] 蒲通，曾作祥. 磺化聚醚砜的制备方法：中国，00115419. 2. 2000-04-21.

[29] Tang D，Zhou L M，Gerhardt R. Process for Producing Low De Starch Hydrolysates by Nanofiltration Fractionation and Blending of Resultant Products，Preferably in Liquid Form，with Other Carbohydrates：US，5853487. 1998-12-29.

[30] Cadott J E. Interfacially Synthesized Reverse Osmosis Membrane：US，4277344. 1981-7-7.

[31] Uemura T，Himeshima Y，Kurihara M. Interfacially Synthesized Reverse Osmosis Membrane：US，4761234. 1988-8-2.

[32] Hirose M，Ikeda K. Method of Producing High Permeable Composite Reverse Osmosis Membrane：US，5576057. 1996-11-19.

[33] Li N N，Kuehne M A，Petersen R J. High Flux Reverse Osmosis Membrane：US，6162358. 2000-12-19.

[34] Li L C，Wang B G，Tan H M，Chen T L，Xu J P. A Novel Nanofiltration Membrane Prepared with PAMAM and TMC by in Situ Interfacial Polymerization on PEK-C Ultrafiltration Membrane. J Membr Sci，2006，269 (1-2)：84-93.

[35] Kwak S Y，Yeom M O，Roh II J，Kim D Y，Kim J J. Correlations of Chemical Structure，Atomic Force Microscopy（AFM）Morphology，and Reverse Osmosis（RO）Characteristics in Aromatic Polyester High-flux RO Membranes. J Membr Sci，1997，132 (2)：183-191.

[36] Fibiger R F，Koo J Y，Forgach D J. Novel Polyamide Reverse Osmosis Membranes：US，4769148. 1988-9-6.

[37] Hodgdon R B. Polyamine-Polyamide Composite Nanofiltration Membrane for Water Softening：US，5152901. 1992-10-6.

[38] Costa L C. Catalyst Mediated Method of Interfacial Polymerization on a Microporous Support，and Polymers，Fibers，Films and Membranes Made by Such Method：US，5693227. 1997-12-2.

[39] Babassi M，Hutnick D. Sectional Clamp Ring：US，6123804. 2000-9-26.

[40] Tomaschke J E. Interfacially Polymerized，Bipiperidine-Polyamide Membranes for Reverse Osmosis and/or Nanofiltration and Process for Making the Same：US，6464873. 2002-10-15.

[41] Rice W C，Puglia J P. High Performance Composite Membrane：US，6536605. 2003-3-25.

[42] Mickols W E. Composite Membrane and Method for Making the Same：US，6878278. 2005-4-12.

[43] Yeh H，Tseng I，Kao S，Lai W，Chen J，Wang G，Lin S. Comparison of the Finished Water Quality Among an Integrated Membrane Process，Conventional and Other Advanced Treatment Processes. Desalination，2000，131 (1)：237-244.

[44] Koyuncu I，Yazgan M. Application of Nanofiltration and Reverse Osmosis Membranes to the Salty and

Polluted Surface Water. J Environ Sci Health, 2001, 36 (7): 1321-1333.

[45] Escobar I C, Hong S, Randall A. Removal of Assimilable and Biodegradable Dissolved Organic Carbon by Reverse Osmosis and Nanofiltration Membranes. J Membr Sci, 2000, 175 (1): 1-17.

[46] Van der Bruggen B, Schaep J, Maes W, Wilms D, Vandecasteele C. Nanofiltration as a Treatment Method for the Removal of Pesticides from Ground Waters. Desalination, 1998, 117 (1-3): 139-147.

[47] Kettunen R, Keskitalo P. Combination of Membrane Technology and Limestone Filtration to Control Drinking Water Quality. Desalination, 2000, 131 (1-3): 271-283.

[48] Pervov A G, Dudkin E V, Sidorenko O A, Antipov V V, Khakhanov S A, Makarov R I. RO and NF Membrane Systems for Drinking Water Production and Their Maintenance Techniques. Desalination, 2000, 132 (1-3): 315-321.

[49] Raff O, Wilken R D. Removal of Dissolved Uranium by Nanofiltration. Desalination, 1999, 122 (2-3): 147-150.

[50] Urase T, Oh J, Yamamoto K. Effect of pH on Rejection of Different Species of Arsenic by Nanofiltration. Desalination, 1998, 117 (1-3): 11-18.

[51] Rautenbach R, Linn T, Eilers L. Treatment of Severely Contaminated Waste Water by a Combination of RO, High-pressure RO and NF—Potential and Limits of the Process. J Membr Sci, 2000, 174 (2): 231-241.

[52] Hafiarle A, Lemordant D, Dhahbi M. Removal of Hexavalent Chromium by Nanofiltration. Desalination, 2000, 130 (3): 305-312.

[53] Koyuncu I. An Advanced Treatment of High-strength Opium Alkaloid Processing Industry Wastewaters with Membrane Technology: Pretreatment, Fouling and Tetention Characteristics of Membranes. Desalination, 2003, 155 (3): 265-275.

[54] Jakobs D, Baumgarten G. Nanofiltration of Nitric Acidic Solutions from Picture Tube Production. Desalination, 2002, 145 (1): 65-68.

[55] Tang A, Chen V. Nanofiltration of Textile Wastewater for Water Reuse. Desalination, 2002, 143 (1): 11-20.

[56] Webar R, Chmiel H, Mavrov V. Characteristics and Application of New Ceramic Nanofiltration Membrane. Desalination, 2003, 157 (1-3): 113-125.

[57] Bou-Hamad S, Abdel-Jawad M, Ebrahim S, AI-Mansour M, A1-Hijji A. Performance Evaluation of Three Different Pretreatment Systems for Seawater Reverse Osmosis Technique. Desalination, 1997, 110 (1): 85-92.

[58] Hassan A, A1-So M, A1-Amoudi A, Jamaluddin A, Farooque A, Rowaili A, Dalvi A, Kither N, Mustafa G, AI-Tisan I. A New Approach to Thermal Seawater Desalination Processes Using Nanofiltration Membranes (Part 1) . Desalination, 1998, 118 (1-3): 35-51.

[59] Hassan A M, Farooque A, Jamaluddin A, A1-Amoudi A, A1-Sofi M, Al-Rubaian A, Kither N, Al. -Tisan I, Rowaili A. A Demonstration Plant Based on the New NF-SWRO Process. Desalination, 2000, 131 (1-3): 157-171.

[60] Drioli E, Laganh F, Crlscuoh A, Barbieri G. Integrated Membrane Operations in Desalination Processes. Desalination, 1999, 122 (2-3): 141-145.

第5章 渗析膜

5.1 概述

渗析（dialysis）是一种物理现象。如果在一个容器中放置一张半透膜，膜的一侧放置溶液，另一侧放置纯水，或者在膜的两侧分别放置浓度不同的溶液，溶液中的大分子物质不能通过半透膜，溶液中的小分子物质可以穿过半透膜而相互渗透。其移动规律是：水分自渗透压低侧向渗透压高侧移动，而电解质及其他分子物质则从浓度高侧向浓度低侧移动，经一段时间后，两侧液体中的小分子物质和水达到动态平衡，这种现象称为渗析。

渗析是最早被发现和研究的一种膜分离过程。1861年，Graham最先尝试用渗析法来分离胶体与低分子溶质；1913年，Abel根据半透膜平衡原理用火棉胶膜成功地进行了渗析试验；1938年，Thalhimer以赛璐玢纸膜作为渗析膜进行了人工肾（是一种替代肾脏功能的装置，主要用于治疗肾功能衰竭和尿毒症）试验；1943年，Kolff使用醋酸纤维素膜制成人工肾进行血液透析治疗尿毒症（各种肾脏病导致肾脏功能渐进性不可逆性减退，直至功能丧失所出现的一系列症状和代谢紊乱所组成的临床综合征）成功；1965年，德国的ENKA-Glanzstoff公司研制了平板和管式铜仿膜；同年，Cordis-Dow公司研制成功乙基纤维素中空纤维膜，使渗析器大为小型化；1975年，日本的旭化成公司和西德的ENKA-Glanzstoff公司均开发出了铜氨人造丝中空纤维膜，使渗析膜性能得到进一步改善。

由于渗析过程的传质推动力是膜两侧物料中组分的浓度差，受体系本身条件的限制，渗析过程的传质速率慢，且渗析膜的选择性低。对于化学性质相似或分子大小相近的溶质体系很难用渗析法分离，使其发展受到很大限制，渗析过程逐渐被借助外力驱动的膜过程，如电渗析、超滤等所取代，应用范围日渐缩小。然而，对于某些高浓度的蛋白质溶液，由于浓差极化的原因，使用超滤方法进行分离较为困难，这种情况下使用渗析方法较为合适，特别是使用人工肾处理浓度差较高的血液时，渗析法无疑更具有优越性。目前渗析法应用最大的市场是血液透析（是将血液抽出体外，经过血液透析机的渗透膜，清除血液中的新陈代谢废物和杂质后，再将已净化的血液输送回体内），现在血液透析已成为治疗肾病患者的常规疗法。此外，对于少量物料的处理，由于渗析不需要使用超滤那样的特殊器件和装置，所以迄今其应用仍较为广泛。

5.2 渗析膜基本理论

5.2.1 渗析过程原理和特点

渗析过程的简单原理如图 5-1 所示，即中间以膜（虚线）相隔，A 侧通原液，B 侧通溶剂。如此，溶质由 A 侧根据扩散原理，而溶剂（水）由 B 侧根据渗透原理进行相互移动，一般低分子比高分子扩散得快。渗析的目的就是借助这种扩散速率的差，使 A 侧两组分以上的溶质得以分离。不过这里所说的不是溶剂和溶质的分离（浓缩），而是溶质之间的分离，浓度差（化学位）是这种分离过程的唯一推动力。

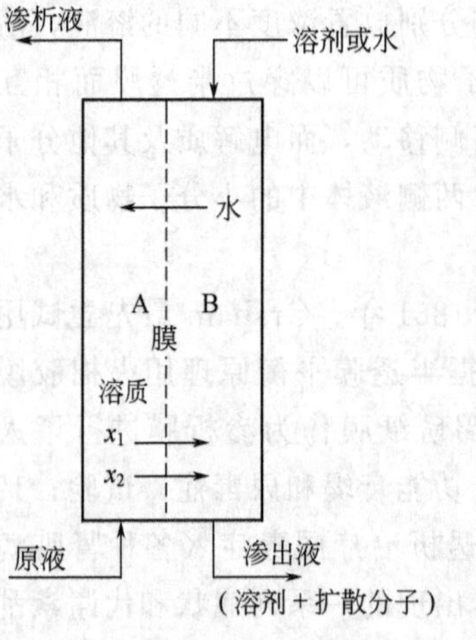

渗析液
溶剂或水
水
A
B
膜
溶质
x_1
x_2
原液
渗出液
（溶剂＋扩散分子）

图 5-1 渗析过程基本原理

渗析是一种扩散控制的，以浓度梯度为驱动力的膜分离方法。溶液中的低分子溶质可从浓度较高的进料液侧，通过扩散透过膜，而进入浓度较低的透析液侧。渗析与超滤既有共同点，也有不同点；其共同点是两者都可以从高分子溶液中去除小分子溶质；两者的不同点是渗析的驱动力是膜两侧溶液的浓度差，而超滤为膜两侧的压力差；渗析过程透过膜的是小分子溶质本身的净流，而超滤过程透过膜的是小分子溶质和溶剂结合的混合流。正因为渗析过程的推动力是浓度梯度，所以随渗析过程的进行，其速率不断下降，因此必须提高被处理原液和透析液的循环量，并且渗析速率慢于以压力为驱动力的反渗透、超滤和微滤等过程。

5.2.2 唐南膜平衡

能通过低分子溶质而不能通过高分子溶质或胶体粒子的半透膜，可作为渗析过程用膜。使用一半透膜把一容器分成两部分，左侧放置含有电解质等低分子杂质的高分子水溶液，右侧放入纯水，则低分子杂质不断通过渗析膜而进入纯水中，使高分子溶液不断纯化。当右侧的纯水体积不是特别大，且高分子为非电解质时，半透膜两侧的低分子溶质的浓度将逐渐趋于相等达到动态平衡。然而，当溶液中的高聚物为电解质时，在平衡时的离子浓度为θ，且共存的电解质为二元电解质，则当达到平衡状态时，由于两侧的化学势相等，且不考虑活度系数对浓度的依赖关系，则得：

$$(\theta+c_L)c_L=c_R^2 \tag{5-1}$$

式中　c_L、c_R——膜左侧和膜右侧溶液中的低分子电解质浓度，mol/L。

上式称为唐南（Donnan）膜平衡。由此可见，对高分子电解质溶液或带电荷的胶体而言，因平衡离子的存在反而使左侧液（原液）的共存电解质浓度（c_L）比右侧液（透析液）的浓度还小。

5.3 渗析膜及组件

5.3.1 渗析膜

渗析膜是透析器的主要构成部分，理想的渗析膜材料应具有以下特点：膜材料的纯度高，不含有任何对生物体有害的物质；具有优良的生物相容性，对蛋白质无特异吸附；有稳定的物理、化学性能和良好的力学性能；能经受消毒处理而不影响结构、性能；加工成型方便，制得的渗析膜的表面皮层应尽可能的薄，膜表皮层及支撑层的孔隙率尽可能高，以获得更高的通量；孔径分布应尽可能窄，使膜对所有被希望脱除分子的筛分系数都接近于1，即对某些溶质具有高渗透性清除率，并对大分子物质的泄漏较小；透析器的封装材料还不能含有亚甲基二苯胺、不会释放环氧乙烷等。

目前用于制备渗析膜的材料主要有天然纤维素及其衍生物与合成聚合物两大类：纤维素类有醋酸纤维素、再生纤维素等；合成聚合物类包括聚酰胺、聚丙烯腈、聚碳酸酯、聚砜、聚烯烃、聚乙烯醇、聚苯乙烯、聚乙烯吡咯烷酮、聚甲基丙烯酸酯、乙烯-醋酸乙烯共聚物、聚醚嵌段共聚物等。由于渗析膜主要用于医疗用途，对膜材料的要求非常苛刻，因此可临床应用的膜材料只有少数几种，表5-1为已商业化的人工肾渗析膜材料。

表 5-1　已商业化的人工肾使用的渗析膜材料

膜材料	生产厂商	评　　论
铜氨法再生纤维素	Akzo-EnKa①	首次用于临床透析
	Asahi Chemical	第一种日本透析膜
	Terumo	

续表

膜材料	生产厂商	评　　论
脱乙酰基纤维素	Cordis-Dow	第一种中空纤维透析膜
	Teijin	蒸汽消毒
醋酸纤维素	Cordis-Dow	蛋白质过滤膜
	Toyobo	
聚丙烯腈	Rhone Poulenc②	由合成聚合物制造的第一种膜
	Asahi Chemical	用于清除 β_2-微球蛋白的第一种不对称透析膜
聚甲基丙烯酸酯	Toray	采用特征吸附，γ 射线消毒，以清除 β_2-微球蛋白
乙烯-乙烯醇共聚物	Kuraray	抗凝血酶源透析膜
聚醚砜/多芳基化合物合金	Fresenius	用于清除 β_2-微球蛋白的不对称透析膜
聚砜	Nikkiso	易于控制渗透率的不对称透析膜
聚酰胺	Grambro	用于清除 β_2-微球蛋白的不对称透析膜

① 平板式和中空纤维式。

② 平板式。

(1) 纤维素类膜

纤维素类膜是由 D-吡喃葡萄糖经 β-1,4 糖苷键连接的天然线性高分子化合物。纤维素类膜具有一定的机械强度，对水有良好的透过性，能有效去除血液中对人体有害的小分子物质如肌酐、尿素等。此外，由于纤维素是天然高分子材料，具有良好的生物相容性和生物降解性，降解产物对人体无毒且可为人体所吸收，参与人体的代谢循环。因此，纤维素类膜是研究开发最早、应用最广泛的血液透析膜。纤维素类膜的商业化在很大程度上促成了血液透析成为常规的临床治疗方法。

将纤维素溶于氧化铜铵溶液中，然后挤压成膜，可制成含有铜铵基团的铜氨纤维素膜，其商品名称为铜仿膜。铜仿膜是传统的血液透析膜，市场占有率最大，它的生物相容性和药理安全性以及可靠性已一再得到确认。但由于膜激活补体，可造成白细胞暂时性下降，血中氧分压下降，出现过敏综合征等反应，长期使用此膜，血液中 β_2-微球蛋白（是由淋巴细胞、血小板、多形核白细胞产生的一种小分子球蛋白，相对分子质量为 11800，由 99 个氨基酸组成的单链多肽）显著提高，因此其血液相容性有待提高。目前已开发出内径为 200μm、壁厚为 15μm 的大孔径三醋酸纤维素中空纤维透析膜。该膜具有较高的超滤速率，能有效地去除 β_2-微球蛋白及其他中低分子量的有害物质。此外，用叔氨基、羟基、磺酸基和磷酸酯基对纤维素进行取代改性后制备的膜可降低白细胞减少症，并提高膜的血液相容性。

(2) 聚丙烯腈膜

聚丙烯腈具有很好的耐霉性、耐气候性和耐日光性，较好的耐溶剂性和化学稳定性。此外聚丙烯腈与其单体丙烯腈具有互不相容性，易于提纯，有利于用于体外血液净化。与再生纤维素膜相比，聚丙烯腈膜对中等分子量物质的去除能力强，超滤速率大，是目前少数已临床使用的合成聚合物膜之一。日本的 Asahi 医学公司，首先将聚丙烯腈制成中空纤维膜，并用于血液透析和血液透析过滤。中国纺织大学用聚丙烯腈纺制出中空纤维膜，并组装成血液透析器，已通过临床应用。虽然聚丙烯腈膜在血液净化应用上获得了成功，但仍存在着许多缺点，如膜的脆性较大、机械强度差、不耐高温消毒、干态膜的透水性能明显下降等，膜科学工作者正通过各种方法对其进行改进。如日本东丽公司采用重均分子量为 20 万的聚丙烯腈制备中空纤维膜，其机械强度有明显提高，可耐反冲洗，从而提高了膜组件的使用寿命。

(3) 聚砜膜

聚砜化学结构中的硫原子处于最高的氧化价，加上苯环的存在，使其具有良好的化学稳定性，可在 pH 值 1～13 的范围内使用；可在 128℃下进行热灭菌处理，并可在 90℃下长期使用；具有一定的抗水解性和抗氧化性；具有较好的柔韧性和足够的力学性能。用于血液净化的聚砜膜主要为不对称中空纤维膜，最早由美国 Amicom 公司研制成功。其中空纤维膜的致密层厚度可低于 1μm，孔径为 2～4nm，具有力学性能优良、化学性能稳定、孔隙率高等优点；还可通过改变膜的结构使水及溶质的传质能力增强。与铜仿纤维素膜相比，长期用聚砜膜进行血液透析不会导致有关生化参数的改变，因而是一种极有潜力的长期血液透析用膜。近年来，血液相容性更好、耐热性更高、溶解性能更好的聚醚砜也用作血液透析膜材料。我国用于血液透析器的聚醚砜和共混聚芳砜也正在开发中。

(4) 聚碳酸酯膜

聚碳酸酯具有优良的力学性能，遇湿不会溶胀，可热密封，耐高渗透压力，血栓形成率低。尤其是聚碳酸酯的主链结构易于调整，与不同比率的聚醚缩聚形成嵌段共聚物所制备的膜，具有一定的亲-疏水特性，对尿素、维生素 B_{12} 和水的透过率均高于再生纤维素膜，生物相容性介于铜仿纤维素膜和聚丙烯腈膜之间。聚碳酸酯-聚醚嵌段共聚物最初用于血液透析膜，后来由于改变了合成过程，提高了膜的过滤效率，也适用于血液过滤。

(5) 聚酰胺膜

由于某些聚酰胺具有对蛋白质吸附的性质，因此将聚酰胺膜用于血液透析时必须有所选择。聚酰胺膜或脂肪类聚酰胺共聚膜可制成高度非对称结构，因此对水的通透性良好。此外，聚酰胺类膜的机械强度好，具有优良的血液相容性，对补体激活小、蛋白吸附及凝血性小。聚酰胺还可与聚乙烯吡咯烷酮共混制成一定亲-疏水性比例的血液透析、血液过滤膜。无论是低通量还是高通量聚酰胺系列膜，90%的内毒素都能扩散透过膜，对 β_2-微球蛋白的透过量也比较高；对白蛋白的吸附量低于 0.1%，在血液过滤过程中，总蛋白的损失仅为 0.05g/L。

(6) 聚烯烃膜

聚丙烯（PP）和聚乙烯（PE）是近年开发出血液净化用膜家族中的新秀，其制膜过程与干湿法制膜工艺不同，它是先将 PP 或 PE 熔融纺丝，然后进行热处理，再经拉伸制孔以及热定型制得微孔中空纤维膜，该膜主要用于血浆分离过程。

（7）聚乙烯醇膜

聚乙烯醇通常由聚醋酸乙烯醇解制得，产品性能与分子量及残留的乙酰基团的含量有关。聚乙烯醇为水溶性聚合物，因此可通过先进行适当的交联或交联前先共聚的方法制备透析膜。与其共聚的单体有丙烯酸甲酯、甲基丙烯酸甲酯、丙烯腈、乙烯等。最成功的是由日本开发的乙烯-乙烯醇共聚物非对称膜，其外层致密、内层多孔，孔径为10～70nm。用该膜制成的血液透析器对β_2-微球蛋白的去除能力很强，常被应用于血液透析（hemodialysis，HD）、血浆置换（plasma exchange，PE）和洗滤（diafiltration）。

除以上几种材质的膜外，近几年内人们开发研究的其他聚合物膜还有：聚醚嵌段共聚物膜、聚乙烯吡咯烷酮膜、聚丙烯酸甲酯膜、聚苯乙烯膜、聚多肽膜、聚电解质膜等，但尚未获得较为广泛的应用。

随着透析技术的不断发展，血液透析对透析膜材料的要求越来越高，膜材料除了具有高渗透性能和成膜后能去除血液中有害成分外，还要求膜材料具有良好的血液相容性。目前，单一的膜材料不能充分满足上述要求，对现有膜材料进行共混、接枝、镶嵌以及运用等离子体等技术对材料进行改性等已成为今后一段时期内透析器膜材料的发展趋势。

王庆瑞等在聚醚砜膜材料中加入0.1%～10%的聚乙烯基类的聚合物或共聚物、纤维素及其酯类进行共混，制得的中空纤维膜能很好地满足透析器的需要。Sang等人利用磷脂聚合物与醋酸纤维素共混作为膜材料，与单纯的醋酸纤维膜相比，共混膜不仅具有较好的亲水性和渗透性，而且表现出较好的抑制蛋白吸附能力。为了对膜材料进行改性，还可以通过化学反应在基膜材料中引入其他基团。激活基膜材料通常采用氯甲基化、利用催化剂以及臭氧处理等手段，然后利用醇化、酯化等化学反应把目标基团引入到基膜材料的表面。对于透析膜材料，常引入的高分子材料包括PVP、PEG、人血白蛋白、壳聚糖、磷脂以及某些具有抗凝血作用的物质。

5.3.2 渗析膜组件及设计

渗析膜组件按其用途可以分为工业渗析膜组件和血液透析膜组件。工业渗析膜组件早期使用槽式、管式和板框式组件；血液透析膜组件早期用的是赛璐玢管状膜，此后又相继开发了卷式和板框式血液渗析膜组件。1967年开发的中空纤维渗析膜组件是渗析膜组件的一大突破，其最初用于血液透析，以后也用于工业渗析。

渗析膜组件设计对于优化渗析膜组件性能具有重要作用。渗析膜组件的设计标准有工业用和医用两大类，两者的设计标准有很大的区别。如血液透析膜组件是消毒型、一次性或同一病人重复使用的，而工业渗析膜组件有时要用有机溶剂为萃取剂，要用NaOH溶液进行周期性清洗；医用设计是根据人体生理控制的能力决定规模和传质操作，而工业设计是由过程经济因素控制，要求工业渗析膜组件使用寿命长，并且规模比医用大得多。

中空纤维渗析膜组件由于其膜面积堆砌密度高、易制作等优点，所以不论在工业上还是医用上都是优先考虑的构型，以下以中空纤维渗析膜组件为例讨论渗析膜组件设计方法。

为了讨论方便，假定设计前提如下：产物为相对分子质量20000的水溶液，浓度5g/L，产率50kg/L，要求从溶液中除去相对分子质量为200的污染物，使其浓度降至0.1g/L。

(1) 纤维尺寸和数目

中空纤维膜的最大优点是单位体积的膜面积大，而传递系数与其他膜相差无几，但并不是纤维越细越好，其内径受悬浮进料液中颗粒物大小和黏度的限制，而壁厚受纤维强度最低要求所限。对于一定内径的纤维，长度受压降或传质系数参数确定的上限制约，过长的纤维，膜两端压降过大，产生过高超滤速率，使分离效率下降，同时过大的压降，不需要一次流程就可以达到溶质迁移的要求，表明浪费了纤维过长部分。但纤维太短也不行，一是一次流程达不到溶质迁移要求，要再循环；二是制造费用高，因为一定的膜面积，要用更多的外壳和封端，封端中大量纤维无效，浪费了潜在的膜面积。

在一定进料流速和膜两端压降下，所需纤维数目由下式决定：

$$N=8\eta LQ_f/(TLP\pi r_{ti}^4) \tag{5-2}$$

式中 N——所需纤维数，根；

η——黏度，Pa·s；

L——有效纤维长度，cm；

Q_f——进料流速，cm^3/min；

TLP——膜两端压降，kPa；

r_{ti}——纤维内径，μm。

纤维数目的第二个限制是提供足够高的传递速率所需的膜面积 A_m。若在设计前提下，试验已知 $1m^2$ 膜面积的透析器的产水量为 q(mL/min)，则由下式可求得 N：

$$N=A_m/(2\pi r_{ti}L) \tag{5-3}$$

$$A_m=Q_f/q$$

图5-2中是三种内径的纤维数目与长度的关系。左下角的三条曲线是据式(5-2)所得，左上角的曲线是据式(5-3)所得。从相应内径纤维的曲线交点可以看出：对内径125μm的纤维，$L=85cm$，$N=5.6\times10^6$；对内径250μm的纤维，$L=240cm$，$N=1.0\times10^6$；对内径375μm的纤维，$L=440cm$，$N=3.6\times10^6$；它们均符合设计要求。

(2) 流动形式

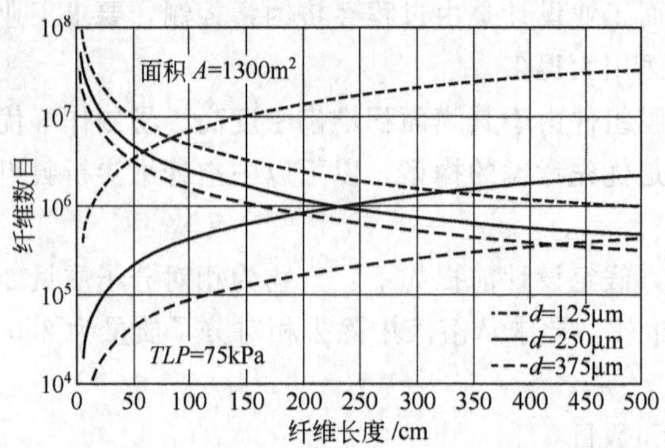

图 5-2 面积和 TLP 一定时纤维数目与纤维尺寸关系

渗析膜组件中，进料和透过液侧的流动可呈逆流或并流，也可呈垂直流和透析液充分混合等形式，其中逆流和垂直流有最好的传质特性，逆流有最大的透过液进口和进料液出口的浓度差。

萃取率 E（E 表示在一定操作条件下，可以获得的最大溶质浓度变化分率）是渗析器传质性能最有意义的量度，在传质单元数 N_t（渗析器传质规模的量度）和 Z（进料液流速与透过液流速之比）相同的情况下，逆流样式的 E 值最高，即逆流效率最好。在相同雷诺数下试验垂直流和并流，垂直流的 Sherwood 数比并流的大一个数量级。同样，在相同的 Z 值下，逆流和垂直流的总传质阻力和总传质性能是相近的，所以，通常情况下，进料和透过液的流动形式取逆流。

（3）壳侧压降

壳侧压降的比较，也是在相同的雷诺数下进行比较合适，如对三种外径不同的纤维在 $\overline{Re}=100$ 时，其流速相差很大，见表 5-2。

表 5-2 中空纤维膜外径与相应流速的关系

纤维外径/μm	170	295	440
相应流速/(cm/s)	59	37	23

设外径 295μm 的纤维呈三角形排列，堆砌率 0.5，用自由表面模型比较垂直流和平行流，两者压降相近。当然，实际上由于纤维填充的松紧，纤维变形扭曲和外径不均等因素，使实际压降比模型预测高得多。

通常设计中多选择平行流，这是由于设计简单、可预测性好、组件之间一致性好等原因。

（4）膜组件设计

在上述设计和计算下，用内径 125μm 和 250μm 两种纤维制备膜组件，所要求的纤维数分别为 8.4×10^6 和 1.5×10^6，长度分别为 85cm 和 240cm，若 $\phi=0.55$，125μm 纤维的组件内体积为 295L，250μm 纤维组件内体积为 445L。

对内径为 25cm 的外壳组件，要 7 个 85cm 长的含内径 125μm 纤维的组件，或是要 4 个 240cm 长的含内径 250μm 纤维的组件，都可满足设计前提要求；相比之下，4 个 240cm 长的含内径 250μm 纤维的组件更好些，因为它们占有更多的内体积，端板少，接头少，易连接，而且在实际应用中抗悬浮粒子阻塞。总之，组件设计应多方面考虑，力求最佳化。

5.4 渗析膜性能及表征

从宏观角度看，渗析膜的表征主要包括透过性（溶质透过性和透水性）、机械强度、生物相容性、溶出物的有无及灭菌的难易等。

5.4.1 传质阻力

质量传递速率 N(g/s) 与浓度差 Δc(g/cm^3) 和膜面积 A(cm^2) 呈正比关系，可表示如下：

$$N=kA\Delta c \tag{5-4}$$

式中 k——总传质系数，cm/s。

如图 5-3 所示，k 与血液中某溶质在血液侧进入膜表面的传质系数 k_B、在膜中传质系数 k_M 以及在透析液中的传质系数 k_D 的关系式如下：

$$1/k=1/k_B+1/k_M+1/k_D \tag{5-5}$$

传质系数的倒数为阻力系数 R，式（5-5）可改写成：

$$R=R_B+R_M+R_D \tag{5-6}$$

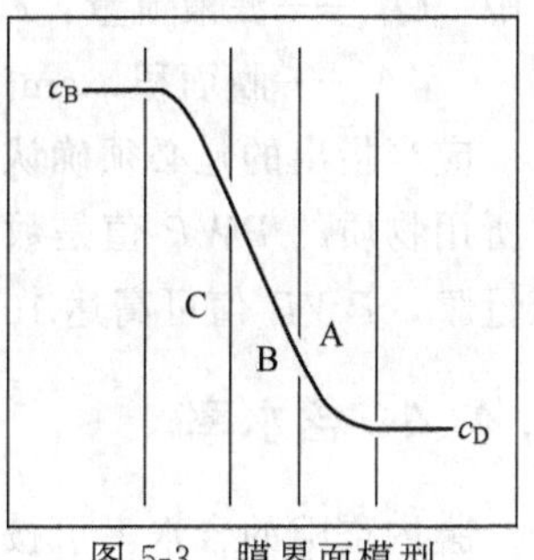

图 5-3 膜界面模型
A—渗析液界膜；B—半透膜；C—血液界膜

Colton 研究了上式三种阻力的比例，发现透析物质的分子量对三种阻力比例关系有很大影响。如透析膜的阻力对分子量较小的尿素来说，约占总阻力的 60%，而对分子量较高的维生素 B_{12} 却高达 90%。

5.4.2 溶质透过系数

为了得到溶质透过系数 P_m，要采用流动状态充分的测试装置。对平板膜，通常采用双槽间歇式透析装置。根据不同搅拌转数下测定的总传质系数，进行威尔逊作图（见图 5-4），便可求得溶质透过系数。

对中空纤维膜而言，通常是将数根中空纤维膜按束状进行透析试验，然后根据威尔逊作图法，求得溶质透过系数。

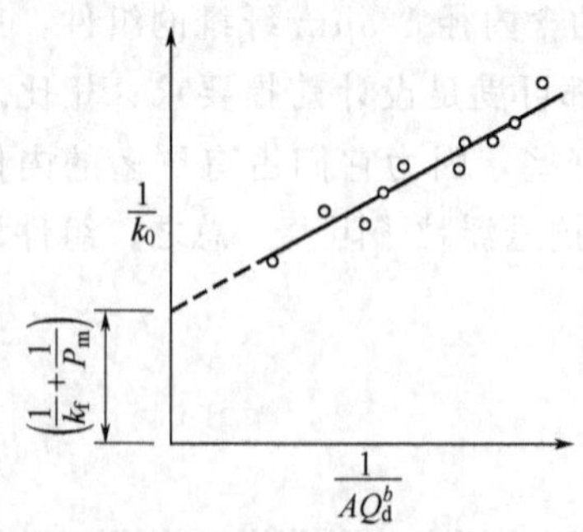

图 5-4 威尔逊图例

$$1/k_0=1/k_f+1/P_m+1/(AQ_d^b) \tag{5-7}$$

式中，A、b 对一定的流动和溶质是常数，用 $1/k_0$ 对 $1/(AQ_d^b)$ 作图，可以求出不同 Q_d 下的 $(1/k_f+1/P_m)$，进而求得 P_m。

5.4.3 过滤系数

采用渗析器可以比较容易求得溶剂的过滤系数特别是水的过滤系数。为了去除附着在膜表面上的甘油，先用生理盐水将膜洗净，然后在适当的操作条件下，测得血液侧入口和出口压力（p_{Bi} 和 p_{Bo}）以及透析液侧入口和出口压力（p_{Di} 和 p_{Do}），就可按照下式求得膜两侧的压力差 TMP（mmHg[1]）。

$$TMP=\frac{p_{Bi}+p_{Bo}}{2}-\frac{p_{Di}+p_{Do}}{2} \tag{5-8}$$

从而求出纯水过滤系数 PWP：

$$PWP=\frac{Q_F}{A\times TMP} \tag{5-9}$$

式中 Q_F——滤液流量，cm^3/h；

A——膜面积，cm^2。

应当指出的是必须确认当操作条件改变时，PWP 值不变。对透析膜来说，通常所用物质的 PWP 值是数个 $cm^3/(m^2\cdot h\cdot mmHg)$；但对脱除 β_2-微球蛋白的高通量膜，PWP 值可高达 $10cm^3/(m^2\cdot h\cdot mmHg)$。

5.4.4 含水率

膜内空隙的含水率可按下式求得：

$$H=1-\{(M_1+M_2-M_3)/(V_m\rho_{H_2O})\}\times 100\% \tag{5-10}$$

式中 H——含水率，%；

M_1——充满纯水的比重瓶质量，g；

M_2——干燥恒重后中空纤维膜质量，g；

M_3——将中空纤维膜装入充满纯水的比重瓶后的质量，g；

V_m——中空纤维膜湿态试样体积，cm^3；

ρ_{H_2O}——纯水密度，g/cm^3。

纤维素膜含水率高，但靠微结晶区域的增强作用仍可制得薄而高效的透析膜；而疏水的聚砜膜是非对称型的，靠表层起分离作用，靠下层起增强作用。

[1] 1mmHg=133.322Pa。

5.4.5 生物相容性

渗析膜在使用过程中直接与活体组织或血液接触，因此要求两者有良好的相互关系，即材料对于活体要有生物相容性。生物相容性是生物对材料的生化反应，主要包括血液相容性、组织相容性、免疫反应等。血液相容性包括的内容很广，主要指膜材料与血液接触时不引起凝血和血小板的黏着和凝聚，未破坏血液中有形成分的溶血现象，也就是不产生凝血和溶血。组织相容性是指活体与材料接触时活体组织不发生炎症和排斥，而材料本身不发生钙沉淀。

渗析膜的生物相容性直接影响不良反应的发生率和患者的死亡率。早在20世纪70年代初，美国就提出了评价透析器和渗析膜生物相容性的方法，但只局限于观察释放人血的毒性物质及血-膜接触发生的血液凝集和血栓形成。随着科学技术的不断进步，评价渗析膜生物相容性的指标逐步完善，其中透析中血-膜间相互作用引起的血小板活化是评价渗析膜生物相容性的主要指标之一。在血液透析过程中，血液成分与异己物质透析膜接触，直接激活血小板和内源性凝血途径，并激活补体，导致组织缺氧与血管内皮细胞损伤，从而引起显著的高凝状态，同时激发了高纤溶状态，这种病理生理变化导致微血栓形成和出血倾向增加。

Cases等测定了用铜仿膜、醋酸膜、血仿膜以及合成膜透析后血液P-选择素（反映血小板活化的最特异性的标志物）的含量，结果表明，血小板活化程度由高到低依次为：铜仿膜＞醋酸膜＞血仿膜＞合成膜，提示合成膜的生物相容性最好，铜仿膜的生物相容性最差。钱正子等观察发现，醋酸纤维膜透析后P-选择素的升高幅度显著高于聚砜膜，并认为生物相容性好的渗析膜是防止体外循环凝血、保证透析质量、提高患者生存质量与长期存活率的必备条件。

5.5 渗析的应用

5.5.1 人工肾

（1）人工肾的发展概况

肾脏是人体的重要器官之一，肾脏的主要功能是对血液进行过滤，排泄尿素、肌酐、尿酸、胍的衍生物等代谢产物及某些毒物和药物，调节体内水、电解质和酸碱平衡；调节血压，激活维生素D；分泌血管活性物质和促红细胞生成素等。肾脏的这些生理功能对调节和维持体内环境中的体液量和成分有重要作用。一旦肾脏出现疾患，由于肾功能衰竭而造成新陈代谢物质在体内沉积，产生代谢紊乱，从而引起尿毒症，危及人的生命。对于肾脏发生病变的患者，目前的治疗手段以人工肾和/或肾脏移植为主，并辅以药物治疗。由于肾脏来源极为有限，人工肾治疗显得十分重要。目前，血液透析（其装置俗称人工肾）是临床上用于治疗急、慢性肾功能衰竭的最有效的常规肾脏替代疗法。

早在1861年，化学家 Thomas Graham 首先提出用透析方法，有选择地清除血液中有毒物质。这一设想直到1912年才开始初步实现，Abel 等人制造出最初的人工肾，被称为“活扩散”人工肾。他使用圆筒形的火棉作为透析膜，可以直接清除狗体内血液中注入的药物及其代谢物，它表明血液净化作为一种治疗方法具有可行性。1956年，Kolff 等人开发了缠绕式透析器，但由于透析功能较差，透析膜较脆，清毒困难已被逐渐淘汰。1960年挪威人 Kill 开发了平板膜透析器。平板膜透析器的血液流动阻力小，不需要血液泵。但设备使用麻烦，每次治疗后，膜都需要更换和消毒，不适于大批量病人的治疗。1969年瑞士的 Gambro 开始销售改进的一次性平板膜透析器，但由于它很难以获得均匀的流道宽度，性能不稳定。1966年，中空纤维膜透析器首次应用成功，由于其结构小巧紧凑、使用方便、性能可靠，很快获得了普及，并逐渐取代了其他结构的透析器。

(2) 人工肾的工作原理

血液透析是借助于血液透析机与患者建立体外循环的过程。透析机依靠具有特殊通透性的透析膜分隔血液和透析液，利用膜两侧液体溶质的浓度差及膜孔径大小的差异，使血液中小于膜孔截留分子量的溶质扩散、渗透通过滤膜，以除去患者血液中的代谢小分子废物和毒物；调节水和电解质平衡以及酸碱平衡。

图 5-5 所示是人工肾与人体肾脏功能的比较。人工肾依靠透析膜，使血液中的

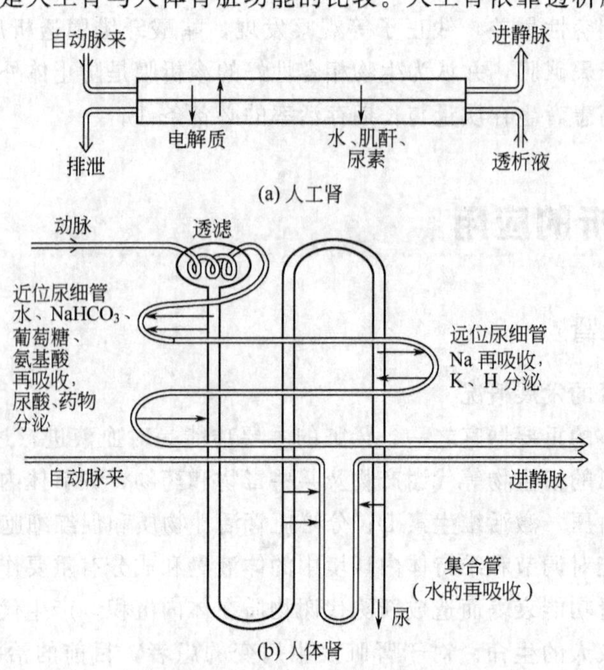

图 5-5　人工肾与人体肾功能比较

代谢产物进入到由外界引入的已配制好的透析液中，并通过透析膜达到电解质的平衡，经过透析处理解毒后的血液回到人体的静脉中，而需排泄的物质则引出弃去，与人体肾脏相比，透析器起到了人工肾的作用。

人工肾对肾功能的代替，目前主要是通过体外血液净化疗法进行的。所谓血液净化疗法，就是排除血液中含有的病因性物质，并补充一些必要的物质。血液净化的基本原理分 4 种：渗析、过滤、吸附和交换。在此基础上形成了 8 种治疗过程：间歇型腹膜透析（intermittent peritoneal dialysis，IPD）、连续流动型腹膜透析（continuous ambulatory peritoneal dialysis，CAPD）、血液透析（hemodialysis，HD）、血液过滤（hemofiltration，HF）、血液透析过滤（hemodiafiltration，HDF）、直接血液吸附（Direct hemadsorption，DHA）、血浆交换（plasma exchange，PE）、血液透析或血液过滤同血液吸附（hemodialysis & adsorption 或 hemofiltration & adsorption，HDA 或 HFA）的配合使用。临床上则应根据病人的实际情况来选择合适的治疗过程。

下面以血液透析过程为例，对血液净化过程作简单介绍。图 5-6 是血液透析回路图。在血液透析过程中，动脉中的血液通过半透膜与透析液相接触，凭借液体间的浓度差，血液与透析液进行物质交换，即尿毒症病因物质从血液中经半透膜扩散进入透析液，而透析液中含有的人体必需的物质则扩散进入血液。交换后的血液经静脉返回体内，而有害物质则随透析液排出体外。

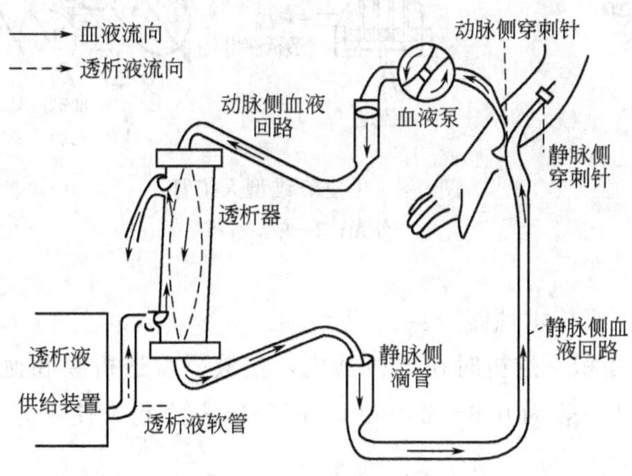

图 5-6　血液透析回路图

（3）人工肾构成

人工肾由透析器、透析液供给装置和自动监护装置三部分组成，通过血液回路把人体与透析型人工肾连接起来，如图 5-7 所示。

透析器是人工肾的关键部件之一，血液透析过程就在透析器中进行。透析器的结构主要有盘管式、平板式和中空纤维式三种类型。

中空纤维透析器的基本结构如图 5-8 所示。将一束中空纤维置于外壳中，

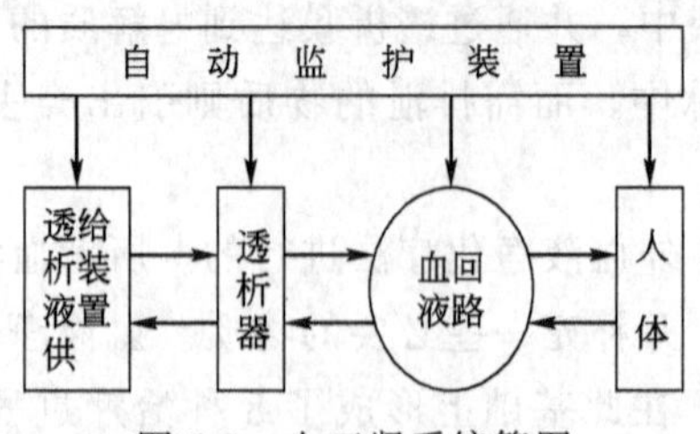

图 5-7　人工肾系统简图

组装成中空纤维透析器。透析器上下共有四个管口，中间的两个进出口为血液通路，两旁的进出口为透析液通路。透析时，血液在中空纤维内流动，透析液在纤维外侧流动，一般血液与透析液呈逆向流动，通过中空纤维管壁进行透析。透析器外壳通常由透明的工程塑料（如聚碳酸酯或苯乙烯-丙烯腈共聚物）制成，便于在使用过程中观察血液的流动状况及有无残血、凝血现象发生。自 20 世纪 70 年代初中空纤维透析器开发成功后，由于其结构小巧紧凑、质量轻、预充血量及残血量均少、体外循环量小、血流阻力小、操作简单、性能可靠、便于冲洗及消毒重复使用，很快获得了普及，目前临床多数使用中空纤维透析器。

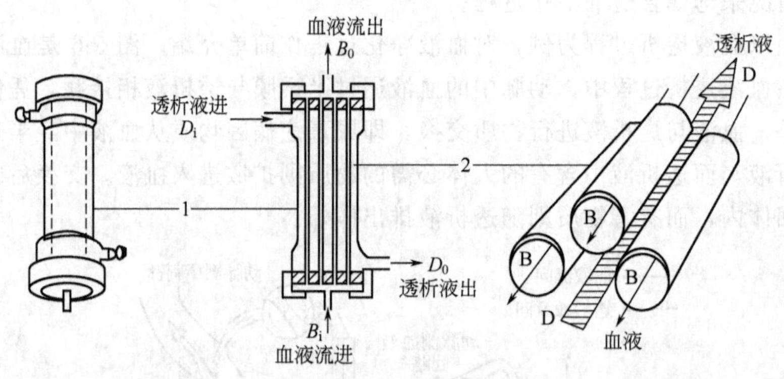

图 5-8　中空纤维型人工肾

1—外壳；2—中空纤维

（4）透析器主要技术性能

① 透析有效面积　透析时在透析器内，血液隔着透析膜和血液接触的面积称为透析有效面积，一般为 0.6～2.0m^2，小于 1m^2 给儿童使用，大于 1m^2 给成人使用。

② 超滤率　透析治疗的作用之一为排出多余的水分（脱水），透析器排出水分的效率称为超滤率。它是计算病人脱水量的依据。超滤率的单位为 mL/(mmHg·h)，该参数为产品制造实体外模拟参数，实际使用时受压力、血流量、血渗透压和肝素化程度等因素的影响，临床使用中的超滤率低于体外模拟参数。在透析中是一个很重要的技术参数，目前透析器的超滤率已达到 20mL/(mmHg·h) 以上。血液透析治疗期间体重增加较多的患者需选用水通量较大的透析器，亦即选用超滤率高的透析器。在选用大通量血液透析器时，要考虑患者心血管的

稳定性和耐受程度。

③ 清除率、透析率和下降率　清除率 K_B 是指在血液透析过程中，单位时间内从血液中清除的某溶质的量除以透析器血液入口处该溶质的浓度，并以容量速率表示，单位为 mL/min。

$$K_B=(c_{bi}-c_{bo})Q_b/c_{bi} \tag{5-11}$$

式中　c_{bi}、c_{bo}——血液透析时进入和离开透析器时血液中某溶质的浓度，g/mL；

Q_b——血液体积流量，mL/min。

清除率是透析器最重要的指标之一，是决定透析方案的主要因素。透析器发展前期，清除率主要以尿素、肌酐、维生素 B_{12} 为代表，近年来 β_2-微球蛋白的清除率则越来越受到重视。

透析率 D_B：透析率的定义是单位时间内血液中清除某溶质的量除以入口处血液与透析液之间该物质的浓度差。

$$D_B=(c_{bi}-c_{bo})/(c_{bi}-c_{di})\times100\% \tag{5-12}$$

式中　c_{di}——透析液中该物质的浓度，g/mL。

下降率 T_B 表示在血透过程中某溶质下降的幅度。

$$T_B=(c_{bi}-c_{bo})/c_{bi}\times100\% \tag{5-13}$$

对清除率、透析率和下降率有影响的因素主要有：溶质在膜两侧的浓度梯度；膜面积、通透性（阻力）；透过溶质的分子量；血液流速（一般为 200mL/min）与透析液流速（一般为 500mL/min）等。

④ 预充血量　指透析器全部被充满的血液量（mL），因透析器的透析面积大小而不同，透析器透析面积相同时，预充血量越小越好。中空纤维透析器的预充血量一般为 50～120mL。

⑤ 残留血量　透析结束时，经过回血操作后，残存在透析器内的血液量称为残血量，此量越小越好，一般应不大于 1mL。残留血量增加会使透析效能下降，容易引起凝血及堵塞，降低透析器重复使用次数。

⑥ 重复使用次数　即一个透析器给同一病人能使用多少次。在透析器发展初期，透析器都为一次性使用，近年来，为减轻病人经济负担，人们开始考虑复用透析器，因此重复使用次数也成为透析器选型的条件之一。在学术上对复用透析器有一些争论：有人认为重复多次使用易引起血液污染；另一种看法认为，前次使用时残留在膜上的蛋白覆盖有助于改善膜的生物相容性。目前重复使用次数只能通过实际使用来得出，一般用高分子材料膜做成的透析器，其重复使用次数多，能达 10 次以上，有的高达 20 次仍能使用。

（5）透析液供给装置

透析液供给装置由动力系统和控温系统两部分组成。前者能自动配制电解质含量接近人体的无菌透析液，保证在整个透析过程中稳恒供给透析液（一般为 400～500mL/min），并提供透析液回路的负压；后者主要维持透析液恒温供给。透析液供给装置还附设浓度监护及误配报警，以预防机器及人为故障造成的误配透析液发生。

在血液透析过程中，必须补充一些人体所需成分，这需要通过配制透析液来完成。透析液的基本成分与人体体液成分相同，主要有钠离子、钾离子、钙离子、镁离子等4种阳离子，氯离子和碱基两种阴离子，部分透析液还含有葡萄糖。透析液应能清除代谢废物，超滤过多的水分，维持水和电解质以及酸、碱平衡。透析液因使用缓冲剂的不同而分为醋酸盐透析液和碳酸氢盐透析液两种（见表5-3）。碳酸氢盐透析液易形成碳酸钙和碳酸镁沉淀，还易形成二氧化碳气泡；醋酸盐透析液不产生沉淀，但对血液动力学的影响较大。

表5-3　常用透析液的成分和浓度

溶液成分	溶液浓度/(mg/L)		溶液成分	溶液浓度/(mg/L)	
	醋酸盐透析液	碳酸氢盐透析液		醋酸盐透析液	碳酸氢盐透析液
Na^+	135～145	135～145	Ac^-	35～38	0～4
K^+	0～4.0	0～4.0	HCO_3^-	0	30～38
Ca^{2+}	1.5～1.75	1.5～1.75	葡萄糖/(g/L)	0～2.5	0～2.5
Mg^{2+}	0.5～1.0	0.5～1.0	pH值	可变	7.1～7.3
Cl^-	100～115	100～124	p_{CO_2}/kPa(mmHg)	0.067(0.5)	5.3～13.3(40～100)

(6) 自动监护装置

自动监护装置是为了保证透析过程的体外血液循环安全进行而设置的。一般包括透析液温度及负压调控系统、透析液及血液流率调控系统、透析液浓度监测系统、血液回路、动静脉压监护系统、漏血监护系统6部分组成。有的还设有电压、电流的监护，以免漏电误伤患者，近年开发的产品还附有治疗计算机程序设计系统。

血液回路是连接人体与人工肾的纽带。为保证体外血液循环的通畅及提供足够的血液流率（一般为200mL/min），管的内径为4～6mm，并设有输液、过滤、排气、注射肝素等分管。为保证体外循环过程中液流稳恒，管路中设有供转子式血泵驱动用的厚壁管段。此外，管壁应具有一定的血液相容性，避免溶血以及血小板、血球细胞在管壁及滤网黏附。一般血液回路采用平均聚合度约为2500的高分子量的医用聚氯乙烯制成。

5.5.2 工业应用

(1) 压榨（碱）液的回收

在黏胶纤维生产中，浆粕的浸渍、纤维素黄酸酯的溶解、纤维后处理的脱硫等，都需要使用不同浓度和温度的碱液。其中对浆粕进行浸渍并压榨后的液体称为压榨液。压榨液的量很大，为纤维产量的18～22倍，压榨液的碱浓度为16%～17%，还含有大量半纤维素、树脂和机械杂质。部分压榨液可调配成溶解液和脱硫液，大部分压榨液经除杂并调整浓度后可配制成浸渍液继续使用。如果压榨液中的半纤维素含量低于15g/L时，只需经过过滤就能回收利用。如半纤维素含量较高，则需经过透析等方法加以去除，否则将影响生产过程和成品纤维的质量。

使用渗析法回收压榨液中NaOH的流程如图5-9所示。中空纤维渗析器的膜材料由聚乙烯醇制成。经预处理过的压榨液和软水分别由压榨液和软水进口管进入渗析器，两种液体在膜的两侧反向流动，压榨液中的NaOH不断进入软水中。残余液出渗析器后进入废液槽，经处理后排放；软水出口管流出的水溶液中NaOH含量为4%～8%，经回收液槽后，进入调整槽调整浓度后作为浸渍液回用。渗析前后压榨液和软水中、碱和纤维素的浓度变化如表5-4所示。NaOH的回收率可达98%。

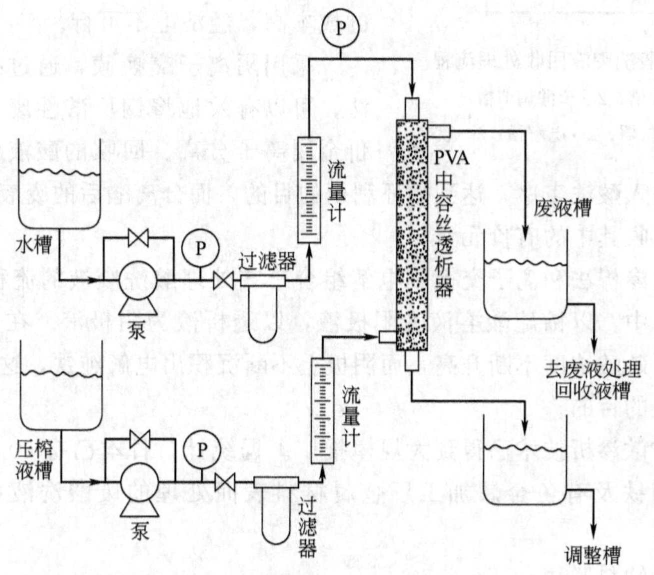

图5-9 从压榨液中回收NaOH的流程简图

表5-4 压榨液的渗析回收结果

项　目	压榨液		水	
	入口	出口	入口	出口
流量/(L/min)	1.4	1.8	4.13	3.9
NaOH含量/(g/L)	215	2.6	0	76
半纤维素含量/(g/L)	26	19.8	0	0.2

(2) 钢铁酸洗废液中回收硫酸

在钢材的生产过程中，其表面的氧化物影响产品质量。因此，钢材在进一步加工时，需要预先除去表面的氧化铁。常用的处理方法有机械除锈法和化学除锈法。由于机械除锈清除不彻底、能耗高且易于产生粉尘污染，因此，多采用化学酸洗除去钢材表面的氧化物。酸洗除锈法是采用20%～40%的硫酸或一定浓度的盐酸、硝酸的混合酸对钢材进行洗涤。在酸洗过程中，产生大量的含铁、铜、镍、铬等离子及高酸的废水，当洗液中硫酸亚铁含量达到200g/L以上时，酸洗效果明显降低，成为废液，而废液中含酸浓度一般为50～150g/L，必须经过处理才能排放。

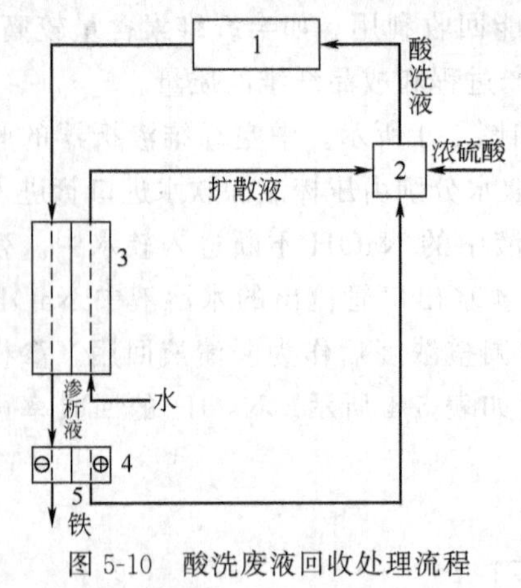

图 5-10 酸洗废液回收处理流程

1—酸洗槽；2—硫酸调节槽；3—扩散渗析器；4—电解槽；5—膜

传统处理工艺中，酸洗废液大都采用石灰中和后排放或者冷却结晶回收铁矾及硫酸的处理方法。采用石灰中和法，不但不能回收有用物质，而且增加了废渣的处理问题。用冷却结晶法虽可回收铁矾和硫酸，但处理的成本高，经济上不可行。

采用阴离子交换膜，通过扩散渗析的方法，可以有效地将钢厂酸性废水中的酸和有价金属离子分离。回收的酸液中补加适量的酸，可再次进入酸洗工序，达到循环利用的目的。而分离酸后的废液，可通过适当处理，综合回收其中的有价元素。

采用扩散渗析法和离子交换膜电解组合工艺处理酸洗废液的流程如图 5-10 所示。在电解槽中，以稀硫酸溶液为阳极液，以透析液为阴极液。在直流电场作用下，阳极室中硫酸浓度不断升高，而阴极上不断沉积出电解纯铁，这样可同时达到回收硫酸和铁的目的。

日本的扩散渗析技术已得到大规模推广。据统计，日本已有50多家工厂采用扩散渗析从钢铁及有色金属加工厂金属材料表面处理的废酸洗液中成功地回收了酸。

(3) 酒精饮料脱醇

中空纤维透析器可以进行啤酒脱醇。啤酒在中空纤维内侧流过，透析液（水）通过中空纤维外侧逆向回流，醇的脱除率可达40%。该法虽优于精馏法，但在脱酒精的同时会把某些低分子组分一起脱除，而影响啤酒的芳香度和风味。有人建议在透析液中加入啤酒中的芳香成分，以保持啤酒的原有风味。

参 考 文 献

[1] 王学松. 膜分离技术及其应用. 北京：科学出版社，1994.

[2] Graham T. Liquid Diffusion Applied to Analysis. Ph：1. London：Trans Roy Soc，1861.

[3] 时钧，袁权，高从堦主编. 膜技术手册. 北京：化学工业出版社，2001.

[4] 任建新主编. 膜分离技术及其应用. 北京：化学工业出版社，2003.

[5] 中环正幸 . 膜物理化学 . 东京：喜多见书房，1987.

[6] 刘茉娥等编. 膜分离技术应用手册. 北京：化学工业出版社，1999.

[7] 裴玉新，沈新元，王庆瑞 . 血液净化用高分子膜的现状与发展. 膜科学与技术，1998，18 (1)：10-15.

[8] 王海涛，于湉，杜启云，赵宸煜. 血液透析器膜材料研究进展. 膜科学与技术，2009，29（1）：96-100.
[9] 酒井清孝. 人工肾透析膜的设计. 膜，1989，14（1）：31-34.
[10] 汤立，侯健全. P-选择素与血液透析. 国际移植与血液净化杂志，2006，4（4）：10-13.
[11] 何长民，张训，闵志廉等. 肾脏替代治疗学. 上海：上海科学技术文献出版社，1999.
[12] 顾汉卿. 人工肾与血液净化. 世界医疗器械，1998，4（5）：42-48.
[13] 唐仁亲. 人工肾机的现状和技术进展. 现代科学仪器，1995，（3）：34-37.
[14] 侯晓川，肖连生，高丛堦，张启修. 扩散渗析技术在湿法冶金工业上的应用现状及展望. 有色金属工程，2011，1（1）：9-13.

第 6 章 气体分离膜

6.1 概述

气体分离膜技术是利用独特的气体分离膜对混合气体进行分离的一种新型绿色分离技术。气体膜分离传质推动力为压力差，因此分离过程较为容易实现。大多气源本身就具有压力，故实现分离过程的经济性更加明显。气体分离膜技术具有膜分离的共同特点，是一种物理分离过程，可以实现静态操作，流程比较简单，实现更加容易，日常工耗和操作费用很低。气体分离膜技术开停车迅速是其他分离技术所无法比拟的，从理论上说气体分离膜技术可以实现瞬间开停车，因此，与传统气体分离技术（深冷、吸附、吸收分离等）相比，具有独特优势，其研究和应用发展十分迅速。

19 世纪初人们已经开始气体膜透过性研究，到 20 世纪 70 年代，美国 Monsanto 公司推出了“Prism”气体分离膜装置，成功地将之应用在合成氨弛放气（在合成氨生产过程中，为提高氨的合成率，合成塔中有一部分惰性气体需放空，从氨中间罐中释放出来的气体称为弛放气，里面含有部分氢气）中氢气的回收，使气体膜分离技术得到了市场的认可，其间经过了大量理论基础研究和实际应用开发。目前，国际国内多家公司的气体分离膜装置相继实现了商品化及工业化应用。气体膜分离技术除用于合成氨弛放气中氢的分离回收外，还用于炼油工业尾气中氢的分离、回收及合成气 H_2/CO 的比例调节。此外，在空气富氧、天然气脱湿、CO_2 分离等方面也有相当的应用。气体膜分离技术已经被人们所接受和认可，并逐步成为气体分离过程中优先考虑的操作单元。

我国于20世纪80年代开始气体分离膜及其应用研究，中科院大连化物所、长春应化所等单位在该方面进行了积极有益的探索，并取得了长足进展。大连化物所研制成功了中空纤维膜氮氢分离器，并实现了工业应用。

6.2 分离机理

气体分离的机理来源于气体中各组分在膜内渗透速率的不同。气体分离膜有两种：多孔膜和致密膜，它们具有不同的分离机理。

① 对于多孔膜，气体主要以黏性流、分子流（努森扩散）、介于二者的过渡流和分子筛分等方式透过膜孔。分离机理可分为黏性流、分子流、表面扩散流、分子筛分机理、毛细管凝聚机理等，其模型如图6-1所示。分离性能与气体种类、膜孔径等有关。

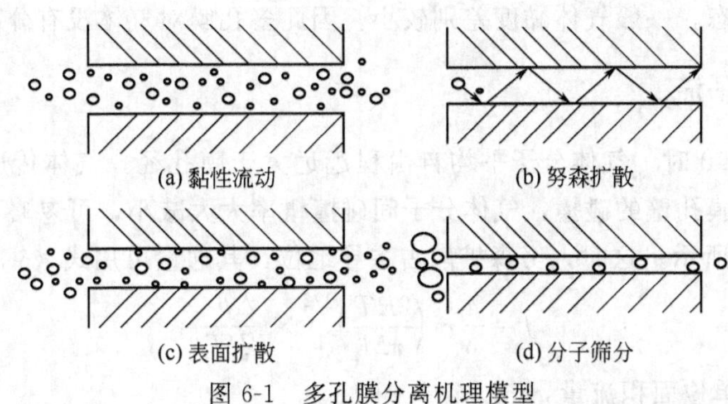

图6-1 多孔膜分离机理模型

② 而对于致密膜，通常用溶解-扩散模型解释，主要分为3步，在高压侧，气体混合物中的渗透组分吸附在膜表面；通过分子扩散传递到低压侧；在低压侧组分解吸，实现气体分离。

气体在膜孔内的流动状态决定了分离机理，可根据努森（Knudsen）数的大小进行区分。努森数（Kn）定义为气体平均自由程 λ 与膜孔径 r 之比：

$$Kn=\frac{\lambda}{r} \tag{6-1}$$

式中 λ——气体分子平均自由程，μm；

r——膜孔径，μm。

根据 Kn 的大小，可判别气体在膜孔内流动为黏性流、分子流或介于二者之间的过渡流。

6.2.1 黏性流

一般认为，当 $Kn\leqslant 0.01$ 时，膜孔径远大于气体分子平均自由程。气体分子间碰撞概率远大于气体分子与膜孔壁的碰撞概率，此时，可根据 Hagen-Poiseuille 定律求气体通量：

$$J=\frac{r^2\varepsilon(p_1+p_2)(p_1-p_2)}{8\eta LRT} \tag{6-2}$$

式中 J——单位面积流量，mL/(m²·h)；
r——膜孔径，μm；
ε——孔隙率；
p_1、p_2——膜两侧气体压力，Pa；
η——黏度，Pa·s；
L——膜厚，m；
R——常数；
T——气体温度，℃。

如图 6-1（a）所示，气体通过单位面积流量取决于被分离气体黏度，此时气体处于黏性流状态，一般气体黏度差别较小，因此多孔膜对气体没有分离性能。

6.2.2 分子流

当 $Kn\gg1.0$ 时，气体分子平均自由程远远大于膜孔径，气体传递动力主要依靠气体分子与膜孔壁的碰撞，气体分子间碰撞概率大大减小，可忽略不计，其模型如图 6-1（b）所示。这时，努森扩散占主导地位，其通量可用式（6-3）计算。

$$J=\frac{4}{3}r\varepsilon\left(\frac{2RT}{\pi M}\right)^{1/2}\times\frac{\Delta p}{LRT} \tag{6-3}$$

式中 J——单位面积流量，mL/(m²·h)；
r——膜孔径，μm；
ε——孔隙率；
R——常数；
T——气体温度，℃；
M——气体分子量；
Δp——膜两侧气体压力差，Pa；
L——膜厚，m。

在大气压下，气体分子平均自由程通常在 0.1μm 左右，为取得良好的分离效果，应使努森扩散占主导地位，故膜孔径必须小于 0.1μm。如果膜孔径大于 0.1μm，此时气体足以发生对流，为黏性流，不产生分离效果。如果两种分离机理同时存在，气体通过多孔膜的渗透速率可用图 6-2 表示。

6.2.3 表面扩散流

如果大量气体分子被孔壁吸附，那么分子将沿孔壁表面流动，这种流动称为表面扩散流，如图 6-1（c）所示。通常沸点低的气体易被孔壁吸附，有一定的表面扩散流存在。体系温度和孔径大小对表面扩散流影响明显。体系温度越低，孔径越小，表面扩散流所占比重越大。

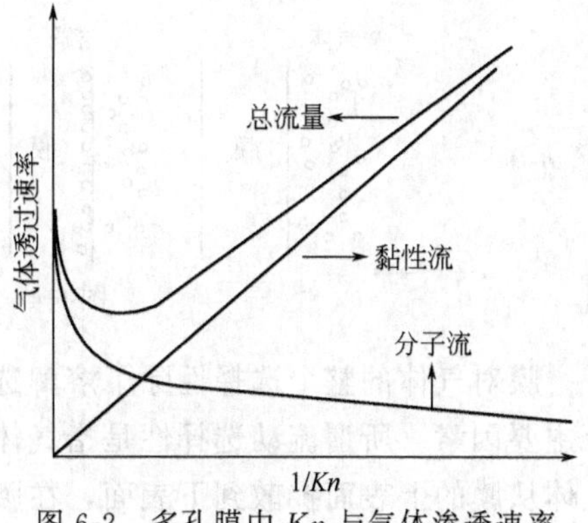

图 6-2 多孔膜中 Kn 与气体渗透速率关系示意图

在表面扩散流存在的情况下，气体流过膜孔流量由 Knudsen 扩散和表面扩散叠加而成。若表面扩散占主导地位，当体系温度升高时，气体通过膜孔流量减小；但当达到一定温度后，Knudsen 扩散占主导地位，气体流量又随着温度升高而增大。那么，这个流量最小值所对应的温度称为表面扩散流的临界温度。

6.2.4 分子筛分机理

当膜孔径极小达到气体分子水平时，通常认为 5～20Å[1] 时，为筛分机理，即气体分子依照大小进行分离，直径小的气体分子可以通过膜孔，而直径大的气体分子则被截留，从而具有筛分的效果，如图 6-1（d）所示。虽然这类多孔膜的孔径较小，但气体渗透率通常仍大于致密膜。

6.2.5 毛细管凝聚机理

当膜孔径尺寸比分子筛稍大时，气体混合物中易冷凝组分在毛细管凝聚作用下在膜孔内冷凝，阻碍了其他组分分子通过，从而达到分离效果，如图 6-3 所示。毛细管凝聚对蒸气混合物的分离效果尤其显著。

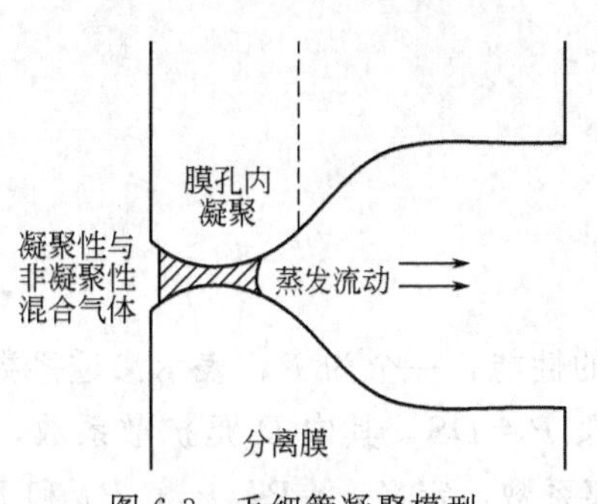

图 6-3 毛细管凝聚模型

6.2.6 溶解-扩散机理

如果气体分离膜是致密膜（非孔膜），通常认为气体以溶解-扩散机理进行分离的，如图 6-4 所示。溶解-扩散机理认为，气体首先溶解在膜表面，使膜两侧产生浓度梯度，推动气体进一步向膜主体内扩散，到达另一侧后脱离膜体。根据该机理，气体对膜的溶解能力是决定气体的透过选择性的一个主要因素。溶解能力又称溶解选择性，溶解能力越大，才有更多机会进行扩散。由于大多数膜是由有机聚合物材料制成，根据相似相溶性原理，有机气体更易溶解在膜内，也就是说有机气体溶解性更强。

---

[1] 1Å＝10^{-10}m＝0.1nm。

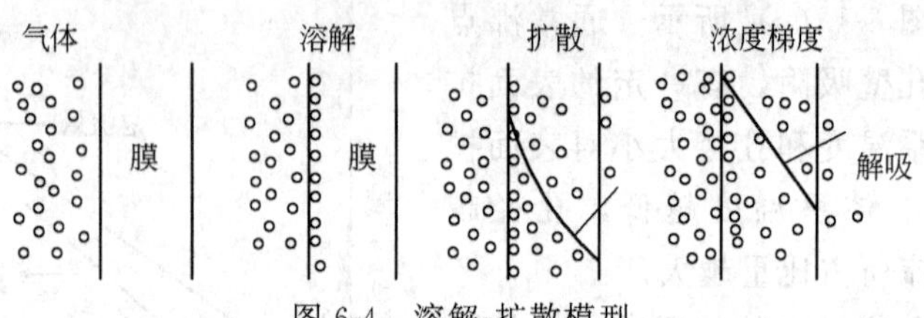

图 6-4 溶解-扩散模型

膜对气体的整个选择性除了溶解选择性外，流动选择性是决定膜选择性的另一个主要因素。所谓流动选择性是指气体在膜内的扩散速率不同而带来的分离效果。气体从膜的上表面扩散到下表面，在膜没有连续多孔通道的情况下，气体分子的扩散靠聚合物链段的热扰动产生瞬时渗透通道进行的。那么可以通过改变聚合物的化学性质和结构，来调节链段的自由运动能力，从而控制气体的流动选择性，达到分离目的。也就是说，气体分子在无孔聚合物膜内的溶解-扩散不仅受气体溶解性（或吸附性）影响，也会受到瞬变的流动通道制约。小分子气体，由于其分子半径小，扩散速率更高。

气体在橡胶态聚合物膜内的渗透，是经过以下 3 个步骤由膜的上游高分压侧透过膜到达下游低分压侧：①气体吸附溶解在膜的上游表面；②在浓度差的作用下，溶解在上游表面的气体向膜的下游表面扩散；③到达膜下游表面的气体从膜的下游表面解吸。

此时，气体流量可用致密膜传输公式计算：

$$J=\frac{DS(p_1-p_2)}{L} \tag{6-4}$$

式中 J——体积或摩尔流量，$\mathrm{mL/(m^2 \cdot h)}$；

D——扩散系数；

S——亨利吸附系数，也称溶解度系数；

p_1、p_2——气体在膜两侧的分压，Pa；

L——膜厚，m。

通常用两个重要参数表征致密气体分离膜的性能，一个为 P，表示渗透系数，它表征某种气体的在该材料中的渗透能力，定义 $P=DS$，其中 D 是扩散系数，S 是溶解度系数；另外一个重要参数是 α，为分离系数，定义 $\alpha=P_1/P_2$，P_1 和 P_2 为两种气体的渗透系数。如果 P_1 渗透较快，那么 $\alpha \geqslant 1$，α 越大，表明膜的分离能力越强。两个重要参数共同决定了气体分离膜技术应用的可行性。一般来说，渗透系数的大小体现了膜技术的经济性，因为膜渗透系数越大，意味着所用膜面积的减少，而分离系数的大小代表了膜技术的可行性，因为膜的分离系数越大，一次通过膜时所能达到的分离效果越好。但是，两个参数并不是单独存在的，也不是绝对的，是互相影响的，共同决定了该技术的工业化可行性。因此，归纳起来，气体分离膜的主要特性参数为以下 4 个。

① 渗透系数（P），表示气体渗透通过膜的难易程度，是气体膜的重要性能指标。不同的气体和膜材料渗透系数会有很大差异。

② 扩散系数（D），表示气体在单位时间内透过膜的体积。通常它随气体分子量的增大而减小。

③ 溶解度系数（S），表示膜聚集气体能力的大小。它与被溶解的气体及聚合物种类有关。

④ 分离系数（α），它标志膜的分离选择性能。可用式（6-5）表示。

$$\alpha=\frac{y_i/y_j}{x_i/x_j} \tag{6-5}$$

式中 x_i、x_j——原液中组分 i 与组分 j 的摩尔分数；

y_i、y_j——透过物中组分 i 与组分 j 的摩尔分数。

6.2.7 双吸附-双迁移机理

对于橡胶态聚合物，气体的渗透速率与压力无关，符合溶解-扩散机理，但是对于玻璃态聚合物，气体的渗透速率往往受压力的影响，可以用双吸附-双迁移机理来解释。当气体在玻璃态聚合物中溶解时，气体分子在膜内存在两种吸附现象。第一种吸附类似于气体在橡胶态聚合物中溶解吸附，可以用 Henry 定律［Henry's law，物理化学的基本定律之一，是英国科学家 Henry（亨利）在 1803 年研究气体在液体中的溶解度规律时发现的，基本内容为：在等温等压下，某种气体在溶液中的溶解度与液面上该气体的平衡压力成正比］来描述；第二种吸附认为气体可以吸附于玻璃态聚合物的微腔中，这类吸附为 Langmuir 吸附（即一种气体在固体表面符合 Langmuir 吸附理论的吸附方式），故在等温下，气体的渗透速率受到两种吸附的影响，是由两种吸附共同作用的结果，因此渗透速率受压力影响。

归纳起来，影响膜气体渗透通量与分离系数的因素有以下 4 种：①膜材料；②膜厚度；③膜压力；④体系温度。

膜材料是决定膜性能的最主要因素。目前，工业化气体分离膜多采用聚合物材料制成，气体通过聚合物膜材料的渗透速率取决于聚合物是橡胶态还是玻璃态。与玻璃态聚合物相比，橡胶态聚合物链的自由运动能力更强，能提供更好的气体传递通道，并且气体与橡胶之间更易于达到溶解平衡，即透过物能够更加迅速地溶解于橡胶态聚合物中。因此，通常橡胶态聚合物膜比玻璃态聚合物膜渗透性能更好，如常用的硅橡胶和聚氨酯等为橡胶态聚合物，常被用于气体分离和渗透汽化膜材料。但因其弹性较好，所以，膜两侧压差较大时，膜也容易变形；而玻璃态聚合物膜不易变形，选择性较好。聚合物膜材料的选择通常同时考虑选择性与渗透性两个因素，既要尽量提高渗透通量，又要兼顾分离系数。

致密功能层的厚度影响气体分子运动路径，致密层越薄，渗透通量越大。通常采用复合膜的方法减小致密层厚度，即在疏松多孔支撑层表面通过一定技术手段增加一层超薄致密功能层，以降低致密层厚度，提高渗透通量。

气体膜分离的推动力为膜两侧的压力差，压差增大，气体中各组分的渗透通量也随之升高。但实际操作中压差受能耗、膜强度、设备制造费用等条件的限制，需要综合考虑。

体系温度对气体在聚合物膜中的溶解度与扩散系数均有影响。一般说来温度升高，溶解度减小，而扩散系数增大。但比较而言，温度对扩散系数的影响更大，所以，渗透通量随温度的升高而增大。

6.3 分离膜及制膜材料

不同膜材料的物化性能不同，对不同种类的气体分子的透过率和选择性不同，因而可以从气体混合物中选择分离不同气体。

工业应用气体分离膜多为致密复合膜，即利用多孔支撑层获得机械强度、较高的渗透通量、较小的气体阻力；利用薄的致密功能层获得分离性能。首先，要制备多孔支撑膜，其制备方法可参考第 2 章多孔膜的制备；第二步就是通过技术手段将多孔膜表面致密化，所采用的方法主要有涂覆、浸渍、接枝、界面聚合等致密化手段。

气体分离膜可分为有机聚合物膜和无机物膜两大类。理想的气体分离膜材料首先应具有高透气性和良好的气体选择性，同时具有高的机械强度、优良的热和化学稳定性以及良好的成膜加工性能。

6.3.1 有机聚合物制膜材料

目前，用于气体分离的制膜材料主要有：聚酰亚胺类、有机硅类、纤维素类、聚砜类等。

(1) 聚酰亚胺

聚酰亚胺具有稳定的化学结构，优良的力学性能和较高的自由体积，同时具有高透气性和高选择性，所以广泛地应用于气体分离膜的制备。由芳香二酐和二胺单体缩聚而成的芳香聚酰亚胺，因分子主链上含有芳环结构，具有很好的耐热性和机械强度，并且化学稳定性很好，耐溶剂性能优异，可以制成具有高渗透系数的自支撑型不对称中空纤维膜。一些国外公司采用联苯二酐和氨基苯等单体聚合开发出了联苯型共聚聚酰亚胺，并制成中空纤维膜，具有较好耐压强度和分离系数（如对 H_2/CH_4 为 220），优良的氢气渗透速率，已成功应用于氢气回收、气体脱湿和乙醇气相脱水等工业过程。美国的 Monsanto 公司开发的第二代 Prism 分离器也采用聚酰亚胺。杜邦公司生产的聚酰亚胺气体膜，可在较宽的温度范围内长期使用，并且具有较好的力学性能，拉伸强度达到一百多兆帕，断裂伸长率也可达 80%。芳香型聚酰亚胺作为气体分离膜材料具有诸多优点：

① 渗透通量和分离系数高，高渗透通量意味着膜面积的减小，而高分离系数相当于高分离效率；

② 材料可选择性强，因为单体二酐和二胺的结构种类较多，可根据气体种类特征和应用环境需要设计合成不同分子结构和性能的聚酰亚胺；

③ 耐高温性能好，聚酰亚胺的分子结构特征使其在较高温度下，仍然具有较好的强度和优异的化学稳定性。

但是，实验发现，聚酰亚胺高压下易于产生塑化现象，影响膜的分离系数，甚至于影响工程运作成本，限制了聚酰亚胺膜材料推广应用。交联改性是一种限制塑化变形的有效手段。它利用化学交联的方法，从根本上改变了聚酰亚胺材料结构，限制了聚合物分子链段的自由运动，可有效解决聚酰亚胺的塑化问题，从而改变膜材料的力学性能和气体分离性能。

(2) 有机硅类

有机硅聚合物，又称硅橡胶，常温下处于高弹态，是一种具有良好发展前景的半有机结构聚合物膜材料，早在19世纪人们就对其气体渗透行为进行了研究。因为Si—O—Si键的键长和键角均比C—C—C和C—O—C大，使非键合原子之间的距离增大，分子间相互作用力减弱，因而硅橡胶是气体分离膜的理想材料。硅橡胶的特殊分子结构赋予它诸多独特性能，如优异的耐热性和耐侵蚀性、良好的化学稳定性和疏水性、出色的力学性能等。硅橡胶种类较多，聚二甲基硅氧烷是合成硅橡胶中的常见种类。硅橡胶对醇类、酚类、酮类、酯类等有机物具有良好的吸附选择性，对卤代烃、芳香烃、吡咯等也有较好的选择性，可优先透过上述有机物，因此它不仅用于气体分离，也是良好的渗透汽化膜材料。目前，研究较多的有机硅材料除了聚二甲基硅氧烷外，还有各种取代甲基产品，如聚六甲基二硅氧烷、聚乙烯基二甲基硅烷、聚乙烯基三甲基硅烷、聚三甲基硅丙炔、聚甲基丙烯酸三甲基硅烷甲酯等。为了提高气体的渗透速率，可以增加聚合物侧链的长度、侧基的范德华体积和链的柔顺性。

目前已经成功地将硅橡胶及改性材料制成了富氧膜，进行了工业化应用。由于硅橡胶膜的高弹性，使得该膜对气体的选择性较低。常常采用充填改性的方法来改善膜结构、优化膜性能，如选择性和渗透性。

(3) 纤维素类

纤维素类制膜材料开发较早，不仅可以用于制备RO、UF、MF膜，至今仍是为数不多的几种工业化气体膜材料，特别是在CO_2/CH_4分离领域占有重要地位。由于纤维素材料来源广、价格便宜、易于加工成型，许多知名公司都已经将其进行了工业化应用。特别是改性纤维素材料，具有更多优点。

改性纤维素作为气体分离膜材料主要有以下优点：①原料来源广、价格低；②膜材料成型方法相对容易、成熟；③耐污染性好。但是，纤维素材料本身的特点也带来了它作为气体分离膜材料的明显缺点：①材料处于玻璃态，气体渗透率低；②材料易降解，pH 值适用范围窄，使用温度较低，一般在 40℃以下；③抗压密性能较差，这些缺陷将导致膜组件长期运行后膜气体渗透率的衰减。共混和复合工艺常被人们用于纤维素膜的改性，以提高气体渗透率，降低运行压力，更好地满足应用要求。

（4）聚砜类

与纤维素类制膜材料相比，聚砜类制膜材料力学性能优良、耐热性好、耐微生物降解。由聚砜制成的膜不仅具有较高的机械强度，而且具有较高的孔隙率，因而常用来作为气体分离膜的基膜材料，进行致密皮层复合。美国 Monsanto 公司开发的 Prism 分离器，采用的基膜就是聚砜非对称中空纤维膜，通过硅橡胶涂覆表面，消除其表面较大微孔，得到了高渗透率、高选择性的聚砜复合膜，并成功用于合成氨弛放气和炼厂气中氢气的回收。

聚砜基膜的制备方法相对成熟，可以通过调整添加剂、溶剂和聚砜浓度等手段，获得不同性能的聚砜多孔支撑膜。总之，聚砜在今后一段时间内还将是重要的气体分离膜材料。

6.3.2 无机物制膜材料

无机膜按表层结构形态可分为致密膜和多孔膜。致密膜主要有各类金属及其合金膜（如 Pd 及 Pd 合金膜）、致密的固体电解质膜（如复合固体氧化物膜）等。Pd 及其合金膜是研究最广泛的一类用于氢气分离的膜材料，该金属膜材料用于氢气纯化已有几十年的历史。多孔膜主要有金属多孔膜（如 Ti、Ag、Ni、Pd）、陶瓷多孔膜（如 Al_2O_3、SiO_2、ZrO_2、TiO_2 等）、玻璃多孔膜、分子筛膜等。多孔膜的性能明显不同于致密膜，其透气性能好，但选择性较低。它们各具特点，可根据特点选择应用于不同领域。近年来，无机膜在气体分离领域的研究取得了较快发展。

（1）多孔陶瓷膜

常用的多孔陶瓷膜有 SiO_2、ZrO_2、Al_2O_3 膜等，具有良好的热稳定性、化学稳定性，能耐有机溶剂、耐氯化物和强酸强碱溶液，并且不易老化、力学性能好、强度大、不会压缩变形、孔径大小分布较容易控制，是一种常见的耐高温、耐腐蚀的无机气体分离膜。目前对陶瓷膜研究开发集中在高温气体脱硫、洁净燃烧、CO_2 分离等重要技术领域。美国一些单位通过对陶瓷多孔膜进行特殊处理，制成了用于高温高压下脱除 H_2S 气体的无机膜，可较好地进行煤气化过程中 H_2S 气体的高温脱除。也常常见到利用改性多孔陶瓷膜对火力发电厂排放的 CO_2 气体进行回收的研究报道，在很大温度范围内获得了理想的 CO_2/N_2 选择性，且膜的使用寿命长。陶瓷膜还可用于电化学膜分离法分离酸性气体，包括载人宇航系统中脱除低浓度 SO_2、烟道气中高温脱硫等。

（2）分子筛膜

碳分子筛是常见的一种分子筛膜，通常是将热固性聚合物（如纤维素、酚醛树脂等）高温热分解碳化而成，为防止聚合物氧化，该过程是在惰性气体保护或真空条件下完成。相同原料采用不同制备工艺可以制备出不同分离性能碳分子筛膜。碳分子筛膜对气体的分离为分子筛分机理，即依据分子大小进行分离，小分子通过，大分子被截留，故具有很高的选择性。以色列碳膜公司曾经将一种由聚合物中空纤维渗碳而制得的碳分子筛纤维膜应用于商业化的气体分离。这种膜可直接用于从半导体厂排放物中回收价格昂贵且受温室气体条例管制的氟化物气体。该碳膜的选择性高，使用温度范围宽，具有较高的耐压性。

碳分子筛膜还可用于三次采油的 CO_2 浓缩，沼气中 CO_2 的分离，CO_2 气田气的提纯等。碳分子筛膜除热稳定性优异外，还具有良好的化学稳定性，如耐酸碱、耐热、耐有机溶剂等性能，也是用于氯气（Cl_2）分离的候选膜品种，可以对 Cl_2 完全截留。理论上，对 Cl_2/O_2 分离的选择性可达无限大。国外一些公司开发出了一种新的气体分离膜，已经应用于从炼厂气中回收氢气和从天然气中脱除酸性气体（H_2S），分离效率较高。但是由于以聚合物为本体制造的碳分子筛膜具有较高的制造成本，并且机械强度较弱，限制了其应用发展。

（3）玻璃膜

玻璃分离膜作为无机分离膜中重要一类，由于其孔径均一，比表面积大，且孔径可调范围宽，在气体分离领域也是研究较为活跃的膜材料之一。玻璃分离膜的制备方法主要有分相法、溶胶-凝胶法、涂层法等。

分相法是将组成位于 Na_2O-B_2O_3-SiO_2 三元相图不混溶区内的钠硼硅玻璃，经一定温度热处理，利用分相原理，使之分为互不相溶的两相，利用浸蚀法去除其中的可溶相后，即可得到多孔玻璃分离膜。其工艺流程如图 6-5 所示。

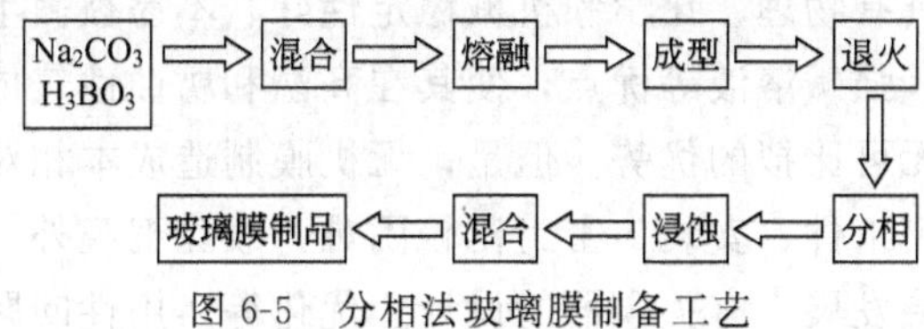

图 6-5 分相法玻璃膜制备工艺

溶胶-凝胶法也是制备无机膜材料的一种常用方法，在第 2 章已有介绍。溶胶-凝胶过程一般包括 3 个阶段：①溶胶的制备；②凝胶的形成；③凝胶干燥热处理。通常以无机盐或金属醇盐为原料，将它们溶入水或有机溶剂中形成均匀的溶液，继而进行水解和缩聚反应，得到稳定的溶胶，溶胶经蒸发干燥转变成凝胶，再经过热处理即可得到所需的材料。用溶胶-凝胶法制得的玻璃膜孔径分布范围窄，孔径大小可通过调节溶胶组成和热处理过程来控制。此法具有热处理温度低，膜厚易于控制等优点，且可以方便地得到多种组成的复合膜。但溶胶-凝胶法的原料较贵，成本较高。为了降低成本，更好地解决玻璃膜与基体的附着性能，减少膜制备和使用过程中的开裂、剥离等现象，人们逐步发展了涂层法。

涂层法是将制备玻璃膜的基质玻璃磨成玻璃粉，调制成釉浆喷涂在多孔陶瓷基体上，继而干燥、釉烧，使玻璃膜与基体的黏结强度提高，然后再分相、浸蚀，通过超临界干燥即可制得复合玻璃膜。

(4) 金属钯膜

金属钯膜对氢气的透过性较好，而其他气体则不能透过。正是因为这一特性，使钯膜成为优良的氢气分离器和纯化器。金属钯及其合金膜是最早研究用于氢气分离的无机膜，也是用于气体分离的最早商业化无机膜。早在1866年，人们就发现了钯膜的优良透氢性，并利用钯膜提纯氢气。目前，钯合金膜仍被大量用于氢气纯化，获得高纯氢。工业用钯膜一般采用滚轧法制备，厚度多在50～100μm，过薄则无法维持足够的稳定性和机械强度，过厚则成本急剧增加，并会降低膜的渗透性。钯膜复合技术可有效解决这一问题，复合后的钯膜厚度可减少至10μm，甚至更薄，透氢量也大大提高。钯膜选择性通常用同温同压下氢气与氮气渗透通量的比值（H_2/N_2）来表示，完全致密钯膜的选择性为无穷大。也就是说，只有氢气能够透过，而氮气被完全截留。

通常认为，氢气透过钯膜的过程包含以下5个步骤：①氢分子在钯膜表面化学吸附并解离成为单个氢原子；②表面氢原子溶解于钯膜；③氢原子在钯膜中从一侧扩散到另一侧；④氢原子从钯膜析出，呈化学吸附态；⑤表面氢原子化合成氢分子并脱附。通过以上5个步骤实现了氢气的渗透而纯化。

有许多方法可以制备钯及其复合膜，除了上述的滚轧法外，有化学镀法(chemical plating)、化学气相沉积法（chemical vapor deposition)、物理气相沉积法(physical vapor deposition)、电镀法（electroplating)、溅射法（sputtering）等。

总之，无机膜具有物理、化学和机械稳定性好、不易被微生物降解、耐有机溶剂、氯化物和强酸、强碱溶液等优点，使其在高温和腐蚀性气体的分离中，与其他膜材料相比，具有无可比拟的优势。但是，无机膜制造成本相对较高，制造条件相当苛刻，质地脆，膜组件、安装、密封比较困难，故除钯膜外，目前用于气体分离的工业化无机膜有待发展，有关膜器的设计、优化等实用性问题的研究报道相对较少。随着制膜技术的进一步发展、工业化水平的提高、制膜成本的降低，无机膜将会大规模应用于高温和腐蚀性气体的分离过程中。

6.3.3 有机-无机杂化膜

有机-无机杂化膜是一种为克服单一材料的某些性能缺陷而设计的、兼具有机聚合物和无机物两种材料性能特点的分离膜。目前，大规模应用的气体分离膜主要是聚合物膜。该类膜虽然具有很多优点，但也存在着渗透速率低、不耐高温、耐腐蚀性差等缺点。无机膜在涉及高温、腐蚀性介质等方面具有独特的物理、化学性能，但是其选择性较差，制造成本较高。因此，发展以有机聚合物为分离层，以无机膜为支撑层的有机-无机复合膜是获取较优性能膜材料的一种好方法，这样既发挥了聚合物膜选择性好的优势，又解决了支撑层膜材料耐高温、抗腐蚀的问题，为实现高温、腐蚀环境下的气体分离提供了可能。

采用不同的材料可以制备多种有机-无机杂化膜，利用分子筛、沸石等无机材料对气体吸附选择性的差异，在保持较高气体渗透速率的条件下，可以得到较好的分离效果。

6.4 气体分离膜的应用

自从 20 世纪 70 年代，研究者们开始制备性能优异的气体分离膜至今，气体分离膜获得了快速发展，特别是致密聚合物气体分离膜的工业应用急剧增长，目前已广泛用于氢气回收、富氧、富氮、有机蒸气回收、天然气脱湿、二氧化碳和硫化氢脱除等方面。

6.4.1 气体膜分离流程

气体膜分离流程可分为单级和多级。单级是指混合气经过一次膜分离，过程如图 6-6 所示。当产品要求较纯，而原料气的浓度不高且膜分离系数较低时，一次膜分离的单级分离不能满足工艺要求，此时可采用多级膜分离，即将若干膜器串联使用，组成级联。常用的气体膜分离级联有 3 种类型：简单级联、精馏级联、提馏级联。

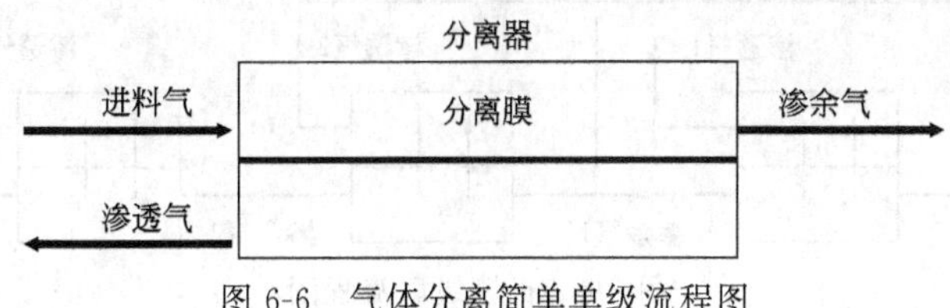

图 6-6 气体分离简单单级流程图

6.4.1.1 简单级联

简单级联是指前一级的渗透气体作为下一级的进料气体，渗余气体被排出，气体物料在级间无循环，进料气量逐级下降，末级的渗透气是级联的产品。其流程见图 6-7。

6.4.1.2 精馏级联

精馏级联是指每一级的渗透气体作为下一级的进料气体，将末级的渗透气体作为级联的最终产品，其余各级的渗余气体作为进料气体打入前一级。根据产品需

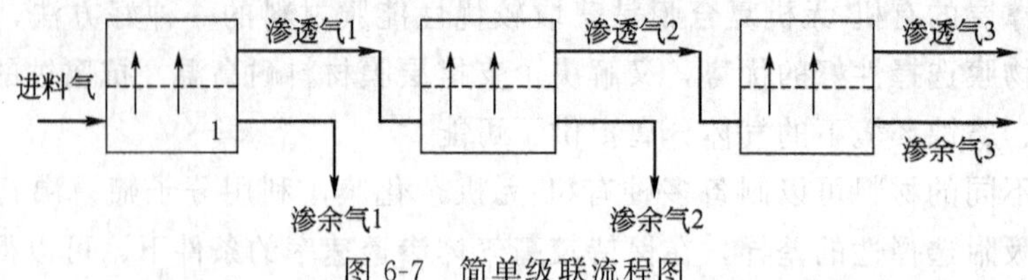

图 6-7　简单级联流程图

要，也可以将部分渗透产品作为进料气体回流返回本级中进行二次分离。其流程见图 6-8。该工艺优点是对渗余气体进行多次回流，充分利用，这样渗透产品的产量与纯度比简单级联有所提高。

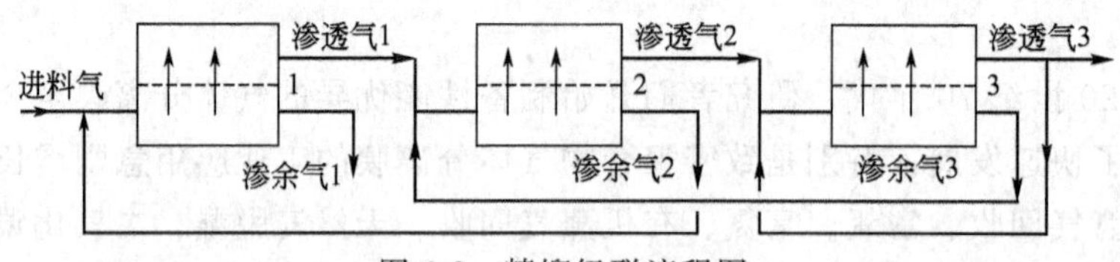

图 6-8　精馏级联流程图

6.4.1.3　提馏级联

提馏级联是指每一级的渗余气体作为下一级的进料气体，将末级的渗余气体作为级联的最终产品，第一级的渗透气体作为级联的易渗产品，其余各级的渗透气体作为原料气体并入前一级的进料气体中。区别于精馏级联，提馏级联流程见图6-9。该工艺有两种产品，其优点是难渗透气体的产量与纯度比简单级联有所提高。

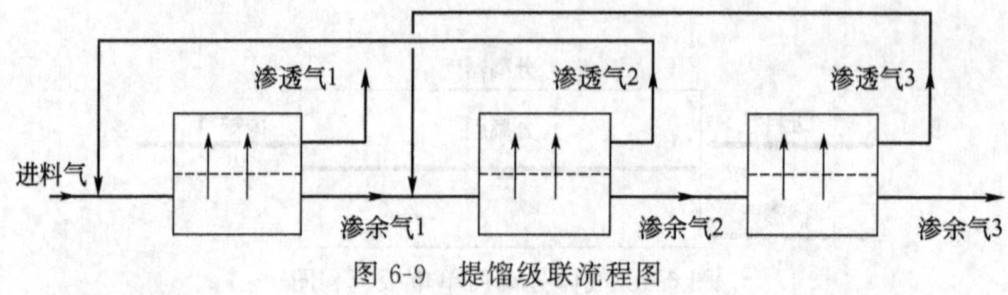

图 6-9　提馏级联流程图

3 种级联各具特点，可根据原料气体特点和产品需要选择级联类别和级别数。

6.4.2　气体分离膜应用领域

6.4.2.1　氢气回收

膜法气体分离的典型应用案例是从合成氨弛放气中回收氢气。在合成氨工业中，受化学反应平衡影响，氨的转化率只有 1/3 左右。为了提高回收率，就必须把剩余气体循环利用。在循环过程中，一些不参与反应的惰性气体会逐渐累积，从而降低了氢气和氮气分压，使转化率下降。为此，要不定时排放一部分循环气来降低惰性气体含量。但在排放循环气体的同时，也损失了高达50%的氢气。若采用传统的分离方法来回收氢气，成本高，经济上不合算。若选用膜分离技术，从合成氨弛放气中回收氢气，它充分利用了合成的高压，降低了能耗。实际应用显示，该技术投用后，经济效益十分显著。20世纪70年代末至80年代初，国际上开始出现H_2的分离回收膜装置，可有效从合成氨弛放气中回收氢气，随后国内也进行了引进。20世纪80年代中期，中空纤维氮/氢膜分离器由大连化学物理研究所成功进行了工业化应用，投资大大节省。

图6-10所示为美国Monsanto公司建成的从合成氨弛放气中回收氢气的典型流程。合成氨弛放气首先进入水洗塔除去或回收其中夹带的氨气，也避免氨气对膜性能的影响。经过预处理的气体进入第一组分离膜组件，透过膜的气体作为高压氢气回收，渗余气流经第二组分离膜组件，渗透气体作为低压氢气回收。渗余气体中氢气含量已大大减少，可作为废气烧掉，两段回收的氢气可循环使用。

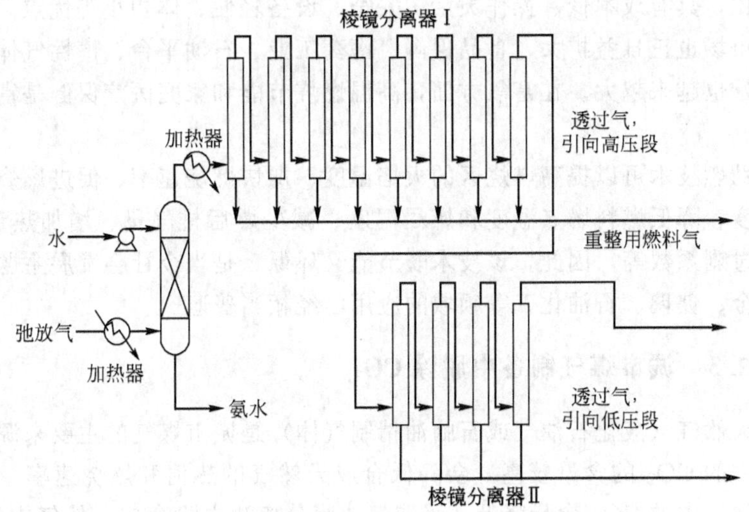

图6-10　合成氨弛放气回收氢气的典型流程

众所周知，在炼油和石化生产过程中会产生大量的含氢气体。由于没有合适的回收方法，大多进行直接排放或烧掉，损失巨大。自从出现了膜法、变压吸附法和深冷法等行之有效的氢气分离和回收技术后，各国都非常重视从含氢尾气中回收氢气。自20世纪80年代以来，美国、日本等国家均已成功地将气体膜分离技术用于从炼厂气中回收氢气。美国Air Product公司的Separex气体分离膜组件就较早用于回收丁烷异构化过程尾气中的H_2。对比膜分离、变压吸附和深冷等3种分离方法从炼厂气中回收氢气的经济性，结果表明，膜法的投资费用仅是其他两种方法的50%～70%。

由合成气可合成许多化工产品，但需要不同摩尔比的氢气和一氧化碳。采用膜分离技术后，可通过渗透一部分氢气的办法，按要求在高压下连续地进行调节比例；同时，也获得一些纯度较高的工业氢，用于其他生产过程。早在20世纪80年代，Air Product公司就将气体分离膜过程应用于合成气调节中，实现了这一技术的工业化应用。在这些膜法分离回收H_2的应用中，应用炼厂气回收氢气的市场应用前景最为广阔，占整个氢气膜市场的41%。但是，由于原料气组成比较复杂，含有可凝性有机烃类等组分，所以要求气体分离膜应具有一定的耐有机烃类组分溶胀的能力，这就为气体分离膜材料的制备提出新的要求。

6.4.2.2 氮氧分离

至20世纪70年代末，膜分离空气技术开始从实验室走向小型化的工业应用。1987年，美国Monsanto公司已开发出富氮浓度可达99%的空气分离装置。空气中含氮79%、含氧21%。选用透氧膜，在透过侧得到富集的氧气，其浓度为30%～40%；另一侧得到富集的氮气，其浓度可达95%。膜法富氮与深冷和变压吸附法相比，具有成本低、操作灵活、安全、设备轻便、体积小等优点。高浓度氮气的应用市场也正日益扩大，食品保鲜、医药工业、石油平台、惰性气体保护等方面的需求量也越来越大。在富氧方面，高温燃烧节能和家庭医疗保健是富氧应用的主要领域。

富氧助燃技术可以提高燃烧区的火焰温度、加快燃烧速率、促进燃烧完全、降低排烟黑度、降低燃料燃点温度和燃尽温度、减少燃后排气量、增加热量利用率、降低空气过剩系数等，因此，该技术既节能又环保，是当今社会发展主题，在工业锅炉、冶金、玻璃、石油化工等领域的应用已经相当普遍。

6.4.2.3 城市煤气制备中脱除CO_2

合成天然气（液化石油气或石脑油精制气体）是城市煤气的主要来源之一。由于天然气中的CO_2的含量较高，会降低合成天然气的热值和燃烧速率。因此，需将合成天然气中的CO_2含量降低。采取气体膜分离法去除合成天然气中的CO_2是一种新技术。图6-11为膜法制备城市煤气的工艺流程图。液化石油气或石脑油在热交换器中加热到300～400℃，在催化剂的作用下，通过脱硫塔，将含硫化合物反应生成H_2S，用ZnO吸附H_2O。脱硫后的气体在管道内与水蒸气混合，在加热炉中加热到550℃，进入甲烷转化器合成甲烷。合成天然气经热交换器降温到40～50℃进入一级膜分离器，渗余气富含甲烷，输入城市煤气管道，透过气中含有少量甲烷，经压缩机加压进入二级膜分离器，透过气可作为加热炉或蒸汽锅炉的燃料，剩余气体回流，重新输入一级膜分离器。

6.4.2.4 有机废气回收

在石油冶炼、化工制药、涂料、半导体等许多工业过程中，都有大量有机废气被排放。废气中大多数挥发性有机物（volatile organic compounds，VOC）具有毒

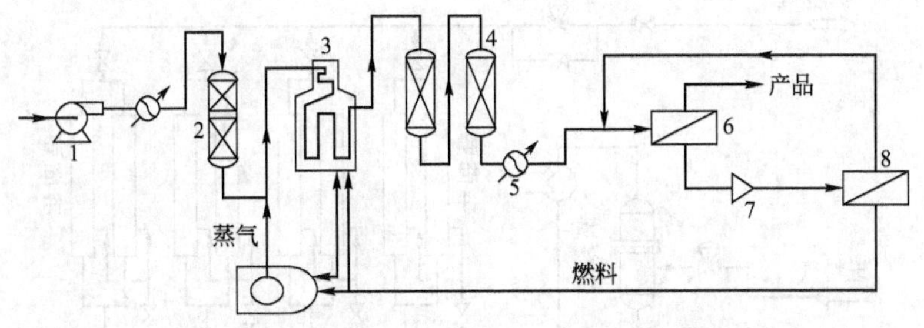

图 6-11 合成天然气制备煤气工艺流程

1—泵；2—脱硫塔；3—加热炉；4—甲烷转化器；5—热交换器；6——级膜分离；7—压缩机；8—二级膜分离

性，甚至具有致癌作用。VOC 的处理方法有两类：破坏性消除法和回收法。气体膜分离法作为一种可选择的回收法与其他方法相比，经济可行，更为重要的是绿色环保。图 6-12 为气体分离膜法与冷凝法结合的流程示意图。经压缩后的有机废气进入冷凝器，气体中的一部分 VOC 被冷凝下来，冷凝液可以再利用，而未冷凝气体进入气体分离膜组件。在压力差的推动下，VOC 透过膜，渗余气为脱除 VOC 的气体，直接放空，透过气中富含有机蒸气，该气体循环至压缩机的进口。由于 VOC 循环，回路中 VOC 浓度逐步上升，当进入冷凝器的压缩气体达到 VOC 的凝结浓度时，VOC 又被冷凝下来。

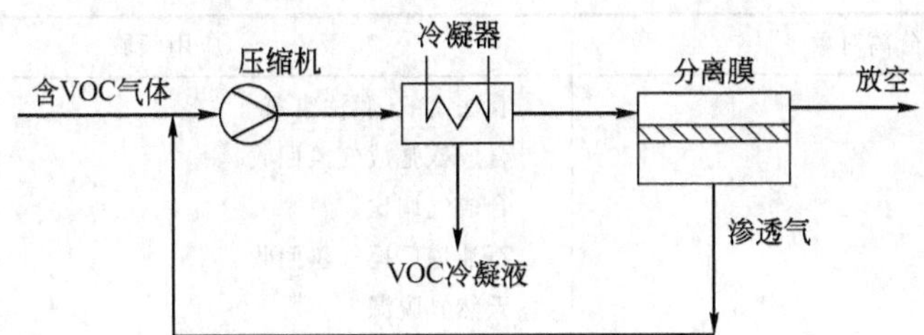

图 6-12 膜法与冷凝法结合回收有机废气流程

6.4.2.5 天然气脱水干燥

直接开采的天然气中常常含有较多水蒸气，在输送过程中容易凝结甚至冻结而堵塞管道。膜法天然气脱水是一项具有诸多优点的新技术，该分离过程设备简单、投资低、装卸容易、操作方便，具有巨大的发展潜力。图 6-13 为天然气膜法脱水的工艺流程示意图。井下天然气经过预热、节流、集气后，进入膜法脱水工艺。天然气进入膜分离之前首先进行前处理，目的是脱除天然气中的固态和液态物，如灰尘、水及液态烃等，然后经热交换，避免水蒸气在膜内冷凝。最后，气体进入中空纤维膜组件壳程，水蒸气在压力差推动下透过膜与天然气分离，渗透气可直接排

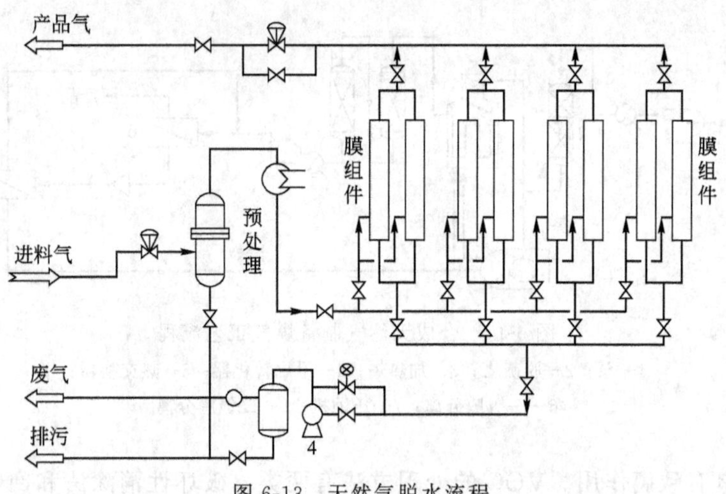

图 6-13 天然气脱水流程

放，也可以进行回收再利用，脱除了水分后的干燥气体作为产品气输入天然气管道。

气体膜分离的应用领域总结如表 6-1 所列。可以看出气体分离膜在富氧、富氮、氢气回收、有机蒸气回收、天然气脱湿、脱二氧化碳和脱硫化氢等方面已获得应用，随着膜技术的进一步发展，其应用将越来越广。

表 6-1 气体分离膜应用领域

分离对象	应用领域
氧/氮	膜法富氧，膜法富氮
氢/氮	合成氨弛放气氢回收
氢/一氧化碳	合成气调比
氢/烃	石油炼厂尾气氢回收
水蒸气/烃	天然气脱湿
二氧化碳/烃	天然气和沼气脱二氧化碳
硫化氢/烃	天然气脱硫化氢
氦/烃	从天然气回收氦
烃/空气	有机蒸气脱除与回收
水蒸气/空气	空气脱湿

6.4.3 气体分离膜研究进展

气体分离膜材料的发展方向是制备与开发高透气性、高选择性、耐高温、抗化学腐蚀性的膜材料。如富氧膜是气体分离膜研究的一个主要品种。作为富氧膜的聚合物，要求兼具高透过性和高选择性。美国通用电气公司采用聚碳酸酯和有机硅的共聚物作为分离膜，经过一级分离就可获得 40% 富氧的空气。若以富氧的空气代替普通空气，将大大提高各种燃烧装置的效率，并可减少公害。

新工艺、新材料是获得高性能分离膜的首选。最近，Nair 等人发明了氧化石墨烯（graphene oxide，GO）型碳膜，其孔径不到 2nm，研究显示对水的渗透能力为氦气的 10^{10} 倍。Karan 等人利用等离子化学沉积技术，制备了厚度 10～40nm、类似金刚石结构型碳膜（diamond-like carbon，DLC）。该膜中金刚石和石墨两种碳原子结构同时存在，数量相当，具有超高模量，为普通工程塑料的 50 倍，达到 100 多吉帕。其中包含 12% 的表面孔，尺寸不到 1nm，对一些气体和溶剂具有很高的透过速率，具有极高的选择分离性能。两种膜的渗透机理如图 6-14 所示。该研究将进一步推动碳膜的发展。

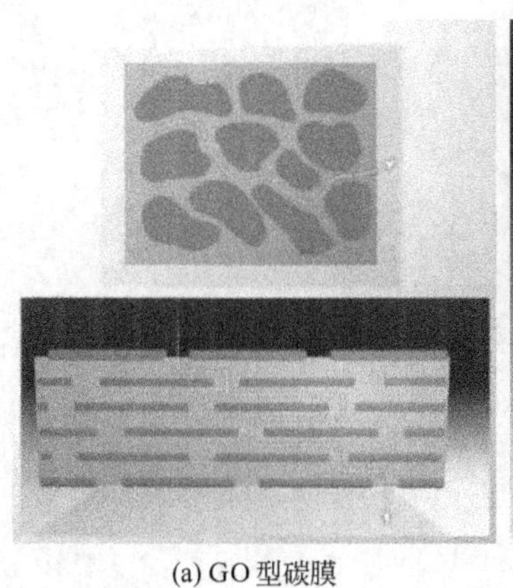

(a) GO 型碳膜

(b) DLC 膜

图 6-14　新型碳膜分离机理示意图

新材料的开发、研究到应用需要一个过程，有时非常漫长而曲折，因此聚合物膜材料仍将是今后一段时间内气体膜分离过程的主要膜材料，进行聚合物膜材料改性也将是气体膜材料研究的主流。

聚合物气体分离膜的表面改性主要为物理或化学改性，结合光、电、磁、等离子体等技术，根据不同的分离对象，引入不同的活性基团，通过改变聚合物材料的自由体积和分子链的柔性，“活化”膜的表面。其次，通过制备聚合物合金，使膜兼具两种材料性能，可较大范围内调节其选择性和渗透性。此外，利用聚合物膜材料和无机膜材料特点，发展有机-无机杂化膜材料将是气体分离膜的另一个研究热点，这样可以取长补短，提高膜材料综合性能，具有良好的发展前景。

参 考 文 献

[1] 时钧，袁权，高从堦. 膜过程手册. 北京：化学工业出版社，1999.

[2] 陈勇，王从厚，吴鸣. 气体膜分离技术与应用. 北京：化学工业出版社，2004.

[3] 刘茉娥等. 膜分离技术. 北京：化学工业出版社，2000.

[4] Baker R W. Membrane Technology and Applications. 2nd ed. England：John Wiley & Sons Ltd，2004.

[5] 周琪，张俐娜. 气体分离膜研究进展. 化学通报，2001，64（1）：18-25.

[6] 彭福兵，刘家祺. 气体分离膜材料研究进展. 化工进展，2002，21 (11)：820-823.
[7] 黄旭，邵路，孟令辉，黄玉东. 聚酰亚胺基气体分离膜的改性方法及其最新进展. 膜科学与技术，2009，29 (1)：101-107.
[8] 邓立元，钟宏. 酸性侵蚀性气体分离膜材料研究及应用进展. 化工进展，2004，23 (9)：958-962.
[9] Paul D R. Creating New Types of Carbon-Based Membranes. Science，2012，335 (6067)：413-414.
[10] Nair R R，Wu H A，Jayaram P N，Grigorieva I V，Geim A K. Unimpeded permeation of water through helium-leak-tight graphene-based membranes. Science，2012，335 (6067)：442-444.
[11] Karan S，Samitsu S，Peng X，Kurashima K，Ichinose I. Ultrafast Viscous Permeation of Organic Solvents through Diamond-like Carbon Nanosheets. Science，2012，335 (6067)：444-447.
[12] 张华，金江，余桂郁. 玻璃分离膜的制备、性能与应用. 硅酸盐通报，1998，(3)：53-58.
[13] 黄彦，李雪，范益群，徐南平. 透氢钯复合膜的原理、制备及表征. 化学进展，2006，18 (Z1)：230-238.

第7章 渗透汽化膜

7.1 概述

渗透汽化（pervaporation，PV），也称渗透蒸发或全蒸发。顾名思义，渗透汽化是由渗透（permeation）和蒸发（evaporation）两个过程所组成。渗透汽化是在液体混合物中组分蒸气压差推动下，利用组分通过膜的溶解与扩散速率的不同来实现分离的过程。渗透汽化分离对象为液体混合物而非气体。

渗透汽化概念起于20世纪初。20世纪60年代，开始出现了渗透汽化膜材料及相关装置的专利报道。随着聚合物制膜技术的迅速发展，以及环境污染和能源危机的出现，渗透汽化在液体分离中的优势逐步显现。因此，20世纪70年代，渗透汽化实现了工业化应用，其基础理论和实际应用研究也逐步兴盛，特别是在乙醇脱水领域，渗透汽化技术已经相当成熟，也为纯酒精的制备开辟了一条新路径。渗透汽化分离效果突出，应用前景广阔，被学术界认为是21世纪化工领域最具前途的高新技术之一。

我国于20世纪80年代初开始对渗透汽化过程进行研究，主要集中在优先透水膜的研制，应用于醇中少量水的脱除。最近研究主要集中在水中有机物脱除、有机/有机混合物分离以及渗透汽化与化工过程或化学反应集成等方面。

渗透汽化特别适用于蒸馏法难以分离或不能分离的近沸或共沸物（沸点相近的两种以上混合物或虽然单组分时两种液体沸点不同但一定组成下具有相同沸点的混合物）的分离、有机溶剂中微量水的脱除、水溶液中高价值有机物的回收等领域。渗透汽化技术具有相变质量小、效率高、能耗低、设备简单、工艺放大容易等优点。据统计，与蒸馏法相比，渗透汽化用于工业酒精生产无水乙醇节能 75%，用于含水 15%的异丙醇生产无水异丙醇节能 65%；用于酯化反应生产乙酸乙酯节能 58%。

7.1.1 渗透汽化特点

与反渗透、超滤、微滤及气体分离等膜过程相比，渗透汽化的最大区别在于物料透过膜时液体被汽化而分离，过程中产生相变。因此，在分离过程中必须不断加热，补充汽化物质带走的热量，才能维持恒定的操作温度。渗透汽化特点总结如下。

① 渗透汽化虽以组分的蒸气压差为推动力，但其分离作用不受组分汽-液平衡的限制，而主要受组分在膜内的溶解渗透速率控制，各组分分子结构和极性的不同，均可成为其分离依据。因此，渗透汽化适合于用精馏方法难以分离的近沸物和共沸物的分离。

② 与气体分离相比，渗透汽化分离系数大，理论上，其分离程度可以无限大，实际过程中，选用适当的膜材料也可使分离系数高达几千，甚至更高，因此往往只需一级膜分离即可达到很好的分离效果。

③ 虽然过程中渗透液产生相变，消耗能量，但因渗透液量一般较少，汽化与随后的冷凝所需能量不大。

④ 在操作过程中，进料侧原则上不需加压，所以不会导致膜的压密，透过率也不会随时间的延长而减小。

⑤ 具有分离膜过程的一般优点，如过程中不引入其他试剂，过程简单，操作方便，产品不会受到污染，附加的处理过程少等。

⑥ 与反渗透相比，渗透通量较小，一般在 $2000g/(m^2 \cdot h)$ 以下；当选择性提高时，通量往往更低。

7.1.2 渗透汽化主要方式

渗透汽化装置包括预热器、膜分离器、冷凝器和真空泵等 4 个主要设备。料液进入渗透汽化膜分离器后，在膜两侧蒸气压差的驱动下，扩散快的组分较多透过膜进入膜下游侧，经冷凝后达到分离的目的。

按照形成膜两侧蒸气压差的方法，渗透汽化主要有以下几种方式（图 7-1）。

① 真空法　真空法是在膜透过侧使用真空泵获得真空状态，以造成膜两侧组分的蒸气压差。在实验室中若不需要收集渗透物，应用该方法最为方便。

② 冷凝法　冷凝法是在膜下游侧（膜的渗透液侧），通过冷凝器将透过膜的渗透蒸汽凝结成液体，由此造成膜两侧组分的蒸气压差。为了增加蒸气压差，可在膜上游侧同时放置加热器加热料液，以提高膜上游侧（膜的进料液侧）的蒸气压。热渗透汽化的缺点是冷凝效率低，不能保证渗透物蒸气从系统中充分排出，这是由于

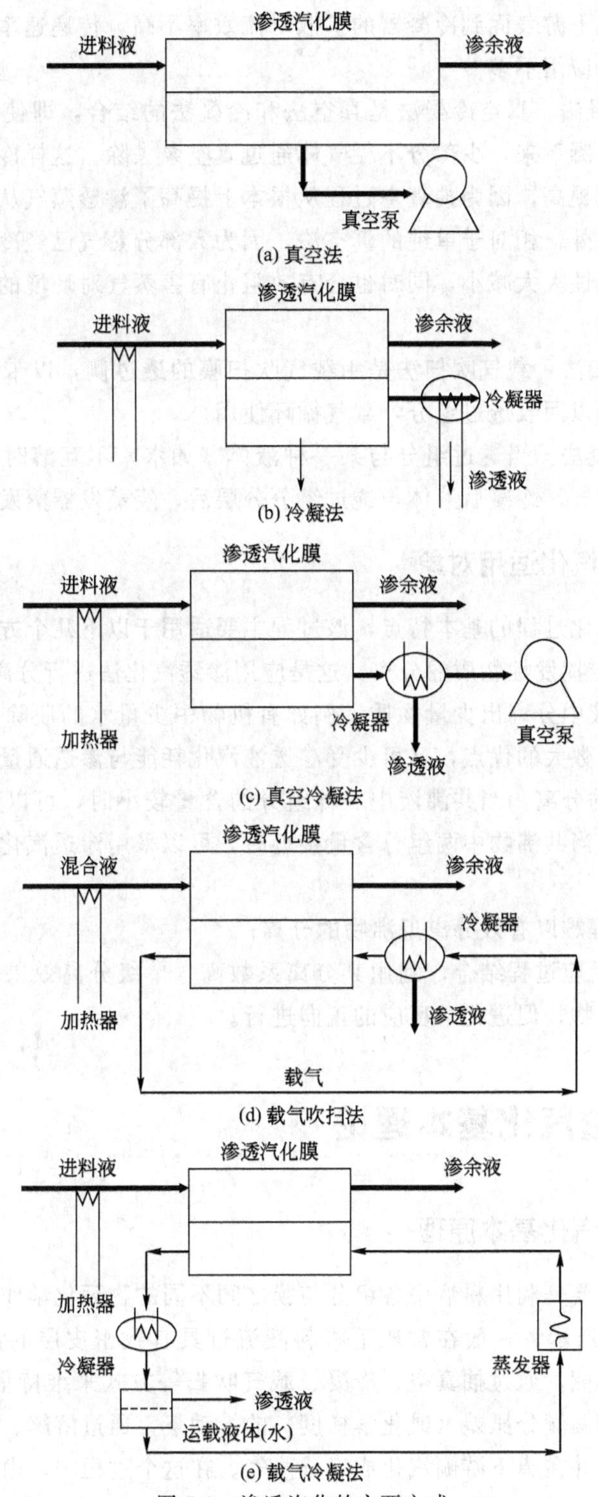

图 7-1　渗透汽化的主要方式

渗透物蒸气从膜下游表面到冷凝器的扩散对流效率不高，传递速率较慢造成的，因此冷凝法的实际应用不多。

③ 真空冷凝法　真空冷凝法是真空法和冷凝法的结合，即使易冷凝的渗透蒸气通过冷凝器冷凝下来，少部分不凝气体通过真空泵去除。这样冷凝的效率比单纯的冷凝法要大大提高，因为抽真空过程从根本上提高了渗透蒸气从膜表面到冷凝器的传质速率。另外，相对于单纯的真空法，因为大部分蒸气已经冷凝下来，所以真空泵的负担和腐蚀大大减小，同时也会有效阻止有害蒸气对环境的污染，因此真空冷凝法应用较多。

④ 载气吹扫法　载气吹扫法是用载气吹扫膜的透过侧，以带走透过组分，吹扫气经冷却冷凝以回收透过组分，载气循环使用。

⑤ 载气冷凝法　当透过组分与某一种液体（如水）不互溶时，可以用低压液体蒸气为吹扫载气，冷凝后液体与透过组分分层后，经蒸发器蒸发重新使用。

7.1.3　渗透汽化适用对象

基于渗透汽化过程的基本特点，该过程主要适用于以下几个方面：

① 具有一定挥发性物质的分离，这是应用渗透汽化法进行分离的先决条件；

② 从混合液中分离出少量物质，例如有机物中少量水的脱除，可以充分利用渗透汽化分离系数大的优点，又可少受渗透液汽化耗能与渗透通量小的不利影响；

③ 共沸物的分离。当共沸液中一种组分的含量较小时，可以直接用渗透汽化法得到纯产品；当共沸物中两组分含量接近时，可以采用渗透汽化与精馏联合的集成过程；

④ 精馏过程难以有效分离近沸物的分离；

⑤ 与化学反应过程结合，利用其分离系数高、单级分离效果好的特点，可选择性移走反应产物，促进化学反应的正向进行。

7.2 渗透汽化基本理论

7.2.1　渗透汽化基本原理

渗透汽化主要是利用料液中各组分与膜之间不同的物理化学作用来实现分离的过程，如图 7-2 所示。一般在常压下将料液流过具有致密皮层的渗透汽化膜上游侧，而在膜下游侧，通过抽真空、冷凝、载气吹扫等方式来维持很低的组分分压。料液各组分在膜两侧分压差（或化学梯度）的推动下，通过溶解、扩散、解吸等过程透过分离膜，并在膜下游侧汽化成组分蒸气。在这个过程中，由于料液各组分的物理化学性质不同，它们在膜中的溶解度（热力学性质）和扩散速率（动力学性质）也不同，因此料液中各组分透过膜的难易程度和速率是不同的。这样易渗透组分就会在膜下游侧的组分蒸气中富集，而难透过组分则对应在料液中浓度富集，相当于被膜截留，由此实现分离。

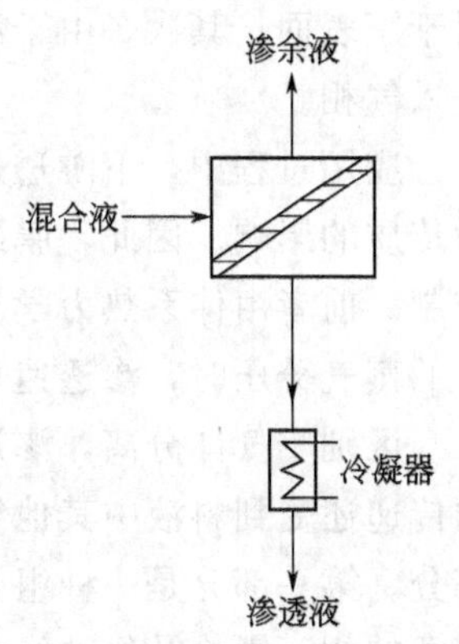

图 7-2　渗透汽化过程示意图

渗透汽化使用的膜通常具有致密层，可以是均质致密膜，也可以是具有致密皮层的复合膜。混合液进入膜组件，流过膜面，在膜下游侧保持低压。由于原液侧与膜下游侧组分的化学位不同，原液侧组分的化学位高，膜下游侧组分的化学位低，所以原液中各组分将通过膜向膜下游侧渗透。因为膜下游侧处于低压，组分通过膜后即汽化成蒸气，蒸气用真空泵抽走或用惰性气体吹扫等方法除去，使渗透过程不断进行。原液中各组分通过膜的速率不同，透过膜快的组分就可以从原液中分离出来，从膜组件中流出的渗余物可以是纯度较高的透过速率较慢的组分的产物。对于一定的混合液来说，渗透速率主要取决于膜的性质。采用适当的膜材料和制造方法可以制得对一种组分透过速率快，对另一组分的渗透速率相对很小，甚至接近于零的膜，因此渗透汽化过程可以高效分离液体混合物。

为了增大过程的推动力、提高组分的渗透通量，一方面要提高进料液温度，通常在流程中设置预热器将料液加热到适当温度；另一方面要降低膜下游侧组分的蒸气分压。

单位时间内通过单位膜面积组分的量称为该组分的渗透通量，其定义如式(7-1)。

$$J_i=\frac{M_i}{AT} \tag{7-1}$$

式中　M_i——组分 i 的透过量，g；

A——膜面积，m^2；

T——操作时间，h；

J_i——组分 i 的渗透通量，$g/(m^2 \cdot h)$。

7.2.2　渗透汽化传递机理

渗透汽化过程的传递机理，由于涉及渗透液、膜结构和性质、渗透液组分之间、渗透液与膜之间复杂的相互作用，研究工作难度较大。目前已提出的机理模型，以溶解-扩散模型和孔流模型应用较多。

（1）溶解-扩散模型

这是描述渗透汽化传质机理使用最普遍的模型，也适用于部分气体分离膜的传递机理。按此模型，料液侧组分通过膜的传递可分成三步。首先，料液侧组分被吸附于膜表面；其次，由于浓度差，组分扩散透过膜；再次，组分从下游侧表面解吸进入气相。

应用过程中，下游透过侧压力往往较低，解吸过程较快，一般不考虑解吸过程对传质的影响。因此，膜的选择性和渗透速率主要受组分在膜中溶解度和扩散速率控制。前者由体系热力学决定，后者与动力学相关。但是若下游侧压力接近透过组分的蒸气分压时，渗透速率将明显下降。

区别于气体分离，渗透汽化存在一种耦合作用（耦合作用是说一种组分通过膜的传递还受到料液中其他组分的影响）。耦合影响也分热力学影响和动力学影响两部分。第一部分是一种组分在膜内的溶解度受另一组分影响，这种影响来自膜内组分间的相互影响及每种组分与膜的相互影响。动力学耦合作用是由于渗透组分在聚合物中的扩散系数受浓度影响。例如，如果低分子量组分能够溶解在聚合物中，它将促进聚合物链段运动，有利于组分在膜中传递。

通常高溶解度会导致高扩散速率，原因源于 3 个方面：第一，高溶解度使聚合物溶胀，促进高分子链运动，有利于组分扩散；第二，高溶解度增加了聚合物中的自由体积，有利于组分扩散；第三，高溶解度使组分的扩散更像在液体中扩散，通常高于在纯固体高分子中的扩散。

单组分液体物质通过膜的扩散可用扩散系数为浓度函数的 Fick 定律描述：

$$J_i = -D_i \frac{\mathrm{d}c_i}{\mathrm{d}x} \tag{7-2}$$

式中 J_i——组分 i 的渗透通量，$\mathrm{g/(m^2 \cdot h)}$；

$\frac{\mathrm{d}c_i}{\mathrm{d}x}$——膜中扩散方向上组分的浓度梯度；

D_i——组分 i 在膜中的扩散系数。

组分的增加使得扩散过程变得复杂，会产生组分的耦合效应，其通量很难通过单一组分的渗透通量进行预测。由此，一些扩散模型被提出（可参见参考文献［3］《膜技术手册》）。其中以化学位梯度为推动力的通量方程可表示为：

$$J_i = -c_i B_i \frac{\mathrm{d}\mu_i}{\mathrm{d}x} \tag{7-3}$$

式中 c_i——组分 i 在膜中的浓度，$\mathrm{g/m^3}$；

B_i——组分的活动率；

μ_i——组分的化学位。

在常温下，上式可表示为：

$$J_i = -c_i B_i \left(RT \frac{\mathrm{d}\ln\alpha_i}{\mathrm{d}x} + V_i \frac{\mathrm{d}p}{\mathrm{d}x} \right) \tag{7-4}$$

在渗透汽化中，上、下游压差在 0.1MPa 左右，因此压力梯度远远小于活度梯度，上式简化为：

$$J_i = -c_i B_i RT \frac{\mathrm{d}\ln\alpha_i}{\mathrm{d}x} \tag{7-5}$$

定义 $D_i = RTB_i$，为组分在膜内的扩散系数，则：

$$J_i = -c_i D_i \frac{\mathrm{d}\ln\alpha_i}{\mathrm{d}x} \tag{7-6}$$

i、j 二元混合物为聚合物膜中的活度 α_i，可从 Flory-Huggins 热力学关系得到：

$$\ln\alpha_i = \ln\phi_i + (1-\phi_i) - \phi_j \frac{V_i}{V_j} - \phi_{\mathrm{m}} \frac{V_i}{V_{\mathrm{m}}} + (\psi_{ij}\phi_j + \psi_{i,\mathrm{m}}\phi_{\mathrm{m}})(\phi_j + \phi_{\mathrm{m}}) - \frac{V_i}{V_j}\psi_{j,\mathrm{m}}\phi_j\phi_{\mathrm{m}} \tag{7-7}$$

式中　ϕ——二元体系中组分的体积分率。

组分与聚合物膜的 Flory 相互作用参数 $\psi_{i,\mathrm{m}}$ 可从纯组分 i 或 j 在聚合物膜中的溶胀自由能求得，简化后为：

$$\psi_{i,\mathrm{m}} = -[\ln(1-\phi_{\mathrm{m}}) + \phi_{\mathrm{m}}]/\phi_{\mathrm{m}}^2 \tag{7-8}$$

渗透组分在膜内的扩散速率与其大小、形状有很大关系，在同系物中分子量低的组分透过快，化学性质和分子量相同的组分，截面小的透过快。渗透组分的化学性质对组分在聚合物膜中的吸附和聚合物的塑化有很大影响，对组分在聚合物中的扩散同样也有很大影响，已有不少模型描述溶质通过溶胀聚合物的扩散。这些模型多是根据具体体系提出并计算，并不通用，不能直接拿来用于其他渗透汽化的设计计算。

(2) 孔流模型

孔流模型假定膜中存在大量贯穿圆柱孔，依靠三个过程完成传质：首先，液体组分通过孔道传输到膜内某处的汽-液相界面；然后，液体组分在汽-液相界面处蒸发；接着，蒸发气体通过表面流动从界面处沿孔道传输出去。在膜内存在汽-液相界面是孔流模型的典型特征，渗透汽化过程既包含了液体传递，也存在气体传递，是两者的串联耦合。根据孔流模型特点，渗透汽化运行过程中可能存在浓差极化。

孔流模型和溶解-扩散模型有本质上不同，孔流模型定义的“孔道”是固定的，而溶解-扩散模型定义的“孔道”是无形的，它与高分子链段热运动有关。实际上孔流模型中的孔也是聚合物网络结构中分子链间的空隙，其位置和大小一定程度上随高分子链段的运动而随机变化，大概为分子尺寸，因而“固定孔道”是孔流模型的不足之处。

(3) 虚拟相变溶解-扩散模型

尽管溶解-扩散模型得到了普遍认可，但它不能清晰地解释渗透汽化过程中的“溶胀耦合”效应和相变的发生。为此，有些学者提出了虚拟相变溶解-扩散模型。该模型借鉴孔流模型，假定渗透汽化过程是液体渗透和蒸气渗透过程的串联耦合，渗透物通过下面过程完成传质：渗透物首先在进料侧膜面溶解，然后在浓度梯度作用下以蒸气渗透方式到达膜透过侧，在膜透过侧解吸后完成渗透汽化过程。与传统的溶解-扩散模型相比，该模型的主要特点在于膜内存在压力梯度和虚拟相变。实际上，虚拟相变溶解-扩散模型可以看成是传统溶解-扩散模型和孔流模型的综合。

7.2.3 渗透汽化分离机理

除了渗透通量外，分离性能是渗透汽化膜的另一个主要参数，通常由分离因子表征。分离因子除与制膜材料、膜几何结构以及被分离体系的物化性质有关外，还与操作工艺如温度和膜下游操作压力有关。渗透汽化膜过程的渗透速率主要用溶解-扩散模型表示。对于二元混合物，渗透汽化膜的分离因子近似气体分离因子定义形式：

$$\alpha=\frac{y_i/y_j}{x_i/x_j} \tag{7-9}$$

式中 x_i、x_j——原液中组分 i 与组分 j 的摩尔分数；

y_i、y_j——透过物中组分 i 与组分 j 的摩尔分数。

通常式中 i 表示透过速率快的组分，因此 α 的数值大于 1。大的 α 值表示两组分的透过速率差别大，膜的选择性好。

同时拥有好选择性和大渗透通量的膜才具有实际应用价值。实际上膜的这两个性能指标常常是相互矛盾。选择性好的膜，它的渗透通量往往比较小，而渗透通量大的膜，其分离系数通常较小。所以，在实际应用和制备分离膜时，需要根据具体情况对这两项指标进行优化选择。

通常采用渗透汽化分离指数（pervaporation separation index，PSI）综合表示膜的渗透汽化分离性能，它等于分离因子 α 与渗透通量 J 的乘积。

$$PSI=\alpha J \tag{7-10}$$

7.2.4 渗透汽化过程影响因素

影响渗透汽化过程中分离性能的因素主要有以下几方面。

（1）膜材料本身及被分离组分性质

这是影响渗透汽化分离效果的最基本因素。对于一定的料液和分离要求而言，最重要的问题是要选择一种适宜的分离膜。对于同一种物料体系，如果它的组成不同，分离要求不同，也往往需要采用不同性能的分离膜。例如对于有机物/水体系，如果是水中少量有机物的去除，则应采用优先透过有机物的有机硅复合膜；而对于有机物中少量水的去除，则应该采用具有亲水性质的聚合物材料，如聚乙烯醇膜，可以优先透水。

（2）温度

温度升高，高分子链段活动能力增加，渗透物分子的活动度也增加，因此渗透物在聚合物膜中的扩散系数随温度的升高而增大。渗透系数为扩散系数和溶解度系数的乘积，而扩散系数及溶解度系数随温度的变化满足 Arrhenius 关系，所以温度对渗透通量的影响可以由 Arrhenius 关系来表征。由此还可以计算表观渗透活化能。温度影响混合液组分在膜中的溶解度与扩散系数，所以影响渗透汽化的渗透通量与分离系数。

温度对分离系数的影响较为复杂，无一定规律可循。在多数情况下，分离系数随着温度的上升而有所下降，即非优先渗透组分随着温度的上升，膜的渗透通量相对于优先渗透组分上升较快。

(3) 料液组成

料液组成的变化直接影响组分在膜面上的溶解度，而组分在膜内的扩散系数与其浓度有关，所以渗透汽化分离性能与料液组成有密切的关系。因为在膜内组分与聚合物以及组分间的相互作用力的影响，使得另一组分的存在对组分的扩散产生复杂的伴生效应，所以不能根据纯组分的渗透性能简单地按一般的理想情况（即组分的渗透通量与组分的组成成正比）来预测溶液渗透汽化的分离结果，必须通过实验确定。通常，随着料液中优先渗透组分浓度的提高，总渗透通量增大，但组成对分离系数的影响往往更为复杂。

(4) 上、下游两侧压力

上、下游两侧压力的影响主要体现为对渗透汽化推动力的影响。料液侧压力增加对料液的蒸气压和料液在膜中的溶解性能影响不大，所以对组分的分离性能没有显著影响。提高料液压力会提高料液循环速率，而且会对膜性能提出更高的要求，还会消耗更多的能量，所以一般料液侧只保持较低的压力用于克服料液流过膜组件的阻力就可以。

渗透汽化过程受上游侧压力的影响不大，所以，上游侧通常维持较低的常压。但是，下游侧压力明显影响分离过程。通常，随着下游侧压力增加，渗透通量下降，而料液中易挥发组分在渗透物中的浓度增加，即当优先渗透组分为易挥发组分时，分离系数上升；当优先渗透组分为难挥发组分时，分离系数下降。

(5) 温度及浓差极化

在渗透汽化过程中，料液蒸发，消耗相当的热量，膜内将产生温差，故渗透汽化工艺中，常常需要装配加热装置。由于过程中传质速率较低，几乎不产生浓差极化，所以，浓差极化的影响可以忽略不计。

(6) 膜厚度

膜厚度对过程中传质速率影响明显，膜厚度增加，传质阻力更大，因此渗透通量往往降低。但渗透通量与膜厚并不是真正的反比关系。在实际渗透过程中，膜厚增加一倍，渗透通量降低不到 50%。主要因为膜并没有被完全润湿，部分厚度仍然处于干区，其厚度增加并不影响传质，只有溶胀区（润湿）厚度才会增加传质阻力。分离系数与活性致密层有关，如果起分离作用的活性层不变，膜厚度改变，分离系数仍保持不变。

7.3 渗透汽化膜

原则上，渗透汽化和气体分离可选用同一类膜材料。然而，与气体相比，液体与聚合物的亲和力较高，溶解度也较高。所以，有机蒸气比通常气体如 N_2 的渗透系数要大很多。对气体分离，选择性可由纯组分的渗透系数进行推算。然而对于液体混合物而言，由于组分间的相互作用，其分离特征与纯液体差别较大。聚合物中溶解度较低的气体，可用 Henry 定律描述，而对于溶解度较高的液体，Henry 定律不再适用。为更好地描述混合液体及纯液体在聚合物材料中的溶解度，通常采用 Flory-Huggins 理论。

7.3.1 渗透汽化膜选择理论

(1) Flory-Huggins 相互作用参数

Flory-Huggins 相互作用参数（Ψ）表征了一个分子的纯溶剂放入高分子纯溶液中所需的能量值。Ψ 值越大，溶剂与聚合物越不易互溶。溶剂与聚合物之间 Ψ 值可通过实验测出，用以判断两者的互溶情况。

对渗透汽化过程，也可根据混合液中各组分与分离膜之间的 Ψ 值来判断各组分溶解透过情况。此法与极性相似和溶剂化原则相比，选择分离膜的准确性较高，但参数测定复杂，且混合液中各组分与聚合物膜之间的相互作用随温度、混合液的浓度而变。

(2) 溶解度参数理论

也可以用组分与聚合物的溶解度参数的矢量差（Δ）作为组分与聚合物之间的亲和力大小的量度。Δ 值越小，两者亲和力越大，组分在聚合物中的溶解量越大，组分越容易透过膜。也就是说，两种物质的溶解度参数越接近，则互溶性越好。优先渗透的组分在膜中应有较大的溶解性能，两者溶解度参数应较为接近，这样有利于渗透汽化过程。

溶解度参数理论仅仅考虑了组分在聚合物中的溶解作用，未涉及扩散因素；并且考虑的是单组分与膜的相互作用，未考虑混合组分之间及混合组分与膜之间的相互作用及伴生效应，以此推测聚合物膜对组分的选择透过性有其片面性，需进一步完善。

(3) 极性相似和溶剂化理论

极性相似和溶剂化理论即通常所说的极性聚合物膜与极性溶剂互溶，非极性聚合物膜与非极性溶剂互溶。极性聚合物膜和极性溶剂混合时，由于聚合物的极性基团和极性溶剂间产生相互作用而发生溶剂化作用，使聚合物链松弛而被溶解。

对于渗透汽化膜，可根据被分离组分的极性选择分离膜类别。若极性组分为优先通过组分，则应选择极性聚合物膜；相反，若非极性组分为优先透过组分，则应选择非极性聚合物膜。

（4）亲疏水平衡理论

要使某组分优先渗透，必须选用与该组分有较强亲和力的膜。但如果分离膜与组分间的亲和力过强，有可能因溶胀过度而造成膜机械强度的减弱和丧失，也有可能因膜对组分的吸引力太强而使组分的扩散系数降低。因此，膜与优先渗透组分间应保持适当的亲和作用力。就聚合物膜而言，这种亲和作用力的大小取决于它所含的官能团特性。基于这种设想，针对有机水溶液的分离，如果希望得到最佳的渗透汽化分离效果，则膜中的亲、憎水官能团比例与被分离的混合液应达到某种平衡状态。影响这种平衡状态的因素首先是膜中不同类型官能团的比例，其次是被分离的混合物组分的性质和组成。因此，为了获得最佳的分离效果，所用的分离膜需要保持一个适当的亲疏水平衡。

应该指出，上述选取分离膜的理论与方法并不成熟，只是给出了分离膜选择的大体方向，而分离膜的最终确定还需要通过实验验证。

7.3.2 渗透汽化膜选择性预测

根据溶解-扩散模型，渗透汽化膜的选择性决定于组分在聚合物膜内的溶解和扩散。大量渗透汽化实验数据表明，在聚合物膜中优先吸附的组分大多是优先透过。也就是说，从热力学性质角度出发的优先吸附理论是决定膜选择性的主要因素。组分在膜中的平衡吸附可以用 Flory-Huggins 热力学关系描述。作为初步评估，溶解度参数理论也有相当的参考价值，对有机物/水体系的分离，膜的亲、疏水性和膜材料的弹性态和玻璃态也是评估膜选择性的有效方法。

（1）溶解度参数

根据高分子物理，聚合物在溶剂中的溶解，实质上是将聚合物分子拉入溶剂的过程。因此溶剂分子、聚合物分子及溶剂与聚合物分子间的作用力及其相对大小是影响溶解过程的内在因素。各种聚集态物质分子间相互作用力的强弱可用单位体积内聚能——内聚能密度来衡量，内聚能密度的平方根定义为溶解度参数 δ。

（2）亲疏水性聚合物

亲水性聚合物是聚合物链上存在亲水基团，如—OH、—OOH、$—NH_2$ 等，可通过氢键、偶极与水分子相互作用，呈现亲水性，这种聚合物即为亲水性聚合物。亲水性聚合物能优先透过水，因而是脱水膜最好的候选材料。膜材料的亲、疏水性也可以通过交联、共混、共聚等方法加以控制和调整。

在疏水性聚合物，如聚乙烯、聚丙烯、聚偏氟乙烯、聚四氟乙烯等中不含亲水基团。因此很难用作脱水膜。该类聚合物不仅对水/有机物体系选择性较低，对有机物/有机物体系的选择性也不高，因为这些聚合物不像亲水性聚合物，它们与透过组分之间并没有很强的相互作用，渗透和分离仅在该类材料的无定形部分进行，而且分离主要基于分子大小和形状。但是这些疏水性聚合物为结晶性高分子，具有很好的化学稳定性和热稳定性，且不溶于一般溶剂。

(3) 高弹态与玻璃态聚合物

弹性聚合物是一种玻璃化温度低于室温的高分子材料，如硅橡胶、丁二烯橡胶等，室温下处于高弹态，这样机械强度较差，所以，用于分离膜的大多数弹性聚合物都需要通过交联提高强度；又由于其高分子链上缺乏极性基团，所以它优先吸附有机组分，是从水中脱除有机溶剂的理想渗透汽化材料。弹性聚合物链的柔软性使它具有相当高的渗透性，但是，也带来了较低的选择性。

玻璃态聚合物是另一种用于渗透汽化的聚合物材料，它可分为结晶和无定形聚合物两种。结晶性聚合物很难与溶剂相溶，通常认为渗透汽化中的溶解-扩散过程只发生在无定形部分，故结晶性聚合物一般渗透能力较差。在渗透汽化中，通常用到的无定形聚合物有聚醚砜、聚砜和聚氯乙烯，结晶性聚合物有聚乙烯醇、尼龙、聚偏氟乙烯、聚乙烯、聚丙烯、醋酸纤维素等，都是常见聚合物材料。

7.3.3 渗透汽化膜种类

(1) 优先透水膜

优先透水膜的活性层都是含亲水性基团的聚合物，主要有以下几类。

① 非离子型聚合物膜　例如聚乙烯醇、交联聚甲基丙烯酸制成的膜属于这一类。它们分别含—OH、—$OCOCH_3$ 等非离子性亲水基团。

目前在有机物脱水中广泛应用的GFT公司的膜就是由聚乙烯醇为活性层制成的复合膜，它由三层组成，底层是增强用的聚酯无纺布，中层为聚丙烯腈支撑膜，表层是经过马来酸交联的聚乙烯醇皮层。这种膜具有良好的分离性能和耐久性。

② 离子型聚合物膜　根据固定基团的属性区分，离子型聚合物膜可分为阳离子聚合物膜与阴离子聚合物膜两类。

③ 疏水膜的亲水改性膜　通常采用共聚、共混、接枝等方法将亲水基团引入疏水聚合物材料，制得亲水膜。

④ 聚电解质透水膜　由于离子基团强烈的水合作用和对有机物的盐析效应，膜材料中的离子基团可有效提高膜对水的选择透过性与渗透通量。

(2) 优先透有机物膜

优先透有机物膜通常是极性低、表面能低、溶解度参数小的聚合物。研究较多的有硅橡胶、含氟聚合物、改性纤维素和聚苯醚等。

① 有机硅聚合物　这类聚合物疏水、耐热，具有很高的机械强度和化学稳定性，对醇、酚、酮、酯、卤代烃、芳香族烃、吡啶等有机物有良好的吸附选择性，是研究较多的一类有机物膜材料。

② 含氟聚合物　目前已研究的含氟聚合物有：聚四氟乙烯、聚偏氟乙烯、聚六氟丙烯、聚磺化氟乙烯基醚与聚四氟乙烯共聚物、聚四氟乙烯与聚六氟丙烯的共

聚物等。这些材料大多难溶于有机溶剂，通常用熔融挤压法或在聚合期间成膜。但是，聚偏氟乙烯化学性质稳定、耐热性能好、疏水性强、抗污染性较好，可溶于常用的溶剂，成膜性能好，对乙醇、丙酮、卤代烃及芳香烃等有良好的选择性。

③ 改性纤维素 纤维素类材料易于酯化、醚化、接枝、共聚、交联等，并且与许多聚合物都有良好的共混能力，是非常好的成膜材料。这样就可以通过各种改性手段调节亲疏水官能团的比例，控制其渗透汽化的分离性能。

(3) 有机-有机混合物分离膜

不同于有机物/水体系的分离膜，其选择规律较为明确，而工业上对分离有机混合物的渗透汽化膜材料的选择较为复杂，必须针对具体体系的物理化学性质，根据混合物组分的分子形状、尺寸以及所含基团的差异来选择与设计分离膜。所以，目前大多研究尚处于开发阶段。根据分离对象，分离膜归纳起来有这样几种：①芳烃/烷烃分离膜，例如：苯/环己烷、甲苯/正辛烷或异辛烷的分离；②同分异构体分离膜，如混合二甲苯、丁醇异构体等；③醇/醚分离膜，甲醇/甲基叔丁基醚和乙醇/乙基叔丁基醚的分离，这两种醇醚体系具有现实的工业意义；④芳烃/醇类分离膜，主要对象是苯、甲苯及与甲醇、乙醇组成的混合液，属非极性与极性体系，利用其极性和分子尺寸的差别选用和设计膜材料，优先渗透组分可以是醇，也可以是烃。

7.4 渗透汽化膜组件及膜过程设计

7.4.1 渗透汽化膜组件

与反渗透、超滤、气体膜等分离过程一样，渗透汽化过程也使用板框式、螺旋卷式、管式和中空纤维式等类型膜组件。但是由于渗透汽化过程的特点，膜组件结构上有一定的特点：①渗透汽化过程是有相变的过程，其膜下游侧为气体，如过程中不同时供热，料液温度将下降；②渗透汽化过程的推动力为膜两侧的蒸气压差，膜下游侧为真空，一般其绝对压力为几百帕，膜下游侧压力大小对过程有重要的影响，所以组件中膜下游侧气体的流动阻力对膜组件的分离效果影响很大，要求膜组件的膜下游侧的流动阻力尽可能小，在组件的构造上要求膜下游侧有较大的流动空间；③渗透汽化过程通常在较高的温度（60～100℃）下操作，同时很多情况要接触到高浓度有机液体，这对膜组件材料，尤其是密封材料提出了较高的要求；④渗透汽化的通量小，一般在2000g/(m^2·h）以下，因此，在渗透汽化膜组件中进料液流量几乎保持不变。

目前用渗透汽化方法进行有机物脱水时主要应用板框式膜组件，主要因为板框式膜组件可以使用耐腐蚀的密封垫片（如全氟聚合物、乙丙二聚物、弹性石墨等垫片)，便于器内或级间加热，也利于减小膜下游侧气体的流动阻力。

7.4.2 渗透汽化膜组件设计要求

目前渗透汽化组件大多为板框式，为降低成本，减少占地，近年来也在进行中空纤维膜组件、卷式膜组件、管式膜组件的开发。

渗透汽化过程对组件材质和结构都有特殊要求：①料液为有机溶剂，且需在60～100℃操作，对组件和密封材料要求都比较苛刻；②必须尽量减少透过侧的压力降，以得到较大的传质推动力。从这两方面看，板框式与卷式、中空纤维相比有其优势：首先，当前卷式和中空纤维膜组件中所用黏结剂大多难以在这样的操作条件下保持长期稳定性，而板框式中用的密封材料如石墨或耐腐蚀聚合物等都可很好用于有机溶剂脱水组件的密封；再则，板框式组件的透过侧空间比较大，可占组件体积的90%，有利于渗透汽化过程。若卷式组件要保证透过侧空间适用于渗透汽化过程，组件内膜的填充密度将大大降低，中空纤维组件也存在类似问题。

在板框式组件的设计中，除了要保证透过侧有足够的汽化空间外，料液侧必须要形成良好的流体流动条件，保证料液的均匀分布，避免死角和短路，保证膜面积的充分利用，并且要有一定的料液流速，改进传质条件。

7.4.3 渗透汽化膜过程设计

原则上渗透汽化膜分离组件的过程与其他膜分离过程一样，也可以分为单级与多级操作。由于渗透汽化具有分离系数大的特点，采用单级操作除去易渗透组分，有时可以单步得到较纯的渗余组分，所以渗透汽化往往采用单级操作过程。有时单级操作不能将两个混合组分完全分离，为了得到纯组分物质，必须进行回流，采用多级操作过程。渗透汽化的每一级都包括渗透物的冷凝器、冷凝液送入下一级的泵以及冷凝液加热器等设备，因而渗透汽化级联的流程较气体分离更为复杂，所需膜面积和能耗也较大。

单级操作时，渗透物中一般均含有一定浓度的难渗透物，通常需进一步回收处理。所以渗透汽化主要用于从混合物中分离出少量物质。当混合液中两组分的含量均较大时，一般采用渗透汽化与其他方法（如精馏）的联合分离流程。

对于单级操作，当分离任务需要多个膜组件时，组件可以采用串联、并联和并、串联三种流程。具体采用哪种流程取决于料液流量、每个膜组件的适宜流量与膜组件数（即膜面积）。

渗透汽化过程中料液有相变发生，渗透物通过膜后汽化成蒸气，需要汽化热，此时可通过加热料液来保持体系温度。

(1) 主要工艺条件

渗透汽化的主要工艺条件是料液温度、料液流速和压力降、料液预处理、膜清洗等。在工艺条件确定中应考虑以下问题。

① 料液温度　料液温度高、渗透汽化过程的推动力大、渗透物在膜中的扩散系数大、过程渗透通量大、为完成一定分离任务所需膜面积小、膜分离器造价低；另一方面，料液温度高、膜下游侧压力可以较高，冷凝所需费用少。但是，提高料液温度受膜耐温性和耐溶剂性的限制，过高的温度会严重降低膜的使用寿命，增加更换膜所需费用。所以料液温度需根据膜性质、料液性质和分离要求而定。

② 料液流速和压力降　在渗透汽化中因膜的渗透速率小，在连续操作中，单位面积膜处理的物料量通常很小，虽然浓差极化对渗透汽化的影响不如对超滤、反渗透那样严重，但对渗透汽化的传质过程仍有一定影响。为了保持膜面料液有一定的流速，以利于膜面传质。在工业生产中又必须考虑大量膜面积多级串联会造成料液侧阻力过大；因此膜装置内的物料应采用串、并联结合的方式，既保证料液侧物料有一定流速，又不使压力降过大，必要时可采用中间加压泵。

③ 料液预处理　料液必须脱除悬浮固体和金属粒子以免损伤膜表面。通常进行渗透汽化分离的物料都比较干净，并不需对物料进行特殊的预处理，在某些含盐有机溶剂脱水中，应注意由于水脱除使盐溶解度下降而析出沉积于膜面上。

④ 膜清洗　渗透汽化膜不像多孔膜容易污染，但在工业生产中也需定期清洗以除去膜面污染物。一般可采用在线清洗。在有机溶剂脱水中可用组件体积 1～3 倍的清洗剂在加温下循环即可。

通常渗透汽化膜可使用 2～4 年，在这段时间内膜的渗透速率和选择性变化都很小。此外，膜组件内膜的朝向对其分离性能有很大影响，应使膜的致密分离层朝向料液，若多孔支撑层朝向料液将使膜的分离因子大大下降。

(2) 操作方式

渗透汽化也可以有连续操作和间歇操作两种操作方式：①连续操作工艺，即料液连续送入膜分离器，从膜分离器出来的渗余液即为产品，连续送出；②间歇操作工艺，即一批料液加入料液罐，开始操作，用泵将料液经加热器送入膜分离器，分离出部分组分返回料液罐，再由泵送至膜分离器，如此循环，直至料液组成达到分离要求值，将产品从料液罐放出，进行下一批操作。

7.5 渗透汽化膜应用

渗透汽化的突出优点是分离系数高、不受汽-液平衡的限制，因而它在用精馏方法难以分离的共沸物与近沸物的分离中具有广阔的应用前景。就分离对象而言，用渗透汽化法分离有机混合液将是很有发展前途的方向。渗透汽化的缺点是渗透通量小和渗透物在低压下冷凝，因而它一般适用于从混合液中分离出少量物质，不宜采用多级操作。所以，它通常要与其他分离过程联合使用才能获得最好的经济效果。目前渗透汽化主要应用于有机溶剂脱水、水中有机物脱除和无机/有机混合物分离等方面。

7.5.1 有机溶剂脱水

目前有机物水溶液的分离主要采用精馏、萃取和吸附等方法。这些方法都有自身的特点与局限性，在某些情况下使用会出现种种问题，采用渗透汽化有可能克服这些问题，取得很好的效果。

适用于渗透汽化法进行有机物脱水的具体对象很多，可分以下几个方面介绍。

(1) 共沸物分离

共沸物分离是渗透汽化最能发挥其优势的领域。用渗透汽化进行共沸物的分离可以分为两种情况。一种情况是用渗透汽化法进行含水率较少的共沸物分离，直接得到产品。例如对工业酒精纯化制备无水乙醇。另一种情况是将共沸物分离为两个偏离共沸组成的产物，然后再用一般精馏等方法进行分离，这种方法称为共沸物分割。

(2) 非共沸物分离

可以把水与有机物的混合物分为互溶和部分互溶两类。一般对于部分互溶体系，水在有机物中的溶解度小，化学位高，与互溶体系比较，在水含量相同的条件下，渗透汽化的推动力大，水的渗透通量高。所以，有机物中水的溶解度越小，则该有机物脱水后其中的含量就更小。

通常用渗透汽化法脱水，根据有机物脱水中水的溶解度的大小，水含量可降至几十到几百毫克每升，对于水在其中溶解度很小的有机物，水含量甚至可降至几毫克每升，但需要较大的真空度和膜面积。

使用渗透汽化脱水的经济性与原料中的水含量有关，一般料液中水含量在0.1%～10%时，采用渗透汽化比较经济；水含量较高时，采用精馏或萃取相对比较经济；而水含量很低时，可能吸附更具有竞争力。使用渗透汽化脱水的经济性还与水和有机物的沸点高低有关。如果有机物的沸点比水低，用渗透汽化比精馏更有利。因为用粗馏法分离有机物中少量水时，占比例较高的低沸点有机物需从精馏塔顶蒸出，而渗透汽化则是把少量沸点较高的水直接从有机物中分离出来。

7.5.2 水中有机物脱除

与有机物中脱除少量水相比，用渗透汽化法脱除水中有机物的技术开发相对较晚。到目前为止，对各种有机物的除去，包括醇、酸、酯、芳香族化合物、氯化烃等已经进行了广泛研究，其中硅橡胶是常用的膜材料。

用渗透汽化法脱除水中有机物的经济性与水中有机物的含量和有机物本身特性有关。一般来说，与其他分离与处理方法比较，水中有机物含量在0.1%～5%之间时用渗透汽化法比较有利。浓度较高时，传统的蒸馏、蒸汽汽提等方法可能在经济上更为有利。有机物浓度过低，渗透汽化的推动力小，渗透通量小，膜面积大，膜组件的投资大。此时，一般把它作为废液处理，采用吸附或生物处理法可能在经济上更合理。

用渗透汽化法从水中分离有机物主要可以分为以下 4 种情况：①溶剂回收；②酒类饮料中去除乙醇；③废水中少量有害物的处理；④发酵液中有机物回收。

7.5.3 有机混合物分离

对于有机混合物，由于其近似的溶剂特性，对膜材料和膜组件的要求更高，分离条件更为苛刻，所以，目前该领域是渗透汽化技术开发应用较少的领域。如果这些问题得以解决，它将成为 21 世纪重要的膜应用技术。

用渗透汽化法进行有机物混合液分离主要是近沸物与共沸物的分离。因为对于这些体系如果采用传统精馏法，需要庞大的设备，能耗也很大，有时需要外加恒沸剂或萃取剂，过程复杂，容易导致产品与环境二次污染。但是，如果近沸物或共沸物中两种组分的含量相差较大时，应用渗透汽化，采用优先透过少量组分的膜，一级分离即可达到满意的分离效果，这时渗透汽化具有明显的竞争优势。当共沸物中两组分含量接近时，采用渗透汽化与精馏的联合过程是很经济的。对于近沸物，当两组分含量相当时，要将两组分完全分开，必须采用有回流的多级操作，这时应用渗透汽化通常是不经济的。因为渗透汽化通量小，多级操作所需膜面积大，透过物需在低压和较低温度下多次冷凝，冷凝系统投资与操作费用大。所以这种情况下只有在膜分离系数和渗透通量都很大时，渗透汽化才可能有竞争力。

迄今为止，研究的有重要工业意义的体系主要有以下几类：①芳烃与脂肪烃的分离；②同分异构物的分离；③醇/醚混合物的分离；④环已酮、环已醇与环已烷的分离；⑤烯烃/烷烃、正烷烃/异烷烃以及卤代烃等混合物的分离。

7.5.4 渗透汽化膜技术发展

当前，能源危机与环境污染日益严重，渗透汽化作为一种简便、高效率、无污染的分离方式已经受到了广泛关注，不仅理论研究日新月异，在一些工业领域已经取得了不错的成绩，但是，渗透汽化膜分离是一种正在发展中的新技术，要使其在工业上广泛应用，还有相当多的问题需要解决。渗透汽化过程对膜材料、分离功能层和器件的性能都提出了很高的要求，研究开发工作任重而道远，展望未来，渗透汽化技术的发展主要有以下几个方面。

① 与超滤和微滤等大多膜过程不同，渗透汽化过程很难找到普遍适用的膜材料，所以针对分离物系的物理化学特性，设计新型高效膜分离材料，开发超薄无缺陷分离层的制备技术，在获得较好渗透通量的同时，提高其渗透性能，始终是研究发展的方向之一。现有膜材料改性如交联、接枝、共混、杂化和取代等也是较为简单、有效、实用的方法。

② 膜及组件结构和性能的稳定性是膜工业化应用的另一个重要指标，所以，

提高膜及组件的耐热与耐溶剂性，使其能在较高的温度下操作也是渗透汽化用膜的一个主要研究方向。

③ 渗透汽化膜分离的研究不只限于膜材料，渗透汽化膜过程的优化，包括与其他化工、化学反应过程的集成也是未来发展的方向。

④ 目前渗透汽化主要使用不锈钢制的板框式膜组件，造价高，投资大，影响了渗透汽化推广使用，改进板框结构，采用廉价材料和开发紧凑、高效的卷式与中空纤维式膜组件，降低膜组件的造价，将拓展渗透汽化过程应用领域。

参 考 文 献

[1] 刘茉娥等. 膜分离技术. 北京：化学工业出版社，2000.

[2] 任建新. 膜分离技术及其应用. 北京：化学工业出版社，2003.

[3] 时钧，袁权，高从堦主编. 膜技术手册. 北京：化学工业出版社，2001.

[4] Baker R W. Membrane Technology and Applications. England：John Wiley & Sons Ltd，2004.

[5] Mulder M. Basic Principles of Membrane Technology. Dordrecht/Boston/London：Kluwer Academic Publishers，1991.

[6] Kober P A. Pervaporation，Perstillation and Percrystallization. J Am Chem Soc，1917，39 (5)：944-948.

[7] Binning R C，Lee R J. Separation of Azeotropic Mixtures：US，2953502. 1960-09-20.

[8] 夏德万，张强，施艳荞，赵芸，矫庆泽，陈观文. 渗透汽化膜分离研究的新进展. 高分子通报，2007，(9)：1-8.

[9] 张庆武，苗所贵，张薇. 采用渗透汽化膜技术进行有机溶剂脱水的新方法. 当代化工，2009，38 (3)：299-302.

[10] Schissel P，Orth R A. Separation of Ethanol-Water Mixtures by Pervaporation Through Thin，Composite Membranes. J Membr Sci，1984，17 (1)：109-120.

[11] Feng X，Huang R Y M. Studies of a Membrane Reactor：Esterification Facilitated by Pervaporation. Chem Eng Sci，1996，51 (20)：4673-4679.

[12] 顾瑾，李俊俊，孙余凭，张林，陈欢林. 聚乙烯醇膜的改性及应用研究进展. 化工进展，2013，32 (5)：1074-1080.

[13] 王乃鑫，张国俊，纪树兰. 中空纤维渗透汽化复合膜及组件研究进展. 化工进展，2013，32 (2)：263-269.

[14] 叶宏，李继定，林阳政，陈剑，陈翠仙. 渗透汽化芳烃/烷烃分离膜材料. 化学进展，2008，20 (2)：288-299.

[15] 刘琨，童张法. 渗透汽化技术在液体分离中的研究新进展. 现代化工，2005，25 (7)：18-21.

第 8 章 膜接触器

8.1 概述

在膜科学技术发展历程中，涌现出各种膜过程，如目前发展较为成熟的微滤、超滤、纳滤、反渗透、电渗析和渗透蒸发等。在这些膜过程中，组分是由于通过膜的传质速率不同而被分离。膜接触器（membrane contactor）是膜与传统的基于相平衡理论的分离方法如萃取、吸收、蒸馏、结晶等结合，衍生出膜萃取（membrane extration）、膜吸收（membrane absorption）、膜蒸馏（membrane distillation）、膜结晶（membrane crystallization）、膜乳化（membrane emulsion）等新型膜过程，其中膜的作用是为组分在两相之间的传质提供接触界面，这些单元被统称为膜接触器。膜接触器的核心概念是利用微孔膜作为接触界面，为膜两侧两相的传质或反应提供接触界面。但是，膜接触器中膜的作用不仅仅是充当被分离两相间的理想接触界面，更多的是提高了整个膜过程的效率。

与传统的化工分离过程相比，膜接触器提供较大的交换界面和独立的流体动力，使化工操作易于控制。这些膜系统一般使用具有高填充密度的中空纤维膜，因而可提供更大的接触面积，膜接触器可提供 1500～3000m^2/m^3 的接触面积，而传统的接触器只能提供 100～800m^2/m^3。在气体吸收时，膜接触器能提供比传统吸收塔大 30 倍的接触面积；在液-液接触时，膜接触器能提供比传统的接触设备大 500 倍的接触面积，较大的接触面积赋予膜接触器更高的总传质速率。膜接触器与传统接触器相比优缺点如表 8-1 所示。

表 8-1　膜接触器与传统接触器的比较

膜接触器	传统接触器
膜填充密度高、体积小、质量轻，相同体积可提供极大膜面积	体积大，耗资高
流体流速范围能独立控制，接触面积可知且固定不变，设计时比传统接触设备更容易预测传质分离效果	接触面积小，且会随两流体的流速变化而变化，流量小时接触面积很小
流体间不需要有密度差，可用于相同密度的两流体间的接触传质	操作条件受限制，需在稳定状态下操作，很难控制流体流速
传质阻力较大，膜容易被污染，使用寿命有限	传质阻力小，使用寿命长，能用于高温分离

不同的膜赋予传质界面不同的特性，由于膜所具有的特点及其与传统过程相结合所产生的强化优势，膜接触器可与传统的化工分离过程相竞争。随着研究的深入，它已充分展示出在石油、化工、食品、医药等领域中的广阔应用前景。

8.2 膜接触器的工作原理

膜接触器是指用于实现两相接触的膜系统。与传统的作为选择性分离介质的膜概念不同的是，膜对各组分不具有任何选择性，而是仅充当两相间的屏障，各相在确定的界面上进行接触。被分开的两相不发生相互混合和分散，组分仅靠扩散的方式从一相转移到另一相。膜接触器所用的膜一般是微孔膜和对称膜，可以是亲水膜，也可以是疏水膜。

以疏水中空纤维膜为例，两相被中空纤维膜隔开，两相界面在膜孔出口处，进料相的组分 i 通过扩散传质从壳程透过膜孔进入管程。图 8-1 为中空纤维膜接触器示意图。

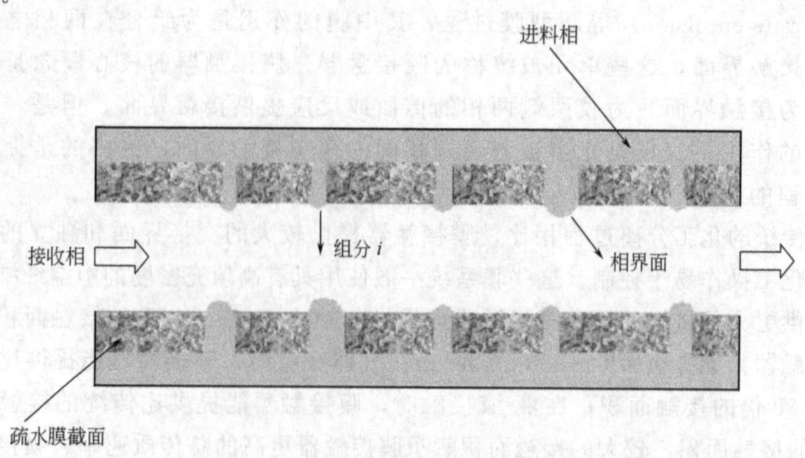

图 8-1　中空纤维膜接触器过程示意图

在膜接触过程中，为避免两相发生混合，必须严格控制操作压力。如果压力超过疏水膜材料的临界压力值（该压力一般称为穿透压力，Δp_{entry}），疏水膜将被进料相所润湿，失去分隔两相的作用。因此，膜接触器的操作压力必须小于膜的穿透压力。对于特定的膜材料，其穿透压力取决于膜的最大孔径、表面或界面张力、膜与流体之间的接触角，可根据 Laplace 方程计算：

$$\Delta p_{\text{entry}} = -\frac{4k\gamma\cos\theta}{r_{\text{p,max}}} \tag{8-1}$$

式中 γ——液体的界面张力，N/m；

θ——膜与液体的接触角，(°)；

$r_{\text{p,max}}$——膜的最大孔径，μm；

k——孔型修正因子，当膜孔为圆柱形孔时，$k=1$。

膜接触器所用的膜大多数是有均匀孔径的对称膜，因此，对给定的两相体系，这种膜有固定的穿透压力。对于孔径不均匀的非对称膜，当两相间的压差高于最大孔临界值压力而小于最小孔临界值压力时，就可以在两相不混合的情况下实现两相接触，两相的接触界面可控制在膜孔中而非膜孔出口处。其优点是界面的移动可使更多的膜孔被传质阻力相对小的流体占据，因而能减小膜的传质阻力。

8.3 膜接触器膜组件形式

膜接触器可以是平板式、管式和中空纤维式等。平板膜组件由于容易做成小型设备且膜易于更换，主要在实验室中应用。通常是把一张平板膜夹在两块设有流体入口和出口通道的板中间，如图 8-2 所示。

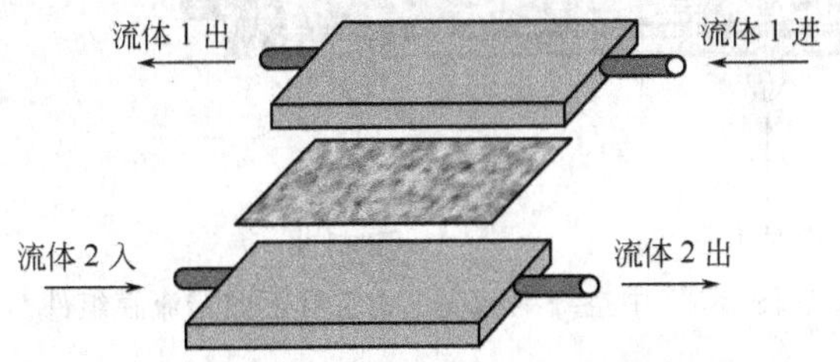

图 8-2　平板式膜接触器组件示意图

中试规模的接触器则要求单位体积的设备能提供更大的膜面积。由于中空纤维膜组件的填充密度大，制成的膜接触器的比表面积远远大于平板膜和管式膜，因而应用最为广泛。中空纤维组件的最初设计是平行流动的管壳式结构（图 8-3）。在这种结构中壳程容易发生流体的不均匀分布，从而降低传质效率。若料液在纤维管内流动，流动的不均匀分布会有所降低，但是也会造成压降升高。因此，人们做了大量研究来改进组件设计，以提高壳程的传质系数。例如在壳程中引入折流挡板造

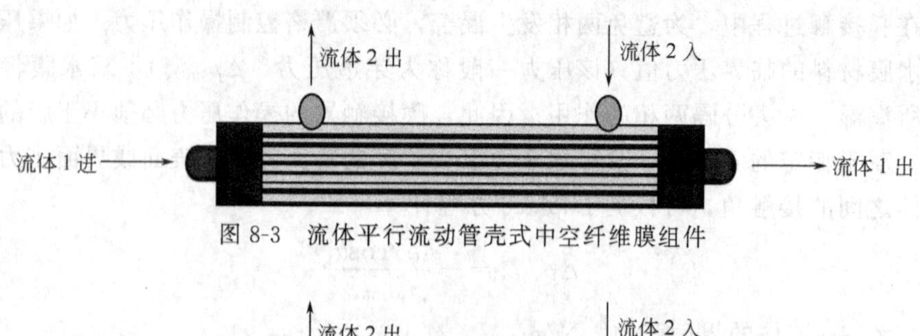

图 8-3　流体平行流动管壳式中空纤维膜组件

图 8-4　带折流挡板的管壳式中空纤维膜组件

成横向流动形成局部扰动，进而促进传质，图 8-4 为带折流挡板的管壳式中空纤维膜组件示意图。

为了提高膜接触器的传质效率，人们开发了不同类型的新组件。Bhaumik 等人设计的组件实现了管程和壳程流体的错流流动。他们将由中空纤维膜织成的纤维垫缠绕在中央管（即液体分布器）上，液体由这个中央管来分布，可将这种组件用于水吸收 CO_2 气体，图 8-5 为这种组件的结构示意图。

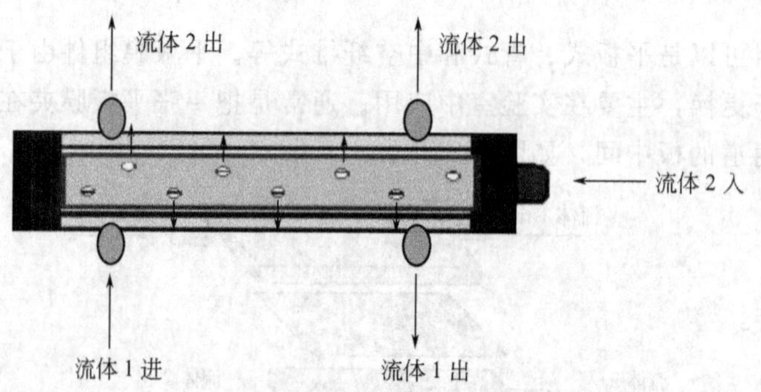

图 8-5　中空纤维缠绕于中空管上的错流膜组件

Wickramasinghe 等人在四种均是错流的组件中进行了水脱氧实验，并将结果与平行流圆柱形组件相比较。所有错流组件的脱氧率均高于平行流圆柱形组件。脱除率最高的是方形纤维束组件，为 98%；其次是螺旋形纤维束组件，为 86%；然后是圆柱形纤维束组件，为 82%；波纹平板组件的脱除率为 72%。

Wladisavljeme 和 Mitrovic 提出了具有框单元的三相中空纤维膜接触器。该组件由一系列单元构成。每个子单元由多边形的带有内框和外框的板构成，内框上装填了中空纤维，外框上有供流体流入和流出的入口和出口，板可以是单轴的用于两相传质，也可是双轴的用于三相传质。研究者指出这种组件与传统平行流组件相比的优势为：纤维长度可单独调整而不影响组件长度；纤维规律排放，防止纤维外部的流动不均匀；可以仅仅更换带有损坏纤维的子组件。该组件的壳程压降小于管程压降。管程的阻力损失主要取决于局部阻力，而非流体沿纤维长度流动的阻力。

8.4 分类及其应用

8.4.1 膜萃取

膜萃取是膜过程与液-液萃取过程相结合形成的一种新型分离技术，其萃取过程与常规萃取过程中的传质、反萃取过程十分相似。因此又称为微孔膜液-液萃取，但其传质是在有机溶剂和水溶液相接触的固定界面层上完成的，故又被称为固定界面层膜萃取，简称膜基溶剂萃取或膜萃取。以疏水膜为例，由于微孔膜本身的亲油性，萃取剂浸满疏水膜的微孔，渗至微孔膜的另一侧，这样萃取剂和料液在膜表面接触，发生传质。从膜萃取的传质过程可以看出，该过程不存在通常萃取过程中的液滴的分散和聚合现象。

1984 年，A. Kiani 等相继提出了膜萃取的方法。他利用这一方法在槽式膜萃取器内对二甲苯-HAc-H_2O 和甲基异丁基甲酮（MIBK）-HAc-H_2O 体系进行了试验研究，求取了基于有机相的总传质系数，并讨论了膜萃取的特点。B. M. Kim 则以 LiX64-$CuSO_4$-H_2O 为体系，利用中空纤维膜接触器研究了膜萃取的分离效果。研究结果表明，利用膜萃取的方法可以减少溶剂的夹带损失，中空纤维膜接触器的使用将为这一新的分离方法的应用开辟有希望的前景。1985 年，D. O. Cooney 和 C. L. Jin 又使用中空纤维膜接触器对含酚水进行了膜萃取的试验。1986 年，E. L. Cussler 等又进一步研究了膜的浸润性对膜萃取传质速率的影响。国内戴猷元等选用了有工业背景的体系对膜萃取过程进行了大量研究，探索并取得了相关的系列传质系数公式，提出并研究了利用膜萃取实现同级萃取反萃过程的优势。

图 8-6 是疏水性微孔膜和亲水性微孔膜的膜萃取过程示意图。图 8-6（a）中，在有机相与水相间置以疏水性微孔膜，有机相将优先浸润膜，并进入膜孔。当水相的压力等于或略大于有机相的压力时，在膜孔的水相侧形成有机相与水相的界面。该相界面是固定的，溶质通过这一固定的相界面从一相传递到另一相，然后扩散进入接收相的主体，完成膜萃取过程。当采用亲水性微孔膜时，则水相将优先浸润膜，并进入膜孔；若采用一侧亲水，另一侧疏水的复合膜，则亲-疏水复合膜的界面处就是水和有机相的界面，见图 8-6（b）。

8.4.1.1 膜萃取特点

作为一种新型分离技术，膜萃取过程特殊的优势主要表现在以下几点。

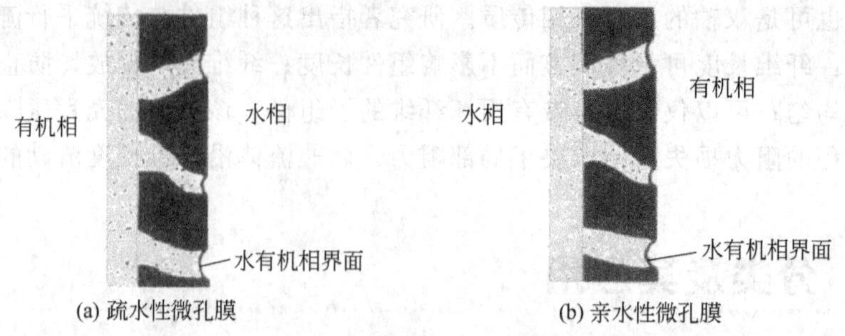

图 8-6　膜萃取过程示意图

① 通常的萃取过程往往是一相在另一相内分散为液滴，实现分散相和连续相间的传质，之后，分散相液滴重新聚结分相。细小液滴的形成创造了较大传质比表面积，有利于传质的进行。然而，过细的液滴又容易造成夹带，使溶剂流失或影响分离效果。膜萃取由于没有相的分散和聚结过程，可以减少萃取剂在料液相中的夹带损失。

② 连续逆流萃取是一般萃取过程中常采用的流程。为了完成液-液直接接触中的两相逆流流动，在选择萃取剂时，除了考虑其对分离物质的溶解度和选择性外，还必须考虑其他物性（如密度、黏度、界面张力等）。在膜萃取中，料液相和溶剂相各自在膜两侧流动，并不形成直接接触的液-液两相流动。因此，在选择萃取剂时可大大放宽物性要求，可使用一些高浓度的高效萃取剂。

③ 一般柱式萃取设备中，由于连续相与分散相液滴群的逆流流动，柱内轴向混合的影响十分严重。一些柱式设备中 60%～70%的柱高是为了克服轴向混合影响。同时，萃取设备的生产能力也将受到"液泛"总流速等条件的限制。在膜萃取过程中，两相分别在膜两侧做单向流动，使分离过程免受"返混"的影响和"液泛"条件的限制。

④ 膜萃取过程可较好的发挥化工单元操作的某些优势，提高过程的传质效率，可实现同级萃取和反萃取，尤其是中空纤维膜接触器的优势更加突出。

上述特点使膜萃取在一些特殊的分离过程中显示出显著的优越性。

8.4.1.2　膜萃取基本原理

（1）膜萃取传质方程

膜萃取传质模型：假设膜的微孔被有机相（或水相）完全浸满，微孔膜有一定的弯曲度和等直径的均匀孔道，忽略微孔端面液膜的曲率对传质的影响。膜萃取过程的传质阻力将由有机相边界层阻力、水相边界层阻力和膜阻三项构成。

根据一般传质过程的阻力叠加法则，可以得到式（8-2）、式（8-3）。

对于疏水膜
$$\frac{1}{K_{\mathrm{w}}}=\frac{1}{k_{\mathrm{w}}}+\frac{1}{k_{\mathrm{m}}m}+\frac{1}{k_{0}m} \tag{8-2}$$

对于亲水膜
$$\frac{1}{K_{\mathrm{w}}}=\frac{1}{k_{\mathrm{w}}}+\frac{1}{k_{\mathrm{m}}}+\frac{1}{k_{0}m} \tag{8-3}$$

式中 K_w——总传质系数；

k_w——水相分传质系数；

k_m——膜内分传质系数；

k_0——有机相分传质系数；

m——相平衡分配系数。

式（8-2）、式（8-3）中的膜阻可分别表示为式（8-4）、式（8-5）。

疏水膜膜阻
$$\frac{1}{k_m}=\frac{\tau_m t_m}{D_0\varepsilon_m} \tag{8-4}$$

亲水膜膜阻
$$\frac{1}{k_m}=\frac{\tau_m t_m}{D_w\varepsilon_m} \tag{8-5}$$

式中 τ_m——弯曲因子，$\tau_m>1$；

t_m——膜厚，μm；

ε_m——微孔膜孔隙率；

D_0——溶质在有机溶剂中的自由扩散系数；

D_w——溶质在水溶液中的自由扩散系数。

（2）临界突破压差 Δp_{cr}

膜萃取操作时必须保持水相和有机相之间有适当的压差。对疏水性微孔膜来说，膜孔中充满了有机相。为了进行膜萃取，水相压力应稍大于有机相压力，但当水相压力过大时，膜孔中的有机相将被水相代替，产生这一现象的临界两相压差称为临界突破压差 Δp_{cr}。膜萃取操作时的压差要小于临界突破压差 Δp_{cr}。

当然，膜萃取也可以采用亲水性微孔膜，此时进入膜孔的是水相。当有机相压力稍高于水相时，在膜孔有机相侧形成水相-有机相界面，二相间通过该固定相界面进行传质。同样，两相间压差也不能超过临界突破压差 Δp_{cr}。Δp_{cr} 与膜性质、选用体系等相关。表 8-2 所列是实验测得的某些体系的临界突破压差 Δp_{cr}。

表 8-2 部分体系临界突破压差的实验测定值

萃取膜	平均孔径/μm	体系	孔内液体	Δp_{cr}/kPa
聚丙烯(Hoechst Celanese)	0.02	正庚烷-NMP[①]-甲苯	NMP	137
		正庚烷-NMP-甲苯	正庚烷	>241
		正丁醇-水-琥珀酸	正丁醇	212
再生纤维素(ENKA)	0.004	正丁醇-水-琥珀酸	水	>414
		二甲苯-水-醋酸	二甲苯	68.9
		二甲苯-水-醋酸	水	>482
再生纤维素(MFS)	0.45	MIBK[②]-水-醋酸	水	83
醋酸纤维素(MFS)	0.20	二甲苯-水-醋酸	水	215
尼龙（ENKA)	0.20	二甲苯-水-醋酸	水	172
		二甲苯-水-醋酸	二甲苯	124

① NMP 为 *N*-甲基吡咯烷酮。

② MIBK 为甲基异丁基甲酮。

临界突破压差 Δp_{cr} 一般与水-有机相间界面张力 γ、膜微孔半径 r_p、孔壁与液-液界面切线所形成的相接触角 θ_c 有直接关系。如果假设膜微孔为平行的均匀圆柱形孔道，则微孔膜的临界突破压差 Δp_{cr} 如式（8-6）所示。

$$\Delta p_{cr}=\frac{2\gamma\cos\theta_c}{r_p} \tag{8-6}$$

8.4.1.3 膜萃取过程的影响因素

（1）水相和有机相压差

由于膜萃取过程中的传质推动力主要是化学位，而不是水相和有机相压差，因此两相间压差的作用只是为了防止两相间的渗透，对传质系数无直接影响。

（2）两相流量

两相流量对总传质系数的影响，主要取决于分离体系传质过程中水相边界层阻力或有机相边界层阻力在总传质阻力中的比例。对于以有机相边界层阻力为主的体系，当有机相流量维持不变时，总传质系数基本不随水相流量的变化而变化；而当水相流量不变时，总传质系数随有机相流量的增大呈上升趋势。以水相边界层阻力为主的体系，结果则相反。

（3）相平衡分配系数

膜萃取过程中膜阻对总传质系数 K_w 的影响，依赖于分配系数 m 的大小。对于相平衡分配系数 $m \gg 1$ 的体系，采用疏水膜萃取器时，膜萃取过程中的膜阻将得到有效控制，可以忽略不计，即膜的性质与传质速率无关。该过程的总传质系数 K_w 相对较大。对于相平衡分配系数 $m \ll 1$ 的体系，则应采用亲水膜萃取器，膜萃取过程中的膜阻也将得到有效的控制，也可以获得较大的总传质系数 K_w。对于相平衡分配系数 $m \approx 1$ 的体系，膜阻在总传质阻力中的比例是相当高的，且随着体系两相流速的增大，水相及有机相边界层阻力减小，膜阻将成为影响过程传质速率的决定因素。

（4）界面张力

在常规的分散相液-液萃取中，两相的界面张力对萃取效果影响很大。界面张力小，分散相液滴小，单位体积传质系数大。反之界面张力大，分散相液滴大，不利于传质。而膜萃取过程中不存在液滴分散及聚结现象，体系界面张力对总传质系数没有直接影响。但界面张力对临界突破压差 Δp_{cr} 影响较大。

8.4.1.4 膜萃取过程的应用

（1）金属萃取

膜萃取在分离金、铜、锌、铁、汞、铬、镍等离子方面都有应用研究，如 Schoner 等采用错流式中空纤维膜萃取器，在 $ZnSO_4$/双-2-乙基己基磷酸盐/异十二烷体系中分离 Zn^{2+}，可以使 Zn^{2+} 浓度由 100mg/L 降至 2mg/L。另外，膜萃取在分离金属离子时有很高的选择性，如 Argiropulos 等从盐酸溶液中萃取 Au^{3+} 时，即使有 Cu^{2+} 存在，Au^{3+} 的萃取率仍很高。

(2) 有机物萃取

膜萃取在有机物分离方面也有很多应用研究。如以甲基异丁基甲酮-醋酸正丁酯为萃取溶剂，萃取含酚水溶液中的苯酚；以 *N*-甲基吡咯烷酮为萃取溶剂，萃取甲苯-正己烷混合物中的甲苯。膜萃取也可以分离提纯药物，如以苯或甲苯为萃取溶剂，萃取氨水溶液中的 4-甲基噻唑、4-氰基噻唑等。

(3) 发酵产物萃取

发酵法是生产有机化工原料的重要方法之一，而发酵产物有时又会产生抑制发酵的作用。如丁酮可以通过葡萄糖的厌氧发酵制得，但丁酮又会抑制微生物的发酵反应，将其不断从料液中移出，就会提高过程收率。Matsumra 把膜萃取运用到葡萄糖发酵制取丁酮的过程，取得良好效果。用膜萃取处理发酵产物乳酸、乳酸盐也有很多报道。

8.4.2 膜蒸馏

Bodell 于 1966 年申请了膜蒸馏技术专利。在专利申请中他将膜蒸馏描述为“一种将不可饮用水溶液转化为可饮用水的装置和技术”。一年后，Findley 公开发表了利用不同疏水材料（包括用硅树脂、特氟纶或防水剂处理过的纸、胶合板、玻璃纤维、赛璐玢和尼龙）开展系统膜蒸馏试验的初步研究结果以及非常简单、基础的理论阐释。20 世纪 80 年代以来，随着聚丙烯、聚四氟乙烯和聚偏氟乙烯等疏水性微孔膜的开发，膜蒸馏的理论和应用研究才有了较大进展。

在膜蒸馏过程中，微孔疏水膜一侧与被加热的水溶液（进料液或截留液）接触，膜的疏水性使水溶液无法向膜孔内迁移，并在每个孔的入口处形成气液界面。在气液界面处，易挥发物质（一般是水）蒸发、扩散或对流透过膜，并在系统另一侧（透过液或馏出液）被冷凝或脱除，膜蒸馏过程示意图如图 8-7 所示。

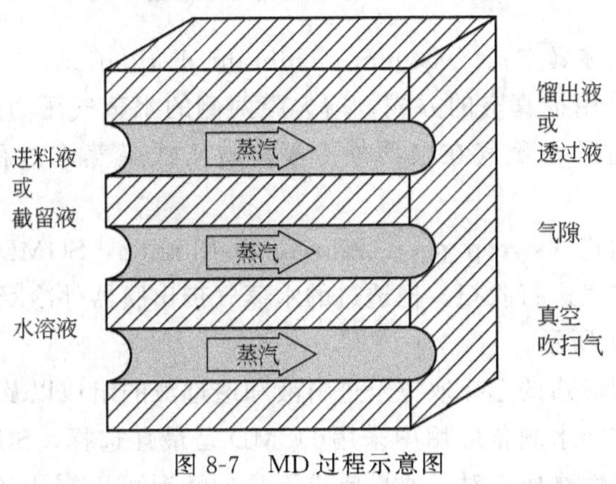

图 8-7 MD 过程示意图

8.4.2.1 膜蒸馏过程及分类

在操作膜蒸馏过程时，由于膜两侧的温度不同，一侧称为暖侧，另一侧称为冷侧。在暖侧，膜与热的待处理水溶液直接接触，水溶液中的水在膜表面汽化，水蒸气通过膜孔传递到膜的冷侧，被冷却成水。根据冷侧水蒸气的冷凝方法或排除方法的不同，膜蒸馏过程可以分为以下几类。

(1) 直接接触式（direct contact membrane distillation，DCMD）

热溶液和冷却水分别与膜的两侧表面直接接触，传递到冷侧的水蒸气被直接冷凝到冷却水中。这种方式适用于平板膜或中空纤维膜，膜器结构简单，水通量大。直接接触式膜蒸馏过程示意图如图 8-8 所示。

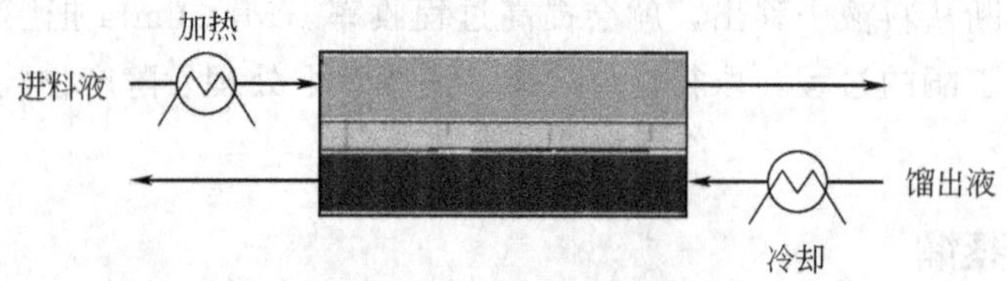

图 8-8 DCMD 过程示意图

(2) 空气间隙式也称气隙式（air gap membrane distillation，AGMD）

冷侧的冷却水介质与膜之间有一个冷却板，膜与冷却板之间存在空气间隙，通过膜孔和间隙后的水蒸气在冷却板上冷凝。这种方式可以直接得到冷凝的纯水，对冷却水的纯度要求低，适用于平板膜。气隙式膜蒸馏过程示意图如图 8-9 所示。

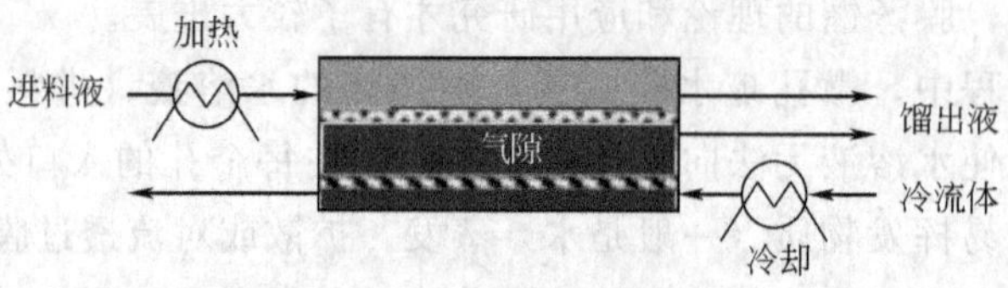

图 8-9 AGMD 过程示意图

(3) 减压式也称真空式（vacuum membrane distillation，VMD）

在膜的冷侧采用抽真空的方式，增大膜两侧的水蒸气压力差，从而得到较高的蒸馏通量，透过的水蒸气在膜器外冷凝。减压式膜蒸馏过程示意图如图 8-10 所示。

(4) 气流吹扫式（sweep gas membrane distillation，SGMD）

冷侧通入干空气进行吹扫，把透过的水蒸气带出膜器外冷凝，气扫式膜蒸馏过程示意图如图 8-11 所示。

对特定膜蒸馏形式的选择取决于进料液和透过液的组成以及对膜蒸馏通量的要求。一般来说，在纯水制备应用中采用 DCMD 是最佳选择，SGMD 和 VMD 用于水溶液中去除挥发性物质，对于通量要求不高的情况可以采用 AGMD 来浓缩各种

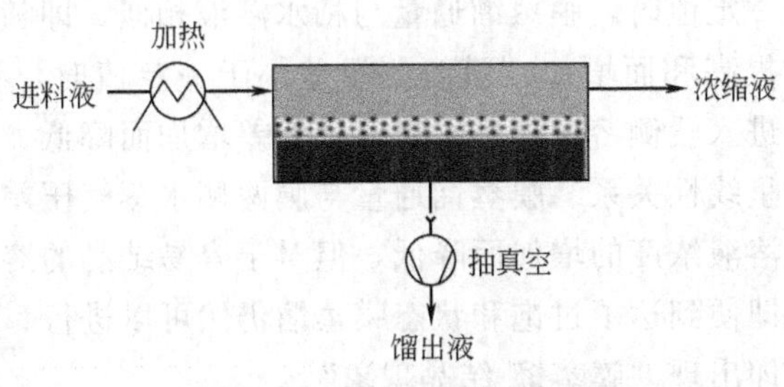

图 8-10　VMD 过程示意图

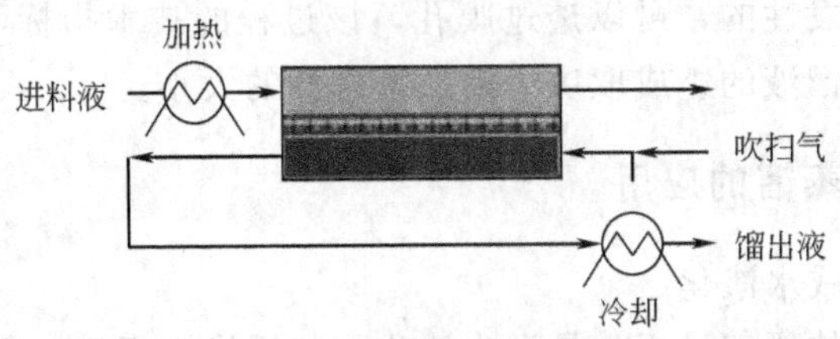

图 8-11　SGMD 过程示意图

非挥发性物质。

8.4.2.2　膜蒸馏的特点

膜蒸馏过程有如下特点。

① 截留率高　膜蒸馏对非挥发性溶质如大分子、胶体、离子等 100% 的截留，可被广泛用于海水淡化、超纯水制备和废水处理等，理论产水率可达 100%。

② 能耗低　与传统蒸馏塔相比，膜蒸馏典型的进料温度为 30～50℃，因此可更有效地利用低位热源、废热源以及其他可替代能源（如太阳能、风能或地热）。

③ 操作压力低　降低了运行成本和对设备的机械要求，可通过使用塑料设备来减少或避免高浓度盐水的腐蚀，提高设备使用寿命的同时降低了设备成本。

④ 可处理高浓度废水　通过膜蒸馏可将溶液浓缩到过饱和状态而出现膜结晶现象，是目前惟一能从溶液中直接分离出结晶产物的膜过程。

8.4.2.3　膜蒸馏过程的传质

（1）非挥发性溶质稀水溶液的膜蒸馏传质规律

通常非挥发性溶质稀水溶液的膜蒸馏溶质截留率近于 100%，膜蒸馏通量的方向是从暖侧到冷侧，且随膜两侧温差的增大而增加。当膜两侧温差一定时，膜蒸馏通量随暖侧溶液温度的提高而增加，即提高暖侧温度比降低冷侧温度对提高蒸馏通量更有效。另外，膜蒸馏通量还与膜两侧水蒸气压差呈线性关系。

（2）非挥发性溶质浓水溶液的膜蒸馏传质规律

由于各种因素的干扰，浓水溶液的膜蒸馏通量的方向不一定是从暖侧到冷侧。

当膜两侧温差大于一定值时，膜蒸馏通量与稀水溶液相似，即随暖侧溶液温度和膜两侧水蒸气压差的提高和而增加；膜两侧温差小于一定值时，膜蒸馏通量则为负值，即冷侧纯水将进入暖侧溶液，其绝对值随温差增加而降低、随暖侧溶液温度的提高而降低，并均呈线性关系。膜蒸馏通量与膜两侧水蒸气压差的关系没有明显规律。膜蒸馏通量随溶液浓度的增加而降低，但对于容易结晶的溶质如氯化钠，在两侧温差足够大时，即便到达了过饱和状态膜蒸馏仍然可以进行，这时溶液中会不断析出氯化钠晶体，即出现“膜蒸馏-结晶现象”。

（3）挥发性溶质水溶液的膜蒸馏传质规律

由于溶质是挥发性的，可以透过膜孔，该过程的技术指标不是溶质截留系数，而是分离系数，蒸馏液的组成取决于溶质挥发性的大小。

8.4.2.4 膜蒸馏的应用

（1）海水和苦咸水淡化

最初对膜蒸馏的研究目标就是海水淡化。与反渗透相比，它不需要高压和复杂设备，并能处理盐分较高的水溶液。经大量经济技术分析认为，在可利用如太阳能等廉价能源的边远地区，膜蒸馏脱盐制饮用水有较好的应用前景。

（2）超纯水的制备

在非挥发性溶质水溶液的膜蒸馏中，只有水蒸气能透过膜孔进入冷侧，这样可望得到超纯水。南通合成材料厂曾以反渗透水或离子交换水为原水，经过膜蒸馏处理后，得到比电阻为 18.2MΩ·cm、水质达到 4Mbit 的超纯水。

（3）浓缩和回收

膜蒸馏可以处理极高浓度水溶液，在化学物质水溶液的浓缩方面具有很大潜力。用膜蒸馏方法不仅可处理人参露和洗参水，使其中所含的微量元素、氨基酸和人参皂苷得到有效浓缩，还可浓缩蝮蛇抗栓酶。余立新浓缩古龙酸水溶液，Zarate 等人浓缩牛血清蛋白都得到较好的结果。

（4）挥发性溶质水溶液的分离

利用水和溶质挥发性的差别，经膜蒸馏方法处理可改变原料液的组成。现在人们已经成功地从水溶液中分离出挥发性的丙酮、乙醇、乙酸乙酯、异丙醇、甲基叔丁基醚和苯等。

8.4.2.5 膜蒸馏用膜材料

膜蒸馏是混合液中挥发性组分在疏水分离膜两侧的蒸气压差的推动下实现传质分离的膜过程，因此，膜的疏水性和多孔性是膜蒸馏用膜的选择关键，以保证混合液不会渗入到微孔中，并使膜具有较高的膜蒸馏通量。通常认为孔隙率为 60%～80%，平均孔径为 0.1～0.5μm 的膜最适合于膜蒸馏。此外，良好的热稳定性、化学稳定性、较低的导热系数和足够的机械强度也是膜蒸馏用膜所必需的。

目前，常用的膜蒸馏用膜都是用于微滤过程的商品膜，如聚四氟乙烯(PTFE)、聚偏氟乙烯（PVDF）和聚丙烯（PP）等，尚未开发出专门用于膜蒸馏过程的膜。全同立构PP膜的表面自由能约30.0×10^{-3}N/m，有很好的耐溶剂性和较高的结晶度，由于价格低廉使其应用较为广泛。通常采用熔融纺丝冷拉伸法(melt spinning cold stretching，MSCS）或热致相分离法（thermally induced phase separation，TIPS）制备PP微孔膜。TIPS法制备的PP膜具有孔径分布窄、孔隙率调节范围宽等特点，因而成为制备膜蒸馏用PP膜的重要方法。PVDF的表面自由能约30.3×10^{-3}N/m，热稳定性和化学稳定性也较好，能溶于二甲基乙酰胺(DMAc）和二甲基甲酰胺（DMF）等常见的有机溶剂，可通过非溶剂致相分离法(nonsolvent induced phase separation，NIPS）和TIPS法制备PVDF微孔膜，是一种很有应用前景的膜蒸馏用膜材料。PTFE的表面自由能约9.1×10^{-3}N/m，疏水性突出，且其耐氧化性、化学稳定性以及热稳定性等也优于PP和PVDF，是公认理想的膜蒸馏用膜材料。图8-12所示为常见膜蒸馏用膜PTFE、PP和PVDF微孔膜的微观形貌。

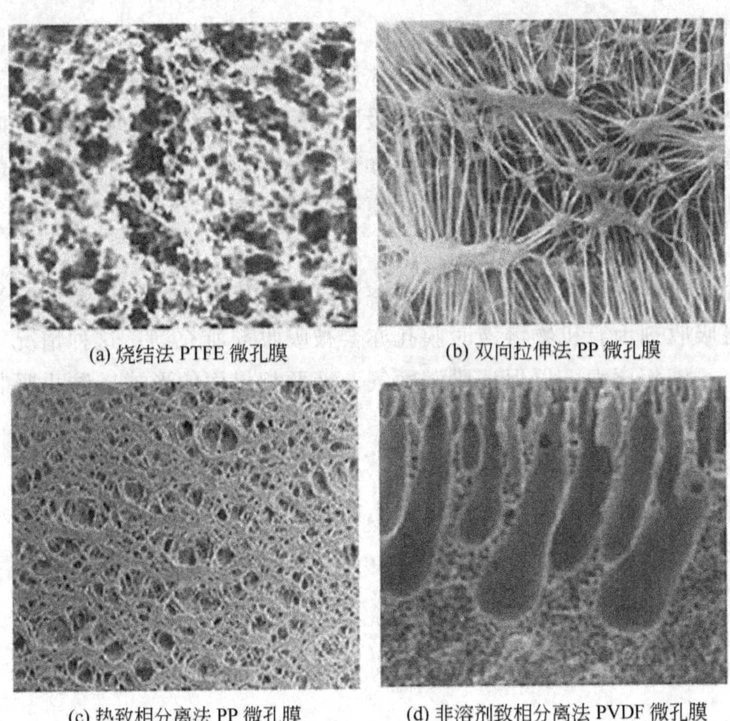
(a) 烧结法PTFE微孔膜　(b) 双向拉伸法PP微孔膜
(c) 热致相分离法PP微孔膜　(d) 非溶剂致相分离法PVDF微孔膜

图8-12　膜蒸馏用膜的微观形貌

8.4.3　膜吸收

膜吸收是将膜基气体分离与传统的物理吸附、化学吸收、低温精馏、深冷相结合的新型分离技术。与传统的吸收技术相比，膜吸收因具有气液接触面积大、传质速率快、无雾沫夹带、操作条件温和等特点而备受关注。膜吸收作为膜分离技术的一个分支，其工艺早已为人所知，但由于缺乏适用的高效膜，使得在很长时间内得不到大规模的工业化应用。自 1960 年 Loeb 和 Sourirajan 首先制备出高通量的醋酸纤维素非对称膜和 1979 年美国孟山都公司 Per-Mea 子公司研制出第一套用于气体分离膜装置“Prism separator”以来，以各种功能膜为主体的膜工业已成为较为完整的边缘学科和新兴产业，并朝着反应-分离耦合、集成分离的技术方面发展。膜吸收技术作为这种集成技术的代表，在制膜工艺、膜材料、传质机理及模型等方面也引起了人们的广泛重视并逐步应用到工业领域。

8.4.3.1 膜吸收过程及分类

膜吸收是将膜和传统吸收/解吸相结合的新型膜过程。膜吸收过程是使用微孔膜将气、液相分隔开来，利用膜孔提供气、液相间实现传质的场所。根据膜材料的亲水性能和吸收剂的不同，膜吸收过程有以下几种形式。

(1) 气体充满膜孔

使用疏水性微孔膜时，膜孔将被气体所充满，气相中的组分将以扩散的形式通过膜孔到达液相表面并被液体吸收。解吸时，组分在液体表面解吸后，同样以扩散方式通过膜孔到达气相。两相压差的选择很重要，应使气体不在液体中鼓泡，也不能把液相压入膜孔，更不能使液相透过膜孔而流向气相。

(2) 吸收剂充满膜孔

当使用亲水性微孔膜且吸收剂为水溶液时膜孔将被吸收剂所充满；当使用疏水性微孔膜且吸收剂为有机物溶液时膜孔亦会被吸收剂所充满；这种情况下，要控制气相压力高于液相压力，以保证膜表面气、液两相界面的形成，防止吸收剂透过膜而流向气相。

(3) 同时解吸-吸收的气态膜过程

使用疏水性微孔膜将两种水溶液（比如氨水和稀酸液）隔开，一种水溶液中的挥发性溶质（比如 NH_3）解吸进入膜孔，然后扩散传递到膜孔的另一侧并被另一水溶液（比如稀酸液）吸收。这便是解吸-吸收同时进行的气态膜过程。

8.4.3.2 膜吸收的特点

膜吸收过程有如下特点：

① 不论是哪种类型的膜吸收过程，微孔膜只提供了传质场所，并不参与组分的分离作用，因此膜吸收的本质仍是传统意义上的平衡分离过程；

② 由于气、液两相互不分散于另一相，两相的流动互不干扰，流量范围各自可以在很宽的范围内变动。

8.4.3.3 膜吸收的传质方程

根据膜吸收过程的不同形式以及经过不同相态的传质通量、相界面的平衡关系，可以得到不同形式的膜吸收的传质方程。

气体充满膜孔时的传质方程

$$\frac{1}{K}=\frac{1}{k_{\mathrm{g}}}+\frac{1}{k_{\mathrm{m}}}+\frac{1}{H_{\mathrm{A}}k_{\mathrm{l}}} \tag{8-7}$$

吸收剂充满膜孔时的传质方程

$$\frac{1}{K}=\frac{1}{k_{\mathrm{g}}}+\frac{1}{H_{\mathrm{A}}k_{\mathrm{m}}}+\frac{1}{H_{\mathrm{A}}k_{\mathrm{l}}} \tag{8-8}$$

同时解吸-吸收的传质方程

$$\frac{1}{K}=\frac{1}{H_{\mathrm{A_1}}k_{\mathrm{l_1}}}+\frac{1}{k_{\mathrm{m}}}+\frac{1}{H_{\mathrm{A_2}}k_{\mathrm{l_2}}} \tag{8-9}$$

式中 K——总传质系数；

k_{g}——气相中传质系数；

k_{l}——液相中传质系数；

k_{m}——膜中传质系数；

$k_{\mathrm{l_1}}$——在原溶液中的传质系数；

$k_{\mathrm{l_2}}$——在吸收液中的传质系数；

H_{A}——组分 A 的溶解度系数；

$H_{\mathrm{A_1}}$——组分 A 在原溶液中的溶解度系数；

$H_{\mathrm{A_2}}$——组分 A 在吸收液中的溶解度系数。

8.4.3.4 膜吸收的应用

(1) 生物医学领域

已用于临床的血液供氧是膜吸收过程在生物医学领域最早的应用。它是在疏水的聚四氟乙烯微孔膜的一侧通以血液，另一侧通以压力稍低于血液侧的氧气或空气，在浓度差的推动下，氧被吸收进入血液中，血液中的 CO_2 则解吸进入气体侧。

(2) 生物发酵领域

在有氧发酵中，利用膜吸收过程不断向体系补充 O_2，同时排除发酵中产生的 CO_2；在厌氧发酵中，不断向体系补充 N_2，同时排除 O_2 和 H_2。用聚四氟乙烯微孔膜还可将乙醇发酵中不断产生的乙醇不断脱除，以实现连续发酵。

(3) 环保领域

可以用酸液或碱液吸收惰性气体中的碱性或酸性气体；采用聚偏氟乙烯微孔膜和 2%的 NaOH 溶液，可以脱除废液中的酚。

8.4.4 膜结晶

2001年，意大利的Curcio等首先将直接接触式膜蒸馏用于浓缩NaCl溶液，使其达到过饱和，并且得到了NaCl晶体。这可能是膜结晶技术的最早报道。其后人们将膜结晶的应用领域从无机盐溶液结晶逐步扩展到生物高分子溶液的结晶。Bouguecha等将膜蒸馏与液化床结晶结合来处理地热水，利用地热作为能量降低水中硬度，虽然没有得到膜结晶产品，但是其中蕴含将结晶与膜蒸馏相结合的思想。类似地，在国内通过膜结晶实现了酞菁化合物的结晶和苯酚的结晶。

膜结晶是膜蒸馏与结晶两种分离技术相结合形成的一种新型分离技术。它主要是通过膜蒸馏的原理来脱除溶液中的溶剂来浓缩溶液，使溶液的浓度达到饱和或过饱和，然后在晶核存在或加入沉淀剂的条件下，使溶质结晶出来，其原理与膜蒸馏相同。

8.4.4.1 膜结晶过程及其特点

(1) 普通结晶过程

对于溶液的蒸发结晶，常用的工业结晶器有两种：强制循环式和导流筒挡板式。在强制循环结晶器中，将由外部加热后的悬浮液通过一个切向或轴向入口送到沸腾区域。由于施加了很高的循环流速，由此引发了主要的设计问题，即并不是结晶器的整个横截面积都用于蒸发（还存在涡流）；这引起了热量短路循环，从而导致整个罐内具有较高的过饱和度水平、不同的成核速率并且使得晶体粒度分布随着晶体表面的变化在粗细颗粒之间波动。

在导流筒挡板式结晶器中，晶体的悬浮状态是利用一个缓慢转动的大螺旋桨来维持，螺旋桨被罐内的导流套筒所包围。螺旋桨将浆液引向液体表面，以防止固体在饱和度最大的区域内进行短路循环。在这个设备中，晶体的最终形状常常是不能令人满意的，这是因为设备机械部分的摩擦使较大晶体受到削磨。图8-13所示为通过高速生长的减压蒸发结晶和通过膜结晶得到的NaCl晶体形貌。

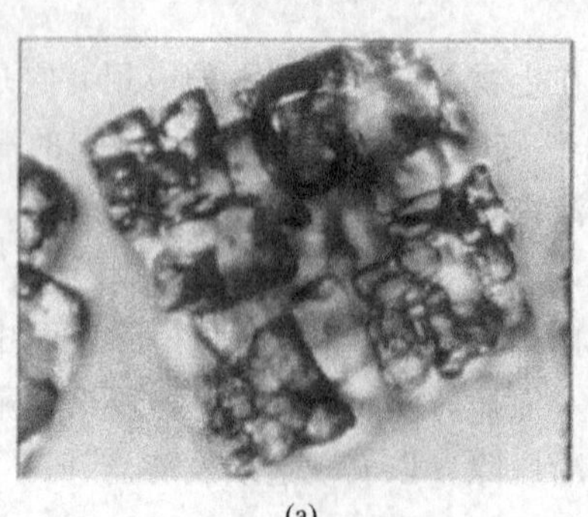

(a)

(b)

图8-13 减压蒸发（a）和膜结晶（b）得到的NaCl晶体形貌

(2) 膜结晶过程

膜结晶过程如图 8-14 所示。

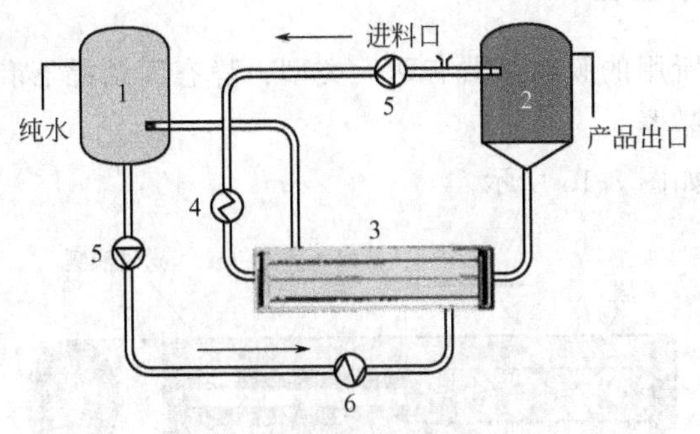

图 8-14　膜结晶过程

1—纯水储槽；2—料液储槽；3—膜组件；4—加热器；5—循环泵；6—冷凝管

料液流和透过液流在含有微孔疏水性膜的膜组件中以逆流的方式从膜的两侧流过，料液中的溶剂通过膜孔汽化到达透过液侧，料液侧由于溶剂的减少得以浓缩。结晶将出现在料液储槽内。此后母液与新加入的料液相混合，被循环泵送至膜组件的料液侧。为了防止在膜组件内部结晶，必须在膜组件的进口端设一加热器，进行适当的加热以升高料液的温度，提高晶体的溶解度，以使膜组件内部料液的浓度处于饱和浓度之下。料液进入膜组件后与冷的透过液侧相接触，由于料液的溶剂汽化吸热和料液与冷的透过液的热传递，使得在膜组件内部沿料液流动的方向上，料液的温度不断降低。在选择加热器的加热强度时，必须考虑组件内这种温度的变化。此外在膜组件料液的进入端应设一过滤器，以防止微小晶体被料液带入膜组件而阻塞膜孔，否则将使膜组件的效率大大降低。从膜组件出来后的料液将返回到料液储槽。

在透过液侧用离心泵来保证透过液与料液逆向的循环，不断带走从微孔中蒸发过来的水蒸气和热量。同样以冷凝器移走透过液循环中的多余热量，并以容器作为透过液循环中的缓冲容器。

(3) 膜结晶过程的特点

由于普通的结晶过程中溶剂的蒸发与溶质的结晶出现在同一位置（在结晶器内部），料液表面与料液主体温度存在差别，这意味着得到的晶体没有很好的均一性。在膜结晶中并不存在这样的问题，溶剂的蒸发在膜组件内部，这里料液的浓度低于饱和浓度，溶质结晶发生在料液循环中的一个单独容器内，这里料液的浓度处于过饱和状态，所得的晶体具有更好的尺寸分布和更好的质量。控制和获得较好晶体尺寸的分布是膜结晶器设计的重要目标。

此外，在膜结晶器冷、暖液流相接触的有效面积要远远高于普通结晶的热交换器。例如，内径为 0.1mm 的纤维具有的接触面积为 $10^4 m^2/m^3$，这比热交换器的接触面积要大得多。这种较大的传质面积允许制造一个膜结晶器，它占用较小的空间，但却拥有较大的传质面积。

8.4.4.2 膜结晶器

膜结晶过程中所用的膜结晶器有两大类型：静态膜结晶器和连续式膜结晶器。

(1) 静态膜结晶器

静态膜结晶器如图 8-15 所示。

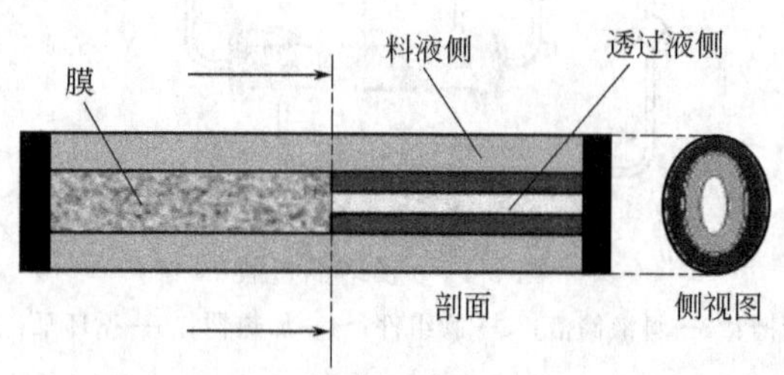

图 8-15 静态膜结晶器

使用时向膜管内注入高浓度的盐水，然后将膜管两端密封，将待结晶溶液置于膜管的外侧，待结晶溶液中加入沉淀剂，以减少结晶的诱导时间。由于在膜两侧的盐浓度不同，膜内侧中水蒸气的分压低于膜外侧中水蒸气的分压，料液中的水不断蒸发进入另一侧，料液不断浓缩以至结晶。将料液置于外侧便于对结晶过程的观察和对膜面晶体层的清除。静态膜结晶器一般用于膜结晶过程。此外，应该注意到，在膜结晶过程中，膜两侧的浓度差减小，推动力不断减小。

(2) 连续式膜结晶器

连续式膜结晶器如图 8-16 所示。

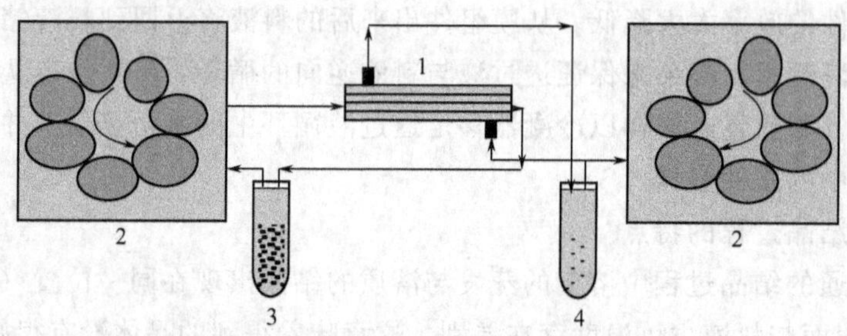

图 8-16 连续式膜结晶器

1—膜组件；2—恒流泵；3—料液储槽；4—透过液储槽

料液和透过液分别循环，在膜组件内部膜两侧逆流相遇，由于料液的温度高于透过液的温度或透过侧的溶液浓度高于料液的浓度，料液中的水分通过蒸发进入透过侧，从而使料液不断浓缩直至在料液储槽中结晶。

8.4.4.3 膜结晶的应用

(1) NaCl 溶液结晶

Curcio 等将连续式膜结晶器用于 NaCl 溶液的结晶。试验分为两步，第一步将未饱和的 NaCl 溶液采用膜蒸馏的方法进行浓缩使其达到饱和状态，考察此过程的膜通量的变化情况。第二步进行连续式膜结晶，考察膜通量的变化、晶体尺寸的分布、晶核的形成过程和晶体的增长。试验得到的 NaCl 晶型为典型的立方体，并且发现晶体的增长速率是停留时间、浆液密度和过饱和度的函数。试验中的动力学参数由理想的结晶器模型 MSMPR 模型决定，动力学的数据表明 NaCl 晶核形成的速率是晶体增长速率和浆液浓度的函数。

（2）溶菌酶结晶

Curcio 等利用膜结晶的方法用于溶菌酶的结晶，以制得质量较好的溶菌晶体。在试验中试验两种膜结晶的方法，即渗透膜结晶和热驱动膜结晶。前者依靠膜两侧溶液的不同浓度来提供传质推动力，后者依靠膜两侧温差来提供传质推动力。在两种情况下，传质过程均分为以下 3 步：溶剂在膜表面的汽化；溶剂蒸气通过膜孔；蒸气在膜的另外一侧冷凝。在连续的膜结晶过程中，膜纤维中蛋白质溶液以层流状态流动，这样能够获得结构更好的晶体。图 8-17 为在聚丙烯疏水膜表面生长的四方形溶菌酶晶体的扫描电镜图。

图 8-17　通过膜结晶得到的四方形溶菌酶晶体微观形貌

试验中以 NaCl 为沉淀剂，高浓度的 $MgCl_2$ 溶液为透过液，以醋酸钠缓冲溶液调节溶菌酶溶液的 pH 值。为确定膜结晶的条件，试验先进行了静态膜结晶，而后进行了连续的膜结晶，几小时后得到了大量的溶菌酶晶体。试验表明，可通过控制透过液的浓度、流速而获得质量较好的晶体。

（3）生物高分子溶液结晶

对高分子溶液的膜结晶试验表明，膜结晶过程具有很强的多功能性，对透过液中溶剂汽化速率的良好控制和膜表面起到蛋白质晶体非均匀晶核的作用，使我们可以以较少的诱导时间得到质量完美的晶体。此外，可以在膜表面接上一些基团来增强膜与生物高分子之间的相互作用，以强化膜作为非均匀晶核的作用。膜结晶在蛋白质的结晶方面拥有较好的潜力和较大的应用前景。

（4）苯酚的膜结晶法回收

张凤君以聚偏氟乙烯中空纤维膜为膜材料，采用膜蒸馏技术对含酚废水处理及结晶回收过程进行各种因素的考察，结果表明苯酚的去除率可达 90%以上，结晶回收率可达 95%。使用的膜结晶器结构尺寸参数见表 8-3。

表 8-3 膜结晶器结构尺寸参数

项目	内径/mm	外径/mm	平均孔径/μm	孔隙率/%	膜器内径/mm	长度/mm
A	1.0	1.3	0.02	80	8.0	200
B	0.7	1.2	0.06	81	8.0	200

8.4.4.4 膜结晶器的发展前景

膜结晶过程可以更好、更方便地控制晶体结晶过程，得到质量更好的晶体；膜结晶过程在一定空间内拥有更大的传质面积；膜结晶可以利用低位热能，尤其是在生物高分子溶液结晶过程中；膜表面还可以起到非均匀晶核的作用，它与蛋白质分子的疏水性相互作用可减少结晶诱导时间和蛋白质初始浓度。由于膜结晶过程具有上述优点，膜结晶将在盐溶液结晶，废水处理回收晶体，蛋白质、酶及其他生物高分子完美晶体的制备方面得到较好的应用。此外，膜结晶还可以应用于某些物质的晶型转变和一些物质新晶型的制备。

膜结晶过程的良好设计、良好控制，膜结晶过程中传质、传热方面的研究，膜结晶过程模型的建立，膜结晶过程应用领域的拓展是今后膜结晶过程研究的主要方向。相信膜结晶作为一种全新的分离技术，将会得到充分发展。

8.4.5 膜乳化

乳液是指两种或两种以上不互溶的液体构成的多相分散体系，至少含一个分散相并以液滴的形式存在于连续相中。乳液主要包括两种类型，即水包油型（O/W）和油包水型（W/O）。也存在所谓双乳液，即 W/O/W 和 O/W/O，这样的体系在药物释放方面很重要。乳液中的小液滴为分散相，包围小液滴的液体为连续相。另外，除了两相都是液体的情况，也存在固体相作为分散相分散在连续相中的分散乳液。图 8-18 为三种典型的乳液形貌。

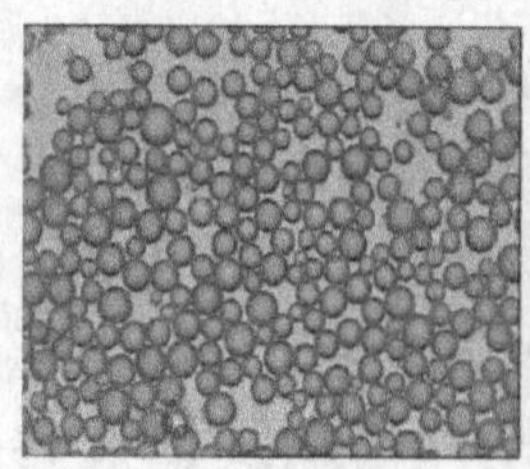
(a) 水包油型

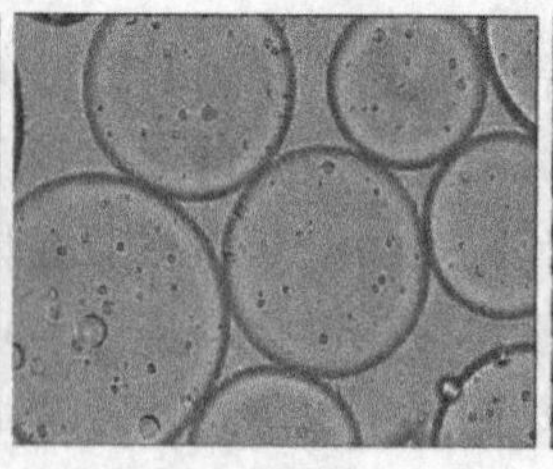
(b) 双乳液

(c) 乳液中微球

图 8-18 三种乳液形貌

乳化过程广泛应用于食品、化妆品、制药、染料以及石油工业等领域。常见乳化法有机械搅拌法、定子-转子法、高压剪切法、超声波法等，分散相液滴的大小取决于所输入的机械能产生的涡流剪切力对分散相的破碎程度，这些方法不易控制分散相液滴大小，使得大小分布较宽，难以制得单分散型乳液，能耗大。1991 年日本学者提出的膜乳化（membrane emulsification）制备高性能乳液的新方法，引起各国学者的重视。与传统方法相比，膜乳化法操作简单、能耗低、表面活性剂用量少以及乳液性能高。同时，膜乳化法具有可制备窄粒径分布乳液液滴、剪切力和能耗较小、设计简单有效等方面的潜在优势，因而在各行业都具有潜在应用前景。国内外有关膜乳化法的研究主要是对操作条件和参数进行系统化研究，包括膜性能（膜材料、膜孔径大小及分布、孔隙率等）、乳化剂、操作条件（如连续相流速和压力、分散相压力、流体黏度、温度）等因素对乳化程度和乳液性能的影响。

8.4.5.1 膜乳化过程及分类

多孔膜上的大量均匀孔可看作为微量分布器，膜两侧分别是分散相和连续相，膜内外压力差为传质推动力，分散相在压力作用下通过微孔后在另一侧的膜表面形成液滴并生长，长到一定大小时由于受到高速流动的连续相剪切力作用而剥离膜表面，从而形成水包油或油包水型乳液，也可制备复合型乳液。

根据分散相的预混情况，可将膜乳化分为直接膜乳化和预混膜乳化。直接膜乳化是直接将未处理的分散相压入连续相形成乳液；而预混膜乳化是先将预混合的粗乳液加压通过膜进入连续相形成乳液，预混的目的是为了减小分散相粒径。图 8-19 是直接膜乳化和预混膜乳化过程中分散相液滴形成原理示意图。

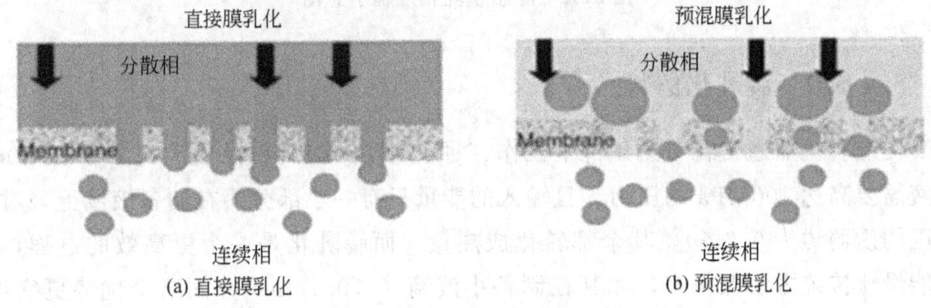

(a) 直接膜乳化　　(b) 预混膜乳化

图 8-19　膜乳化过程分散相液滴形成原理示意图

可将膜乳化分为动态膜乳化和静态膜乳化。动态膜乳化有错流式、搅拌式和旋转式 3 种，见图 8-20。错流式膜乳化是连续相和分散相分别在多孔膜两侧以相反方向逆流，分散相在膜表面形成液滴后被连续相带离膜表面进入连续相形成乳液，错流式膜乳化一般采用的膜形式为中空纤维膜或管式膜。搅拌式膜乳化是分散相在膜表面形成液滴后被高速旋转的连续相剪切离开膜表面进入连续相形成乳液，搅拌式膜乳化一般采用的膜形式为平板膜。旋转式膜乳化与搅拌式膜乳化相反，是在管程中的分散相转动形成剪切力从而得到乳液。

静态膜乳化即是连续相和分散相都相对静止，分散相液滴完全依靠加压透过膜孔进入连续相形成乳液。图 8-21 为静态膜乳化过程示意图。

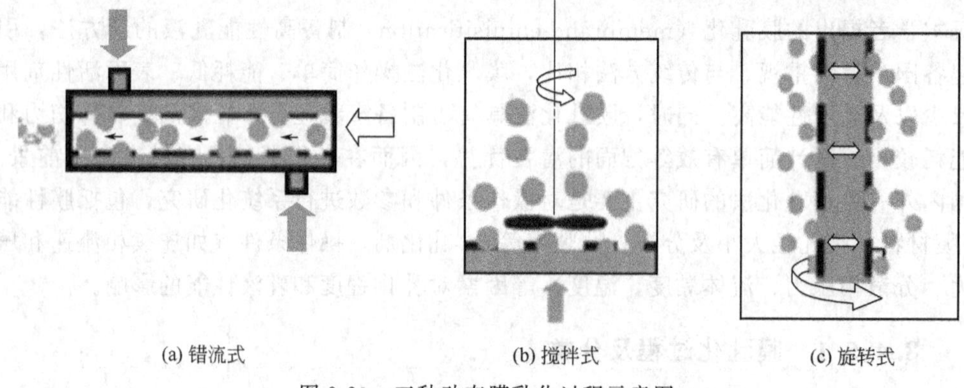

图 8-20　三种动态膜乳化过程示意图

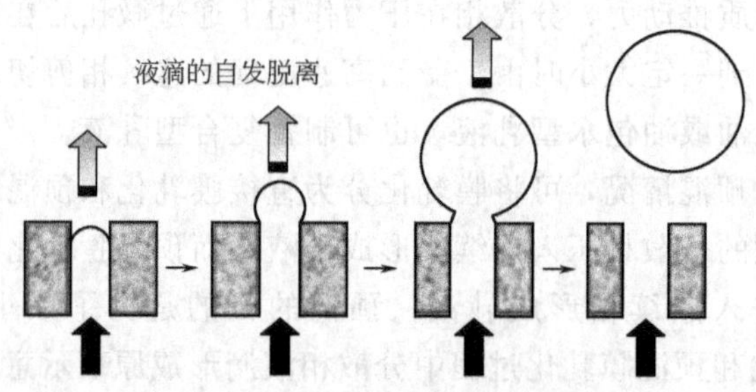

图 8-21　静态膜乳化过程示意图

8.4.5.2　膜乳化的特点

传统乳化器通常在苛刻条件下工作，每小时生产液滴粒径小于 0.1μm 的 $50m^3$ 乳液需要高达 100MPa 的压力，且输入的能量只有一小部分用在制备液滴上（对于高压均质器约为 0.2%），其余都转化成热量。而膜乳化是一个更高效的过程，所需能量比传统方法低得多，尤其在制备小液滴（<0.1μm）方面这个优势更突出。在膜乳化器中，通常数百千帕的压力就足以驱动分散相渗透通过膜进入连续相。

膜乳化突出特点是：①可制得分散相液滴尺寸小而均匀的单分散型乳液，乳液的稳定性好；②通过选择特定的操作条件及膜孔径，可得到一定的分散相液滴尺寸；③膜乳化法能耗大大低于传统方法；④乳化剂耗量低于传统方法，剪切力较小，有利于保护对剪切力敏感的成分。这些特点是传统方法难以达到的。

虽然膜乳化在很多领域具有很大的潜在优势，但是目前膜乳化的大规模应用还不成熟，其中主要的问题是分散相通量太小，导致膜乳化效率较低。比如有研究表明要制备 1000L 含 10%油相的 O/W 型乳液，需要用搅拌机生产 1h，而用膜乳化系统生产需要可到 8h，生产时间太长则抵消了低能量带来的好处。不过如果膜乳化法中先用粗乳液作为油相制备精细乳液，不但乳液液滴更小、分布更窄，而且可大大提高乳化效率。

8.4.5.3 膜乳化用膜

(1) 无机膜材料

无机膜材料由于具有化学性质稳定、耐有机溶剂、孔径分布窄、机械强度高、耐压性好、便于清洗等优点，较符合膜乳化法对膜性能的要求，因此大多数膜乳化过程都采用无机膜制备乳液，包括 SPG 膜（shirasu porous glass membrane）、陶瓷膜、石英玻璃膜（silica glass membrane）、平板镍膜等。其中日本开发生产的 SPG 膜使用最多，它含有柱状、互相连通的均匀微孔。另外，陶瓷 Al_2O_3 和表面涂有氧化钛或氧化锆的 Al_2O_3 都可作为膜材料，通过增加涂层，膜孔径可以减小，孔径分布更加均匀。

除此以外，膜的孔隙率影响膜乳化效果，孔隙率大，膜表面液滴在脱离之前相互聚合的可能性就大；孔隙率小，则降低了分散相的渗透速率。用计算流体动力学（computational fluid dynamics，CFD）软件模拟膜乳化过程，可得出防止液滴结合的最大孔隙率。膜的厚度对乳化效果也有影响，关系到分散相渗透时膜阻力的大小。临界压力下只有部分孔能生成液滴，这部分孔称为活性孔，其比例影响分散相通量。其值与膜和操作参数均有关，如膜越薄，活性孔比例越大，升高压力则活性孔数量大致线性增加，用显微镜观察可知活性孔的出现是随机的，活性孔达到稳定的比例需要一段时间，这个时间与跨膜压差大小有关，不同膜即使在相同操作条件下的活性孔比例也不同，在相同条件下用 SPG 膜和 Al_2O_3 膜制备乳液时，SPG 膜的活性孔百分数高于 Al_2O_3 膜。

(2) 有机聚合物膜材料

大多有机膜孔径分布较宽，孔隙率过高，不耐有机溶剂，对使用环境要求较高，因此有机膜在膜乳化上应用较少。但是，有机膜制备容易，造价相对便宜，有机膜材料种类多，来源方便，较容易进行表面处理，孔径较小，因此在合适的操作条件下可以制得液滴更小的乳液。常见的用于膜乳化的聚合物膜有机材料包括聚四氟乙烯、聚酰胺、聚丙烯和聚碳酸酯等。SPG 膜和聚四氟乙烯膜相比，相同条件下由聚四氟乙烯膜制备出来的乳液大小分布较宽，这与该膜的孔隙率较高有关；而且聚四氟乙烯膜的孔径与液滴大小不是线性关系，这是因为膜的标称孔径不一定反映膜乳化过程的实际孔径，通过临界压力计算公式估算实际孔径；并发现估算出来的孔径与乳液液滴大小基本为线性关系，比例系数为 9.85。采用截留分子量 1 万的聚酰胺超滤膜制备 O/W 型乳液，在不同操作条件下制得平均液滴大小 1.87μm、2.5μm、3.5μm 的乳液，液滴大小分布较均匀，乳液稳定性较好，轻微搅拌下放置 20～30d 乳液液滴大小和分布无明显变化，乳液油相体积可达 85%。与无机膜相比，聚酰胺超滤膜孔径（不超过 10nm）与乳液液滴大小的比值远远偏离上述无机膜的该比值。

8.4.5.4 膜乳化的应用

膜乳化法在很多领域都有潜在应用，目前对膜乳化法的研究所涉及应用范围主要是大小可控制、具有较高均匀度的高技术产品的研制，包括涂料上色芯的制备、脂质体的制备、液晶/聚合物复合薄膜的制备、液晶显示器的垫料、均匀硅胶颗粒的制备、单分散聚合物微球的合成等。其中聚合物微球已应用在色谱柱填料、固定酶的载体和可生物降解药物释放体系中。目前采用 SPG 膜乳化技术制备出各种（如亲水、疏水、致密、多孔、不同粒径大小）单分散性很好的高分子微粒，工艺操作简单，产品收率高。Giorno 等将含有底物萘普生甲酯的水包油型乳液为料液，通入固定有脂肪酶的酶膜反应器进行外消旋萘普生甲酯混合物的拆分反应，稳定的乳液为界面活性酶提供了很大的油/水反应界面，从而使反应器的产率、酶的对映体选择性和底物的转化率都大大提高。制药中膜乳化法制备的微胶囊不但颗粒小，而且呈单分散性。膜乳化法制备的内部为金属氧化物的微胶囊可作为化妆品及涂料的颜料，也可作为感光氧化催化剂用于水处理，也可用于制造胶粒尺寸均匀的微球型再剥离性压敏胶，以及食品工业调味剂微胶囊的制备。

参 考 文 献

[1] Drioli E，Criscuoli A，Curcio E. Membrane Contactors：Fundamentals，Applications and Potentialities；Membrane Science and Technology Series 11. Elsevier：Amsterdam，2006.

[2] Drioli E，Criscuoli A，Curcio E. Membrane Contactors and Catalytic Membrane Reactors in Process Intensification. Chem Eng Technol，2003，26 (9)：975-981.

[3] Kruulen H，Smolders C A，Versteeg G F，Van Swaaij W P M. Determination of Mass Transfer Rates in Wetted and non-Wetted Microporous Membranes. Chem Eng Sci，1993，48 (11)：2093-2102.

[4] Malek A，Li K，Teo W K. Modeling of Microporous Hollow Fiber Membrane Modules Operated under Partially Wetted Conditions. Ind Eng Chem Res，1997，36 (3)：784-793.

[5] Cha J S，Malik V，Bhaumik D，Li R，Sirkar K K. Removal of VOCs from Waste Gas Streams by Permeation in A Hollow Fiber Permeator. J Membr Sci，1997，128 (2)：195-211.

[6] Yang X J，Fane A G，Bi J，Griesser H J. Stabilization of Supported Liquid Membranes by Plasma Polymerization Surface Coating. J Membr Sci，2000，168 (1-2)：29-37.

[7] Lin S H，Juang R S. Mass Transfer in Hollow Fiber Modules for Extraction and Back-Extraction of Copper(Ⅱ) with LIX64N Carriers. J Membr Sci，2001，188 (2)：251-262.

[8] Gherrou A，Kerdjoudj H，Molinari R，Drioli E. Facilitated co-Transport of Ag(Ⅰ)，Cu(Ⅱ) and Zn(Ⅱ) Ions by Using A Crown Ether as Carrier：Influence of the SLM Preparation Methods on Ions Flux. Sep Sci Technol，2012，37 (10)：2317-2336.

[9] Figoli，Sager W F C，Mulder M H V. Facilitated Oxygen Transport in Liquid Membranes：Review and New Concepts. J Membr Sci，2001，181 (1)：97-110.

[10] Shofield R W，Fane A G，Fell C J D. Gas and Vapor Transport Through Microporous Membranes Ⅱ // Membrane distillation. J Membr Sci，1990，51 (1-2)：173-185.

[11] Bodell B R. Silicone Rubber Vapour Diffusion in Saline Water Distillation：US，285032. 1966.

[12] Findley M E, Tanna V V, Rao Y B. Mass and Heat Transfer Relations in Vaporization Through Microporous Membranes. AIChE Journal, 1969, 15 (4): 483-489.

[13] Wickramasinghe S R, Semmens M J, Cussler E L. Mass Transfer in Various Hollow Fiber Fabric. J Membr Sci, 1993, 85 (1): 265-278.

[14] Lawson K W, Lloyd D R. Membrane Distillation. J Membr Sci, 1997, 124 (1): 1-25.

[15] Curcio E, Drioil E. Membrane Distillation and Related Operations—A Review. Sep Purif Rev, 2005, 34 (1): 35-86.

[16] Kimura S, Nakao S I, Shimatani S I. Transport Phenomena in Membrane Distillation. J Membr Sci, 1987, 33 (3): 285-298.

[17] Schofield R W, Fane A G, Fell C J D. Heat and Mass Transfer in Membrane Distillation. J Membr Sci, 1987, 33 (3): 299-313.

[18] Martinez D L, Floridod F J, Vazquezg M I. Study of Evaporation Efficiency in Membrane Distillation. Desalination, 1999, 126 (1-3): 193-197.

[19] 余立新，刘茂林，蒋维钧. 膜蒸馏的研究现状及发展方向. 化工进展，1991 (3): 1-3.

[20] 环国兰，杜启云，王薇. 膜蒸馏技术研究现状. 天津工业大学学报，2009，28 (4): 12-18.

[21] 孙卫明. 微孔聚丙烯中空纤维膜. 高分子材料科学与工程，1997，13 (4): 8-13.

第 9 章 膜反应器

目前膜技术已不再是局限于单纯分离的范畴而正在步入反应工程，这就是把反应和分离结合在一起的膜反应器（membrane reactor），其结构示意图如图 9-1 所示。这是现代膜技术应用史上革命性的发展，因为它不仅打破了常规反应器对平衡反应转化率的限制，而且在简化生产工艺、节能降耗方面具有巨大的优越性和吸引力。

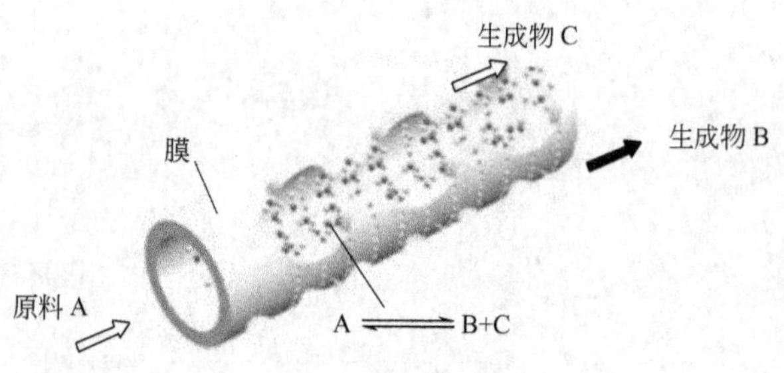

图 9-1 膜反应器结构示意图

9.1 膜反应器的特点

在传统的化工过程中，反应与分离是两个独立的单元操作，不仅操作复杂、反应周期长，而且多数反应由于产物浓度的影响，转化率受反应平衡的限制。而膜反应器利用膜的选择分离特性集反应与分离于一体，使反应和分离同时进行，不但加快了反应周期，而且提高反应的转化率。

同常规的化学反应器相比，膜反应器具有以下 3 个特点。

(1) 反应转化率不受化学平衡转化率的限制

这是膜反应器最为显著的特点之一。许多重要的化学反应都是平衡反应。使用传统的反应器无法突破平衡转化率的限制。而在膜反应器中，膜的选择透过性使某些组分（如产物）的连续脱除成为可能，从而可促使化学平衡发生移动，以提高可逆反应的转化率。

(2) 能提高复杂反应的选择性

对于平行反应 $A+B \begin{matrix}\longrightarrow C \\ \longrightarrow D\end{matrix}$ 或串联反应 $A+B \longrightarrow C+B \longrightarrow D$，如何抑制副反应，获得更多的目的产物（比如说是 C），是一个十分重要的问题。采用膜反应器技术，可在反应进行的过程中，设法将目的产物分离出去，而副产物（比如说是 D）的存在将抑制它的继续生成，从而促使反应朝生成 C 的方向发展，提高反应的选择性。

(3) 经济高效

膜反应器反应、分离设施一体化的设计减少了设备的投资；由于分离直接在反应区进行，不必为了对未反应物进行分离、回收和循环使用而进行反复冷却、加热，从而不仅简化了生产工艺，而且大大降低了能量的浪费；价格昂贵的催化剂得以反复使用，极大地提高了催化剂的利用率，降低了生产成本。

9.2 膜反应器分类及其应用

9.2.1 膜反应器的分类

由于膜反应器的类型众多，难以有统一的分类方法。现将主要的划分依据及典型的膜反应器总结如下。

(1) 从同膜相关的特性参数出发

包括膜的几何形状、分离特性、膜的作用及膜的材质。如中空纤维膜反应器是依据膜的几何形状划分的，而无机膜反应器和聚合物膜反应器则是依据膜的材质划分的。

(2) 从同催化剂相关的特性参数出发

包括催化剂的种类、位置及在膜反应器中存在的形态等。如依据所固定的催化剂种类不同，可将膜反应器分为膜生物反应器（被固定化的催化剂是具有生物活性的物质如酶、微生物或动、植物细胞等）和膜催化反应器（被固定化的催化剂是化学催化剂）；而依据所固定的催化剂位置则可将其分为催化膜反应器和惰性膜反应器。

此外，还有从物质透过膜的传递方式出发的扩散控制型膜反应器和流动控制型膜反应器，以及从操作条件出发（如使用温度）的常温膜反应器和高温膜反应器等。

9.2.2 膜化学反应器

膜化学反应器，即膜与化学反应过程相结合构成的反应设备或系统，旨在利用膜的特殊功能，实现产物的原位分离、反应物的控制输入、反应与反应的耦合、相间传递的强化、反应分离过程集成等，达到提高反应转化率、改善反应选择性、提高反应速率、延长催化剂使用寿命和降低设备投资等目的。膜化学反应器种类非常繁多，目前尚无统一的分类方法。在膜分离过程中，膜的基本功能是选择透过性；在膜化学反应器中，膜的基本特征功能仍与其渗透性能相关，可以概括为选择分离、控制输入（或称为分布混合）、输入分离（或称为混合分离）和提供介观孔道反应环境，同时可兼具催化、载体和分隔等从属功能。据此，可将膜化学反应器分为：膜反应分离器、膜混合反应器、膜混合反应分离器和膜介观孔道反应器。

9.2.2.1 膜反应分离器

这类反应器利用膜的选择分离功能，将反应产物或副产物连续地从反应区移出。其作用主要有：①提高可逆反应转化率，依靠膜将可逆反应的产物或副产物从反应区移出，促使平衡向右移动，获得高于平衡转化的转化率，或在同样转化率下，降低反应温度和压力；②提高复合反应选择性，对于连串反应，将中间目标产物不断移出，可降低其转化为副产物的速率，提高反应选择性；③对于易受产物抑制或毒害的催化反应，及时分离产物，可提高催化剂表观活性，延长使用寿命。根据反应区和分离区的组合关系，该类反应器可分为一体式和分置式两类，已广泛应用于气相和液相反应中。

（1）气相反应

气相反应主要用于脱氢、甲醇制氢和分解（如 NH_3，H_2S）等催化反应，膜结构包括致密膜和多孔膜两大类。膜反应器的催化功能，可通过 3 种形式实现。①利用膜本身的催化性能。例如，苯乙烯磺酸膜可催化酯化反应，钯膜可催化脱氢反应。②多孔膜通过吸附、浸渍、复合包埋、化学键合等技术，引入催化剂或催化功能团，制成催化活性膜。③膜管内装填催化剂，构成填充床式膜催化反应分离器，制作比较简单，催化剂易于更换。例如，Gobina 等采用多孔玻璃复合膜进行乙烷脱氢反应，原料气和吹扫气在膜两侧同向流动，390℃时乙烷转化率比平衡转化率高 7 倍，逆流操作时则高 8 倍。在 H_2S 分解为 H_2 和 S 的反应中，采用 Pt-SiO_2-V-SiO_2-Pd 复合膜，反应温度大于 700℃时，转化率达 99.4%，远高于 13%的平衡转化率。图 9-2 为乙烷脱氢反应的膜反应器原理示意图。图 9-3 为反应设备示意图。

（2）液相反应

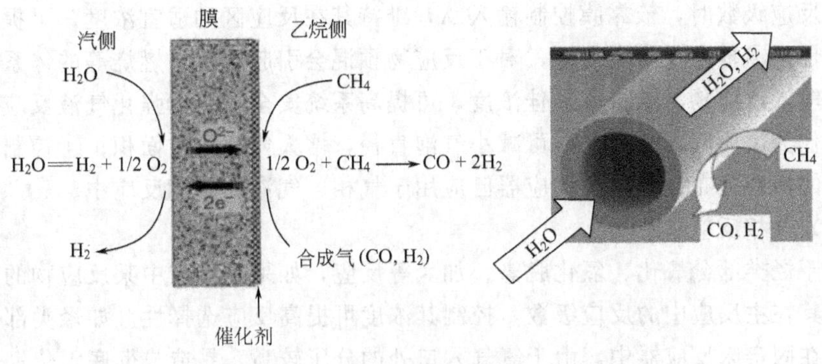

图 9-2　乙烷脱氢膜反应器原理示意图

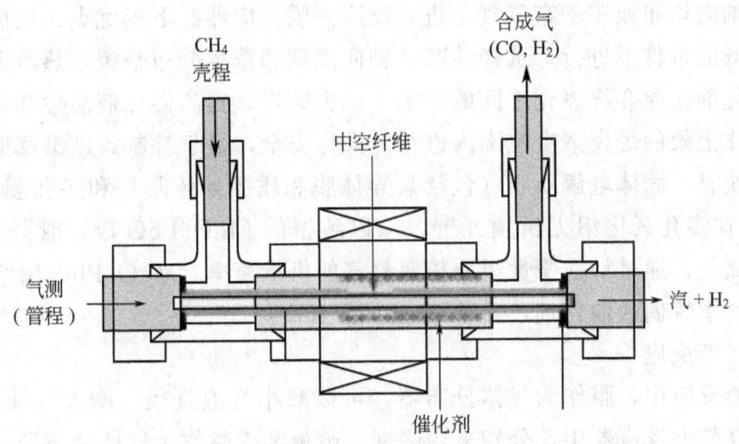

图 9-3　乙烷脱氢膜反应器设备示意图

对于缩合、缩聚、酯化等反应，通过膜渗透蒸发除去反应产生的水，可提高反应转化率。反应单元和膜渗透蒸发单元，通常采用分置式组合。

在用 $AlCl_3$ 水解制备聚合氯化铝过程中，日本旭化成公司利用离子交换膜选择性地移出 $AlCl_3$ 水解产生的 H^+，促使反应向右移动，最终得到产品。其原理是将阴离子交换膜和只允许一价阳离子通过的阳离子交换膜，构成中间的 B 室，两侧是 A 室。B 室中通入三氯化铝或低碱化度氯化铝溶液，A 室通入电解质溶液。通入电流后，Cl^- 透过阴离子交换膜进入 A 室，H^+ 透过阳离子交换膜进入 A 室，与 Cl^- 生成盐酸；Al^{3+} 因离子较大，不能透过阳离子交换膜。这样，B 室的 OH^- 与 Al^{3+} 结合，最后得到聚合氯化铝产品。采用该方法，盐酸可以回收，产品碱化度 (OH/Al) 可达到 1.8 以上。

9.2.2.2　膜混合反应器

分离的逆过程是混合。膜混合反应器可利用膜向反应区控制输入反应组分达到以下目的：①提高平行反应选择性，当反应物 A 在主反应中的反应级数低于副反应中的反应级数时，依靠膜控制输入A，维持其在反应区的适宜浓度，可提高主反应选择性；②提高反应安全性，对于反应物预混会引起爆炸、燃烧等的体系，通过膜控制输入反应物，维持其最佳浓度，可提高系统安全性；③强化气液反应相间传质，膜作为反应气体分布器，可减小气泡直径，增大气液传质面积；④控制液相复杂反应的产物分布。膜混合反应器已应用于气相、气液和液相反应中。

(1) 气相反应

对于烃类部分氧化、氧化脱氢、加氢等反应，如果副反应中某反应物的反应级数高于其在主反应中的反应级数，控制其浓度可提高反应选择性。如烃类部分氧化反应，在固定床反应器中，由于氧气入口处的分压较高，易造成彻底氧化；在流化床中，氧气分压虽较低，但也存在深度氧化等问题；而在膜反应器中，利用膜微孔沿反应器轴向均布或非均布氧气，进行反应。膜反应器有下列优点：反应始终在氧气浓度较低的条件下进行，选择性高；轴向温度和浓度分布平缓，热点温度低；利于维持催化剂还原和再氧化之间的平衡，减少结炭，提高催化剂活性和寿命；反应在高于爆炸上限的烃类浓度范围内进行，操作安全，易于控制。该类反应器的膜材料包括金属膜、固体电解质膜（包括氧导体膜和质子导体膜）和多孔膜等。例如，K. Omata在多孔氧化铝无机膜外壁，涂以致密的MgO/PbO层，管外通过甲烷，管内通入氧气，通过加入惰性组分控制氧气的供给速率。MgO/PbO层既为氧离子导体，又是甲烷偶联催化剂，C_2烃类选择性可高达97%。

(2) 气液反应

在气液反应中，膜作为气体分布器，可以减小气泡直径，增大气液传质面积。丁富新等在鼓泡反应器中，分别采用筛网、筛板和镍膜作为气体分布器，发现镍膜分布器可使体积氧传递系数K_La（溶氧电极动态法测定）提高1倍以上；在以Co^{2+}为催化剂的亚硫酸钠氧化体系中，与普通喷嘴分布器相比，镍膜分布器可使氧消耗速率提高一个数量级。

(3) 液相反应

① 无机高分子絮凝剂合成　刘忠洲等提出利用膜反应器制备聚合氯化铝絮凝剂，有效降低反应物微团尺度和特征扩散时间，在反应物浓度较高和较快加碱速率下，最佳絮凝形态（Al_b）的质量分数高达84%，具有很大的应用价值。

② 催化剂制备　采用浸渍法制备Al_2O_3负载的铜催化剂时，技术关键是促进活性中心的形成。Ioan Balint等在透析膜袋（MWCO12000～14000，孔径2.5nm）内，装入球形γ-Al_2O_3（粒径13nm）和0.1mol/L的K_2SO_4溶液，膜外为0.1mol/L的K_2SO_4溶液。缓慢向膜外加入少量$CuSO_4$溶液，并用KOH溶液调节膜外溶液pH值为9。在50℃条件下240h后，发现膜外铜化物沉淀中Cu/Al的摩尔比为80.8，膜内Al_2O_3粒子上的Cu质量分数约为0.1%，认为碱性铜化物扩散进入透析膜内，吸附在Al_2O_3表面，导致Al_2O_3溶解和渗出。据称该过程可诱导晶格缺陷，并可能促进活性中心的形成。

9.2.2.3 膜混合反应分离器

这类反应器，主要包括膜萃取反应器和膜电渗析反应器，膜兼具向反应区缓慢输入反应物和从反应区选择分离产物的功能。

(1) 膜萃取反应器

膜萃取反应器，适用于两个互不相溶的液相之间的反应，可降低液液相间阻力，避免产物分离时的破乳问题，已用于废水氧化处理、有机电化学合成等领域。

① 废水氧化处理 采用 O_3 氧化处理难降解有机废水时，由于 O_3 浓度及其在水中溶解度较低，氧化效果不甚理想。通过加入不溶于水的第二液相（O_3 在其中的溶解度较大），如氟碳油（CF），可将氧化速率提高一个数量级以上。但在搅拌釜式反应器中，存在 CF 较难有效分散和易于挥发逸失等问题。A. Sim 等将两束疏水性中空纤维微滤膜组成新型膜反应器，在第一束内通过废水，第二束内通过含 O_3 空气，两束之间的壳侧为静止的 CF 液体，其压力低于纤维束内压力。两束纤维膜微孔均为 CF 润湿，废水中有机污染物被膜孔内 CF 萃入壳侧的 CF 液膜中，然后被进入 CF 液膜内的 O_3 氧化，不挥发性的低分子降解产物被萃回废水中。为防止 CF 蒸气进入气流中造成损失，第二束膜材料可采用无孔和高 O_3 渗透性的硅橡胶毛细管。当废水中污染物分别为苯酚（150μg/g）、硝基苯（120μg/g）、甲苯（120μg/g）和丙烯腈（150μg/g）时，污染物的氧化转化率可达到 40%～80%。

② 有机电化学合成 在有机电化学合成中，经常采用 Ce^{4+}、Co^{3+}、Mn^{3+} 等作为氧化剂。由于有机物在电解液中溶解度很小，因此容易造成电极污染和氧化剂再生效率降低。K. Scott 采用萃取膜将反应物甲基苯甲醚（有机相）与电解液隔开，甲基苯甲醚被膜萃入电解液中进行反应，反应产物对甲氧基苯甲醛再被膜萃回有机相，防止进一步氧化。由于反应在膜界面进行，可避免电极钝化。

(2) 膜电渗析反应器

在直流电场作用下，双极性膜可使水离解，在膜两侧分别得到氢离子和氢氧根离子。将双极性膜和阴、阳离子交换膜组合为双极性膜电渗析反应器，可将水溶液中的盐转化为酸和碱，具有过程简单、能效高和废物排放少等优点。例如，将不锈钢酸洗废液经中和处理去除重金属后，加至双极性膜电渗析反应器中，$NaNO_3$ 和 NaF 溶液在酸室转化为 4%～5%的 HNO_3 和 5%～8%的 HF，重新用于洗钢，碱室的 KOH 和 KF 可回用于中和工序。在 SO_2 废气处理中，利用双极性膜和阳膜，可使 $NaHSO_4$ 转化为 Na_2SO_4，重新用于 SO_2 吸收。利用双极性膜，也可实现由有机盐制备有机酸。曲久辉、路光杰等采用石墨电极为阳极，铁板为阴极，利用两张普通的阴离子交换膜分别构成阳极室、反应室和阴极室，在反应室中通入 $AlCl_3$ 溶液，阴极室通入 NaOH 溶液，阳极室通入 Na_2SO_4 溶液。在电场作用下，OH^- 通过阴离子交换膜进入反应室，与 $AlCl_3$ 反应生成聚合氯化铝，相当于缓慢加碱过程，可合成含铝 0.1～1.56mol/L、碱化度 1.63～1.81 的聚合氯化铝，Al_b 质量分数可达55%～60%。

9.2.2.4 膜介观孔道反应器

多孔膜结构中的介观尺度孔道，可作为特殊的介观反应器。对于扩散控制的快速气相反应，当反应物分别从膜两侧向膜孔内部扩散时，将在孔内形成一定的反应面。如果一种反应物的透过量发生波动，反应面会自动调节到另一新位置，直至满足化学计量反应为止，可避免出现反应物未经反应就从膜一侧渗透到另一侧的问题，特别适用于反应物浓度较低、要求严格计量进料、高转化率的快速反应过程。例如，对于气体脱硫的Claus反应为：

$$SO_2+2H_2S \longrightarrow \frac{3}{8}S_8+2H_2O$$

由于气相中SO_2浓度的波动，该反应在常规反应器中很难控制。H. J. Sloot等在微米级多孔α-Al_2O_3膜（平均孔径350nm，膜厚4.5mm，孔隙率41%，以γ-Al_2O_3催化剂浸渍）的两侧，分别引入SO_2和H_2S，反应温度大于150℃。反应物在膜孔内形成反应面，产物水和硫磺以气相形式扩散到膜的任何一侧，冷凝后收集。

膜化学反应器，极大丰富了化学工程学的内容，其研究趋势可以概括为两个方面。

① 膜化学反应器的优化　主要包括膜材料性能（分离系数、渗透速率、热稳定性、结构稳定性、催化性能等）的改进，反应器高温密封性和热量输运能力的提高，反应器模型建立和放大等。

② 膜化学反应器耦合和新型膜反应器的开发及其应用　膜化学反应器耦合，包括热力学耦合、能量耦合和动力学耦合。例如N. Itoh等利用钯膜将反应室分为脱氢和加氢两个室。脱氢室由于氢的不断减少，化学平衡移动，产率提高；加氢室由于催化剂表层下大量活性氢的存在，使反应较快进行。此外，脱氢室产生的氢气，透过钯膜，可在另一室被空气氧化为水，氧化反应可降低氢的反渗透程度，提高脱氢产率；其产生的热量，经钯膜传导，还可成为脱氢反应的能量来源，从而构成能量耦合。

9.2.3 膜生物反应器

随着全球范围经济的快速发展和人口的膨胀，水资源短缺已成为全球人类共同面临的严峻挑战，为解决困扰人类发展的水资源短缺问题，开发新的可利用水源是世界各国普遍关注的课题。世界上不少缺水国家已把污水再生利用作为解决水资源短缺的重要战略之一。这不仅可消除污水对水环境的污染，而且可以减少新鲜水的使用，缓解需水和供水之间的矛盾，给工农业的发展提供新的水源，取得显著的环境、经济和社会效益。开展新型高效污水处理与回用技术的研究对于推进污水资源化的进程具有十分重要的意义。

膜生物反应器（membrane bioreactor，MBR）是将高效膜分离技术和生物反应器的生物降解作用集于一体的水处理技术，它使用膜组件替代传统活性污泥法中的沉淀池来实现泥水分离，具有固液分离率高、出水水质好、处理效率高、占地空间小、运行管理简单等特点。膜生物反应器在废水处理领域中的应用研究最早始于20世纪的美国，80年代中后期发展很快，在日本等国家首先得到了广泛应用。目前，膜生物反应器已成功地用于下水道污水、粪便污水、垃圾渗滤液等生活污水的处理，在工业废水处理方面的研究也日益增多。图9-4为MBR设备流程示意图。

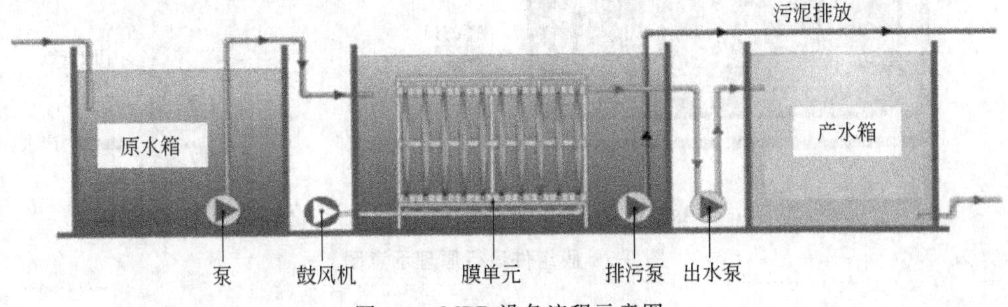

图9-4 MBR设备流程示意图

9.2.3.1 膜生物反应器的工作原理

膜生物反应器是一种由膜过滤取代传统生物处理中二沉池和砂滤池的生物处理技术。它是由膜分离技术与微生物学、生物化学等相结合进行废水处理的新工艺，主要由膜组件、生物反应器和物料输送三部分组成。在传统污水生物处理中，泥水分离是在二沉池中依靠重力作用完成的，分离效率依赖于活性污泥的沉降性能，而污泥沉降性能又取决于曝气池的运行状况，为改善污泥沉降性能必须严格控制曝气池的操作条件。所以，为满足二沉池固液分离的要求，曝气池的污泥不能维持很高浓度，一般在2g/L左右，从而限制了生化反应速率和处理负荷。膜生物反应器综合了膜分离技术和生物处理技术的优点，以超、微滤膜组件作为泥水分离单元，不仅可以完全去除悬浮固体以改善出水水质，而且可以通过膜分离的作用，将二沉池无法截留的游离细菌和大分子有机物完全阻隔在生物池内。尤其是那些增殖速率慢的细菌，由于膜的截留作用而在曝气池中得到富集，大大提高了反应器内的生物浓度，从而提高有机物和氮、磷的去除率。图9-5为膜组件运行原理示意图。

9.2.3.2 膜生物反应器的分类

膜生物反应器主要由膜分离组件及生物反应器两部分组成。膜生物反应器的分类方法有很多种，按膜组件放置方式则可分为分体式和浸没式膜生物反应器；按生物反应器是否需氧，可分为好氧和厌氧膜生物反应器；按照膜材料可分为有机材料

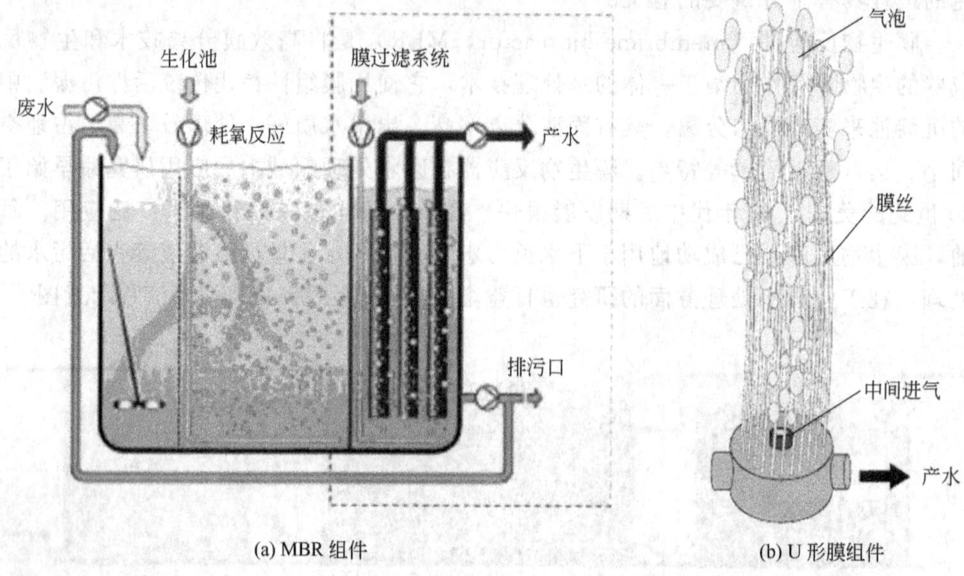

图 9-5 膜组件运行原理示意图

和无机材料膜生物反应器；按照膜组件的形式可分为中空纤维、板式以及管式膜生物反应器。通常提到的膜生物反应器实际上是三类反应器的总称。目前已开发的膜生物反应器可分为 3 种：固液分离型膜生物反应器（solid-liquid separation membrane bioreactor，SLSMBR，简称 MBR）、曝气膜生物反应器（aeration membrane bioreactor，AMBR）和萃取膜生物反应器（extractive-membrane bioreactor，EMBR）。目前只有 MBR 得到了大规模应用。

（1）MBR

传统活性污泥法的泥水分离是在二沉池完成的，其分离率完全取决于活性污泥的沉降性能，而污泥的沉降性能完全取决于曝气池的运行状况。所以，要改善污泥的沉降性能必须严格控制曝气池的运行条件。为提高活性污泥法混合液的泥水分离率，增加曝气池的污泥浓度，提高生化反应速率，改善出水水质，人们将分离工程中的膜技术应用于废水生物处理，以膜组件代替二沉池，构成分离膜生物反应器。分离膜生物反应器有分置式和一体式两种构型。由于膜组件对混合液泥水的高效分离，几乎没有污泥流失，可使生物反应器保持很高的污泥浓度，一般可达 10～20g/L（好氧型），比传统活性污泥法的污泥浓度高 10 倍左右，从而大大提高了生物反应器的容积负荷和降低污泥负荷。

（2）AMBR

传统的曝气系统采用鼓泡供氧方式，氧传质效率低，一般只有 10%～20%。当生物反应器中的活性污泥浓度较高时，无法满足微生物对氧的需要，从而限制了系统内微生物的浓度。近年来开发的无泡曝气膜生物反应器的氧传质效率可接近

100%。因为在反应器内，气体的分压被控制在小于泡点，从而使氧气不能进入大气，而被充分利用。另外，由于反应器内巨大的膜表面积为氧的传质及生物膜的增长创造了非常有利的条件，使这种曝气器具有很高的氧传质效率。

(3) EMBR

当废水酸碱度高、盐度高或含有生物难降解有毒物质时，不宜直接进行生物处理，需对废水进行预处理。特别是当废水中含有挥发性有毒物质时，更不宜采用传统的曝气生物法进行处理，因为曝气气流会把水中的挥发性物质气提到空气中，造成二次污染。英国 Andrew Livingston 采用 EMBR 处理二氯苯胺废水，在水力停留时间 2h 的情况下，去除率达到 99%。在萃取膜生物反应器中，废水与活性污泥被膜隔离开，废水在膜腔内流动，而含有某种专性细菌的活性污泥在膜外流动。EMBR 所用的膜组件由硅胶或其他疏水性聚合物制成，可使膜腔内废水中的某些污染物透过，进入膜外生物反应器中，作为专性细菌的底物而被分解。

Ymamoto 等在 20 世纪 80 年代在膜分离技术的基础上开发了浸没式膜生物反应器，可取代混凝、沉淀、过滤、吸附、消毒等工艺，并能获得高质量的出水水质，浸没式膜生物反应器的特点是将膜组件置于反应器内，在出水泵的抽吸作用（或重力作用）下滤出液透过膜组件。分离式膜生物反应器的特点是生物反应器和膜组件分开放置，反应器内混合液经输送泵进入膜组件，在压力作用下混合液滤出液透过膜组件，浓缩液则通过循环泵返回反应器。

浸没式和分离式 MBR 由于膜组件放置位置的不同，因而在能耗、膜污染、清洗方式等诸多方面存在差异。由于需要对浓缩液回流，因此维持分离式较浸没式 MBR 的运行需要更高的能耗；浸没式 MBR 膜组件置于高浓度的泥水混合液中，所以较分离式的膜污染发展更快；浸没式 MBR 一般在膜组件下方设置曝气管路，通过鼓气使气泡对膜纤维表面进行吹脱并使膜纤维产生抖动，以达到对膜组件的清洗目的，而分离式 MBR 一般通过定期对膜组件进行水（气）的反向冲洗来实现；虽然分离式运行需要较高的能耗，但由于其置于反应器之外，更适合于高温、高酸碱等恶劣的处理环境，同时具备较高的膜通量。通过以上分析可以看出，两种类型的反应器根据各自的特点有相应的适用范围，并不能简单评价孰优孰劣。从目前两种反应器的应用状况来看，一体式 MBR 适于处理市政污水以及流量较大的工业废水，而分离式 MBR 适于处理特种废水和高浓度废水。

除了广泛应用的好氧膜生物反应器外，厌氧膜生物反应器也是膜生物反应器的重要组成部分。传统的厌氧生物工艺有处理负荷高、低能耗、剩余污泥量小等优点，而另一方面也有启动缓慢，微生物培养困难，水力停留时间长，出水水质受外界因素影响较大等缺点。因此，许多研究将厌氧工艺和膜组件组合在一起，开发了厌氧膜生物反应器。厌氧膜生物反应器充分发挥了膜组件高效分离的特性，可有效解决由于厌氧反应器内微生物流失而影响出水水质的问题。例如，厌氧反应器内产酸和产甲烷细菌对环境条件要求苛刻，培养和富集困难，而将其与膜组件结合则可成倍提高反应器内的产酸、产甲烷菌浓度，提高系统的处理负荷和运行稳定性。

9.2.3.3 膜生物反应器的特点

表 9-1 列出了膜生物反应器的优缺点。

表 9-1 膜生物反应器的优缺点

优点	缺点
占地面积小 彻底去除水中的固体物质 对细菌有很高的去除率 COD、固体和营养物可以在一个单元内被去除 低/零污泥产率 模块化，升级改造容易 自动化程度高	存在膜污染问题 膜价格高 能耗较高

9.2.3.4 膜组件及膜材料的选择

由于膜生物反应器是依靠膜达到固液分离的目的，因此膜组件及膜材料的选择对系统的处理效果及稳定运行至关重要。

(1) 膜组件

一般来说，膜组件的形式主要有平板式、管式、卷式、毛细管式及中空纤维式等。其中平板式、管式一般主要应用于分离式分离膜生物反应器，而一体式膜生物反应器多采用中空纤维式等。在废水处理中，选择膜生物反应器膜组件的主要依据是：耐化学腐蚀性强；不易堵塞，清洗和更换方便；单位透过液能耗费用低；单位体积膜面积大。

(2) 制膜材料

可用于膜生物反应器的膜材料多种多样，有机膜有聚砜类（PS）、聚丙烯腈（PAN）、聚酰胺（PA）、聚偏氟乙烯（PVDF）、聚丙烯（PP）等；无机膜有陶瓷膜等。

有机膜形式多，孔径范围广，制造成本相对便宜，目前应用最广。无机膜耐高温、耐腐蚀、机械强度高，但制造成本及运行能耗较高，目前很少应用。废水处理中对膜材料的选择的主要依据是：废水性质（如酸、碱性等）；膜本身性质（如膜孔径、膜通量、抗污染性、亲水性等）。

聚偏氟乙烯（PVDF）具有抗污染能力强、力学性能好、抗紫外线和耐气候老化性能优良、化学稳定性强（不易被酸、碱、强氧化剂和卤素等腐蚀，可耐多种常见有机溶剂）等特点，成为现在使用最广的 MBR 膜材料。PVDF 分离膜最早由 Millipore 公司于 20 世纪 80 年代中期研究成功，该公司开发的“Pure pore”型微孔滤膜因抗污染性好、分离性能优异而被广泛应用于食品、医药和水处理等方面。

近些年来我国 PVDF 膜的发展迅速，已建成年产百万平方米溶液纺丝法 PVDF 中空纤维膜产业化基地，其中空纤维膜及其成套膜分离装置在水处理、生物制药等方面获得了较广泛应用，取得很好的经济和社会效益。但由于溶液纺丝法 PVDF 中空纤维膜的制备过程中需使用大量溶剂，不仅所得中空纤维膜的力学性能较差，而且需对溶剂体系进行回收、分离及循环使用，易造成环境污染和恶化操作条件等，其发展受到限制。为了提高膜的力学强度，日本旭化成公司攻克了热致相分离法（TIPS 法）关键技术，率先开发出熔融纺丝法聚偏氟乙烯中空纤维膜，其性能明显优于传统溶液纺丝法，被认为是一项将取代溶液纺丝法和对中空纤维膜可持续发展极具推广价值的高新技术，受到世界膜科学与技术领域的高度重视。图 9-6 所示为 NIPS 法 PVDF 微孔膜典型的指状孔结构和 TIPS 法 PVDF 微孔膜蜂窝状微孔结构。

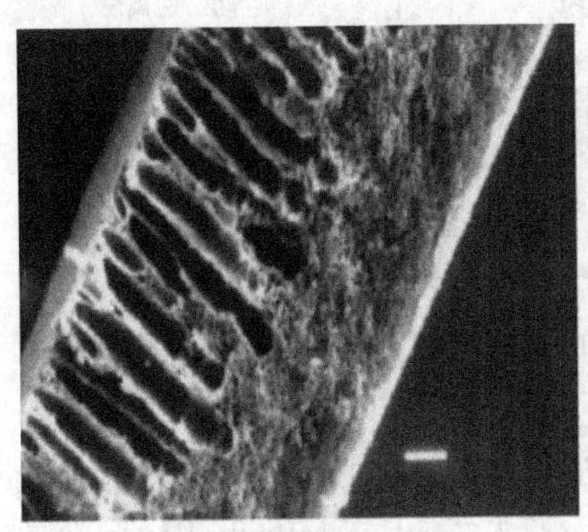

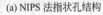

(a) NIPS 法指状孔结构

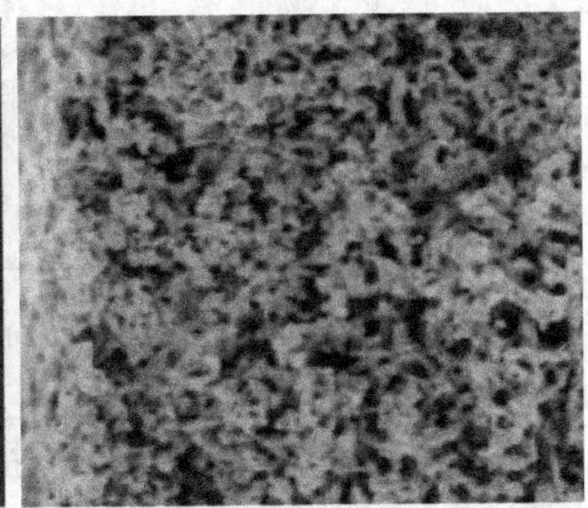

(b) TIPS 法蜂窝状微孔结构

图 9-6 NIPS 法和 TIPS 法膜横截面形貌

TIPS 法 PVDF 中空纤维膜由于其特殊的蜂窝状孔结构，在 MBR 的应用过程中易形成嵌入式的深度污染，导致膜通量不可恢复的衰减，影响膜的使用寿命。目前，对 MBR 用 PVDF 中空纤维膜进行增强的方法主要有内衬纤维增强（异质增强）和基膜增强（同质增强）。其主要方法是在增强体表面涂覆一层 PVDF 铸膜液。这样所得中空纤维膜既保证了 MBR 使用过程中需要的力学强度，又能提高膜的分离精度，避免深度污染，大大延长了膜的使用寿命。

同质增强是在熔融纺丝 PVDF 中空纤维基膜表面涂覆一层 PVDF 铸膜液。由于基膜材料与涂覆层为同种材料，在共溶剂的作用下 PVDF 分子链之间相互缠结，表面结合强度较好，避免了异质增强中空纤维膜存在的分离层与内衬纤维剥离的情况。图 9-7 为同质增强 PVDF 中空纤维膜的制备流程示意图。经熔融纺丝得到的 PVDF 中空纤维膜经表面修饰后，在共溶剂的作用下，涂覆 PVDF 铸膜液，经凝固浴固化成形后得到同质修饰型中空纤维膜。

在膜孔径方面，有研究认为，考虑到活性污泥状态与水通量因素，通常选择

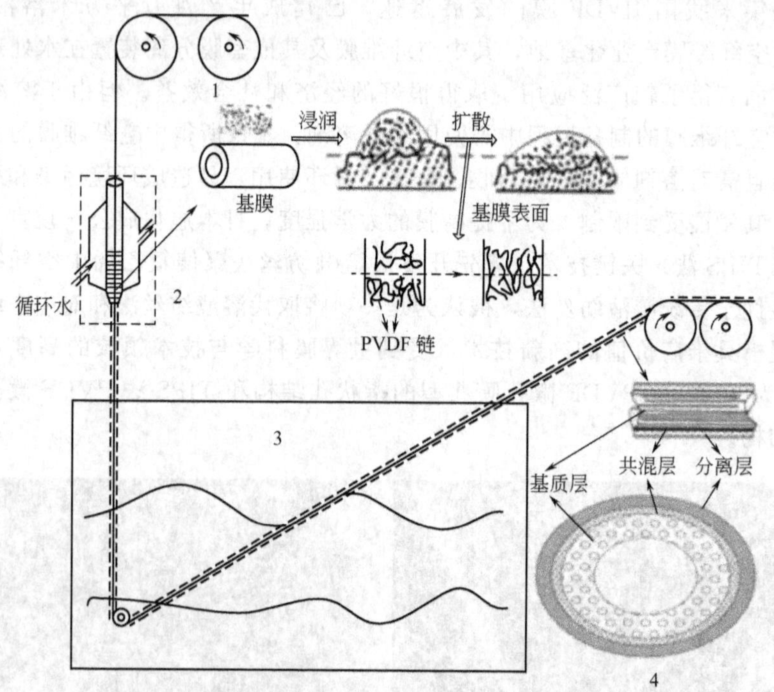

图 9-7 同质修饰型 PVDF 中空纤维膜成形示意图

1—涂层解决方案；2—挤出装置；3—凝固浴；4—PVDF 膜横截面模型

0.1～0.4μm 孔径的膜。若选用较大的膜孔径，反面会加速膜的污染，水通量下降很快。膜的另一重要性质——膜表面的亲、疏水性，日本 Mitsubi Rayon 公司经研究证实，由于污水中的污染组分及活性污泥多为有机物质，因此亲水性膜的抗污染能力远远超出疏水性膜。为了提高膜的亲水性，常用的方法是对膜材料及膜表面进行改性（如紫外线辐射改性、表面活性剂改性等）。

9.2.3.5 膜生物反应器研究及应用中存在的问题

① 高能耗是制约 MBR 大规模推广的瓶颈。据统计，分离式 MBR 运行能耗为 3～4kW·h/m^3，一体式 MBR 的运行能耗为 0.6～2kW·h/m^3，高于 ASP 的 0.3～0.4kW·h/m^3。MBR 的能耗主要包括供水泵、循环泵、渗透水抽吸泵和曝气系统。能耗水平高主要源自两方面原因，一是 MBR 中高 MLSS 浓度导致水中的氧传质效率很低，需要增大曝气量来改善这一状况；另一方面，MBR 中的膜组件要求有很高的膜面流速以增大对膜表面冲刷来达到控制膜污染的目的。比较而言，分离式 MBR 需要通过水泵来实现污泥混合液的循环并满足膜组件所需的高错流速率，因此与一体式 MBR 相比能耗更高。

② MBR 的工程放大化问题还有待进一步解决，许多在试验中得出的结论和参数缺乏普遍性和工程指导意义。作者在一些工程应用中发现处理效果并不能达到文

献中报道的水平，分析其中原因，一是实验室规模的装置对温度、负荷、停留时间等工况的控制相对容易，因此处理效果比较好；二是许多研究限于试验条件，往往使用人工合成模拟废水，人工合成废水成分相对固定、生化性比较好，尤其是悬浮固体少，这与成分复杂多变的实际废水存在差异；三是试验规模的膜组件与实际应用的膜组件在外形尺寸上有所不同，使其在能耗、抗污染性上存在差异。

③ 许多研究过分强调膜在 MBR 中的作用，而忽略了生化反应部分及预处理部分的贡献。MBR 是预处理、生化处理和膜过滤的有机组合，应把如何将这几方面进行有机组合作为研究重点。目前的研究缺乏对生物处理和膜过滤合理负荷分配的设计，即哪一部分污染负荷应该由生化部分完成，哪一部分污染物去除应依靠膜过滤实现，这一问题还需更加深入研究，解决这一问题既有利于最大发挥 MBR 技术效率，同时一定程度上可以减缓膜污染。

④ 缺乏对膜组件的优化设计和集成化设计的研究。膜组件外形和尺寸是影响膜污染和能耗的重要因素，目前为止有关这方面的研究还很少。如何将多个膜组件合理组合和排布成膜单元，以及膜单元与曝气系统的集成设计也是 MBR 工程中亟待解决的问题。

9.2.3.6 膜生物反应器的应用领域及发展趋势

MBR 凭借其得天独厚的优势，必然在未来的水处理领域有广阔的应用前景，具体来讲可包括以下几种。

① 在市政废水领域，MBR 可应用于现有污水处理厂的更新升级，特别是出水质难以达标排放或处理流量剧增而占地面积无法扩大的情况。受膜材料价格的影响，现阶段应用 MBR 技术的新建市政污水处理厂只限于较小规模。

② 应用于高浓度、有毒、难降解的特种废水处理。活性污泥法虽然对一些高浓度工业废水有一定的处理效果，但出水水质不稳定难以满足排放的要求。MBR 可有效解决这一问题。MBR＋纳滤/反渗透的全膜法（integrated membrane system，IMS）技术可使某些工业废水的零排放成为可能。处理成分复杂的垃圾渗滤液则是 MBR 处理特种废水的另一个重要领域。

③ 作为分散式污水处理与再利用（decentralization and reuse，DESAR）概念的重要实现方式，MBR 技术可广泛应用于无排水管网系统地区的废水处理。例如，在日本已开发出的膜生物净化槽（membrane gappei-shori johkasous）系统，具有集成化和模块化的特点，可应用在小居民点、度假区、风景区以及公路服务区等。同时 MBR 还可用于对污水有回用要求的地区或场所，如宾馆、洗车业、流动公厕等，可充分发挥膜生物反应器占地面积小、设备紧凑、自动控制、灵活方便等特点。

MBR 在未来的研究主要围绕膜污染的机理和防治、工艺流程的优化、运行经济性以及工程实用化研究 4 个方面展开，见表 9-2。

表 9-2 MBR 的主要研究方向

膜污染的机理及防治	污水中的污染物成分如无机物、有机物、胶体物质等对膜过滤和膜污染过程的影响及机理
	膜面污染模型的建立和研究，以避免时间长、费用高的实验和测试
	性能优越的新型分离膜，尤其是耐污染膜的开发研制
	新型膜组件的开发
MBR 工艺流程及运行条件的优化	加强反硝化以提高氮的去除率，同步硝化反硝化和短程硝化反硝化现象和控制因素的研究
	能耗的降低措施和技术
	污泥停留时间控制及污泥的减量化研究
	膜组件和新型污水处理技术的组合以及运行
MBR 运行的经济性研究	不同膜组件最大经济通量的研究
	确定合理曝气强度(包括膜组件的吹扫气和供溶解氧气量)
	膜组件的最优化设计以提高曝气效率的研究
MBR 的工程实用化研究	建立一套合理的 MBR 设计方法和标准
	解决实验控制参数的工程放大化问题

我国在 2000 年将膜材料和膜产业列为国家重点支持的 22 项化工产业之一。目前全国已有膜科学与技术的研究开发单位上百个，MBR 技术的研究上也取得了长足进步，清华大学、同济大学、天津工业大学、中国科学院生态中心、天津大学、浙江大学等院校和科研机构均获得了显著成绩。蓝星集团、天津膜天膜、浙大凯华、清华德人等一批我国自主研发的膜组件也逐渐打开了市场。但也应该看到，由于我国的研究起步较晚，膜组件品种少、性能较低、规格不全，一些高性能膜组件还需进口，与之相应的配套设备还亟待开发，加之实际应用中的经验有限，因此工程化应用中还存在很多的问题，这些都有待于科研单位和组件供应商的密切合作，在实践中不断完善我国的 MBR 应用技术。

参 考 文 献

[1] Drioli E，Criscuoli A，Curcio E. Membrane Contactors：Fundamentals，Applications and Potentialities；Membrane Science and Technology Series 11. Elsevier：Amsterdam，2006.

[2] 李锁定，陈亦力，文剑平．纤维增强型中空纤维膜的研究开发．第四届中国膜科学与技术报告论文集. 2010：58-63.

[3] 李凭力，刘杰，解利昕．高强度复合型 PVDF 中空纤维膜的制备研究（Ⅰ）：铸膜液条件对膜性能的影响．膜科学与技术，2008，28（5）：33-37.

[4] 左伍斌，张燕．MBR 法处理生活污水中膜组件性能对比试验研究．水处理技术，2010，36（10）：84-87.

[5] Jiang H，Wang H H，Schiestel T，Werth S，Caro J. Simultaneous Production of Hydrogen and Synthesis Gas by Combining Water Splitting with Partial Oxidation of Methane in A Hollow-Fiber Membrane Reactor. Angew Chemie，2008，120（48）：9481-9484.

[6] Balachandran U, Lee T H, Wang S, Dorris S E. Use of Mixed Conducting Membranes to Produce Hydrogen by Water Dissociation. Int J Hydrogen Energy, 2004, 29 (3): 291-296.

[7] 杨一凡，刘贯一．无泡曝气技术在水处理中的研究进展．河北理工大学学报：自然科学版，2010，3 (2)：97-100.

[8] 任建新．膜分离技术及其应用．北京：化学工业出版社，2003.

[9] 王学松．现代膜技术及其应用指南．北京：化学工业出版社，2005.

[10] 刘茉娥等编．膜分离技术应用手册．北京：化学工业出版社，2001.

[11] 许振良编著．膜法水处理技术．北京：化学工业出版社，2001.

第10章 液膜

液膜（liquid membrane）分离技术是20世纪60年代发展起来的一项高效、快速、节能的新型分离技术。早在20世纪30年代，Osterbout用一种弱有机酸作为载体，发现钠与钾透过含有该载体的“油性桥”的现象。根据溶质与“流动载体”之间的可逆化学反应，提出促进传递概念。生物学家们在液膜促进传递方面取得的成就引起化学工程师们的注意。20世纪60年代中期，Bloch等采用支撑液膜研究了金属提取过程，Ward与Robb研究了CO_2与O_2的液膜分离。1968年美国埃克森研究与工程公司的美籍华人黎念之博士（N. N. Li）在用Du Nuoy环法测定含表面活性剂水溶液与油溶液之间界面张力时，观察到了相当稳定的界面膜，由此开创了研究液体表面活性剂膜或乳化液膜的历史。

液膜具有选择性高、传质面积大、通量大及传质速率高等特点，因此，受到国内外许多学者的普遍关注，开展了大量研究工作。近年来，在广泛深入研究的基础上，液膜分离技术在湿法冶金、石油化工、环境保护、气体分离、有机物分离、生物制品分离与生物医学等领域中，已显示出广阔的应用前景。

10.1 概述

膜是分隔液-液（或气-液、气-气）两相的一个中介相，如果此中介相（膜）是一种与被它分隔的两相互不相溶的液体，则这种中介相（膜）便称为液膜，它是被分隔两相之间的“传质桥梁”。通常不同溶质在液膜中具有不同的溶解度（包括物理溶解和化学络合溶解）与扩散系数，即液膜对不同溶质的选择性透过，实现了溶质之间的分离。

与其他各章讨论的膜过程不同，液膜过程与传统的溶剂萃取过程具有更多的相似之处。液膜与溶剂萃取一样，都由萃取与反萃取两个步骤组成。但是，溶剂萃取中的萃取与反萃取是分步进行的，它们之间的耦合是通过外部设备（泵与管线等）实现的。而液膜中的萃取与反萃取分别发生在膜的左右两侧界面，溶质从料液相萃入膜左侧，并扩散到膜相右侧，再被反萃入接收相；由此实现了萃取与反萃取的“内耦合”。液膜传质的“内耦合”方式，打破了溶剂萃取所固有的化学平衡。

(1) 液膜分离技术与传统的溶剂萃取相比，具有如下特点

① 实现了同级萃取与反萃取的耦合。在液膜分离过程中，萃取与反萃取分别发生在液膜的左右两侧界面，溶质从料液相被萃入膜相左侧，并经液膜扩散到膜相右侧，再被反萃入接受相，从而实现了二者的耦合。

② 传质推动力大，所需分离级数少，萃取与反萃取是同时进行，一步完成的，因此，同级萃取、反萃取的优势对于萃取平衡分配系数较低的体系则更为明显。

③ 试剂消耗量少。流动载体（萃取剂）在膜的一侧与溶质络合，在膜的另一侧将其释放。载体在膜内穿梭流动，使之在传递过程中不断得到再生，其结果是所需膜载体的浓度大大降低，并使液膜体系中膜相与料液相之比例亦可降低。液膜体系中载体浓度和相比的降低，使液膜过程中的试剂夹带损失减少，其试剂消耗量比溶剂萃取过程低一个数量级。液膜的这一特性对于所用试剂十分昂贵（如使用冠醚作为萃取剂）或者处理量很大的场合（如废水处理过程）具有显著的经济意义。

④ 溶质可以“逆浓度梯度迁移”，即溶质可以从液膜低浓度侧向高浓侧传递。Matulevicius 与 Li 认为，这是由于在液膜两侧界面上分别存在有利于溶质传递的化学平衡关系，这两个平衡关系使溶质在膜内顺其浓度梯度而扩散，界面两侧化学位的差异使溶质透过界面而传递。

但是在多元组分的分离方面，液膜法尚不如溶剂萃取法，后者可以通过多级逆流萃取、溶剂洗涤与分级反萃取操作，实现组分之间的完全分离；而液膜对溶质之间的分离，主要借助于萃取剂的选择性，液膜过程的级联也比较困难。

(2) 液膜与固体膜相比，其特点如下

① 传质速率高。溶质在液体中的分子扩散系数（$10^{-6}\sim10^{-5}\,cm^2/s$）比在固体中（$<10^{-8}\,cm^2/s$）高几个数量级，而且在某些情况下，液膜中还存在对流扩散，所以即使是厚度仅为微米级的固体膜，其传质速率也无法与液膜比拟。

② 选择性好。固体膜往往只能对某一类离子或分子的分离具有选择性，而对某种特定离子或分子的分离，则性能较差。例如，对于 O_2/N_2 分离，欲从空气中制备纯度为95%的 O_2，则 O_2/N_2 的分离系数应超过 70，而现在最好的商用聚合物膜，其分离系数仅为 7.5，而采用液膜所获得的分离系数可高达 79。

(3) 液膜与固体膜相比，其缺点如下

① 过程与设备复杂，尤其是乳化液膜，整个过程包括制乳、提取与破乳三个

工序，所用各种设备之间的匹配较困难。

② 难以实现稳定操作。许多工业规模的固体膜过程均很容易实现稳定操作，但液膜过程往往把互相矛盾的条件交织在一起，例如，为了强化传质，希望在传质过程中产生巨大的萃取与反萃的界面，这就难以避免料液相与接收相的直接接触而导致泄漏和溶胀。

由于液膜的复杂性所导致的种种困难，至今液膜工业应用的实例很少。尽管如此，研究者们仍在努力探索各种具有潜在工业应用意义的液膜分离技术。

10.2 液膜组成及分类

液膜分离技术按其构成和操作方式的不同，主要可以分为厚体液膜、乳状液膜和支撑液膜。

10.2.1 厚体液膜

厚体液膜一般采用 U 形管式传质池。传质池分为上下两部分，其上部分别为料液相和接受相，下部为液膜相，对三相均以适当强度搅拌，以利于传质并避免料液相与接受相的混合。厚体液膜具有恒定的界面面积和流动条件，结构简单，操作方便，广泛用于液膜传质机理研究，但由于单位体积相接触界面较小，仅限于实验室研究使用。

10.2.2 乳化液膜

乳状液膜可看成为一种“水-油-水”型（W/O/W）或“油-水-油”型（O/W/O）的双重乳状液高分散体系。它是将两种互不相溶的液相通过高速搅拌或超声波处理制成乳状液，然后将其分散到第三种液相（连续相）中，就形成了乳化液膜体系，其中介于乳状液球中被包裹的内相与连续外相之间的这一相就称为液膜。乳状液既可以是水包油的，也可以是油包水的。根据定义，前者构成的液膜为水膜，适用于油溶液中溶质的提取与分离；后者构成的液膜为油膜，适用于水溶液中溶质的提取与分离。

乳化液膜体系包括 3 个部分：膜相、内包相和连续相。通常内包相和连续相是互溶的，膜相则以萃取剂和膜溶剂为基本成分。为了维持乳状液一定的稳定性及选择性，往往在膜相中加入表面活性剂和添加剂。

当将乳状液搅拌分散于连续相（第三相）中时，形成许多细小的乳状液球。由于膜相中表面活性剂的存在，在搅拌条件下的乳状液球是稳定的，破碎很少。乳状液球的大小与乳状液中表面活性剂的性质与浓度、乳状液黏度、混合方式与强度等诸因素有关。大量细小的乳状液球与连续相之间形成巨大的传质界面，促进了液膜分离过程；同时，更为细小的内相微滴使得反萃的界面面积比萃取的界面面积高 2～3 个数量级，这一点是通常的液-液萃取所无法达到的。乳化液膜的这一特性，使得它非常适合于反萃反应较慢的体系，对于萃取和反萃均是慢速反应的过程，只需加速萃取反应，即可加速整个液膜传质过程。

10.2.3 支撑液膜

将多孔惰性基膜（支撑体）浸在溶解有载体的膜溶剂中，在表面张力的作用下，膜溶剂即充满微孔而形成支撑液膜。支撑液膜的液膜相（包括载体和膜溶剂）存在于支撑体的微孔中，可以承受较大的压力，而且由于载体的存在，支撑液膜具有很高的选择性，可以承担有机高分子固态膜所不能胜任的分离要求。因此，在过去几十年内支撑液膜的研究发展迅速。

10.3 液膜分离机理

液膜传质的推动力基于溶质在液膜两侧界面化学位之差异，即溶质透过液膜的传递受控于膜两侧的浓度差。

液膜分离过程的传质机理主要可以分为两类：选择性渗透和促进传递。

10.3.1 选择性渗透

选择性渗透是基于不同物质在膜中的溶解度、扩散速率不同而得以分离。这种传递过程仅依靠膜相对物质的选择性渗透，是一种单纯的溶解-扩散过程，其分离选择性主要取决于不同物质在膜内溶解度的差异。传质速率与分配系数、扩散系数之乘积成正比。一旦膜两侧溶质浓度相等，液膜传递随即终止。所以，这种液膜不具备浓集溶质的功能，因而其实际用途较少，主要用于有机物的分离。

10.3.2 促进传递

促进传递就是在液膜体系的内相中加入某些特定试剂，使溶质的传递速率更快，分离过程对溶质的选择性更好，达到更快、更好地分离溶质的目的。促进传递可分为两类，第一类促进传递就是在内相中加入可与被传递物质反应生成难溶性物质或水的试剂，使得溶质在内相界面处的浓度接近于零，从而增大传质推动力。第二类促进传递就是在膜相中加入载体，载体在膜相与外相界面处与溶质发生可逆反应生成更易溶于膜相的物质，在膜相中传递至膜相与内相界面处，并与内相中的反萃取剂发生反应，将溶质传递至内相，载体同时获得再生，这样就大大提高了膜相对溶质的选择性并大大提高了传质速率。

10.4 液膜制备方法

10.4.1 乳化液膜

乳化液膜制备过程包括制乳、分散-提取-澄清和乳化破乳等主要步骤。

(1) 制乳

乳化液膜体系通常由流动载体（萃取剂）、表面活性剂、膜溶剂及内相反萃剂构成。

选择合适的萃取剂作为流动载体是提高液膜选择性的关键之一，也是液膜体系设计的关键所在。萃取剂按其组成和结构特征主要可分为：酸性萃取剂，碱性萃取剂和中性萃取剂 3 大类。较为理想的液膜用萃取剂应满足以下基本条件。

① 选择性高　对欲分离的一种或几种物质来说，分离系数越大越好。

② 萃取容量要大　单位体积或单位重量的萃取剂所能萃取物质的饱和容量越大越好，要求萃取剂具有较多的功能基团和适宜的分子量，否则就会降低萃取容量，增加试剂单耗成本。

③ 化学稳定性强　萃取剂不易水解，加热不易分解，能耐酸、碱、盐、氧化剂或还原剂的作用，对设备腐蚀性小，在原子能工业中则要求萃取剂具有较高的抗辐射能力。

④ 溶解性好　萃取剂及其萃合物必须溶于膜相，而不溶于内相和外相。如果萃取剂或萃合物在膜相或膜界两形成沉淀，也会导致膜过程操作失败。

⑤ 适当的络合性　作为液膜用萃取剂，其形成的萃合物应该具有适中的稳定性，如果络合物形成体很稳定，那么它扩散到膜的另一侧就难以释放溶质，显然这种流动载体也不适宜于液膜分离。

液膜萃取是一个非平衡萃取过程，基于这一特点，液膜萃取剂/反萃剂体系的选择可以从热力学及动力学两方面加以考虑。从热力学方面看，所选萃取剂必须有利于溶质由外水相向膜相转移，而所选反萃剂则必须能使溶质有效地从负载有机相反萃至内水相。

表面活性剂是乳化液膜体系的关键组分之一，在液膜分离中起着极为重要的作用，它直接影响液膜的稳定性、溶胀性能、液膜乳液的破乳以及油相回用等方面。目前，研究最为广泛的是 W/O/W 型液膜体系，根据经典的乳化液膜理论，制备这类表面活性剂液膜需采用亲水亲油平衡值（hydrophile-lipophile balance number，HLB）为 3～6 的表面活性剂。尽管这类表面活性剂有不同市售产品，但可用于液膜体系的却十分有限。较为理想的液膜用表面活性剂应具备以下特点：

① 制成的液膜有尽可能高的稳定性，有一定的温度适应范围，耐酸、碱，且溶胀小；

② 能与多种载体配合使用，不与膜相载体反应；若有反应，必须有助于液膜萃取，而不能催化分解载体（萃取剂）；

③ 容易破乳，油相可反复使用；

④ 价格低廉，无毒或低毒，且能长期稳定保存。

选择合适的表面活性剂或者适当提高膜黏度，可以提高乳化液膜的稳定性，减少膜泄漏。但是，提高表面活性剂浓度将减小乳状液内相微滴的流动性，降低传质速率。Skelland 认为，以煤油、十二烷或环己烷等为膜溶剂的传统乳化液膜体系属于牛顿型流体。这种牛顿型流体的液膜存在液膜稳定性与传质速率之间的矛盾，只要将这种牛顿型流体转变为非牛顿型流体，即可在提高液膜稳定性的同时，不降低传质速率。Skelland 以苯甲酸的液膜提取为例，证实了非牛顿型液膜的有效性。实验表明，该液膜转变为非牛顿型后，表观黏度提高了 5 倍，但传质速率不仅未下降，反而有所提高。

膜溶剂是构成液膜的主要成分，应根据分离要求选择适当的膜溶剂，如烃类分离宜用水膜，故常以水作为膜溶剂；水溶液中的重金属分离宜用油膜，常选用中性油、煤油等烃类作膜溶剂。膜溶剂作为液膜的主要构成物必须具有一定的黏度才能维持液膜的机械强度，以免破裂。膜溶剂直接影响液膜的性能，如膜稳定性、溶质的分配系数、膜的厚度及膜相传质系数等，从而影响液膜体系的分离效能。

从工业应用考虑，理想的液膜用溶剂应具备以下特点。

① 溶解性：在内外水相溶解度很低。

② 相溶性：与表面活性剂和萃取剂的相溶性能好，不会形成第三相。

③ 挥发性：闪点高，不易挥发。

④ 毒性：毒性低，在水处理中，必须避免使用可留下毒性残留物的溶剂。

⑤ 密度：所选溶剂应与水相有足够的密度差，以便外水相与乳状液以及内水相膜相快速分离。

⑥ 黏度：溶剂必须具有一定的黏度以维持液膜的机械强度，以免破裂。

⑦ 价格低廉，来源充足。

基于上述考虑，脂肪烃类溶剂较芳香烃类溶剂更适于作为液膜用溶剂。目前国内广泛使用的液膜溶剂有民用煤油、航空煤油、加氢煤油及经处理得到的磺化煤油。国外常用膜溶剂有低臭石蜡溶剂 IDPS（Exxon 公司）、中性溶剂油 SlOON（Exxon 公司）、Shellsol T（Shell 公司）等。

乳液制备就是根据液膜研制过程中所选定的液膜体系，将由膜溶剂、表面活性剂、流动载体以及其他膜添加剂组成的膜溶液与内相溶液混合，制成所需的水包油（O/W）型或油包水（W/O）型乳液。为制得稳定的乳液，内分散相液滴的大小需保持在1～3μm，制备过程中常采用高速搅拌机或超声波乳化器。一般认为，当表面活性浓度足够高时，内相微滴越小，形成的乳液越稳定。

普通乳状液的分散相尺度为微米级，将分散相处于纳米尺寸范围。微乳液取代普通乳液引入乳化液膜体系有如下优点：因微乳液的界面张力低，可使被分散的乳状液球更细小，单位体积接触面积增大而加快传质速率；在液膜传质过程中，微乳液作为热力学稳定体系，其内相微滴不会因聚结而导致膜泄漏，从而使液膜体系更加稳定；制乳与破乳比较容易，调节温度便可引起自发乳化或破乳，制乳过程仅须适当搅拌即可。Wiencek和Qutubuddin成功地进行了微乳化液膜提取水溶液中乙酸和铜的实验研究。对于液膜提取醋酸的研究，采用含质量分数10%非离子型表面活性剂DNP-8的正十四烷溶液与1.0mol/L NaOH水溶液制备的微乳液、乙酸质量分数为590×10^{-6}的料液水相接触，5min内乙酸的提取率接近100%，且泄漏率为0，“溶胀”也很小。铜的微乳液膜提取研究表明，普通乳化液膜需要10min达到的提取率，微乳化液膜仅用2min便可完成。李成海等用微乳液膜进行了稀土提取研究，但发现微乳化液膜仍有乳化和内相溶质泄漏的现象。

（2）分散-提取-澄清

液膜工艺的分离操作包括分散和澄清，分散是使乳状液和料液进行混合接触，料液中的指定溶质经萃取和反萃取进行液膜传递，然后在澄清过程中借助重量的差异使负载液膜乳液与迁移后的料液进行相分离，将乳液与料液两相分离开来。在进行分散操作前，需要对料液进行预处理，通常是使料液通过1～10μm的滤网过滤，有时也可视料液情况先进行絮凝和沉降后再进行过滤。在分散操作中，一般将乳状液珠直径控制在$1\times10^{-4}\sim2\times10^{-3}$m的范围内。液膜传质分离过程完成后，可利用沉降槽进行负载液膜乳液和料液的分离。液膜工艺中的澄清操作与常规溶剂萃取类似。

在液膜提取的过程中，混合搅拌速率越高，则形成的乳状液球越细，传质比表面越大，传质速率随之升高，但液膜的破损率也可能会随之升高，从而可能使总的提取率或分离效率下降。因此，液膜混合传质过程中，混合搅拌必须维持适当强度，一般以保持乳状液球直径0.1～3mm为宜。

（3）乳化破乳

为了将使用过的乳状液膜重新使用，需要将乳液破乳，分离出膜相用于循环制乳，分出内相以便获得产品。在这一步骤中，希望减少膜相物质损失，并降低能量消耗、药品消耗和投资费用。破乳效果的好坏，直接影响到整个液膜工艺的经济性，是液膜技术工业化进程中必须妥善解决的关键技术之一。

破乳方法可分为化学破乳法和物理破乳法。破乳剂法属于化学破乳法；高速离心法、加热破乳法、静电破乳法等属于物理破乳法。

① 破乳剂法　破乳剂是一种有机溶剂或溶剂混合物，这种溶剂或溶剂混合物

与液膜中任一组分不发生化学反应，并具有挥发性，沸点低，可蒸发回收。这种溶剂通过界面吸附引起表面活性剂在油/水界面脱附，达到破乳目的，但不破坏膜相成分。常用有机溶剂有异丙醇和丙酮等。这个方法在一定范围内是有效的，缺点是加入破乳剂后进一步加重污染，而且还会增大乳化剂消耗，提高成本，所以工业应用价值不大。

② 高速离心法　把乳液经过高速离心机分离，借助于乳液的膜相和内相密度之差而迅速分层澄清，以回收膜相。但是在工业生产时，这个方法的投资和操作费用可能很高，特别是在含水率很高时，投资和操作费用更高。

③ 静电破乳法　将乳液置于常压或高压电场下（直流或交流均可），使乳状液中分散的微细液滴聚结形成大液滴，并在重力作用下沉降分离。这一方法操作简便，设备简单，容易实现连续化，破乳程度又较高，是国内外乳化液膜研究及应用中普遍采用的破乳方法。但静电破乳法也有其缺点：在操作过程中需高电压，具有一定的危险性；对于含水率较高的 W/O 型乳化液膜体系，常因加不上电压而使静电破乳难以进行；同时，在油水界面形成一层含水量很高的絮状物第三相，其中含有大量的被提取物，直接影响提取效率。

④ 加热破乳法　将乳液加热，随着温度上升，膜相黏度下降，同时乳液聚结加剧，促使液膜破裂。加热破乳的缺点是经济费用太高，因而不常采用。

⑤ 研磨破乳法　利用具有不同粒径的球形亲水材料为研磨剂，在电动搅拌耙推动下，进行旋转研磨，在摩擦力和剪切力的作用下达到破乳目的。吴子生等开发了研磨破乳技术，并设计出研磨破乳器。试验表明，研磨法对于高含水率的乳状液，溶胀液膜破乳率可达 98%。其原料廉价易得，设备简单，操作方便，是极有应用前景的破乳技术。

⑥ 联合破乳法　将上述方法结合进行，如将高速离心与加热相结合，高速离心与溶剂相结合，均可达到较好的破乳效果。

上述几种破乳方法中，静电破乳法比较成熟，特别是高压静电破乳，是目前公认的最经济和有效的乳化液膜破乳方法，在液膜工艺中广为采用。静电破乳过程可分为 3 个步骤：水滴的电致聚结—水滴沉降—水滴在油水界面上聚结而下沉。影响乳状液膜静电破乳的因素主要包括与破乳器电性能相关的参数及影响液膜乳液性能的一些因素，如电极的绝缘材料、破乳电压、频率和波形、温度、搅拌以及乳液本身的组成、配比等。此外，迁移过程的溶胀现象和静电破乳过程可能发生的絮状物也对静电破乳有影响。

10.4.2 支撑液膜

按照支撑体结构，支撑液膜主要可以分为 3 种类型：板式支撑液膜、卷式支撑液膜和中空纤维式支撑液膜。目前，用于支撑液膜体系的支撑体均是超滤或渗析用的多微孔薄膜或中空纤维管商品。这些固体分离膜或纤维管并不完全适合作为支撑体材料。因为不论是化学稳定性或力学性能以及几何尺寸等方面，支撑体都有更苛刻的要求，所以目前的商品分离薄膜或中空纤维管只有少数几种用作支撑体。支撑体材料的性能和结构对于支撑液膜的稳定性和传质速率有重要影响，一般要求支撑体具有化学稳定性（如耐酸、耐碱和耐油性），合适的厚度、孔径、孔隙率以及良好的力学强度。

(1) 板式支撑液膜

板式支撑液膜的支撑体是一片多微孔高分子薄膜，含载体的有机溶液附着在其微孔之中，形成有机液膜。膜厚度和有效液膜面积与所用的支撑体的薄膜厚度、孔径和孔隙率有关。支撑液膜夹在两个水相腔室之间。在腔室内各有一片网状塑料垫片，它支持膜相，并防止水相流体的短路。料液和反萃液可以用输液泵分别使其在膜相两侧腔室中循环流动。板式支撑液膜构件的单位体积的传质面积比较小，即充填比较小。

板式支撑液膜的制备方法有涂覆法、浸渍法、加压填充法等。涂覆法是将支撑液膜膜液体涂覆于支撑膜上，膜液体进入支撑膜膜孔得到板式支撑液膜。浸渍法将多孔惰性基膜（支撑体）浸在支撑液膜膜液体中，在表面张力的作用下，膜液体充满微孔而形成板式支撑液膜。加压填充法是采用加压方式把支撑液膜膜液体压入耐有机溶剂的多孔支撑体的微孔中，制得支撑液膜。

(2) 卷式支撑液膜

卷式支撑液膜与板式支撑液膜一样，所用的支撑体也是多微孔高分子薄膜，而且两层支撑液膜之间有网状塑料隔离垫片。这种垫片一般的厚度大约1mm，它既起防止流体短路的作用，又起支撑水相腔室的作用。这种支撑体构件的充填比较大，具有工业应用价值。

(3) 中空纤维式支撑液膜

一般用于液膜支撑体的中空纤维内径1.0～10.0mm，外径2.0～14.0mm，管壁的微孔孔径为0.02～1.0μm，孔隙率为40%～80%。载体的有机溶液是附着在管壁上的微孔之中形成液膜，内管道通料液，管外的通道流反萃液。这种类型的支撑体液膜的充填比最高，最适合于工业化应用。

支撑液膜在使用过程中，溶剂与萃取载体从多孔支撑体中流失和多孔膜材料在有机相载体中的不稳定，导致支撑液膜通量的衰减或选择性降低，支撑液膜表现为不稳定，目前尚未见工业化的成功案例。目前，提高支撑液膜的分离效率或改善支撑液膜的稳定性研究主要集中在膜材料、膜结构和液膜相等方面。在膜材料开发与制备的研究上，采用液膜凝胶化、复合涂层、界面聚合和等离子体涂层技术、亲水和疏水复合材料以及使用商业化离子交换膜等方法提高支撑液膜的稳定性；在膜结构的研究上，在上述的3类基本结构的基础上研究开发新型支撑液膜组件，主要有：中空纤维夹芯型、管式-中空纤维混合型、板式夹芯型、框式隔板夹芯型等。

10.5 液膜应用

10.5.1 放射性含铀废水中富集回收铀

近年来，随着核电工业迅速发展，铀矿开采不断加强、铀的生产和应用不断扩大，由此而产生的放射性含铀废水的数量越来越大。因此，国内外的环保工作者越来越重视废水中铀的去除和回收研究。目前应用最多或已应用到生产实践中的含铀废水处理方法有：离子交换法、化学沉淀法、生物吸附法、蒸发浓缩法等。这些传统处理含铀废水的方法在实际运行过程中存在许多不足之处，其共同缺点就是产生的泥浆量较大，工艺流程冗长，后续处理繁琐，还需对二次废物进行再处理，并且用于处理低含量、大水量放射性废水时，往往操作费用和原材料成本相对较高，存在二次污染，而且效率不高。因此，多年来人们一直致力于研究和寻求更高效、经济的放射性含铀废水的处理方法。

液膜法回收铀与传统处理方法相比，其优点是进料处理简单、处理温度低、有机溶剂损耗少、操作步骤少、直接操作费用低等。刘成等用乳状液膜法研究了从含铀硼镁铁矿的硫酸分解液中的除铀工艺，以 HDEHP 为流动载体，Span-80 为表面活性剂，磺化煤油和液体石蜡为膜溶剂，经液膜分离后，外水相中铀浓度从 20.44mg/L 降至 0.23mg/L，提铀率达到 98.87%。

10.5.2 稀土元素的分离与回收

离子矿稀土是我国独有的稀土资源，开采容易。目前其分离回收是使用 $(NH_4)_2SO_4$ 浸取矿土，从中置换稀土，再经过滤获得含 1000～2000mg/L 稀土的水溶液，然后用草酸沉淀，灼烧转化成氧化稀土。这种工艺的稀土收率低、产品纯度不高，操作步骤麻烦，且价格昂贵。我国使用液膜提取稀土的研究始于 20 世纪 80 年代初，提取稀土的液膜体系组成为：一般有机溶剂采用煤油或磺化煤油，载体采用 LA、P204、P507 等，内相采用 HCl、HNO_3 等，对稀土浸出母液可根据需要进行分组、提纯、分离等操作。

在稀土矿的开发和有关稀土分离过程中，往往会排放出大量稀土废水，严重污染水源，危害人民的身体健康。因此，开展应用液膜技术处理稀土废水的研究具有重要的实际意义，一方面能保护环境，另一方面又能回收废水中的稀土离子。

Konda kazoo 采用双硬脂酸基磷酸作为载体研究了支撑液膜提纯稀土元素 Sm 的体系，建立了其迁移模型。Chau-Jen lee 采用聚丙烯多孔膜-2500 作为支撑膜，以 PC-88A 作为载体，建立了提纯稀土元素 Eu^{3+} 的支撑液膜体系，并对 Co^{2+} 的迁移过程建立了数学模型。易涛等研究了平板夹心支撑液膜体系，实验测定了萃取 La^{3+} 时的传质渗透系数，以及料液 pH 值、反萃取液中 La^{3+} 的浓度和反萃取液的酸度对渗透系数的影响，比较了不同材质和厚度的膜支撑膜在萃取中的差别，同时考察了液膜体系的稳定性。黄炳辉等用 Span80/P204/煤油组成的乳化液膜体系对江西某稀土分离厂所排放的稀土废水进行处理，经液膜处理后，废水中 Re^{3+} 的浓度从 100～300mg/L 降至 1mg/L 以下，达到国家排放标准。同时经浓缩提取后稀土可作为原料，返回稀土分离厂进行重新利用。

10.5.3 废水中有毒金属去除和贵重金属回收

随着工业生产的发展，重金属废水排放量迅速增加，造成严重的环境污染和资源浪费。液膜法的特点之一是适合于低浓度物质的分离，特别适合于从低浓度废水中去除有毒金属或回收有用物质。

美国矿山局（USBM）在亚利桑那州铜矿山，用乳化液膜法从矿山废水中进行了回收铜的试验。铜的回收率＞90％，膜的溶胀率＜8％。乳状液在电聚结器中以温和条件破乳后，萃取剂用羟胺盐溶液再生，使活性浓度保持 85％后循环使用；铜溶液在标准条件下电积阴极铜，电流效率为 92.6％～93.1％。

Draxler 和王士柱等对液膜法处理含锌废水进行了较系统研究，他们的研究已经由小试、中试扩大到工业规模。表 10-1 为他们用乳状液膜分离技术处理黏胶纤维厂含锌废水的试验结果。

表 10-1 乳状液膜分离技术处理黏胶纤维厂含锌废水试验结果

项目	Draxler 等			王士柱等		
	项目	中试	工业	项目	中试	工业
处理量/(m^3/h)		0.7	70～75(350)		0.5	50
Zn^{2+} 浓度/(mg/L)	入口	450～500	350	入口	500	-550
	出口	2～10	5	出口	＜5	5～15
膜相流量	L/h	40	7000	L/d	16.7	300
膜相组成（质量分数）/%	PX-10	2	3	[1]S205，[2]T154	[1]2	[2]0.2
	HDEHDTP	3	3	[1]HDEHDTP，[2]T203	[1]4	[2]4
	Shellsol	95	94	煤油	94	95.8
内水相水流/(L/h)		4	300	L/d	8.3	65
内水相组成 H_2SO_4/(g/L)	入口	250	250～300	入口	300	300
	出口	100	100	出口		-150
Zn^{2+}/(g/L)	出口	55～65	55～60	出口	10～30	＞20
破乳器	电压/kV	20		电压/kV	8	6.5
	频率/Hz	50	500	频率/Hz	50	50
	功率/(kW・h/m^2)	5		功率/(kW・h/m^2)	0.13	0.02
萃取设备尺寸	高度/m	7	10	高度/m	1.2	3
	直径/mm	150	1600	直径/mm	90	500

从表 10-1 的数据可以看出，以乳化液膜分离技术处理含锌废水可以达到很高的浓缩倍数（Draxler 等：>100 倍；王士柱等：>40 倍），与传统的溶剂萃取法相比较，有机相用量大大减少。在料液酸度较低情况下，设备出口含锌量可达 5mg/L，基本上符合排放标准。此外，根据 Draxler 和王士柱等的估算，回收 1kg 锌所需费用低于 1kg 锌的价值。

Guerriero 等用支撑液膜从含有铜、砷、锌、铁、锑和铋的硫酸浸出液中回收铟，他们以 D2EHPA 为载体，获得的 In^{3+}/Cu^{2+} 分离系数为 104～106，铟的浓缩倍数为 400。

Tang 等使用乳化液膜法从高浓锌的废水中回收镉，镉和锌的迁移率分别为 98.6%和 1.0%。

此外，液膜法也适用于处理其他金属离子，如 Cr^{6+}、Hg^{2+}、Cd^{2+}、Fe^{3+}等。

10.5.4 处理含酚废水

酚是焦化厂、石油炼制厂和合成树脂厂废水中常见的污染物质，工业上常用的处理方法是溶剂萃取和生化处理。溶剂萃取适用于处理高浓度的含酚废水，但处理后水中酚的残留量仍有几百毫克每升，需进一步处理方能排放；生化法适合处理浓度小于 200mg/L 的低浓度含酚废水，但设备占地面积大，处理时间长，在含酚量突然增高时装置难以正常运转。

液膜法处理含酚废水，最早由黎念之等提出，现已完成了实验室、中间工厂和扩大规模的实验，结果表明液膜法除酚率高，流程简单，且同时可处理高浓度和低浓度含酚废水。经液膜法处理后，废水中的酚含量可降至几毫克每升，甚至 0.5mg/L。

中国科学院大连化学物理研究所、上海市环保局、华南理工大学等研究单位相继进行了含酚废水的试验研究并部分应用于生产中。张秀娟等用 LMS-2 为表面活性剂、煤油为膜溶剂、氢氧化钠溶液为内水相的乳化液膜体系，建立了处理能力为 500L/h 的酚醛树脂含酚废水液膜工业运行装置，废水起始酚含量约为 1000mg/L，经二级液膜处理，出水含酚低于 0.5mg/L，酚的去除率达 99.95%，可直接排放，无二次污染。汪景文等对太原焦化厂含酚废水采用液膜法进行处理，采用蓝 113B/煤油/NaOH 膜体系，经二级处理，使含酚量为 500～1000mg/L 的废水下降到 0.5mg/L 以下，并已建成一套日处理废水 1.7t 的中试装置。

10.5.5 处理含氨废水

处理含氨废水可以使用与处理含酚废水类似的乳化液膜，只是内水相不同，此处要用酸性水溶液，一般为硫酸。由于氨具有明显的油溶性，故很易从外部水相透过油膜进入内相，与 H_2SO_4 生成 $(NH_4)_2SO_4$ 而富集于膜内相，从而达到从废水中去除氨的目的。

连续试验数据表明，废水与乳液在混合器中接触 10～20min，NH_3 去除率可达 98%，废水中含氨量从 400mg/L 降至 80mg/L。本过程的液膜可连续循环使用，内水相生成的 $(NH_4)_2SO_4$ 可用于肥料，整个过程能耗很少，基本上不需蒸汽和冷却水，仅料液输送泵和搅拌消耗一些电能。

有些工业生产的排放水中同时含有 NH_3 和 H_2S，形成含硫化铵的酸性废水，用常规蒸汽汽提法难以处理，而单纯的液膜法也受到工艺本身的限制。但若采用以液膜法分离氨和汽提法分离硫化氢相结合的工艺，就可以较好地解决上述难题。

10.5.6 生物制品提取与精制

目前，生物工程产物的提取与精制常采用传统的沉淀、吸附、溶剂萃取、离子交换等方法，其工艺过程复杂，且费用通常高达生产成本的 50% 以上。液膜技术因其选择性和逆浓度梯度传递等优点，已广泛应用于生物工程领域中有机酸、氨基酸、抗生素、脂肪酸和蛋白质等生物制品的分离纯化过程。

Chaudhuri 等研究了乳化液膜分批萃取乳酸，膜相组成为 Span80（占膜相体积分数 $\phi=1\%\sim6\%$）和 Alamine 336（$\phi=2\%\sim10\%$），有机溶剂为正庚烷（$\phi=70\%$）和煤油（$\phi=30\%$），乳化时间 10min。他们确定了表面活性剂 Span 80 和萃取剂三元胺 Alamine 336 对乳化体系稳定性和萃取动力学以及乳化膨胀的影响，并提出了一个描述乳酸萃取动力学和乳酸转移机理的定量模型，模型预测与实验数据能很好地吻合。

氨基酸的应用非常广泛。目前，大多数氨基酸均可利用微生物发酵法生产，其分离提纯也是一个复杂的过程。Deblay 等以三辛胺 Aliquat 336 为萃取剂、葵醇为稀释剂、微孔聚丙烯膜为支撑体，利用支撑液膜法从发酵液中分离 L-缬氨酸，提出了用于估计分配系数和渗透率的数学模型，预测了流体性能和 pH 值对支撑液膜性能的影响，确定了从缬氨酸水溶液中分离缬氨酸的最佳条件。通过改变发酵液中废糖蜜浓度和菌体浓度，考察了发酵液组成对分离动力学及分离效率的影响，产物的回收与精制可一步完成，液膜具有足够的稳定性，在连续分离过程中可使用18d。

青霉素是一种古老的抗生素，现在还有广泛用途。传统的溶剂萃取过程是以醋酸丁酯为萃取剂，在低 pH 值（2.0～2.5）下进行，尽管萃取过程控制低温和短时间，但由于青霉素在低 pH 值下的不稳定性，致使在提取过程中其损失非常惊人(大约 10%)。Lee 等利用多孔性聚丙烯膜浸没在溶有月桂胺萃取剂（Amberlite LA-2）的癸醇中形成的支撑液膜，从苯乙酸中分离青霉素 G，其最大的分离因子达到 1.8。由此可见，使用支撑液膜系统选择性分离青霉素 G 是很有前途的方法。

液膜法提取分离发酵过程中的生物制品时，大都以胺类萃取剂为载体，如 Amberlite LA-2、Alamine336、Aliquat 336。当将液膜法直接用于发酵过程时，必须考虑液膜组分对发酵菌种的毒性，以免影响发酵过程。如在液膜法提取乳酸时，

Alanaine 336 会严重抑制 Lactobacillus delbrueckii 的生长，30％Alamine 336 油醇溶液会使它完全失活。此外，发酵所需 pH 值与提取目的产品所需的 pH 值一般并不一致，必须妥善处理好这一矛盾。而采用液膜技术作为发酵产品下游工艺时，由于发酵产品及电解质浓度均较高，用于分离某些低浓度产物及副产品较为合适，但设计的液膜体系必须具有较高的选择性。

10.5.7 烃类混合物分离

一些物理化学性质相近的烃类化合物用常规的蒸馏法和萃取法分离，成本高且又难以达到分离要求，采用液膜法进行分离具有简便、快速和高效等特点。研究者已用液膜对苯-正己烷、甲苯-庚烷、正己烷-苯-甲苯、己烷-庚烷、正己烷-环己烷等混合体系进行了研究。

上述待分离烃类混合物料液均为有机相，可采用水作为膜相，常用液膜组成为水、皂草苷和丙三醇。水是膜基体；皂草苷是一种水溶性表面活性剂，控制液膜的稳定性；丙三醇是一种有效的液膜增强剂，延长液膜寿命。有时还在液膜中加入水溶性增溶添加剂，作为分离特殊烃组分的载体，以控制液膜对烃组分渗透的选择性。例如，黎念之曾采用 7.5％和 2.5％的醋酸亚铜铵作为增溶添加剂来分离初始浓度各为 50％的己烯和正庚烷的混合物，溶剂相采用正辛烷，所得从正庚烷中分离己烯的分离系数分别为 7.6 和 14.5。

10.5.8 气体分离

空气分离具有广阔的潜在市场。欲制备纯度大于 95％的氧气，O_2/N_2 分离系数必须大于 70。在液膜 O_2/N_2 分离方面，由于迄今尚未能制备出稳定性良好的载体，工作仍然处于实验室阶段。Roman 和 Baker 制备了以薛夫碱为载体的支撑液膜，其 O_2/N_2 分离系数达到 30。

从气体混合物中去除或回收 CO_2 是一个重要工业过程。Ward 和 Robb 使用 0.5mol/L 亚砷酸钠的饱和碳酸氢铯溶液渗透的多孔醋酸纤维素薄膜，从 O_2/CO_2 混合气体中去除 CO_2，分离系数高达 4100，亚砷酸钠的存在使 CO_2 的渗透率增加了 3 倍，并且 $NaAsO_2$ 很稳定，使这一优良性能可以长期保持。

烟道气脱硫也是支撑液膜研究的一个重要方面。Roberts 等用支撑液膜研究了 SO_2 的分离，所采用的膜液为 NaOH、$NaHSO_3$ 或 $Na_2S_2O_3$ 水溶液。对于 SO_2 浓度较低的料气，SO_2 的浓集系数达到 1000。Sengupta 等筛选了几种用于烟道气脱硫的溶剂/载体系统，获得的最佳体系为 1mol/L $NaHSO_3$ 和 $Na_2S_2O_3$ 水溶液，对合成烟道气的脱硫实验表明，SO_2/CO_2 分离系数为 130～190。

10.5.9 其他方面的应用

Hern 将 6 种支撑离子液体膜分别作为生物反应膜来溶解拆分外消旋体-1-苯乙

醇，脂肪酶B作为催化剂，考察了不同离子液体作为液相时对生物反应膜的性能影响，研究发现［Bmim］BF4（1-丁基-3-甲基咪唑四氟硼酸盐）最适于此反应。同时，他也采用同样的离子液体支撑液膜作为生物反应器，得到相类似的结果。Krull等利用数学模型研究了将支撑离子液体膜（1-丁基-3-甲基咪唑苯并三氮唑）作为一种新颖催化剂的应用情况，结果表明支撑离子液体膜可有效提高对丙烯和丙烷蒸气的分离效率，这主要是因为丙烯在通过支撑离子液体膜时，离子液体作为催化剂将丙烯催化聚合成己烯所致。

参 考 文 献

［1］ Li N N，Somerset N J (Exxon Research and Engineering Co.). US，3419794. 1968.

［2］ 石国亮，李增波，郭雨液．液膜分离技术及其应用研究进展．化学工程师，2009，164（5）：48-50.

［3］ 时钧，袁权，高从堦主编．膜技术手册．北京：化学工业出版社，2001.

［4］ 张志强．液膜分离技术及研究进展．青海科技，2008，15（1）：45-49.

［5］ Gu Z M，Wasan D T，Li N N. Interfacial Mass Transfer in Ligand Accelerated Metal Extraction by Liquid Surfactant Membranes Sepn Sci Technol，1985，20（7-8）：599-612.

［6］ Gu Z M，Ho W S，Li N N. Design Considerations of Emulsion Liquid Membranes//Ho W S，Sirkar K K，ed. Membrane Hadbook. New York：Chapman& HaⅡ，1992.

［7］ 张瑞华．液膜分离技术．南昌：江西人民出版社，1984.

［8］ Wiencek J M，Qutubuddin S. Microemulsion Liquid Membranes. Ⅰ. Application to Acetic Acid Removal form Water. Separation Science and Technology，1992，27（10）：1211-1228.

［9］ Wiencek J M，Qutubuddin S. Microemulsion Liquid Membranes. Ⅱ. Copper Ion Removal from Buffered and un- Buffered Aqueous Feed. Separation Science and Technology，1992，27（11）：1407-1422.

［10］ 褚荣，刘沛妍，吴子生等．研磨破乳率的条件转化及经验计算式．化工学报，1994，45（3）：361-365.

［11］ 沈江南，阮慧敏，吴东柱，章杰．离子液体支撑液膜的研究及应用进展．化工进展，2009，28（12）：2092-2098.

［12］ 杜军，周堃，陶长元．支撑液膜研究及应用进展．化学研究与应用，2004，16（2）：160-164.

［13］ Kemperman A J B，Rolevink H H M，Bargeman D，et al. Stabilization of Supported Liquid Membranes by Interfacial Polymerization Top Layers. J Membr Sci，1998，138（1）：43-55.

［14］ de Haan A B，Bartels P V，de Graauw J. Extraction of Metal Ions From Waste Water. Modelling of the Mass Transfer in A Supported Liquid- Membrane Process. Journal of Membrane Science，1989，45（3）：281-297.

［15］ 黄炳辉，黄培刚，汪德先等．用液膜技术处理稀土废水．膜科学与技术，2004，24（5）：74-76.

［16］ 王士柱，姜长印，张泉荣，吴邦明．乳状液型液膜的工业过程研究．膜科学与技术，1992，12（1）：8-12.

［17］ 汪景文，王秉章，崔子文等．液膜法处理焦化厂含酚废水的中试工艺与设备．水处理技术，1988，2（1）：57-63.

［18］ 刘红，潘红春．液膜萃取技术在生物工程领域的应用研究进展．膜科学与技术，1998，18（3）：10-16.

［19］ Hern ondez Fern. Integrated Reaction/Separation Process for the Kinetic Resolution of Rac-1-Phenylethanol Using Supported Liquid Membranes Based on Ionic Liquids. Chemical Engineering and Processing，

2007，46 (9)：818-824.

[20] Hern Ondez Fern. Tailoring Supported Ionic Liquid Membranes for the Selective Separation of Transesterification Reaction Compounds. Journal of Membrane Science，2009，328 (1-2)：81-85.

[21] Krull F F，Medved M，Melin T. Novel Supported Ionic Liquid Membranes for Simultaneous Homogeneously Catalyzed Reaction and Vapor Separation. Chemical Engineering Science，2007，62 (10)：5579-5585.

第11章 离子交换膜

离子交换膜（ion exchange membrane）是一种含离子基团的、对溶液中的离子具有选择透过能力的高分子膜，一般在应用时主要是利用它的离子选择透过性。1950年W. Juda等研制出具有选择透过性能的异相离子交换膜，奠定了电渗析（electrodialysis，ED）的实用化基础。自此以后，以离子交换膜为核心的新的分离工艺不断被开发出来，在不同行业和领域得到了广泛应用。如1953年Rohm公司的Winger以离子交换膜为核心部件开发出了可应用于电解质溶液脱盐的电渗析工艺，1969年日本旭化成公司开发了倒极电渗析装置，1972年美国Du Pont公司将开发出来的全氟磺酸阳离子交换膜应用于氯碱电解生产中，开辟出全新的离子膜氯碱工业，1976年Chlanda等将阴阳膜层复合在一起制备出双极膜，使离子交换膜的应用范围从传统的分离工业扩展到有机酸碱制备、生物分离、环境工业和食品工业等多个领域。

1958年我国引进了第一套电渗析装置，随即开展了离子交换膜的研究，1966年上海化工厂聚乙烯异相离子交换膜正式投产，为电渗析工业应用奠定了基础。1967年海水淡化会战对我国离子交换膜技术的进步起了积极的推动作用，经过半个世纪的发展，目前已能生成大多数品种的离子交换膜，在异相膜、均相膜、全氟离子交换膜等方面都已有不同的生产能力。但是在某些特殊离子交换膜品种上，还与世界先进水平有所差距，如全氟离子交换膜、双极膜、均相膜及用于燃料电池的质子膜等。

11.1 概述

离子交换膜是指对离子具有选择性透过能力的一种功能高分子膜，是电渗析的核心部件。但在电渗析中使用的离子交换膜，实际上并不起离子交换作用，而是起离子选择透过作用，因此也称为离子选择性透过膜。

由阳离子交换材料制成的离子交换膜含有酸性活性基团，可解离出阳离子，对阳离子具有选择透过性，称为阳离子交换膜（cation exchange membrane，CM)，简称阳膜或K膜；由阴离子交换材料制成的离子交换膜含有碱性活性基团，可解离出阴离子，对阴离子具有选择透过性，称为阴离子交换膜（anion exchange membrane，AM)，简称阴膜或A膜。阳离子交换膜的酸性活性基团主要是磺酸、磷酸或羧酸等基团，阴离子交换膜的碱性活性基团主要是胺、叔胺、仲胺等基团。按作用机理可将离子交换膜分为阳离子交换膜、阴离子交换膜和特殊离子交换膜。图11-1所示为离子交换膜分类。

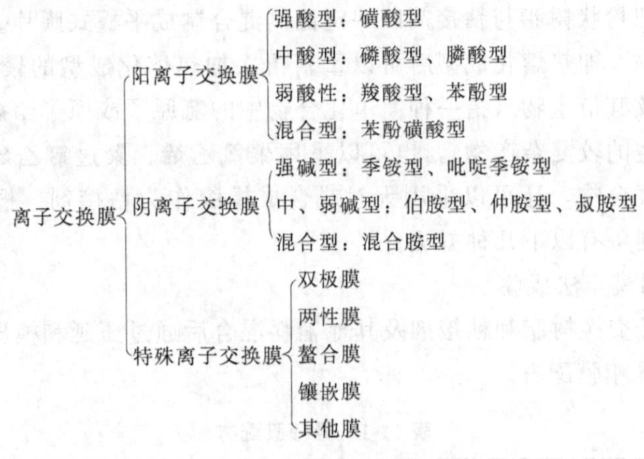

图 11-1 离子交换膜分类

双极膜是由具有两种相反电荷的离子交换层紧密相邻或结合而成的离子交换膜。两层之间可以隔一层网布，也可以直接粘贴在一起。该膜的特点是在直流电场的作用下，阴、阳膜复合层间的 H_2O 解离成 H^+ 和 OH^- 并分别通过阴膜和阳膜，从而完成不同价态离子的分离。

两性膜是指在同一张膜内均匀分布着正、负两种荷电基团的离子交换膜。

螯合膜是指具有两个或两个以上对金属离子有很大亲和力的功能基团的离子交换膜。

镶嵌膜是利用阳离子高聚物电解质同阴离子高聚物电解质相互交错、结合而成的离子交换膜。

11.2 制备方法

离子交换膜中的主体组分是聚合物树脂相，根据制膜工艺的需要还需加入粘接剂、增塑剂、着色剂、防老剂、抗氧化剂、脱膜剂等。按离子交换膜主体组分的结构可以将其分为异相膜与均相膜两大类。在均相膜的主体组分中，各成分以分子状态均匀分布，不存在相界面；而异相膜是通过粘接剂把粉状树脂制成平板式膜片，树脂与粘接剂等组分之间存在相界面。作为分离用膜需要有一定的机械强度和尺寸稳定性，而有些性能好、廉价的具有离子交换功能的树脂（如磺酸化的聚苯乙烯）往往强度较低，脆性较大，单独制成膜不能满足实际应用的需要，这就需要有一定的增强材料。增强材料既可以是无机材料，也可以是有机材料。无机材料为玻璃纤维网布；有机材料为涤纶、锦纶、丙纶、维纶等网布材料。

11.2.1 异相膜的制备

异相膜是把粉状树脂与粘接剂以一定比例混合制成平板式膜片。粘接剂可以采用热塑性聚合物（加热熔化成型后可以重新再次加热熔化成型的聚合物），通常是线性的聚烯烃及其衍生物（指一种简单化合物中的氢原子或原子团被其他原子或原子团取代而衍生的较复杂产物），也可以采用聚氯乙烯、聚过氯乙烯、聚乙烯醇等可溶于溶剂的聚合物，还可以采用天然或合成橡胶作为粘接剂。根据粘接剂的性能，异相膜的制备有以下几种方法。

(1) 延压和模压法成膜

将粉状离子交换树脂和粘接剂及其他辅料混合后通过压延和模压方式成膜。表11-1为典型的异相膜配方。

表 11-1 异相膜配方

原料名称	阳膜配料(质量分数)/%	阴膜配料(质量分数)/%
阳离子交换树脂粉	73.7	0
阴离子交换树脂粉	0	70
聚乙烯	21	23
聚异丁烯	4.2	5.8
硬脂酸钙	1.1	1.2
酞菁蓝	0	0.1

表11-1中的阴、阳离子交换树脂粉为膜的基体，聚乙烯为粘接剂，聚异丁烯起粘接、增柔作用，赋予膜弹性，硬脂酸钙为脱模剂和稳定剂，酞菁蓝为染料，起着色剂作用，使阴膜带上天蓝色，以区别于阳膜的本色。此外，还可以根据使用要求，适当添加防老剂、抗氧化剂等成分。

异相膜具体工艺流程如下：将聚乙烯放入双辊混炼机中，在110～120℃下混炼，塑化完全后加入聚异丁烯进行机械接枝。混合均匀后加入硬脂酸钙，然后加入离子交换树脂粉，反复混炼均匀，将其在压延机上拉成所需厚度的膜片。再将两张尼龙网布分别覆盖在膜片的上下，送入热压机中，于10.0～15.0MPa压力下热压约45min，即成实用的异相膜。

（2）溶剂型粘接剂法成膜

先将线性高聚物粘接剂溶解在溶剂中，制成粘接剂溶剂，再将粉状离子交换树脂分散在粘接剂溶液中，然后浇铸成膜。

（3）离子型交换树脂法成膜

将离子交换树脂粉末分散在部分聚合的成膜聚合物中，浇铸成膜后，再完成聚合过程。

由于异相膜树脂与粘接剂仅为机械结合，在使用过程中树脂容易发生脱落。

11.2.2 半均相膜的制备

半均相膜的制备首先用粘接剂吸浸单体进行聚合，然后导入活性交换基团制成含粘接剂的热塑性离子交换树脂，最后采用上述异相膜那样的工艺加工成膜。这种方法可以使离子交换树脂非常均匀地分散在粘接剂中，形成互相缠绕的结构，不易脱落；同时可以省去磨粉工序，简化制膜工艺，而且可以避免粉尘对环境的污染和树脂的损失。

11.2.3 均相膜的制备

均相离子交换膜的制备实际上是直接使离子交换树脂薄膜化，即把离子交换树脂的合成与成膜工艺相结合。均相膜的制造大致分为 4 个过程：膜材料的合成反应过程、成膜过程、引入可反应基团、与反应基团反应形成荷电基团。这 4 个过程可或先或后，也可以几个过程合并在一起。

具体制备均相膜时，有以下几种方法。

（1）从单体聚合或缩聚反应开始制膜

如可以把已有荷电基团的苯酚磺酸与苯酚、甲醛按一定的比例配制，先进行部分缩聚反应，然后将其吸浸于多孔支衬材料中或涂布于网布上，再进一步缩聚形成阳离子交换膜。

还可以将含有环氧反应基团的料液刮于尼龙网上，上下衬以涤纶纸，在油压机上加热聚合形成基膜，把聚合反应过程、成膜过程、引入反应基团过程三步合成一步，制成的基膜浸入三甲铵溶液，得到甲基丙烯酸环氧丙酯丁膜。

（2）制成基膜后导入离子交换基团

先将本身含有反应基团的高聚物制成基膜，再经活化反应导入离子交换基团，制成离子交换膜。例如纤维素、聚乙烯醇等高聚物，它们结构中含有类似仲醇性质的多羟基，可以进行酰化和酯化反应，使离子交换基团直接导入膜内。

（3）高聚物中导入离子交换基团后再成膜

直接把含有交换基团的高分子溶液用一步法直接制成离子交换膜。如聚砜或聚醚砜经磺化后制成磺化聚砜和磺化聚醚砜，把磺化后的聚砜或聚醚砜溶于二甲基甲酰胺中，涂于网布上，待溶剂挥发后即成阳膜。

(4) 在惰性高分子衬底基膜上制成均相膜

还有一类均相膜，以惰性高分子膜为基体，基膜可以是聚烯烃（如聚乙烯、聚丙烯）或氟碳烃（如聚四氟乙烯、聚偏氟乙烯），将基膜用有机溶剂溶胀后吸入带功能基团的单体。经聚合后，聚合物与膜基材料的分子链间互相形成缠绕结构，因其交换基团分布比较均匀，故称均相膜。如高压聚乙烯薄膜，溶胀后浸吸苯乙烯和二乙烯苯等单体，用过氧化苯乙酰作引发剂聚合，聚合物与膜基形成一体，经磺化反应过程可制成阳膜，经氯甲基化和胺化可制成阴膜。

11.3 结构与性能

11.3.1 离子交换膜的结构

在宏观形态上离子交换膜是片状薄膜，而离子交换树脂是颗粒物状的。但离子交换膜与离子交换树脂的微观结构基本相同。离子交换膜的组成见图 11-2。

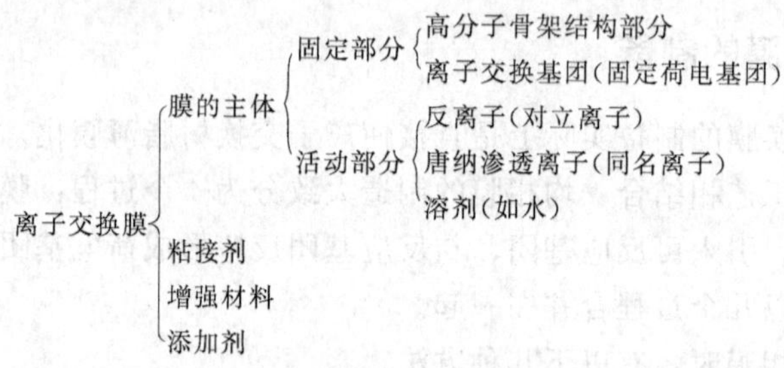

图 11-2　离子交换膜组成

膜主体的固定部分由体型或线性长链高分子材料组成，主要包括：苯乙烯型树脂、聚乙烯、聚丙烯、苯乙烯-二乙烯基苯共聚物、聚氯乙烯、聚砜、聚苯醚、乙丙橡胶、聚四氟乙烯、聚苯乙烯-二乙烯基苯-聚偏氟乙烯的共聚物以及其他均质二元交联共聚物等高分子材料。基材可以通过化学改性的方法荷电化，荷电化的方法主要有两类：阴离子化（磺化）和阳离子化（氯甲基胺化）。

粘接剂可以采用热塑性聚合物，通常是线性的聚烯烃及其衍生物，也可以采用聚氯乙烯、聚过氯乙烯、聚乙烯醇等可溶于溶剂的聚合物，还可以采用天然或合成橡胶作为粘接剂。

增强材料主要包括支撑网布和一些增加强度和韧性的助剂。常用的支撑网布包括：锦纶、丙纶、聚酯、维纶等无纺布或玻璃纤维织物等。

添加剂主要是一些加工助剂，包括润滑剂、抗氧化剂、引发剂、脱模剂等。

11.3.2 离子交换膜的性能

(1) 实用离子交换膜的要求

离子交换膜是电渗析器的心脏，膜性能的优劣决定了电渗析器的性能。为适应电渗析器使用的要求，实用的离子交换膜应具有以下的基本要求。

① 膜对离子的选择透过性高，电渗析用离子交换膜一般要求迁移数在0.9以上。

② 膜的导电性能好，电阻低。膜电导与电渗析操作的槽电压和能耗直接相关，对于有数百对膜组成的电渗析器，如果每张膜的电阻稍大一点，整台设备总电压降的提高就相当可观。

③ 膜具有较高的交换容量。高交换容量的膜，具有较高的活性基团密度，这样有利于提高膜的电化学性能，但是过高的交换容量会对尺寸稳定和机械强度产生不利影响。所以，一般控制在1.0～2.5mol/kg（干）为宜。

④ 尺寸稳定。膨胀和收缩性应尽量的小而且均匀。否则，既会带来安装的困难，而且还将造成压头损失增大、漏水、漏电和电流效率下降等不良现象。

⑤ 有足够的机械强度，同时保证一定的柔软性和弹性，以方便组装和拆洗，并延长膜的使用寿命。一般要求膜的爆破强度大于0.3MPa。

⑥ 有良好的化学稳定性。离子交换膜在使用过程中，不可避免地要接触如酸、碱、氧化剂等化学试剂。若应用在化工过程和工业废水的处理时，料液成分错综复杂，腐蚀性强的物质更多，这就首先要求膜有耐酸性、耐碱性及抗氧化的能力。

⑦ 电解质的扩散和水的渗透量要小。当膜与两侧不同的溶液接触时必然会发生电解质离子从高浓度侧向低浓度侧扩散渗析，同时又有水从低浓度侧向高浓度侧自然渗透。这都是电渗析过程中的反效应，对脱盐率、淡水产率和电流效率都产生不利的影响，所以应尽量使之减少。

⑧ 水的电渗透量要小。因为离子以水合状态在膜中迁移，水的电渗透也是渗析过程中不可避免的一个现象。导致脱盐率和电流效率下降，为此，应当尽量使膜对水的电渗透量减少。

⑨ 膜的外观完好无损，平整光洁，厚度均匀，没有针眼。

⑩ 制作方便、工艺简单、成本低廉、价格便宜。

以上10个方面的基本要求虽然比较全面，然而要同时满足这些要求是困难的。因为它们之间很多所要求的条件是互相矛盾的。可以认为，每一张离子交换膜都各具优点和特点，不可能是性能上的全面优秀，也不可能适用于所有的应用领域，只能根据应用需要综合平衡，进行性能的调整，以求在某一应用领域产生良好的应用效果。

(2) 离子交换膜的主要性能指标

① 交换容量　交换容量是表征离子交换膜的基本指标。交换容量的定义为每克干膜所含活性基团的质量（mg），是离子交换膜的关键参数。一般交换容量高的膜，选择透过性好，导电能力也强。但是由于活性基团一般具有亲水性，因此活性基团含量越高，膜的溶胀度越大，从而影响膜的强度。有时也会因膜体结构过于疏

松，而使膜的选择性下降。一般膜的交换容量为 2～3mg/g。不同类型的离子交换膜所含的活性基团不同，交换容量的测试方法也各有所异。

② 含水率　含水率指膜内与活性基团结合的内在水，以每克干膜所含水的质量（g）表示（%）。膜的含水率与其交换容量和交联度有关，随着交换容量提高、交联度下降，含水率增加。交联度大的膜由于结合紧密，含水率也会相应降低。提高膜内含水率，可使膜的导电能力增加，但由于膜的溶胀会使膜的选择透过性下降。一般膜的含水率为 20%～40%。

③ 膜电阻　膜电阻是离子交换膜的重要特性之一，对电渗析器工作时所需要的电压和电能消耗有直接影响。在实际应用中，膜电阻常用面电阻表示，即用单位膜面积的电阻表示，单位为 Ω/cm^2。对膜电阻的要求因用途而异。一般在不影响其他性能的情况下电阻越小越好，以降低电能消耗。通常规定在 25℃，于 0.1mol/L KCl 溶液或 0.1mol/L NaCl 溶液中测定的膜电阻作为比较标准。

④ 选择透过度　一般常用反离子迁移数和膜的透过度表示离子交换膜的离子选择透过性。

膜内离子迁移数为某一种离子在膜内的迁移量与全部离子在膜内的迁移量的比值，也可用离子迁移所携带的电量之比来表示。某种离子在膜中的迁移数可由膜电位计算：

$$\bar{t}_g = \frac{E_m + E_m^0}{2E_m^0} \tag{11-1}$$

式中　E_m^0——在一定条件（一般是 25℃，膜两侧溶液分别为 0.1mol/L KCl 和 0.2mol/L KCl）下理想膜的膜电位，可由奈恩斯特公式计算；

E_m——在以上条件下的实测膜电位。

膜的选择透过度为反离子在膜内迁移数实际增值与理想增值之比：

$$p = (\bar{t}_g - t_g)/(\bar{t}_g^0 - t_g) = (\bar{t}_g - t_g)/(1 - t_g) \tag{11-2}$$

式中　$\bar{t}_g$——反离子在膜中的迁移数；

t_g——反离子在溶液中的迁移数，可从有关手册查到；

$\bar{t}_g^0$——反离子在理想膜中的迁移数，即 100%。

用以上方法计算所得到的反离子迁移数和选择透过度在一定程度上反映离子交换膜选择透过性的好坏。一般要求实用的离子交换膜选择透过度大于 85%，反离子迁移数大于 0.9，并希望在高浓度电解质中仍有良好的选择透过性。

⑤ 机械强度　膜的机械强度是膜具有实用价值的基本条件之一，其指标为爆破强度和拉伸强度。

爆破强度是指膜受到垂直方向压力时所能承受的最高压力，以单位面积上所受压力表示（MPa）。一般膜的爆破强度应大于 0.3MPa。拉伸强度是指膜受到平行方向拉力时所能承受的最高拉力，以单位面积上所受拉力表示（MPa）。膜的机械强度主要决定于膜的化学结构、增强材料等。增加膜的交联度可提高其机械强度，而提高交换容量和含水率会使强度下降。

此外根据实际用途，对离子交换膜的化学稳定性、膨胀性能等也有一定的要求，以满足正常使用。如对离子交换膜的膨胀性能（尺寸稳定性），要求膜的膨胀和收缩应尽量小而且均匀，否则既会带来组装困难，而且还将造成压头损失增大、漏水、漏电和电导率下降等不良现象；对离子交换膜的化学性能，要求膜具有一定的耐酸碱、耐溶剂、耐氧化、耐辐照、耐温、耐有机污染等性能。

11.4 离子交换膜的应用

自从 1950 年 W. Juda 等研制出具有选择透过性能的异相离子交换膜，奠定了电渗析的实用化基础以来，离子交换膜技术在世界范围内得到了迅速的发展。离子交换膜技术应用广泛：应用离子交换膜最多的领域是作为电渗析的隔膜，用于纯水制备、海水淡化、苦咸水脱盐等；作为膜电解隔膜，用于氯碱工业和有色冶金工业；燃料电池隔膜；还可用于有机物和生化物质的分离、浓缩、提取和精制。

11.4.1 电渗析

在直流电场的作用下，离子透过选择性离子交换膜的现象称为电渗析。电渗析单元通常含有以并联形式交替排列的阴、阳离子选择性膜，当电场推动力为连续施加于电渗析单元时，溶液中的阴离子渗透通过阴离子交换膜，阳离子渗透通过阳离子交换膜，结果导致溶液中带电离子的分离，达到溶液浓缩或提纯。

电渗析法最先用于海水淡化制取饮用水和工业用水，海水浓缩制取食盐，以及与其他单元技术组合制取高纯水，后来在废水处理、食品、医药工业等领域也得到广泛应用。

(1) 纯水制备

① 电渗析-离子交换系统　为满足锅炉、医药和电子等行业用水的需要，制备不同等级的纯水必须采用电渗析与离子交换树脂组合工艺。电渗析-离子交换组合脱盐是国内外通常采用的工艺流程，电渗析在流程中起前级脱盐作用，离子交换树脂起保证水质的作用。组合工艺与只采用离子交换树脂的工艺相比，不仅可以减少离子交换树脂的频繁再生，而且对原水浓度波动适应性强，出水水质稳定，同时投资少、占地面积小。根据原水组分和对纯水水质的要求，纯水制备通常采用以下几种典型流程。

a. 原水→预处理→电渗析→纯水（中、低压锅炉给水）。

b. 原水→预处理→软化（或脱碱）→电渗析→纯水（中、低压锅炉给水）。

c. 原水→预处理→电渗析→软化（或脱碱）→纯水（中、低压锅炉给水）。

d. 原水→预处理→电渗析→混合床→纯水（中、低压锅炉给水）。

e. 原水→预处理→电渗析→阳离子交换膜→脱气→阴离子交换膜→混合床→纯水（中、高压锅炉给水）。

f. 原水→预处理→电渗析→阳离子交换膜→脱气→阴离子交换膜→杀菌→超滤→混合床→微滤→超纯水（电子行业用水）。

g. 原水→预处理→电渗析→蒸馏→微滤→医用纯水（注射针剂用水）。

② EDI 系统　将离子交换树脂填充到电渗析器渗析室中，所构成的电渗析深度脱盐系统称为电去离子（electro deionization，EDI）系统。这一系统与电渗析-离子交换系统相比，可以不需要阴、阳树脂再生，不用酸、碱，仍可以连续地脱除离子，不间断地生产纯水或高纯水。阴、阳树脂所吸附的水溶液中的阴、阳离子，由电渗析极化过程产生的 OH^+ 和 H^- 连续再生。

（2）海水淡化

海水淡化即利用海水脱盐生产淡水，是实现水资源利用的开源增量技术，可以增加淡水总量，且不受时空和气候影响。20 世纪 60～70 年代，北美、中东和前苏联黑海沿岸安装了许多小型电渗析海水淡化器，日本在许多渔船上安装了船用小型电渗析海水淡化器。美国、以色列和日本等国相继开展了高温电渗析海水淡化实验，达到生产 $1m^3$ 淡水耗电 8～9kW・h 的指标。1981 年，我国在西沙永兴岛安装了 $200m^3/d$ 电渗析海水淡化装置。这套装置全部采用国产离子交换膜和设备，是当时世界上产水量最大的电渗析海水装置。

（3）海水浓缩制盐

电渗析浓缩海水-蒸发结晶制取食盐是目前电渗析处于第二位的应用。与传统盐田法比较，该工艺占地面积小，基建投资少，节省劳动力，不受气候条件的影响，易于实现自动化操作和工业化生产，产品纯度高。日本是第一个采用此法制盐的国家，随着技术的不断进步，其经济和技术指标取得了很大发展。迄今为止，卤水浓度可达 200g/L，吨盐耗电量降至 120kW・h。制盐的整体系统包括海水引入和过滤设备、电渗析设备、多效蒸发结晶设备，盐包装和干燥设备及公用设备（发电机、蒸汽机和锅炉等）。电渗析器和其他设备的耗电由涡轮发电机提供，该发电机由锅炉产生的高压蒸汽推动。从涡轮排出的低压废蒸汽可为电渗析器产生的浓缩液的蒸发供热。

（4）苦咸水脱盐

苦咸水脱盐是电渗析最重要的应用领域，是利用离子交换膜在电场作用下，分离盐水中的阴、阳离子，从而使淡水室中盐分浓度降低而得到淡水的一种膜分离技术。该技术工艺已比较成熟，具有工艺简单、除盐率高、制水成本低、操作方便、不污染环境等主要优点，但存在对水质要求较严格、需对原水进行预处理，结垢问题严重等缺点。

使用电渗析法进行苦咸水脱盐被认为是最经济的技术方案，从目前各种脱盐方法的发展水平来看，预计在今后相当一段时间内，苦咸水脱盐仍将发挥着显著的作用。20世纪50年代，美国、英国开始将电渗析法用于苦咸水淡化，中国从20世纪70年代中期开始电渗析脱盐技术的推广应用，是目前世界上应用电渗析脱盐装置最多的国家之一。

电渗析法在苦咸水淡化工程中的应用特点如下：

① 对铁、镁、钙、钾、氯化物等溶解性无机盐类及毒理学指标砷、氟化物的去除率达66%～93%，可以满足苦咸水淡化需求；

② 对耗氧量、氨氮及硅的去除率较低，仅15%～45%，但由于原水中上述指标含量较低，去除率虽低，尚能满足生活饮用水卫生要求；

③ 对 SO_4^{2-} 的去除率为63.8%，很难满足生活饮用水卫生要求；

④ 电渗析过程的能耗与给水含盐量有密切关系，给水含盐量越高，能耗越大，因此电渗析比较适合低盐苦咸水的淡化。

此外，由于电渗析不能去除水中有机物和细菌，加之设备运行能耗较大，使其在苦咸水淡化工程中的应用受到局限。

电渗析法由于结垢问题，因此发展速度缓慢。20世纪70年代美国Ionics公司首先提出了频繁倒极电渗析（electrodialysis rever-sal，EDR）的概念。EDR的原理和ED法基本是相同的。只是在运行过程中，EDR每隔一定时间（一般为15～20min），正负电极极性相互倒换一次，因此称其为频繁倒极电渗析，它能自动清洗离子交换膜和电极表面形成的污垢，以确保离子交换膜效率的长期稳定性及淡水的水质和水量。EDR装置由于具有克服膜堆极化沉淀和原水回收率较高的特点，已成为苦咸水脱盐中普遍推广应用的装置。

（5）废水处理

电渗析用于废水处理，兼有开发水源、防止环境污染、回收有用成分等多种作用。所用的离子交换膜有耐酸或耐碱的特殊离子交换膜、耐氧化的特殊离子交换膜、渗析膜和近年来新研制的双极膜，其通常工艺流程与水脱盐或浓缩应用相同。电渗析用于废水处理，首先是以处理电镀废水为代表的无机系废水为开端，并逐渐向处理城市污水、造纸废水等有机系废水发展。

目前，电渗析法在废水处理中应用比较成功的例子有：从电镀废水和废液中去除或回收重金属离子，如Cr、Cd、Ni、Cu、Pb、Zn等，然后对浓缩液进一步处理或回收利用；处理碱法造纸废液，从浓液中回收碱，从淡液中回收木质素；从酸洗废液中制取硫酸及沉积重金属离子；从中等强度放射性废水中分离放射性元素；从合成纤维厂的废水中回收 $ZnSO_4$、Na_2SO_4；另外，含氰废水处理以及从亚硫酸盐纸浆废液中回收副产品也达到了工业化程度。

（6）食品、医药工业中的应用

利用离子交换膜的选择透过离子特性，电渗析在食品、医药工业中的应用包括以下几种类型。

① 脱除有机物中的盐分。例如医药工业生产中葡萄糖、甘露醇、氨基酸、维

生素 C 等溶液的脱盐；食品工业中牛乳、乳清的脱盐，脱除酒类产品中的酒石酸钾等。

② 有机物中酸的脱除或中和。

③ 从蛋白质水解液和发酵液中分离氨基酸等。

11.4.2 膜电解工业

离子膜电解是 20 世纪 70 年代在离子交换树脂的基础上发展起来的一项新技术，是利用离子交换膜将单元电解槽分隔为阳极室和阴极室，使电解产品分开的方法。离子膜电解技术主要用于氯碱工业，大规模生产 NaOH，还用于有色冶金工业等领域。

(1) 氯碱工业

工业上用电解饱和 NaCl 溶液的方法来制取 NaOH、Cl_2 和 H_2，并以它们为原料生产一系列化工产品，称为氯碱工业。氯碱工业是化学工业的支柱产业之一，它的产品除应用于化学工业本身外，还广泛应用于轻工业、纺织工业、冶金工业、石油化学工业以及公用事业。

采用离子膜电解法，与传统的隔膜法和水银法电解相比，具有总能耗低、产品纯度高、操作运行方便、污染少等许多优点。因此，近十年来被公认为是氯碱工业老厂技术改造和新建电解装置的发展方向。

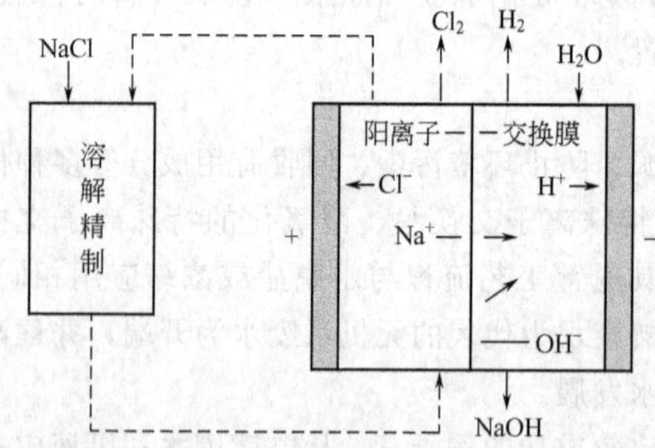

图 11-3 阳离子交换膜食盐电解法基本原理

在氯碱电解工业中，以阳离子交换膜隔开电解槽中的阳极和阴极，电解食盐水产生氯气和烧碱 (NaOH)。其基本原理如图 11-3 所示。阳离子交换膜膜是电解槽的核心部分，目前在工业上多用阳极侧有 RSO_3 基、阴极侧有 RCOO 基的复合膜。在阳极与阴极之间装一张阳离子交换膜，构成两室电解槽。向阳极室送入饱和 NaCl 溶液，阴极室送入纯水，在直流电场作用下，Na^+ 通过膜进入阴极室，电极反应的结果是在阳极室生成氯气，在阴极室生成氢气与氢氧化钠溶液。

离子膜电解烧碱工艺以其优异的综合性能成为全球氯碱行业的主导技术，其中最关键的核心——全氟离子交换膜是目前离子膜法氯碱工业的主要隔膜。它由全氟磺酸膜、全氟羧酸膜、聚四氟乙烯增强网布复合而成，并且在膜的两面附着有亲水涂层，其化学性能和热性能极其稳定。

全氟离子膜最早由 Du Pont 公司于 1966 年发明，后来日本的旭硝子和旭化成公司也成功研制出全氟离子膜。目前我国上海交通大学和东岳公司联合，研制成功全氟离子膜，使我国成为第四个能够生产和销售离子交换膜的国家。现在使用比较广泛的全氟离子膜系列是美国杜邦（Nation 膜）N-900-TX 系列膜和 N-2000-TX 系列膜、旭化成（Aciplex 膜）F-4000 系列膜、旭硝子（Flemion 膜）F-800 系列膜及上海交通大学和东岳公司生产的全氟离子交换膜。

(2) 有色冶金工业中的应用

离子交换膜在有色冶金中研究活跃，但大多数仍处于中试或实验室研究阶段。

① 重金属　美国的 Trap 等人研究了利用自动倒换电极电渗析过程（EDR）回收镍盐，使之不再像传统工艺流程中那样形成氢氧化物沉淀而被损失，取得了良好的经济效益和社会效益。高纯锡是电子元件不可缺少的金属，用阴膜作电解槽隔膜，与碳酸锶除铅净化工序相结合。是制取高纯锡的新方法。美国矿务局将双膜电解槽与适当的溶液净化过程相结合，从高温合金废料中回收高纯钴和镍，还将低质量的钴提纯到八级。

② 轻金属　我国是氧化铝生产大国，也是赤泥产生大国。2009 年，我国氧化铝产量达到 2379 万吨，赤泥产生量近 3000 万吨，占全球总量 1/3 以上。如何处理赤泥一直是铝行业面临的世界性难题。防止赤泥污染的根本出路是实现赤泥的综合利用，烧结法赤泥可用于生产硅酸盐水泥，但赤泥中碱含量偏高，限制了赤泥利用率的提高，目前正致力于提高赤泥在水泥中的配量，以提高其利用率。研究方向之一是添加石灰，在一定条件下使赤泥脱碱，而后用电渗析技术从所得的稀碱液中回收碱以及其他有用组分。国内在这方面的研究已取得了一定进展。张启修等人采用碳分脱铝-电渗析工艺处理含铝废碱水，从中回收铝、碱及水资源，其经济效益，环境效益均很显著。

③ 贵金属　利用膜电解可以制得高纯度的金。Tanaka 贵金属工业公司采用了与碘化作用相结合的膜电解法，他们将 99.5%的金片溶解于碘或碘化物溶液中，将 pH 值调至 12 以上，除杂后引入电渗析器，在 $20A/dm^2$ 和 50℃下操作可以电沉积出金，pH 值约为 12.8 时进行离心分离回收 99.991%的纯金，回收率为 95%。他们还利用另一种方法得到了更高纯度的金，金经过碘化作用后通入膜电解槽的阳极室，阳极室与反应室相连，阳极液能在其间循环，杂质通过过滤或其后的超滤除去，因而能将 99.99%的金精炼至 99.999%，回收率为 95%，槽内仍有 5%纯度为 98.4%的金存在。

④ 稀有金属　在钨工业中，应用离子膜电解技术可以制取仲钨酸铵和偏钨酸钠。用膜电解法制取供萃取用的偏钨酸钠料液，克服了常规方法产生大量污染环境的 Na_2SO_4 的缺点，还节省了酸碱用量。在稀土工业中，可以利用膜电解过程的氧化或还原反应分离铈与铕。张启修等人对在硫酸体系中电解氧化铈的工艺进行了研究，利用离子交换膜的作用，在阳极室实现铈氧化的同时，在阴极同时得到铜粉，使电耗成本大幅下降。

11.4.3 质子膜燃料电池

以阳离子交换膜作为电池中固体电解质（或隔膜）所构成的燃料电池称为质子膜燃料电池。它是一种新型燃料电池，一般用铂作为催化剂，工作环境温度一般为60～80℃，属低温燃料电池。

质子膜燃料电池主要由膜电极、密封圈和带有导气通道的流场板组成。膜电极是质子膜燃料电池的核心部分，中间是一层很薄的膜——离子交换膜，这种膜不传导电子，是氢离子的优良导体，它既作为电解质提供氢离子的通道，又作为隔膜隔离两极反应气体。膜的两边是气体电极，阳极为氢电极，阴极为氧电极。流场板通常由石墨制成。质子交换膜燃料电池以氢为燃料。多个电池单体根据需要串联或并联，组成不同功率的电池组（电堆）。近年来质子膜燃料电池方面的研究应用发展迅速。同其他燃料电池相比，质子膜燃料电池具有工作温度低、启动快、输出功率密度高、结构简单、操作方便等优点，被认为是电动汽车、固定发电站等的首选能源和清洁高效动力技术。

11.4.4 双极膜

早期的离子交换膜主要用于电渗析和电化学工艺过程中，随着科学研究的深入和技术进步，离子交换膜种类不断增加的同时，其应用领域也在不断扩大。双极膜是由具有两种相反电荷的离子交换层紧密相邻或结合而成的新型离子交换复合膜。两层之间可以隔一层网布，也可以直接粘贴在一起。该膜的特点是在直流电场的作用下，阴、阳膜复合层间的 H_2O 解离成 H^+ 和 OH^- 并分别通过阴膜和阳膜，从而完成不同价态离子的分离。

双极膜由阳离子交换膜、阴离子交换膜和中间过渡层三层组成。中间过渡层可为磺化聚醚酮，过渡金属和金属化合物以及叔胺类化合物等，具有水解离催化作用。

双极膜的制备方法有：将阴膜、阳膜加热、加压使其成型的方法；在阴膜、阳膜中间涂覆胶黏剂使之相互黏合的方法；在同一基膜两侧分别引入阳离子和阴离子交换基团的方法；使阳离子层在阴离子交换膜上流延的方法等。

双极膜的结构给传质性能带来了很多新的特性，如果将其与其他单极膜巧妙地组合起来，可以实现许多特殊功能。双极膜可用于多个领域，如水的解离、有机盐制取有机酸、一二价离子分离、金属离子分离富集、不锈钢酸洗液中的 HF 和 HNO_3 回收、气体脱硫等。

参 考 文 献

[1] 杨座国．膜科学技术过程与原理．上海：华东理工大学出版社，2009.

[2] 安树林主编．膜科学技术实用教程．北京：化学工业出版社，2005.

[3] 王振等．离子交换膜——制备性能及应用．北京：化学工业出版社，1986.
[4] 李基森等编．离子交换膜．北京：科学出版社，1997.
[5] 徐又一，徐志康等．高分子膜材料．北京：化学工业出版社，2005.
[6] Leitz F B，et al. High Temperature Electrodialysis. In：4th Inter Symp on Fresh Water from the Sea. Germany，1993：195-203.
[7] Leitz F B，et al. Desalination of Sea Water by Electrodialysis. In：5 th Inter Symp on Fresh Water from the Sea. Italy，1996：105-114.
[8] 小森良三．高温电气透析．日本海水学会志，1998，32（4）：222-229.
[9] 任建新主编．膜分离技术及其应用．北京：化学工业出版社，2003.
[10] 蒋维钧．新型传质分离技术．北京：化学工业出版社，1992.
[11] Chem & Eng News，1965，43（41）：82.
[12] 方度，杨维驿．全氟离子交换膜．北京：化学工业出版社，1993.
[13] 何桂荣，孟凡伟．离子交换膜分离技术及其应用．世界有色金属，2010，（7）：48-49.
[14] 吕洪久译．离子交换膜的最近进展．化工新型材料，1995，25（7）：19-22.

第12章 分子印迹膜

12.1 概述

分子印迹膜源于分子印迹技术，是将分子印迹技术和膜技术综合作用的结果。它是通过在膜制备过程中引入印迹分子，使膜材料具有分子记忆与识别作用，形成具有高效分离作用的分离膜。分子印迹膜作为一种新型的分离手段，因其高度的选择透过性而成为国内外研究的热点。

分子印迹技术（molecular imprinting technology，MIT）又称分子烙印技术或分子模板技术，也就是分子印迹聚合物（molecularly imprinted polymer，MIP）的制备技术，是指为获得在空间和结合位点上与某一分子（模板分子、印迹分子）完全匹配的聚合物的制备技术，它主要是利用在聚合反应结束后，洗涤除去预先加入到聚合体系中的印迹分子，从而在聚合物内部留下对印迹分子具有记忆识别能力的空腔。它也被形象地描述为“分子钥匙”的“人工锁”技术。

分子印迹技术起源于免疫学。20 世纪 40 年代，著名的诺贝尔奖获得者 Pauling 在研究抗体和抗原相互作用时，设想以抗原为模板生物体合成抗体。抗原物质进入生物体后，蛋白质或多肽以抗原为模板进行分子自组装和折叠形成抗体。即抗体在形成时，其三维结构会尽可能地同抗原形成作用位点，抗原作为一种模板就会“铸造”在抗体的结合部，该设想为分子印迹理论奠定了基础。

20 世纪中期，Dickey 提出了特定物质吸附概念，被视为“分子印迹技术”的萌芽阶段。20 世纪 70 年代，Wulff 研究小组在分子印迹领域取得了系列成果并报道制备出人工合成分子印迹聚合物。随着 Wulff 和 Mosbach 等人在这一领域的开拓性工作，尤其是 Mosbach 等人成功制备茶碱分子印迹聚合物后，分子印迹技术特点逐步为人们认知并得以迅速发展。

分子印迹技术之所以发展如此迅速，主要是因为其 3 大特点：构效预定性（predetermination）、特异识别性（specific recognition）和广泛实用性（practicability）。基于该技术制备的印迹聚合物具有好的亲和性、选择性、抗恶劣环境的能力、稳定性和使用寿命长等优点，因此，它在许多领域如色谱分离、固相萃取、生物传感、膜分离、模拟酶催化等都展现了良好的应用前景。分子印迹属于超分子化学中的主客体化学范畴，是将材料科学、生物化工等多个学科有机结合在一起的一种新型功能材料制备技术。分子印迹技术为目标分子量体裁衣、简单易行。使得分子印迹技术成为最有科学价值和应用前景的方法之一。

分子印迹膜（molecular imprinting membrane，MIM）是一种兼具分子印迹技术与膜分离技术两者优点的新兴技术，近年来已成为分子印迹技术领域研究的热点之一。目前商品化的反渗透、超滤、微滤膜等都无法实现单个物质的选择性分离，而分子印迹膜为将特定目标分子从其结构相近的混合物中分离出来提供了有效的解决途径，分子印迹膜作为一种分子印迹技术，可具有分子特异识别能力。同传统颗粒型分子印迹聚合物相比，分子印迹膜具有无需研磨等繁琐的制备过程、扩散阻力小、易于应用等独特的优点；同时比一般生物材料更稳定，抗恶劣环境能力更强，在传感器领域和生物活性材料领域具有很大的应用前景；将分子印迹膜应用于分离领域，由于其具有连续操作、易于放大、能耗低、能量利用率高等优点，可在食品、医药、化工和农业等行业的分离、分析与制备过程中实现“绿色化学”生产。

分子印迹膜的研究最早开始于 20 世纪 90 年代，常用的膜分离物质有氨基酸及其衍生物、肽、9-乙基腺嘌呤、莠灭净、阿特拉津、茶碱等。

虽然目前的应用几乎还都局限在实验室开发和小规模的试运行阶段，但其表现出来的商业潜力，已大大推动着该技术的发展。

12.2 分子印迹技术

12.2.1 基本原理

分子印迹技术原理是把目标分子以预定的方式固定在聚合物网络中，从而经济有效地制备出各种用途的受体。其制备过程一般是将功能单体、印迹分子、交联剂在溶剂中进行聚合，然后采用适当的方法除去印迹分子，具体来说，一个典型的分子印迹过程如图 12-1 所示，一般包括以下 3 步：

① 在适当的介质中，具有适当功能基的功能单体（低聚物/高聚物）与印迹分子通过共价或非共价键相互作用，形成单体-印迹分子复合物；

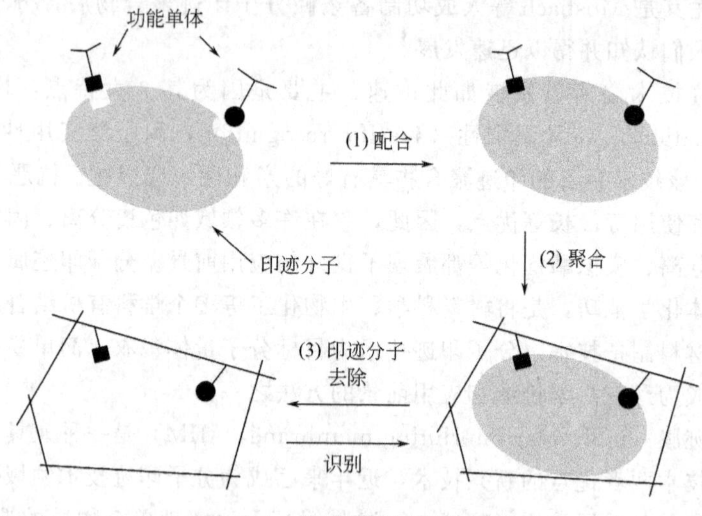

图 12-1 分子印迹过程示意图

② 通过功能单体间的聚合、交联或聚合物相转化等方式，将印迹分子和单体形成的复合体系被固定在聚合物的三维立体结构中，从而使功能单体上的功能基在特定的空间取向上固定下来；

③ 利用一定的物理或化学方法，将聚合物中的印迹分子洗脱或解离出来。经洗涤除去印迹分子后，聚合物网络中留下了许多在空间构型或作用基团上与最初印迹分子刚好吻合的三维空穴结构，这些空穴结构对印迹分子具有强大的特异选择性，成为分子印迹聚合物实现对目标分子特异选择性的识别位点，而对其他分子不能识别。

12.2.2 分子印迹技术分类

根据印迹分子与功能单体形成复合体系时作用方式的不同，通常将分子印迹聚合物分为共价型和非共价型两种类型。Wulff 创立的共价法和 Mosbach 倡导的非共价法是制备分子印迹聚合物新型功能材料的两种方法，能够在空间结构和结合位点上实现与印迹分子的完美匹配，成为了分子印迹技术的两种主要方法。

共价法又称预组装法（preorganization），由德国的 Wulff 及其同事在 20 世纪 70 年代初创立。印迹分子和功能单体首先通过可逆的共价作用形成可逆的单体-印迹分子复合物，然后聚合交联、固定后通过化学手段将共价键断裂去除印迹分子。由于该印迹法中印迹分子与功能单体之间为共价键作用，所以两者之间作用力较强，所形成的复合物也比较稳定。其优点是在进行分子识别时选择性较好，但是较强共价键也导致了分子识别速率和热力学平衡速率较慢，不适合快速分析应用。另外，共价法印迹和印迹分子提取过程复杂，限制了共价型分子印迹聚合物的应用。共价法主要有：碳酸酯连接的印迹法、硼酸酯连接的印迹法、乙缩醛和缩酮连接的印迹法、席夫碱式印迹法、带S—S键的印迹法和带配位键的印迹法等。

非共价法又称自组装法，由瑞典的Mosbach等在20世纪80年代后期创立。以非共价键（如氢键、静电引力、范德华力等）自发形成具有多重作用位点的单体印迹分子复合物，经聚合交联后形成三维立体交联的共聚物，将这种作用保存下来，然后提取出印迹分子。当印迹分子再次进入聚合物网络时，就会通过非共价作用与结合位点再次结合，操作较为方便。

应用该方法时，可供选择的功能单体较为广泛，可以使用多种单体同时印迹合成，方法多种多样，极大地拓宽了分子印迹聚合物的应用范围。但是，正是因为单体和印迹分子之间作用力较弱，所以该方法效果的好坏一定程度上依赖印迹分子与功能单体是否能通过弱相互作用形成比较稳定的复合体系。较为稳定的复合体系可以使聚合物具备较大浓度的选择性和识别位点，因此选择合适的功能单体与印迹分子是非常重要的。目前应用较多的是非共价型分子印迹聚合物。

鉴于两种方法的特点，共价法结合力较强，在热力学上优势明显，而非共价法结合力较弱，则以动力学见长。同时，由于共价键具有的方向性，所以共价法分子印迹聚合物分子识别能力较强、选择性和专一性都比较高，可用于催化、外消旋体的拆分等研究领域；而对一些强调速率的场合，如色谱分析、模拟酶的研究、传感材料的制备等，可逆性地结合、解离较快的后者显然更为适用。

分子印迹聚合物制备过程可通过水杨酸为模板的印迹聚合物合成过程表示如图12-2所示。

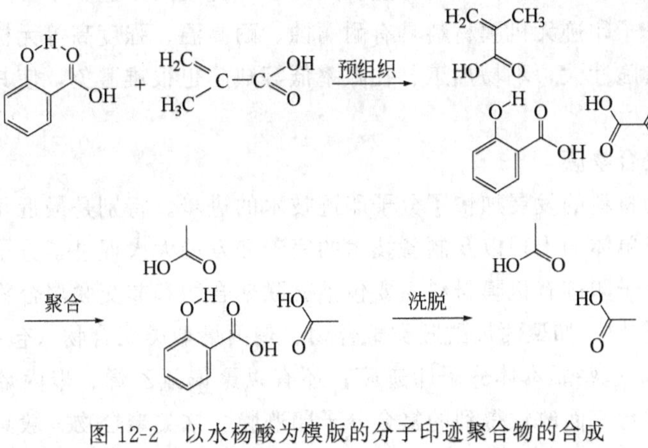

预组织

聚合

洗脱

图12-2　以水杨酸为模版的分子印迹聚合物的合成

理想的分子印迹聚合物应该具有如下特征：①分子印迹聚合物应具备一定的刚性，以保持在印迹分子除去后留下的空穴和印迹分子空间位点特征；②分子印迹聚合物空间构型也应具备一定的柔性，来保证分子识别的速率，使识别作用快速达到平衡；③分子印迹聚合物上的印迹位点应具有可接近性，即能够较为准确的捕获目标分子；④分子印迹聚合物还应具有较好的机械强度和热稳定性，以便用于膜分离过程。

为了保证分子印迹聚合物对印迹分子具有较高选择性，印迹分子与功能单体之间应具有适当的作用力，既可以使形成的主客体配合物在聚合过程中能够保持稳定，也能够在聚合反应完成后较为方便的去除印迹分子，这样印迹分子就能够可逆的进行连接和去除，为其应用创造了条件。目前，可用于印迹聚合物制备的方法已有多种，归纳起来主要有悬浮聚合、原位聚合、溶液聚合和表面印迹法等。

12.3 分子印迹膜

12.3.1 常用分子印迹膜

目前常用的分子印迹膜主要分为无机膜、有机聚合物膜及有机-无机杂化膜。

(1) 无机膜

早期的分子印迹材料主要是溶胶-凝胶法制得的硅胶等无机材料。随着制备技术的不断完善和发展，其他无机材料也取得了一定的进展。目前分子印迹无机材料的研究大部分集中在硅、钛、锆、铝等元素的氧化物上，例如对用于传感器敏感材料的分子印迹二氧化钛膜，首先对固体氧化物（Al_2O_3、SiO_2）进行表面修饰，即经溶胶-凝胶过程在载体表面引入钛氧化物和印迹分子复合物网络结构，再用适当的方法除去印迹分子，这样留下的印迹孔穴可以优先吸附印迹分子，从而起到特异性选择作用。分子印迹无机膜材料具有耐腐蚀、耐高温、强度高等无机物材料的优点，但是同时其脆性大，不易加工、孔隙率低等缺陷也很难避免，使其应用受到一定限制。

(2) 有机聚合物膜

有机聚合物材料的发展加快了分子印迹技术的进步。特别是最近几年，一些新型交联剂和功能单体的出现以及制备技术的完善和发展大大促进了分子印迹技术的进步。常用的分子印迹有机膜材料主要包括交联聚合物和非交联聚合物。

① 交联聚合物　如聚丙烯酰胺类聚合物、聚丙烯酸类聚合物（包括聚丙烯酸、酯及其共聚物），这些属本体分子印迹膜；还有以聚偏氟乙烯、聚丙烯、聚砜、聚醚砜等为基膜进行表面改性得到的复合分子印迹膜。这类聚合物一般具有较高的交联度，稳定性好，三维空穴结构不易改变，无规网络结构内部含有一定空间构型的印迹结合位点，对目标分子可选择性识别，是目前研究和应用较多的；

② 非交联聚合物　如醋酸纤维素、聚砜、聚酰亚胺、尼龙等。这类膜材料在形成分子印迹聚合物膜时直接在聚合物材料中引入识别位点，无需自由基聚合交联，且膜材料可再生，目前这类膜材料较多的应用在分离和吸附领域。

(3) 有机-无机杂化膜

有机-无机杂化膜兼具备了无机网络的刚性和有机聚合物网络的柔性，由于两组分的协同效应，改善了网络结构，改善了膜的力学性能，提高了热稳定性。近年来，分子印迹有机-无机杂化材料已成为分子印迹膜材料研究的热点。有机-无机杂化膜材料可分为3大类：第一类是指无机组分和有机组分通过弱相互作用（如氢键、范德华力等）结合，这类杂化膜的相容性一般较差；第二类是指无机组分和有机组分通过共价键或离子键结合，形成强相互作用，因此，这类材料一般可以达到分子级水平的均相结构，相容性较好；第三类是指对已有无机膜进行有机改性，包括表面改性及孔内改性。基于溶胶-凝胶法获得的有机-无机杂化分子印迹膜不仅材料具有许多突出的优点，而且制备条件温和，组成、厚度、孔隙率、表面积等易于控制。更为显著的是，还可以通过改变前驱体组成以及无机-有机组分的比例，获得宽范围的具有不同性质的杂化膜材料，因而在分离、催化、传感等领域具有更好的应用前景。

12.3.2 分子印迹膜制备

(1) 分子印迹膜合成材料

将分子印迹技术应用于膜分离领域，可制备分子印迹膜。分子印迹技术所需材料通常包括：印迹分子、能与印迹分子作用（共价或非共价）的功能单体、交联剂、溶剂、除去印迹分子的试剂。首先，印迹分子的选择一般就以目标分子作为印迹分子，有时可考虑使用一种价廉易得、结构上与印迹分子相似的化合物替代印迹分子；其次，选择制膜材料要有良好成膜性，并带有易与所选的功能单体作用的活性基团，能使印迹分子在铸膜液中均匀分散；第三，功能单体及交联剂也是制备分子印迹膜的关键材料，寻找印迹分子、功能单体、交联剂最佳比例，使印迹分子均匀分散于印迹聚合物中，形成足量的印迹分子识别位点，提高分离效率；最后，成膜后将印迹分子洗脱或解离出来，形成印迹膜，这时良好的印迹分子洗脱剂能够更加有效的去除印迹分子。

① 印迹分子　由于分离目标分子为印迹分子，所以纯净的印迹分子是制备分子印迹膜的必备材料。如果印迹分子较为难得或价格昂贵，那么这就可能成为该技术的一个潜在的缺点。寻找一种替代品不失为一种制备策略，所以制膜过程中，可使用一种价廉易得、结构上与印迹分子相似的化合物作为名义上的印迹分子，使制备的分子印迹膜可有效用于纯品难得或价格昂贵化合物的高效分离。

② 功能单体　目前工业上常用的聚合反应（包括：自由基聚合，阴离子、阳离子聚合以及缩合聚合反应等）都可用于分子印迹技术中。在这些不同的聚合方法中，以自由基聚合反应应用较为广泛，这是由于它的操作方便，并且有着多方面的应用可能。

功能单体与印迹分子结合方式决定功能单体的选择。对于共价型印迹膜，所采用的单体通常为低分子化合物，单体与印迹分子形成的共价键键能的大小是应考虑的因素，既要考虑聚合时的结合牢固程度，又要考虑聚合后的脱除。

在共价型印迹膜中，通常的功能单体为含有乙烯基的硼酸、胺、醛、酚和二醇以及含有硼酸酯的硅烷化合物，如4-乙烯基苯硼酸（图 12-3）、4-乙烯基苯甲醛、4-乙烯基苯胺及4-乙烯基苯酚等。通常认为，印迹膜具有的印迹位点越多越有利于印迹膜的分子识别，但实际中随着共价键数目的增加，印迹膜与印迹分子之间的作用力增强，选择性提高的同时，印迹膜与印迹分子之间结合的速率也随之变慢，因此，结合位点也并非越多越好。

对于非共价型印迹膜，由于在单体与印迹分子之间常常是通过氢键、静电引力、范德华力等形成的一种多点协调、强度较弱的相互作用，因此，具有结合解离容易、平衡快、可逆性好等优点，故在分子印迹技术中应用较广。弱的相互作用常常需要更多的结合位点，所以需要大的单体与印迹分子的比例，以便形成更多的非共价作用位点。所用的单体主要有甲基丙烯酸及其酯（图 12-3）、改性甲基丙烯酸、丙烯酰胺、4-乙烯基苯甲酸、4-乙烯基苯乙酸、2-丙烯酰胺基-2-甲基-1-丙磺酸、1-乙烯基咪唑、4-乙烯基吡啶（图 12-3）、2-乙烯基吡啶、2,6-二丙烯酰胺吡啶、*N*-丙烯酰胺基丙氨酸、*β*-环糊精和含乙烯基 L-赖氨酸的衍生物等。较常用的功能单体是甲基丙烯酸（图 12-3），除具有一个碳碳双键外，还包含羧基，可以与许多物质如胺、酰胺、氨基甲酸酯和羧基化合物等产生相互作用。

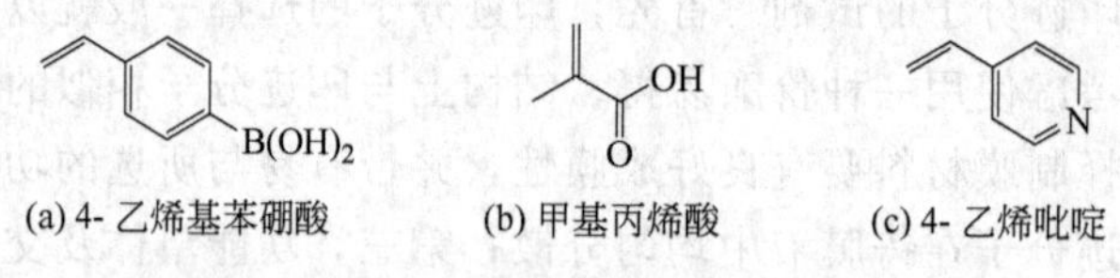

图 12-3　几种典型功能单体

③ 交联剂　一般聚合物刚性较差，易于形变，不利于保持印迹分子的空穴形状。交联剂可以在分子印迹聚合物之间发生交联，在溶剂中保持聚合物状态、增加材料刚性，使印迹分子与功能单体形成的主客体配合物能够在聚合物中保持较好的形状以形成“记忆”的空穴结构，有利于其实际应用。不同种类的交联剂和交联度影响控制客体键合点的结构和化学环境。当交联剂的浓度偏低时，交联度不足，无法保持空穴稳定的构型，也就不能表现出应有的识别能力。若交联度太高，常使印迹分子和功能单体结合更为牢固，洗脱与回收变得困难，特别是对于一些昂贵的印迹分子，会造成很大损失；同时高交联度也使印迹位点的可接近性变差、传质速率下降，因此交联剂的种类和用量是分子印迹法制膜的技术关键。乙二醇二甲基丙烯酸酯和二乙烯基苯（图 12-4）是常用的两种交联剂，其价格便宜，容易纯化，关键是制备的分子印迹聚合物性能稳定，易于制备规整性好的“记忆”空穴。除此之外，带有三个乙烯基的三甲氧基丙烷三甲基丙烯酸酯、*N*,*N*′-2-亚甲基二丙烯酸胺、*N*,*N*′-1,4-亚苯基二丙烯酰胺、3,5-二丙烯酰胺基苯甲酸、季戊四醇三丙烯酸酯等也是常用的交联剂。

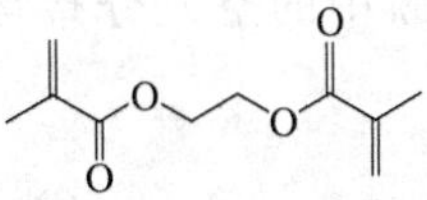

(a) 乙二醇二甲基丙烯酸酯 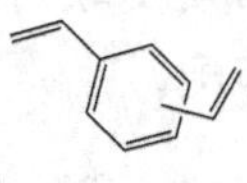　　　　(b) 二乙烯基苯

图 12-4　两种常用交联剂

④ 溶剂　溶剂的主要作用是溶解聚合反应中所需的各种试剂，以利于聚合反应的发生和进行。此外，在制备分子印迹膜或聚合物时，溶剂还有许多十分重要的作用。

其中之一就是影响分子印迹膜的形态。可以为高聚物提供多孔结构，进而可促进客体分子的键合速率。多孔结构的形成对于被键合客体的释出也是重要的。在聚合反应中溶剂分子可以进入高聚物内部，而在后处理时除去。在这些过程中，溶剂分子所占有的原始空间就成为小孔而残留在高聚物内。在无溶剂存在的条件下进行高分子聚合，产物将是十分坚硬而密实的，因此就难于键合和释出客体分子。同样，溶剂的用量也影响印迹聚合物中三维空穴的结构变化。溶剂量过大时聚合物结构疏松，硬度低，影响识别效果；过少时，印迹聚合物中的三维空穴减少。

另一个作用是能分散在聚合反应中所释放出的热量，否则反应的局部温度将会很高，而导致某些不希望的副反应得以发生。

此外，在聚合过程中如无溶剂存在，还会对单体和模板加成物的生成——实现有效的非共价印迹，产生影响。

溶剂的极性、质子化等性质对非共价型印迹反应的发生有很大影响。所用溶剂最好能够促进印迹分子与功能单体间的相互作用，至少不应干扰这种作用，所以必须根据印迹分子与功能单体间可能的作用力类型选择适宜的溶剂，极性强的溶剂会降低印迹分子与功能单体间的结合，特别是干扰氢键的形成，生成的印迹聚合物识别性能较差，故应尽可能采用介电常数低的溶剂，如苯、甲苯、二甲苯、氯仿、二氯甲烷等。

溶剂的选择依赖于印迹的种类，在共价印迹法中，许多溶剂都可以应用，只要它可以满足可溶解体系中的所有组分。而在非共价的印迹法中，为促进功能单体和模板间的非共价加成物生成以及增强印迹的效率，对于溶剂的选择是十分严格的。氯仿是一种最为广泛应用的溶剂，因为它既满足能溶解多数单体和模板的同时，也不会压制氢键的形成。四氯化碳不适宜用于分子印迹技术（仅少数例外）。因为在自由基聚合中，它是一种链转移剂，它的存在会导致聚合物的相对分子质量降低。

⑤ 引发剂　分子印迹膜的制备通常采用自由基聚合，所用引发剂一般为 2,2′-偶氮二异丁腈或 2,2′-偶氮-双（2,4-二甲基戊腈）两种（图 12-5）。常用的引发方式有光照、加热、加压、电合成等。低温紫外线引发条件容易实现，应用较为普遍。热引发也是较常用的一种。比较两种引发方式，认为在非或弱极性溶剂中进行

的分子印迹，采用光引发交联可以使印迹膜中的空穴分布均匀，并且形状更为规整，与印迹分子更加匹配。

(a) 2,2′-偶氮二异丁腈　　(b) 2,2′-偶氮-双（2,4-二甲基戊腈）

图 12-5　两种常用引发剂

另外，印迹分子与功能单体的比例对分子印迹膜中识别空穴的产生有很大影响。应根据印迹分子所具有的功能基团的种类，以及分子印迹膜制备过程溶剂体系的性质，适当的选择功能单体及其与印迹分子的比例。

（2）分子印迹膜制备方法

分子印迹膜是应用分子印迹技术人工合成对印迹分子具有专一识别能力的新型分离膜。它是通过在膜制备过程中引入印迹分子，使膜材料具有分子记忆与识别作用。目前常见的分子印迹膜主要有两种类型：整体分子印迹膜和复合分子印迹膜。

整体分子印迹膜是以分子印迹聚合物自身作为分离膜支撑体，即制膜时，将印迹分子、功能单体、引发剂和致孔剂同时加入铸膜液，膜成型后再将印迹分子洗脱。一般包括以下 3 个步骤：a. 在溶剂中，印迹分子与功能单体依靠一些官能团之间的相互作用（共价或非共价）形成主客体配合物；b. 然后加入引发剂、交联剂，引发聚合反应，使主客体配合物与交联剂在印迹分子周围形成高度交联的刚性聚合物；c. 成膜后脱除印迹分子，即制得整体分子印迹膜。

复合分子印迹膜是将已有的商业膜作为基膜，通过表面改性（如涂覆、交联、接枝等手段）形成具有分子印迹功能的皮层。由于基膜通常为超滤或微滤膜，因此该类型分子印迹膜不仅具有较高通量，而且还有高选择性，因此该类型膜逐步成为人们研究和关注的重点。具体制膜步骤为：a. 将选好的商业膜材料作为基膜浸入包含印迹分子、功能单体、交联剂和引发剂的溶液中；b. 与制备分子印迹聚合物相似，将包含上述反应物的基膜，通过引发剂引发聚合反应，在膜表面将形成薄薄的分子印迹聚合物层；c. 洗去印迹分子制得复合分子印迹膜。

常用的分子印迹膜的制备方法有原位聚合、相转化、表面修饰和电化学聚合，前两种方法常用于制备整体分子印迹膜，表面修饰法可用于制备复合分子印迹膜，而电化学法多用于传感器敏感膜的制备。

① 原位聚合法　将印迹分子、功能单体、交联剂和添加剂溶于适当的溶剂中，再将混合液倾倒在具有一定间距的两块基板之间，然后通过整体交联聚合即得到具有一定厚度的分子印迹膜。这种制备方法过程简单，操作容易，但制成的膜较厚、易碎且孔隙率低。为保证良好的识别性能，分子印迹聚合物的交联度往往很高，高交联体系导致较大的传质阻力，形成的印迹膜通量都非常低，从而限制了其在实际

中的应用，因而，实际应用中往往要通过添加剂等手段提高分子印迹膜的传质能力。

② 相转化法　相转化法就是将一定量的功能单体、印迹分子、交联剂、添加剂等溶于适当溶剂中，反应一段时间后，在支撑体上刮膜，然后浸入非溶剂凝固浴，凝胶固化得到聚合物膜，洗去印迹分子，即得分子印迹膜。此方法中既存在相转化过程，又有交联反应发生。印迹孔穴的形成主要由交联作用影响，所以交联剂用量是相转化法中关注的重点。研究发现，交联剂含量对印迹膜分离能力有显著的影响。交联剂含量的增加会产生更多的无序网络结构，高度交联体系更易于固定膜中的印迹位点，保持手性识别环境或结构，提高膜的选择性。

与原位聚合法相比，相转化法是直接在已有聚合物材料中引入识别位点，无需自由基聚合反应，聚合物膜结构是在印迹分子存在下从其聚合物溶液中经相转化形成，因此，印迹过程不仅形成分子识别位点，膜多孔结构的孔与孔之间将可能形成印迹分子空穴通道，有利于印迹分子通过，而不利于其他分子物质的传输。故对其他分子将具有截留作用。该技术的特点是备选聚合物种类较多，过程中没有聚合反应发生，制备条件更加简单。

③ 表面修饰法　膜的表面修饰，即在印迹分子存在下，对商业膜进行表面修饰，实现分子印迹功能。具体可通过光、热、高能射线辐照等引发在膜表面接枝共聚。表面修饰法同以上各种印迹方法相比，具有印迹分子用量少、印迹位点的可及性高、可实现印迹膜的高通量等优点。分子印迹膜制备过程中，大孔基膜在光引发剂及单体溶液中浸泡的时间、紫外线照射强度与时间等都对印迹膜的形成有重要影响。表面修饰法制备分子印迹膜时，形成的印迹孔穴并非仅存在于基膜表面。

④ 电化学聚合法　除上述介绍的印迹膜制备方法外，电化学方法也可用于分子印迹膜的制备，这种方法能够直接成膜，并且速率快，非常适用于传感器敏感膜的制备。对分子印迹膜传感器而言，分子印迹膜与传感器界面间的接触是非常重要的。常用的成膜方法如压膜、原位聚合和旋涂等技术制成的膜，其厚度多在微米级以上，且均匀和重复性差，极大地影响传感器的灵敏度。采用电化学法制备分子印迹膜能使所得印迹膜与传感器界面较好的结合。

电化学聚合方法通常可分为 3 种：a. 循环伏安法；b. 恒电流法；c. 恒电位法。循环伏安法和恒电流法在制膜过程中对膜结构都有一定的损坏作用。其主要原因是这两种方法都会不同程度地导致膜的过度氧化，使聚合物的共轭结构遭到破坏，从而破坏了膜的导电性。而恒电位法在制备过程中对膜的影响较小，且由于电位恒定，膜的掺杂度几乎是恒定的，膜的生长也更加均匀。

⑤ 溶胶-凝胶法　溶胶-凝胶法是制备无机及有机-无机杂化材料的一种重要方法。溶胶-凝胶过程一般包括两个步骤：一是烷氧基金属有机化合物［如 $Si(OC_2H_5)_4$，$Ti(OC_2H_5)_4$ 等］的水解过程；二是水解后得到的羟基化合物的缩合及缩聚过程。水解中得到 R—OH 进一步脱水缩聚而形成二氧化硅或二氧化钛等无机网络，生成的

水和醇从体系中挥发而造成网络的多孔性。分子印迹溶胶-凝胶法是近年来发展迅速的一种制备分子印迹聚合物的方法，根据其基本制备过程又可分为包埋法、共聚法、表面印迹法、共价键和非共价键相结合法等，其实质是分子印迹技术与溶胶-凝胶技术的结合，即在分子印迹技术中引入溶胶-凝胶过程，将分子识别位点引入到无机或有机-无机杂化网络结构中，以实现对目标分子的选择性识别。

溶胶-凝胶法方法操作简便，反应条件温和，可以使多组分在溶液状态下得到分子级混合，通过控制溶胶-凝胶过程的条件（包括组分类型和浓度、反应体系 pH 等)，可以合成具有特定孔径大小、孔隙率分布、表面积及稳定性的分子印迹材料，增强目标材料的特异性分子识别能力和实际应用能力，因而具有良好的发展前景。通过溶胶-凝胶法可制备不同形式的分子印迹材料，如粒子、柱状、膜、纤维等。膜是较为常用的形式，已在分离、传感等领域得到逐步的研究和应用。

12.4 分子印迹膜应用研究及发展

分子印迹膜为分子印迹技术走向规模化应用开辟了道路，在分离、分析及传感等领域具有广阔的应用前景。

12.4.1 固相萃取

固相萃取技术是一种广泛应用的分离或富集过程。吸附剂的性能决定了分离或富集效果。理想的吸附剂应具有以下特性：①具有很强的吸附能力，能大量吸附痕量物质，并且使用 pH 值范围宽；②能够定量进行吸附和洗脱；③在动力学上，达到平衡吸附时间短，即能够较快的吸附和解析；④具有较大的机械强度；⑤具有较强的再生能力，便于重复利用。基于分子印迹原理的分子印迹膜固相萃取技术具有特定的选择性和亲和性，材料制备简单，过程操作方便，既可在有机溶剂中使用又可在水溶液中使用，与其他萃取过程相比，具有独特的优点。此外，分子印迹膜萃取可克服生物样品体系复杂、预处理手续繁杂等不利因素，为样品的分离、富集和分析提供了极大的方便，可有效用于生物、医药、食品和环境分析样品的制备，对于痕量分析，具有独特的优点。因此取代传统粒子的分子印迹膜用于固相萃取正引起越来越多的关注。

克仑特罗（clenbuterol）的提取是分子印迹技术应用的一个典型案例。克仑特罗俗称“瘦肉精”，易在体内蓄积，过量摄入会产生许多毒副作用，为农业部严令禁止使用的添加剂，但是违法使用克伦特罗的现象时有发生。因此，对其监测工作十分重要。对之分析方法多采用仪器分析，但是，分析之前需要对样品进行复杂的前处理。为了快速检测尿液中的痕量克仑特罗，分子印迹固相萃取技术是一种提取克仑特罗的有效方法，样品用分子印迹技术吸附、提取、分析，再通过与质谱联用，可有效测定尿液中克仑特罗。结果表明，分子印迹聚合物对克仑特罗有良好的结合性，该方法分析速率快、灵敏度高、重现性好、试剂用量少、无基质干扰，可用于尿液中克仑特罗的检测。

12.4.2 色谱技术

分子印迹聚合物和印迹分子在空间形状上互补且分子间存在较强的作用力，分子印迹聚合物作为高效液相色谱（high performance liquid chromatography，HPLC）的固定相与普通的固定相相比，印迹聚合物对印迹分子的保留时间长，可产生对印迹分子专一识别的分离效果。因此，HPLC的固定相是分子印迹聚合物应用较广的领域。分子印迹聚合物作为色谱固定相已广泛应用于各种外消旋体的拆分，显示了良好的手性分离识别性能。但是这类固定相最大的缺点是由于印迹位点分布不均匀导致柱效较低。而具有分子水平特异识别性及良好操作稳定性的分子印迹膜，使用时不易受环境因素影响，因此不仅在氨基酸及衍生物、生物碱、多酚等小分子分离领域具有巨大的应用前景，对于大分子物质（如蛋白质），也显示出应用优势。

12.4.3 仿生传感器

化学或生物传感器是由分子识别元件和信号转换器组成。生物传感器具有极高的灵敏度和特异性，但制作成本高；并且用作分子识别元件的生物活性组分种类有限、稳定性差、易变性失活，大规模应用受到限制。合成兼具高选择性和高稳定性的人工分子识别元件具有重要的现实意义。分子印迹膜具有高选择性，且耐温、耐压、耐酸碱、耐有机溶剂、不易被生物降解、可重复使用、材料易得、易于保存，还可有效地解决传感器界面接触问题，因而特别适合用作传感器材料，实现仿生传感。分子印迹膜传感器兼备生物传感器和化学传感器的优点，是未来传感器发展的方向。为了便于重复使用，获得最大响应，减少干扰，一般将分子印迹膜作为传感器的识别元件，固定在换能器表面，然后通过各种光、电、热等手段转换成可测信号，进行定量分析。

综上所述，分子印迹聚合物具有高效选择性，而膜分离具有处理样品量大、工业放大容易的特点。所以，分子印迹膜兼具分子印迹技术与膜分离技术的优点，近年来已成为分子印迹技术领域研究的热点。与普通膜分离相比，最大特点就是对印迹分子的识别具有可预见性，对于特定物质的分离极具针对性。印迹膜分离技术已从分离氨基酸及其衍生物、核酸、肽、药物等小分子或超分子过渡到某些核苷酸、多肽、蛋白质等生物大分子，特别是在外消旋混合物的手性分离方面得到了较好应用，被认为是进行大规模手性物质拆分的非常有潜力的方法。另外，分子印迹膜在农药残留检测、污水处理等方面的应用也逐步显现。

12.4.4 分子印迹膜的发展

分子印迹膜作为一种新型的分离手段，以其高度的专一性和选择性而受到人们的广泛关注，目前已在手性分离、生物碱提取、仿生传感等领域取得了较多成果，但是总体来说，无论从制膜方法和膜材料方面，还是从理论研究方面，都还处于发展阶段，有许多问题有待进一步解决，诸如印迹分子与聚合物相互作用、识别孔穴的形成、印迹分子的传质和识别机理等。随着分子印迹膜研究的不断发展，人们越来越清楚地看到分子印迹膜的广阔应用前景和深刻理论意义。展望未来，分子印迹膜的发展趋势可有以下几个方面。

① 利用新型的材料和制备技术，如采用聚合物共混，有机-无机杂化、复合等技术，可以促进分子印迹膜的优化，提高分子印迹膜的识别能力和选择性，增加结合量，使分子印迹位点分布更加均匀。

② 功能单体和交联剂的选择范围有待扩展，以满足更多印迹分子的要求，拓展分子印迹膜的应用范围。

③ 获得或合成更多价廉易得的新型印迹分子，用于取代昂贵稀有的物质。另外，印迹分子的高效去除方法也需要更进一步探究。

④ 分子印迹膜制备与识别过程将更多地从有机相转向水相，以便接近或达到天然分子识别系统的水平。

⑤分子印迹膜的应用范围也将从氨基酸、药物等小分子过渡到蛋白质、多肽等生物大分子，甚至生物活体细胞。

总之，随着分子印迹技术的不断发展，分子印迹膜将以其制备过程简单、分离针对性强、见效快、无污染、易放大等特点，在分离提纯领域得到更加广泛的应用。

参 考 文 献

[1] 姜忠义，吴洪编著．分子印迹技术．北京：化学工业出版社，2003.

[2] 小宫山真等著．分子印迹学-从基础到应用．吴世康，汪鹏飞译．北京：科学出版社，2006.

[3] 谭天伟编著．分子印迹技术及应用．北京：化学工业出版社，2010.

[4] 杨座国，许振良，邴乃慈．分子印迹膜的研究进展．化工进展，2006，25 (2)：131-135.

[5] 李婧娴，董声雄，龚琦，李晓．分子印迹膜的制备研究进展．高分子通报，2007，(1)：40-44.

[6] 司汴京，陈长宝，周杰．新一代分子印迹技术．化学进展，2009，21 (9)：1813-1819.

[7] 姜忠义，喻应霞，吴洪．分子印迹聚合物膜的制备及其应用．膜科学与技术，2006，26 (1)：78-84.

[8] 齐小玲，王悦秋，张朔瑶，魏双，邓安平．分子印迹聚合物的制备方法及应用进展．化学研究与应用，2009，21 (4)：441-449.

[9] Pauling L. A Theory of the Structure and Process of Formation of Antibodies. J Am Chem Soc，1940，62 (10)：2643-2657.

[10] Dickey F H. The Preparation of Specific Adsorbents. Proc Natl Acad Sci，1949，35 (5)；227-229.

[11] Wulff G，Sarhan A. Use of Polymers with Enzyme-Analogues Structures for the Resolution of Race-

mates. Angew Chem Int Ed. Engl，1972，11（3）：341-344.

［12］ Wulff G Molecular Imprinting in Cross-Linked Materials with the Aid of Molecular Templates-A Way Towards Artificial Antibodies Angew Chem Int Ed Engl，1995，34（17）：1812-1832.

［13］ Vlatakis G，I Andersson L，Müller R，Mosbach K. Drug Assay Using Antibody Mimics Made by Molecular Imprinting. Nature，1993，361（6413）：645-647.

［14］ Whitcombe M J，Rodriguez M E，Villar P. A New Method for the Introduction of Recognition Site Functionality into Polymers Prepared by Molecular Imprinting Systhesis and Characterization of Polymeric Receptors for Cholesterol. J Am Chem Soc，1995，117（27）：7105-7111.

［15］ 杨挺，吴银良，朱勇，陈国，赵健．分子印迹分散固相萃取-液相色谱串联质谱法测定尿液中克仑特罗. 农学学报，2012，2（11）：48-51.

［16］ 邓圣，苏立强．分子印迹技术在水中污染物处理中的应用及发展．化工时刊，2012，26（9）：41-44.

［17］ 王靖宇，许振良，张颖．茶碱分子印迹膜色谱的性能．膜科学与技术，2010，30（5）：37-42.

第13章 膜传感器

13.1 概述

传感器是指将外界的某种物理量或化学量的变化转换为电信号进行检测的仪器或装置。通常由敏感元件、转换元件及相应的机械结构和电子线路等组成。

将敏感元件固定在膜上，此膜与适当的转换元件和显示仪表相结合，就构成了膜传感器（membrane sensor）。

根据敏感元件所感应信号的不同，可将膜传感器分为膜物理传感器、膜化学传感器、膜生物传感器。以光、声、电、温度等物理量为检测对象的称为膜物理传感器；以各种化学物质的浓度、pH 值等为检测对象的称为膜化学传感器；以固定化的生物体成分如酶、激素、抗原、氨基酸或生物体本身如细胞、组织等为敏感元件的传感器，称为膜生物传感器（membrane biosensor）。

传感器的选择性好坏主要取决于它的敏感元件，敏感元件所使用的材料有半导体材料、陶瓷材料、金属材料和有机材料等，其中有机材料主要是高分子膜材和载有酶的分子膜材。而化学传感器和物理传感器的敏感元件主要由有机膜材组成。

衡量一个膜传感器的优劣，除选择性外，还必须考虑其稳态响应特性（包括灵敏度、检测限度和残性范围等）、动态响应特性（响应时间）和稳定性（使用寿命）。这些性能与传感器本身的构造有关，同时与操作条件有关。有关文献采用了不同数学模型对电位法酶电极、电流法酶电极和微生物电极的响应特性进行模拟分析，为传感器的设计提供了理论依据。

敏感元件的固定化技术是膜传感器得以开发和改进的重要技术背景。固定化的目的在于使敏感元件在保持固有性能的前提下不易从膜上脱落下来，以便于同转换元件和显示仪表的组装。膜传感器中敏感元件的固定化方法主要有物理法和化学法。物理法是通过吸附法、夹层法、包埋法等方法将敏感元件固定在膜上；化学法是通过一定的化学反应将敏感元件固定在膜上。

13.2 膜物理传感器

物理传感器是检测物理量的传感器。它是利用某些物理效应，把被测量的物理量转化成为便于处理的能量形式的信号装置。其输出的信号和输入的信号之间有确定关系。

13.2.1 温度传感器

温度是一个基本的物理量，自然界中的一切过程无不与温度密切相关。温度传感器是最早开发，应用最广的一类传感器。薄膜温度传感器具有体积小、响应快、精度好、集成度高、稳定性强等优点，是物理传感器主要类别之一，能够满足温度传感技术小型化、集成化、阵列化、多功能化、智能化、系统化及网络化的发展趋势。可采用溅射法、离子束辅助沉积法、化学气相沉积法等方法制得。

13.2.2 电位膜传感器

电位膜传感器按电极活性膜的组成大致可分为：均一固膜电极（膜由单晶、离子型结晶物质、玻璃等组成）或非均一固膜电极，其敏感膜是由活性物质与惰性载体构成，惰性载体包括硅橡胶、聚氯乙烯、聚乙烯与石蜡等；液膜电极，其膜是与水不互溶的有机溶剂，该有机溶剂中溶解有与待测溶剂进行离子交换的电活性物质。

液膜电极包括以下几种。

① 液体阳离子交换剂膜电极　属于带正电的流动载体电极。其电极膜是不溶于水的有机溶剂，其中溶解的离子交换剂（活性物）是有机阳离子分子——鎓类阳离子（如季铵盐、碱性染料阳离子）或过渡金属与邻菲咯啉衍生物形成的配离子，并附在惰性基体 PVC 上，成为对溶液中阴离子活度变化敏感的膜。

② 液体阴离子交换剂膜电极　属于带负电的流动载体电极，其电极膜是不溶于水的有机溶剂，溶解的离子交换剂多为大体积有机阴离子与阳离子结合成的配合物，并附在惰性基体 PVC 上，成为对溶液中阳离子活度变化敏感的膜。

③ 中性载体膜电极　属于中性载体的流动载体电极。其电极膜是不溶于水的有机溶剂，其中溶解中性载体（包括天然抗生素、大环化合物、开链酰胺与非离子型表面活性剂 4 种），并附在 PVC 惰性支持体上，成为对溶液中阳离子活度变化敏

感的膜。中性分子与待测离子所形成的配离子，能在膜相中迁移，并决定膜电极电位。

④ 疏水离子对 PVC 膜电极　由疏水离子对和与之配对的离子缔合物构成（如与阳离子药物缔合的四苯硼酸盐或四烷基铵表面活性剂阴离子），对电解池中的离子活度起感应，响应具有能斯特线性关系。

电位膜传感器主要用于药物分析和流动性注射分析过程。

13.3 膜化学传感器

化学传感器主要包括以物质浓度、离子强度等化学信号为检测对象的传感器，根据检测对象的不同可分为气体传感器、湿度传感器、离子传感器等。

13.3.1 气体传感器

气体传感器是以气体敏感材料为敏感元件，利用气体敏感元件对不同气体及其浓度作出的响应信号强弱进行气体识别与检测的一种传感器，是目前传感器类别中应用最广、产值最高的传感器之一。

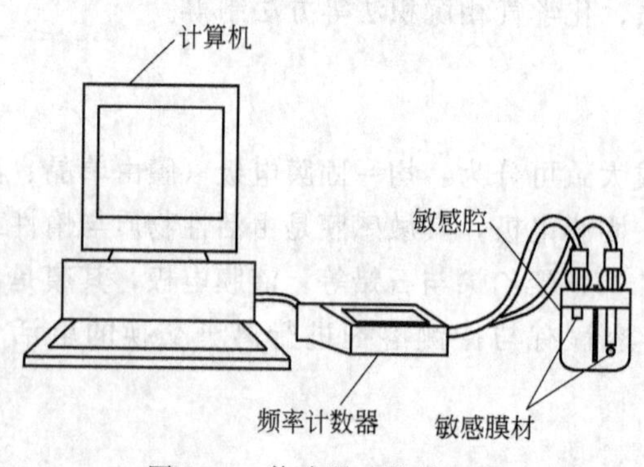

图 13-1　传感器系统装置图

Nanto 等利用丙烯-丁烯共聚物与有害气体（如甲苯、二甲苯、乙二醚、氯仿等物质挥发形成的蒸气）有相似溶解参数的性质，用其作为敏感膜材，将其溶液浇注在石英晶振片表面制得气体传感器。图 13-1 显示了传感器系统的装置图，测量时将有害气体注射到敏感腔内，随着敏感膜上吸附气体的增加，气体传感器的频率减少，通过连接到电脑上的频率计数器测量传感器的频率随时间的变化。图 13-2 所示为传感器对浓度为 2.5×10^{-3}mL/L 的各种气体的瞬时响应行为，表明此传感器特别对甲苯、二甲苯有极高的敏感性和选择性。这是由于敏感膜聚丙烯-丁烯共聚物的溶解参数（$17MPa^{1/2}$）与甲苯、二甲苯等有害气体的溶解参数（$16\sim19MPa^{1/2}$）极其接近，因而极易吸附这些有害气体。因此，可以利用溶解参数相近相吸的性质选择适当的聚合物作为传感器的敏感膜材。

超磁致伸缩薄膜（简称 GMF）是指用非磁性基片（通常为硅、玻璃、铜、聚酰亚胺等）和体磁致伸缩靶材，采用闪蒸、离子溅射、电离蒸镀、直流溅射、射频磁控溅射等物理气相沉积方法镀膜，使其在基片上形成具有磁致伸缩特性的薄膜材料，当有外加磁场时，薄膜会产生形变，带动基片进行偏转或弯曲变形，当通以交流电时，这种形变就表现为振动。当基片的质量发生变化时，振动的频率会发生变化。通过记录频率的变化可以测定基片上物质的量。这就是GMF气体传感器的工作原理。图13-3为GMF气体传感器工作原理示意图。

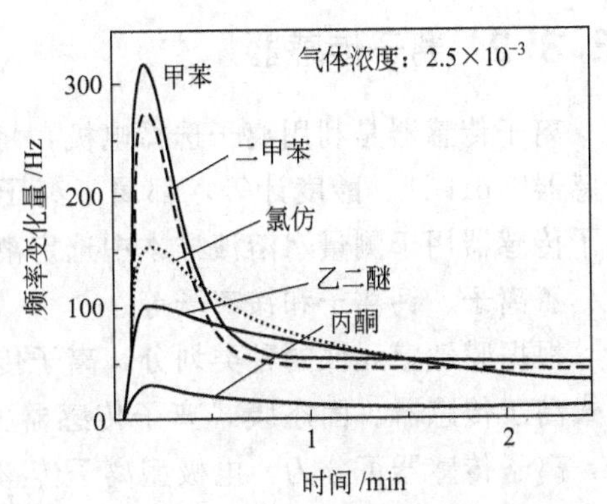

图13-2 丙烯-丁烯共聚物膜浇铸传感器对浓度为 2.5×10^{-3} mL/L 的各种气体的瞬时响应行为

当GMF表面再涂覆一层可以吸收乙酸气体的聚赖氨酸时，由于GMF上的聚赖氨酸敏感层与乙酸气体的相互作用，当遇到乙酸气体的时候，乙酸很容

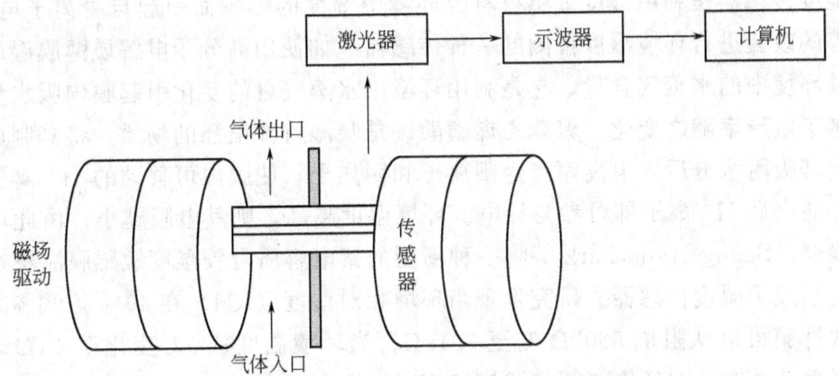

图13-3 GMF气体传感器工作原理示意图

易被吸附到GMF表面的聚赖氨酸层上，从而改变了GMF的质量，进而改变GMF振荡频率，通过测定共振频率的变化来确定被检测物质的变化。

Abdelghani等研究制备了表面等离子体波（surface plasmon resonance，SPR）光纤气体传感器，可用于远距离检测。他们利用热蒸发技术在光纤的硅核上沉积50nm的银膜，在银膜上利用自组装技术自组装一烷烃硫醇单层，再在之上自组装敏感膜。带有修饰膜的光纤和SPR组成了SPR光纤气体传感器。该传感器可检测卤化的碳氢化合物，如三氯乙烯、四氯化碳、氯仿和氯化物，其检测限度分别为0.3%、0.7%、1%和2%，吸附和脱附时间均不超过2min。

黄俊等用醋酸纤维素和一种荧光指示剂钌联吡啶配合物作敏感膜，将其溶液滴于光纤传感器探头端面，制备了光纤氧气传感器。氧气对一些荧光物质的荧光具有猝灭作用，从而导致其荧光强度的降低和荧光寿命的缩短。利用荧光物质的荧光强度或寿命与氧气浓度的关系，通过测定荧光强度和寿命即可实现对氧气浓度的检测。

13.3.2 离子传感器

离子传感器是利用离子选择电极，将感受的离子量转换成可用输出信号的一种传感器。pH 计、酸度计等，都属于离子传感器，是目前应用最多的传感器之一。离子传感器用于测量水溶液样本中选定离子的浓度，可测量的离子包括：硝酸盐离子、氯离子、钙离子和铵离子等。

根据膜敏感元件的种类划分，离子传感器可分为：玻璃膜式离子传感器、液态膜式高于传感器、固态膜式离子传感器、隔膜式传感器等。根据换能器的类型划分，离子传感器可分为：电极型离子传感器、场效应晶体管型离子传感器、光导传感型离子传感器、声表面波型离子传感器等。

13.3.3 湿度传感器

湿度传感器是利用湿度敏感材料因环境中湿度的影响而引起自身离子电导率、阻抗等的改变进行环境湿度检测的一种传感器。如使用高分子电解质薄膜湿度传感器测量环境中的水蒸气含量，它是利用环境中水蒸气量的变化引起膜内吸水量的增减使离子电导率随之变化。聚苯乙烯磺酸铵是吸湿特性很强的物质，将其制成感湿膜，当其吸附水分后，电离而产生阳离子和阴离子，使膜内可移动的 H^+ 离子数量增加，通电后 H^+ 离子即可参与导电。环境湿度越高，则其电阻越小，由此可测定环境湿度。Seung-Hyun Park 等将一种新型的聚电解质凝胶湿度敏感膜涂覆在梳状电极上制成了湿度传感器。研究发现当环境相对湿度（RH）在 30%至 90%间变化时，这种膜可以从阻抗 560kΩ 变至 3.4kΩ；当环境温度从 5℃变化至 45℃时，其温度系数从 0.94%RH/℃变为 0.86%RH/℃；当环境相对湿度从 33%变化至 94%时，其响应时间为 59s。

13.3.4 味觉传感器

味觉传感器是利用膜敏感元件与味觉物质接触时，膜两侧电位发生的变化进行有味物质及其浓度检测的一种特殊传感器，类似于人体的味觉系统，所以称为味觉传感器。

人体产生味感的基本途径就是具有一定水溶性的呈味物质刺激舌头表面味蕾上的味觉细胞的生物膜，然后通过一个收集和传递信息的神经感觉系统传导到大脑的味觉中枢，最后通过大脑的综合神经中枢系统分析，从而产生味感。而人工味觉传感器技术最基本的原理就是模仿人的味觉感受机理，从非选择性的味觉传感器阵列中收集信号并进行模式识别。

已有的研究表明，当类脂薄膜的一侧与味觉物质接触时，膜两侧的电势将发生变化，从而对味觉物质产生响应，且可检测出各味觉物质之间的相互关系，并具有类似于生物味觉感受的相同方式，即具有仿生性。用类脂膜作为味觉物质换能器的味觉传感器能够以类似个人的味觉感受的方式检测出味觉物质。类脂膜味觉传感器是一种中性载体液膜电极，其敏感膜是将作为电活性物的物质（均为有机试剂）溶于有机溶剂，分布到作为支撑体的多孔材料（纤维素、醋酸纤维或 PVC 等）中做成，这种膜具有良好的选择性。Kiyoshi Toko 用几种类脂物/高分子作为敏感膜材制得了味觉传感器，它将具有不同味觉的化学物质的信息转变成不同的电信号，从而判断出酸、甜、咸等各种味觉。

有机敏感材料的 LB 薄膜（20 世纪二三十年代美国科学家 Langmuir 和 Blodgett 建立的一种单分子膜制备技术，用特殊的装置将不溶物膜按一定的排列方式转移到固体支持体上组成的单分子层或多分子层膜，根据此技术首创者的姓名，命名为 LB 薄膜）具有较好的敏感性及响应迅速的特点，其作为味觉传感器是近年来研究的热点。LB 膜的制备过程可以分为两个部分。第一是制备合适的单分子层，一般是将溶在挥发性溶剂中的经过纯化的两亲分子分散在水的表面上，在推板的推动下，两亲分子在水-空气界面聚集形成分子有序排列的单分子层。第二是将形成的单分子层转移至固体介质表面。通常是将清洁好的固体板状介质垂直插入（疏水性表面）或拉出（亲水性表面）已形成的单分子层水溶液，借助表面张力和接触面的作用，再加上推板的推动，即可将单分子层转移到固体表面。重复以上过程可以制成多层 LB 膜。

在自然界中的生物细胞膜是由两层磷脂膜构成，而两层 LB 膜恰好给出一个细胞膜的模型，如图 13-4 所示。这是人造仿生膜，可在膜内镶嵌、包埋固定化生物分子，如酶和蛋白质等功能分子。可以有效地约束特定的离子和小分子，具有很好的专一性。因此，LB 膜可用于制备多种高灵敏度、高选择性的生物传感器。如通过在石英晶振片上制备多层磷脂酸（PA）、磷脂乙胆碱（PC）等 LB 膜，可制成识别多种气味的“人工鼻”，即嗅觉传感器。在石英晶片上沉积嗅敏 LB 膜，当被测气味被敏感膜吸附时，晶片上质量增加，于是晶片的振荡频率下降，而频率的改变同质量的增加成正比，因此通过频率的变化来检测嗅觉信息。又如通过用合成仿生脂质 LB 膜与阵列电极结合，可构成感受不同味道，进行综合图像处理的“人工舌”即味觉传感器。近年来有报道用 LB 敏感膜材与特定器件结合制成可检测毒品

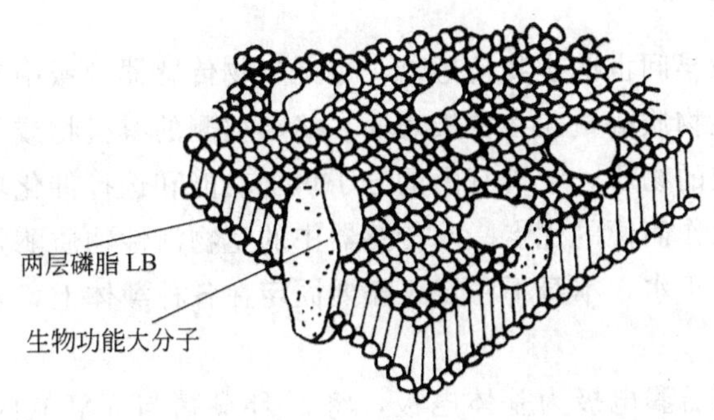

图 13-4　生物细胞膜模型

可卡因、兴奋剂的传感器。

13.4 膜生物传感器

生物传感器是在化学传感器的基础上发展起来的，大部分生物传感器的工作原理是将分子识别元件中的生物敏感物质与待测物发生化学反应后所产生的化学或物理变化再通过转换元件转变成电信号进行测量的，其组成如图 13-5 所示。生物传感器的选择性好坏完全取决于它的敏感元件，可用作敏感元件的物质有酶、微生物、动植物组织、细胞器、抗原和抗体等。根据所用敏感物质可将生物传感器分为酶传感器、微生物传感器、组织传感器、免疫传感器、细胞器传感器以及具有 DNA（deoxyribonucleic acid，脱氧核糖核酸，又称去氧核糖核酸，是染色体的主要化学成分，同时也是组成基因的材料）探针的基因芯片等。

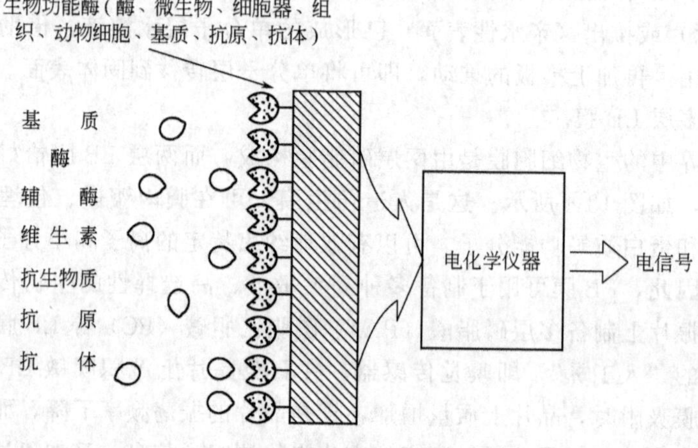

图 13-5　生物传感器组成

13.4.1 酶传感器

酶传感器是最早问世的生物传感器，也是生物传感器领域中研究最多的一种类型。它将生物活性物质酶覆盖在电极表面，酶与被测的有机物或无机物反应，形成一种能被电极响应的物质。它既有酶的分子识别功能和选择催化功能，又具有电化学电极响应快、操作简便的优点。酶传感器中的生物活性物质酶是传感器的核心部分，它们一般都溶于水，本身不稳定，需要固定在各种载体上，才可延长生物活性物质的活性。

张国荣以浸蜡石墨电极为基体电极，将 β-环糊精与环氧氯丙烷的交联聚合物（β-CDP）与亚甲蓝的超分子包合物（CMIC）和酶固定在电极上，制成了辣根过氧化物酶生物传感器。由于超分子包合物的形成将原本极易溶于水的电子转移介体——亚甲蓝固定在电极上，有效地减少了其流失，故提高了该生物传感器的稳定性和寿命。该生物传感器对过氧化氢有电催化还原作用，还原电流增加酶膜的幅度与过氧化氢的浓度成正比，据此可实现对过氧化氢的定量测定。

国际上已经研制成功的酶膜传感器有几十种，如葡萄糖、乳酸、胆固醇和氨基酸等传感器。常见的酶膜传感器如表 13-1 所示。

表 13-1 常见的酶膜传感器

测定项目	酶	固定化方法	使用电极	稳定性/d	测定范围/(mg/mL)
葡萄糖	葡萄糖氧化酶	共价	氧电极	100	$1 \sim 5 \times 10^2$
胆固醇	胆固醇酯酶	共价	铂电极	30	$10 \sim 5 \times 10^3$
青霉素	青霉素酶	包埋	pH 电极	7～14	$10 \sim 1 \times 10^3$
尿酸	尿酸酶	交联	铵离子电极	60	$10 \sim 1 \times 10^3$
磷脂	磷脂酶	共价	铂电极	30	$100 \sim 5 \times 10^3$
乙醇	乙醇氧化酶	交联	氧电极	120	$10 \sim 5 \times 10^3$
尿酸	尿酸酶	交联	氧电极	120	$10 \sim 1 \times 10^3$
L-谷氨酸	谷氨酸脱氨酶	吸附	铵离子电极	2	$10 \sim 1 \times 10^4$
L-谷酰胺	谷酰胺酶	吸附	铵离子电极	2	$10 \sim 1 \times 10^4$
L-酪氨酸	L-酪氨酸脱酸酶	吸附	二氧化碳电极	20	$10 \sim 1 \times 10^4$

13.4.2 微生物传感器

微生物传感器的分子识别元件是固定化微生物。根据微生物与底物作用原理的不同，微生物传感器又可分为如下两类：①呼吸活性型微生物传感器，微生物与底物作用，在同化样品中有机物的同时，微生物细胞的呼吸活性有所提高，依据反应中氧的消耗或二氧化碳的生成来检测被微生物同化的有机物的浓度；②代谢物质型微生物传感器，微生物与底物作用后生成各种电极敏感代谢产物，利用对某种代谢产物敏感的电极即可检测原底物的浓度。常见的微生物传感器列于表 13-2 中。

表 13-2 常见的微生物传感器

测定项目	微生物	使用电极	测定范围/(mg/mL)
葡萄糖	荧光假单胞菌	氧电极	5～200
乙醇	芸苔丝孢酵母	氧电极	5～300
亚硝酸盐	硝化菌	氧电极	51～200
维生素 B_{12}	大肠杆菌	氧电极	
谷氨酸	大肠杆菌	二氧化碳电极	8～800
赖氨酸	大肠杆菌	二氧化碳电极	10～100
维生素 B_1	发酵乳杆菌	燃料电极	0.01～10
甲酸	梭状芽孢杆菌	燃料电极	1～300
头孢菌素	费式柠檬酸细菌	pH 电极	
烟酸	阿拉伯糖乳杆菌	pH 电极	

13.4.3 组织传感器

组织传感器是将哺乳动物或植物的组织切片作为分子识别元件的传感器。组织传感器一般可视为酶膜传感器的衍生，其基本原理仍是酶催化反应，但它与酶膜传感器相比，更具有一些独特的优点：省去了酶的分离纯化，制备简单，价格低廉；组织中时常含有诸如辅酶等协同因子，而生物催化机制常常是生物体内多种辅助因子的联合结果。

1978 年 Rechnizz 利用牛肝组织切片和尿酶与 NH_3 气敏电极结合研制成功第一支动物组织传感器。1981 年 Kuriyama 首次成功地利用南瓜组织切片与 CO_2 电极结合研制成测定 L-谷氨酸的植物组织传感器，随后选材方式按植物根、茎、叶、花、皮、果实和种子等各种形成的植物组织电极相继问世。常见的组织传感器如表 13-3 所示。

表 13-3 常见的组织传感器

测定项目	组织酶	基础电极	稳定性/d	测定范围/(mg/mL)
谷氨酸	木瓜	二氧化碳电极	7	$2\times10^{-4}\sim1.3\times10^{-2}$
尿酸	夹克豆	二氧化碳电极	94	$3.4\times10^{-5}\sim1.5\times10^{-3}$
L-谷酰胺	肾	铵离子电极	30	$1\times10^{-4}\sim1.1\times10^{-2}$
多巴胺	香蕉	氧电极	14	
丙酮酸	玉米芯	二氧化碳电极	7	$8\times10^{-5}\sim3\times10^{-3}$
过氧化氢	肝	氧电极	14	$5\times10^{-3}\sim2.5\times10^{-1}$

13.4.4 免疫传感器

一旦有病原体或者其他异种蛋白（抗原）侵入某种动物体内，体内即可产生能识别这些异物并把它们从体内排除的抗体。抗原和抗体结合即发生免疫反应，其特异性很高，即具有极高的选择性和灵敏度。免疫传感器就是利用抗体对抗原的识别功能而研制成的生物传感器。

依检测原理，免疫传感器可分为两类：标记免疫传感器和非标记免疫传感器。标记免疫传感器中使用的标记有放射性同位素、酶、荧光物质等；非标记免疫传感器不使用任何标记物，一般利用光学技术直接检测传感器表面的光线吸收、荧光、光纤散射或折射率的微小变化。非标记免疫传感器比标记免疫传感器所需的测试仪器更为简单，而且没有毒副作用，适合做动物的体内测试。

生物传感器由于其门类多、涉及学科领域广、技术先进，已被广泛应用于临床医学、环境监测、食品等领域。如在临床医学上有测定葡萄糖、乳酸、尿素、胆固醇、谷氨酸等的传感器，有测定药物浓度的药物传感器，还有人工脏器用生物传感器。环境监测用生物传感器也有多种，如水质检测用的测定硝酸盐、亚硝酸盐等的传感器，测定有毒气体的传感器等。应用于食品领域的传感器有测定赖氨酸等氨基酸和海产品鲜度的传感器。

目前，膜生物传感器无论在研究上还是在应用上都达到了一定水平，但由于生物活性单元的不稳定性和易变性等缺点，膜生物传感器的稳定性和重现性还比较差，与生物活体的感觉系统相比还相距甚远。21 世纪是生物经济时代，随着生物学、材料学、信息学和微电子学的飞速发展，膜生物传感器作为生物技术的关键设备之一，其发展趋势如下。

① 微型化：随着微电子机械系统技术和纳米技术不断深入到传感技术领域，膜生物传感器将趋于微型化。

② 智能化与集成化：未来的膜生物传感器与计算机结合更紧密，实现检测的自动化系统，随着芯片技术越来越多地进入膜生物传感器领域，以芯片化为结构特征的生物芯片系统将实现检测过程的智能化与集成化。

③ 低成本、高灵敏度、高稳定性和高寿命：膜生物传感器技术的不断进步，必然要求不断降低产品成本，提高灵敏度、稳定性和延长寿命。这些特性的改善也会加速膜生物传感器市场化、商品化的进程。

④ 功能多样化：未来的膜生物传感器将进一步涉及医疗保健、疾病诊断、食品检测、环境监测、发酵工业等各个领域。

⑤ 膜生物传感器将不断与其他分析技术，如流动注射技术、色谱等联用，互相取长补短。

参 考 文 献

[1] 姚康德，成国祥．智能材料．北京：化学工业出版社，2002.

[2] 刘茉娥等编著．膜分离技术．北京：化学工业出版社，1998.

[3] Carr P W. Fourier Analysis of the Transient Response of Potentiometric Enzyme Anal Chem，1977，49 (6)：799-802.

[4] Jochum P，Kowwalwki B. A Coupled Two-Compartment Model for Immobilized Enzyme Electrodes. Anal Chim Acta，1982，144：25-38.

[5] Vais H，Margineanu D. Kinetic Model of Amperometric Selective Electrodes with Immobilized Bacteria. Bioelectrochim & Bioenerg，1986，16 (1)：5-11.

[6] 陈莉主编．智能高分子材料．北京：化学工业出版社，2004.

[7] 杨座国．膜科学技术过程与原理．上海：华东理工大学出版社，2009.

[8] 李一青，文孟良，王昌益．电位型膜传感器在药物分析中的新进展．云南化工，1998，(3)：1-3.

[9] Nanto H，Dougami N，Mukai T，Habara Metal. A Smart Gas Sensor Using Polymer-Film-Coated Quartz Resonator Microbalance . Sensors and Actuators B，2000，66 (1-3)：16-18.

[10] 赵建国，包岩峰，王福吉等．超磁致伸缩薄膜特性及其在气体检测中的应用．装备制造技术，2008，(9)：44-46.

[11] Abdelghani A，Chovelon J M，Jaffrezic Renault N. Surface Plasmon Resonance Fibre-optic Sensor for Gas Detection . Sensors and Actuators B：Chemical，1997，39 (1-3)：407-410.

[12] 黄俊，张建标，姜德生，王立新．光纤氧气传感器的传感膜制备及弱荧光检测．化学传感器，2001，

21 (1)：25-29.

[13] Park S H，Park J S，Lee C W，Gong M S. Humidity Sensor Using Gel polyelectrolyte Prepared from Mutually Reactive Copolymers . Sensors and Actuators B，2002，86 (1)：68-74.

[14] Toko K. Taste sensor . Sensors and Actuators B，2000，64 (1-3)：205-215.

[15] 吴锦雷，吴全德 . 几种新型薄膜材料 . 北京：北京大学出版社，1999.

[16] 张国荣 . 以浸蜡石墨电极为基体的过氧化物酶生物传感器 . 化学传感器，2001，21 (1)：52-58.

[17] Rechnitz G A，Kobos R K. Chem Eng News，1978，56 (41)：16-18.

[18] Kariyama S. Kechnitz G A. Plant Tissue-Based Bioselective Membrane Electrode for Glutamate. Anal Chim Acta，1981，131：91-96.

[19] 马莉萍，毛斌，刘斌等 . 生物传感器的应用现状与发展趋势 . 传感器与微系统，2009，28 (4)：1-4.